中国科协学科发展研究系列报告

中国科学技术协会 / 主编

电气工程学科发展报告

—— REPORT ON ADVANCES IN —— ELECTRICAL ENGINEERING

中国电工技术学会 / 编著

中国科学技术出版社

· 北　京 ·

图书在版编目（CIP）数据

2018—2019 电气工程学科发展报告 / 中国科学技术协会主编；中国电工技术学会编著. —北京：中国科学技术出版社，2020.12

（中国科协学科发展研究系列报告）

ISBN 978-7-5046-8530-8

Ⅰ. ① 2… Ⅱ. ①中… ②中… Ⅲ. ①电工技术—学科发展—研究报告—中国—2018—2019 Ⅳ. ① TM-12

中国版本图书馆 CIP 数据核字（2020）第 036884 号

策划编辑	秦德继　许　慧
责任编辑	夏凤金
装帧设计	中文天地
责任校对	吕传新
责任印制	李晓霖

出　　版	中国科学技术出版社
发　　行	中国科学技术出版社有限公司发行部
地　　址	北京市海淀区中关村南大街16号
邮　　编	100081
发行电话	010-62173865
传　　真	010-62179148
网　　址	http：//www.cspbooks.com.cn

开　　本	787mm × 1092mm　1/16
字　　数	390千字
印　　张	18
版　　次	2020年12月第1版
印　　次	2020年12月第1次印刷
印　　刷	河北鑫兆源印刷有限公司
书　　号	ISBN 978-7-5046-8530-8
定　　价	94.00元

2018—2019

电气工程
学科发展报告

首席科学家 荣命哲

编写组组长 韩 毅

编写组副组长 康重庆 别朝红

编写组成员 （按姓氏笔画排序）

丁立健 丁 涛 王伟宗 王明义
文劲宇 方 志 方家琨 艾小猛
卢新培 司马文霞 曲荣海
刘 凡 刘 淼 刘文凤 刘进军
刘志颖 刘定新 刘珮云 刘晓明
刘 增 汲胜昌 牟晨露 严干贵
李立毅 李 杰 李盛涛 杨 飞
吴 翊 吴 锴 何正友 何金良
沈建新 张锦英 陈坤金 陈 霞

当今世界正经历百年未有之大变局。受新冠肺炎疫情严重影响，世界经济明显衰退，经济全球化遭遇逆流，地缘政治风险上升，国际环境日益复杂。全球科技创新正以前所未有的力量驱动经济社会的发展，促进产业的变革与新生。

2020 年 5 月，习近平总书记在给科技工作者代表的回信中指出，“创新是引领发展的第一动力，科技是战胜困难的有力武器，希望全国科技工作者弘扬优良传统，坚定创新自信，着力攻克关键核心技术，促进产学研深度融合，勇于攀登科技高峰，为把我国建设成为世界科技强国作出新的更大的贡献”。习近平总书记的指示寄托了对科技工作者的厚望，指明了科技创新的前进方向。

中国科协作为科学共同体的主要力量，密切联系广大科技工作者，以推动科技创新为己任，瞄准世界科技前沿和共同关切，着力打造重大科学问题难题研判、科学技术服务可持续发展研判和学科发展研判三大品牌，形成高质量建议与可持续有效机制，全面提升学术引领能力。2006 年，中国科协以推进学术建设和科技创新为目的，创立了学科发展研究项目，组织所属全国学会发挥各自优势，聚集全国高质量学术资源，凝聚专家学者的智慧，依托科研教学单位支持，持续开展学科发展研究，形成了具有重要学术价值和影响力的学科发展研究系列成果，不仅受到国内外科技界的广泛关注，而且得到国家有关决策部门的高度重视，为国家制定科技发展规划、谋划科技创新战略布局、制定学科发展路线图、设置科研机构、培养科技人才等提供了重要参考。

2018 年，中国科协组织中国力学学会、中国化学会、中国心理学会、中国指挥与控制学会、中国农学会等 31 个全国学会，分别就力学、化学、心理学、指挥与控制、农学等 31 个学科或领域的学科态势、基础理论探索、重要技术创新成果、学术影响、国际合作、人才队伍建设等进行了深入研究分析，参与项目研究和报告编写的专家学者不辞辛劳，深入调研，潜心研究，广集资料，提炼精华，编写了 31 卷学科发展报告以及 1 卷综合报告。综观这些学科发展报告，既有关于学科发展前沿与趋势的概观介绍，也有关于学科近期热点的分析论述，兼顾了科研工作者和决策制定者的需要；细观这些学科发展报告，从中可以窥见：基础理论研究得到空前重视，科技热点研究成果中更多地显示了中国力量，诸多科研课题密切结合国家经济发展需求和民生需求，创新技术应用领域日渐丰富，以青年科技骨干领衔的研究团队成果更为凸显，旧的科研体制机制的藩篱开始打破，科学道德建设受到普遍重视，研究机构布局趋于平衡合理，学科建设与科研人员队伍建设同步发展等。

在《中国科协学科发展研究系列报告（2018—2019）》付梓之际，衷心地感谢参与本期研究项目的中国科协所属全国学会以及有关科研、教学单位，感谢所有参与项目研究与编写出版的同志们。同时，也真诚地希望有更多的科技工作者关注学科发展研究，为本项目持续开展、不断提升质量和充分利用成果建言献策。

中国科学技术协会

2020 年 7 月于北京

前言
PREFACE

电气工程学科是研究电磁场及其变化规律、电磁能量转换与控制、电磁场与物质及生命相互作用的学科，与信息科学、系统工程、自动控制与智能科学、材料科学、生命科学、新能源应用等学科结合紧密，是一门历史悠久、积淀深厚的科学。从学科自身发展情况看，人类利用电、磁能量和信息技术的实践有力地推动了电气工程学科的发展，学科研究和发展力度并未随着时间推移而弱化，而是不断拓展和深化。

当今世界能源格局正经历着深刻的变化，清洁、低碳、高效已成为电力能源发展的主攻方向和科研重地，发展低碳经济、建设生态文明、实现可持续发展成为人类社会的普遍共识，发展清洁能源、保障能源安全、解决环保问题、应对气候变化已成为首要问题。作为能源的重要供应环节和主要使用形式，电能对能源革命的推进至关重要，其对电机系统、电力电子、电力系统、高电压与绝缘、能源电工新技术和电能存储等电气工程及相关交叉研究提出了更高的需求。同时，随着国民经济的快速增长，对发电、输变电、配用电以及电力系统建设、电能治理等方面提出了更高的要求，强劲地牵引和推动着电气工程学科的发展。电气工程学科发展到今天，已经成为扎根于数学、物理、化学等基础学科，交融于材料、信息、生命、环保等其他学科的一个含有众多分支的学科，已日益广泛地应用或渗透到能源、环境、装备制造和交通运输领域，特别是与国家安全和国防有关的许多重要领域。

2018 年，我会主动承担社会责任，荣幸地邀请到学会副理事长、西安交通大学副校长荣命哲教授担任项目首席科学家，成立了由国内电气工程领域知名高校和科研单位的近百位权威专家为成员的编写组，开展《2018—2019 电气工程学科发展报告》的研究和编撰工作。编撰本报告是我会充分发挥作为国家创新体系重要组成部分应有作用的一种重要体现，目的是总结我国电气工程学科的发展成果，研究预测学科发展规律和趋势，促进优势学科交叉融合，引领学术方向。同时通过分析研究我国与国际一流水平相比存在的差距和不足，进一步明确未来电气工程学科科研发展方向，减少科技创新过程中的盲目性。

编撰《2018—2019 电气工程学科发展报告》是利国利民的公益事业，需要编写者具有高尚的情怀和无私的奉献精神。参编专家在完成自身繁重的教学、科研及管理工作的前提下，额外付出大量的时间和精力检索文献，梳理、总结和凝练报告内容。终于在历时两年的辛苦研究之后，奉献出了一部高品质的研究报告。

专家们认真负责、不辞辛苦、精益求精的治学态度着实令我们感佩！在此特向荣命哲教授以及参与报告编撰的所有专家学者致以深深的敬意和由衷的感谢！

希望本报告以更高的历史站位、更广阔的国际视野、更深邃的战略眼光，为电气工程领域的高校、院所和企业在制定科技创新战略、谋划技术攻关路线、找准前沿发展趋势、加强人才培育等方面提供借鉴和参考，为我国电气工程学科发展做出更大的贡献。

中国电工技术学会
2019 年 10 月

综合报告

专题报告

ABSTRACTS IN ENGLISH

Comprehensive Report

Reports on Special Topics

综合报告

电气工程学科发展与趋势

引　言

电是人类文明的基础物质条件之一，是能量转换的枢纽和信息的载体。当今社会已经彻底离不开电，如果没有电，一切社会活动、科技成果和经济成就无从谈起。电气工程是现代科技发展的基础，是当今高新技术领域不可或缺的关键学科。

电气工程学科是一个历史悠久的学科。19 世纪建立的麦克斯韦电磁场方程奠定了人类利用电、磁能量与信息的理论基础，开辟了能源利用的新时代，引发了第二次产业革命，促进了电气化的实现。电气化就是人类利用电、磁能量和信息的实践过程，推动了电气工程学科的发展，并使之不断拓宽和深化。到今天，电气工程学科已成为一个含有众多分支学科，扎根于数学、物理学、化学等基础学科之中，交融于材料、信息和生命等领域的一个学科。

电气工程学科包含了电（磁）能科学及电磁场与物质相互作用的科学两大领域，电网络理论、电磁场理论、电磁测量等是电气工程学科的基础。在电（磁）能科学领域，当前主要开展电（磁）能转换、传输、存储与利用的新理论、新方法和新设备的研究，包括新型可再生能源发电、智能电网、电能无线传输、电能高效转换与利用、电机及系统（含机器人中的驱动与控制）、电力驱动及控制（含电动汽车、轨道交通、舰船与多电飞机等）、超导电力技术、电磁能量的时空压缩与传输等以及相关的电气信息、控制理论与方法。在电磁场与物质相互作用科学领域，当前主要在电力装备安全运行及可靠性、新型电力电子器件、先进电工材料、电磁特性测量、电磁脉冲与作用对象的能量耦合、放电理论及高活性等离子体的产生与应用、电能存储等方面开展新现象、新原理、新模型的研究；此外，电磁场与生物的相互作用、生命过程电磁信息的提取与利用等也是重要研究内容。

近年来，聚焦于能源供给和使用的可持续发展，掀起了轰轰烈烈的能源革命，这为电气工程学科的发展带来了新的机遇。能源革命要求建立一个新的现代能源体系。现代能源体系的典型特征之一是清洁、低碳，其核心是一次能源的清洁替代和二次能源的电能替代；现代能源体系的另一典型特征是高效、安全，其核心是提高能源转换效率、输送和利用效率。此外，现代社会能源消费的一个显著特征是终端消费中电能比重越来越大，并且在终端能源消费领域还出现了许多新特征，如：燃气、电、热力等多种能源互联互通、多元用户开放共享、用户深度参与、用能选择灵活、智慧高效便捷等。新的能源体系的重要核心是电能，未来新一代能源系统将是一个以电力为纽带（核心）、融合多种一次能源的新一代能源系统——能源（电力）互联系统。电气工程学科将是未来能源系统构建的核心！

近年来电气工程学科的方方面面都取得了长足的进步。特高压电网和智能电网建设以及可再生能源的规模利用带动了高参数、高性能电力设备的强劲需求，促进了高电压与绝缘技术的大力发展；电能高效变换的要求、节能减排的需求驱动、安全战略的纵深谋虑、信息化社会对电能品质需求的不断提高，推动了我国电力电子与电力传动技术的快速发展；以电力为核心的新一代能源电力系统发展的要求，丰富了电力系统及其自动化的内涵；高效电磁能转换、风能利用、电动汽车等的发展，提升了电机、变压器等相关的材料性能和关键技术；物联技术的引入和智能电网的建设需求，带动了传统电器向现代电器转型发展。此外，近年来电气基础相关的电工材料、电路电磁场、超导电工、电磁兼容、无线传能、强磁场技术、电磁发射技术、储能、功能电介质等方面以及电场与生命、磁场与生命、等离子体与生命等交叉科学也都有了长足的进步。

本报告第一部分按学科体系从高电压与绝缘技术、电力电子与电力传动、电力系统及其自动化、电机与变压器、高低压电器、电工理论与新技术、电工数学、电气工程和生命科学等八个方面总结介绍我国电气工程学科的研究进展，以及国际电气工程学科的最新研究热点、前沿和趋势。第二部分以专题形式分电工新材料、电气测量与传感技术、电力储能技术、电工装备及其智能化、电力装备与系统的电力电子化、高参数电机及其系统、智能配用电、能源互联网、放电等离子体及其应用、轨道交通电气化等 10 个部分介绍各领域的研究现状与进展、国内外差距、发展趋势等。

电气工程学科最新研究进展

一、高电压与绝缘技术

特高压电网和智能电网建设以及可再生能源的规模利用，已成为带动整个世界电力设备及电力技术革新的强劲动力。深入研究高电压与绝缘技术，对开发高性能、高参数、高可靠性电力设备，进而保证电网安全有着非常重要的意义。特别是新能源发电主要依赖于太阳能、潮汐能和风能等，具有很强的间歇性和空间分布不均匀性，对高电压与绝缘技术提出了前所未有的挑战。高电压与绝缘技术学科跨度广阔，涉及物理、化学、材料、电气等，理论研究深至凝聚态物理，工程应用广到电气设备的监测与评估；既有多学科的交叠与成果积累，又有科研与工程的结合。需要从先进电介质材料、电力设备放电与过电压防护、高压电力电子装备，以及智能电气设备与全寿命运行特性等方面加强深入研究。

（一）先进电介质材料

近年来，随着新能源的广泛利用，电力设备通常都需在高频、高压、高功率以及高温等苛刻的环境下运行，因而作为上述器件的重要组成部分的电介质材料不仅存在着轻量化要求，同时还要有非常好的工作稳定性。这对电介质材料的导热性、力学性能、耐热性能等都提出了更高的综合要求。然而，当前对于这类具有多种功能需求的电介质材料的极端条件下服役特性、设计与制备的研究还很不充分，在基础设计理论与制备手段方面都需要创新。

1. 极端条件下电介质材料的失效规律与机理

国外在极端条件下的电工装备研究起步较早，技术水平和应用程度领先我国。近年来，我国积极开展该领域的探索研究，取得了诸如极地船舶、青藏铁路、神州系列载人飞船、天宫一号目标飞行器、蛟龙号深潜器等标志性技术成果，使我国在“三极”“三深”装备技术领域达到了国际先进水平；形成了百特斯拉级峰值脉冲强磁场、40 特斯拉级高磁场稳态磁体系统，为科学实验研究提供了技术支撑。随着我国向太空、深海等尖端领域的快速发展，对于高性能电介质材料提出了新的要求。例如：①超导磁体工作环境为超低温环境，超低温下电介质材料应具有较高的机械强度；同时，还应开展对超低温时电介质材料的线膨胀系数、热传导率、机械强度、弹性率、泊松化、摩擦系数、绝缘特性等各方面的研究。②在高温条件下，保证电介质的优良电气性能，提升电介质材料的加工制备技术，减小高温环境电介质材料的气孔率。③在宇航环境中的电介质材料应具有优异的机械性能（辐射破坏高分子结构）、介电性能（辐射可以造成电子脱陷）以及热学性能（绝缘材料面向太阳一面和背向太阳一面温度差异很大），同时研究其抗劣化性能。④对于海水侵蚀的电介质材料做进一步研究，增强其测试评估手段，为海底电缆的运行打下基础。

2. 高性能电介质材料的研究与开发

随着电力系统的不断发展，传统电介质材料的介电性能已不能满足系统的要求，需要提高材料的性能。我国绝缘材料的制备技术与国外还有很大差距。一方面，国外在高等级电工环氧、聚乙烯、液体硅橡胶等基础原材料方面掌握核心技术，在高端电工原材料领域几乎垄断了全球市场；另一方面，国外产品在核心制造方面处于领先地位，欧洲、日本等已经可以生产 500 kV 直流电缆，其 320kV 直流电缆附件已经实现了工程应用。而我国在高性能绝缘材料领域，产品结构、技术水平、质量性能、技术开发、市场快速反应能力和企业设备技术等方面的国际竞争力有待提升。

3. 环境友好型电介质材料的研究与开发

传统电介质材料对环境的影响是多方面的：首先是材料制造中产生的污染；其次是产品使用中产生的污染，比如有溶剂漆时溶剂的挥发味道，又如层压制品加工过程中灰尘的飞扬和噪声污染；再次是材料产品本身的毒害性，如多氯联苯液体电介质有致癌作用，现在已被禁止使用，石棉短纤维也因对人身体有害已被停止使用；最后材料产品废弃后产生的污染，如 SF6 是一种很强的温室效应气体，已被《京都议定书》禁用。我国绝缘材料新产品开发方面还落后于发达国家。例如：矿物绝缘油难以生物降解且燃点较低，而植物绝缘油是一种高燃点、环保型液体绝缘介质。国内外研究学者针对植物绝缘油的制取方法、理化性能、介电性能、油纸老化、吸湿特性等方面已开展了深入广泛的研究：瑞士 ABB 公司研制的植物绝缘油 BIOTEMP 应用于配电变压器，在 –37.4℃时能够安全启动运行。美国的 Cooper 公司也研制出以大豆油为基础油的绝缘油 FR3，从 2000 年至今已经在上万台变压器中使用。2002 年日本富士电机公司开发出以菜籽绝缘油为绝缘介质的小型、轻便、环保型配电变压器。目前国内植物绝缘油在大型电力变压器中应用的相关研究还处于起步阶段，缺乏植物绝缘油变压器绝缘散热设计经验和运行数据。

因此，在先进电介质材料方面，应大力发展如下研究：①阐明深空 / 海 / 地、零磁 / 强磁、高速 / 超高速等极端环境对电介质材料的影响及其失效机理；②揭示多物理场下微纳尺度间隙与复合介电系统的介电效应与损伤破坏规律，完善复合场作用和极端条件下电介质材料理论体系，引领本领域的理论创新与技术进步；③从分子角度对高性能电介质材料进行设计，研究其加工工艺及生产制备技术，实现相关先进绝缘材料规模化生产，提升我国高性能电介质材料的加工制造水平，以满足我国电力系统向第三代电网发展的需求；④对于高性能电介质材料和功能化绝缘材料进行理论研究，提高对于其性能的测试表征水平，进而实现对于相关先进绝缘材料性能的宏观调控；⑤对于应用于电力系统的高性能的电介质材料进行全面评估，增强现有评估手段，实现相关先进电介质材料在不同环境下的灵活应用，保障我国电力系统安全稳定运行。

（二）电气设备中的放电与过电压防护

我国电力系统向远距离、高电压、大容量方向发展，超特高压输变电系统长期在污秽、雾霾、覆冰、强暴雨等复杂环境条件下运行，且易受高海拔环境中低气压、强紫外线和随机空间电荷影响；GIS、断路器、变压器等常规电气设备以及脉冲功率装置等特种电气设备向高电压、小型化、高可靠性、绿色环保方向发展。电力系统和电气设备的上述发展趋势对其中的放电、过电压实时感知和防护提出了更高的要求。

1. 电弧放电

开关电器在电力系统中发挥着不可替代的保护和控制功能，而电弧是开关电器开断过程中最重要的物理现象，掌握电弧特性，从而实现对其特性的控制，对于提高开关电器的开断性能具有重要意义。我国已在电弧研究方面形成了一定学术影响力，主要包括：空气、真空、SF_6等不同介质中燃弧过程的磁流体动力学建模与仿真方面处于国际领先水平；研制了专用软件系统，并已初步开展了弧后非平衡态电弧理论方面的研究；系统性地获得了与电接触密切相关的电弧放电微观物理特性，提出了电接触表面动力学特性的新概念，建立了分离式电接触理论体系，为电接触性能的智能化评估奠定了相关理论基础；提出了器壁侵蚀与结构相复合的灭弧思想，发明了系列新型低压灭弧系统，突破了大容量开断、中强限流开断和抑制弧后重燃的难题；揭示了纵向磁场分布对真空电弧的控制机理，发明了真空电弧的非均匀纵向磁场控制技术，掌握了SF_6断路器弧后击穿场强与压力、温度之间的定量关系，并提出了弧后电击穿的评估方法。

2. 沿面闪络

由于沿面闪络问题对电气设备设计和安全运行的重要性，国内外很早就对真空、气体、绝缘油等不同条件下的闪络现象开展了大量试验和理论研究。在真空沿面绝缘方面，美国和俄罗斯的一些实验室在大型脉冲功率装置设计工程的驱动下开展研究，为真空绝缘研究提供了基本的理论基础，但对沿面闪络的机理认识和有效的抑制手段仍待深入研究。在气体沿面绝缘方面，由于传统的纯SF_6气体液化温度高、温室效应严重、对场强集中敏感等缺点，各种可替代的绿色环保气体的基本理化及电气性能研究也在国内外广泛展开，其中瑞士ABB公司成功研制了1.0MPa的SF_6/N_2混合气体的气体绝缘金属封闭管道母线以及新型气体。国外对±600kV直流和750kV交流电压等级及以下的外绝缘研究较多且成熟，但对交流1000kV、±800kV及以上系统外绝缘研究甚少。特别是国外超高压以上输变电工程很少面临高海拔、覆冰、污秽和雾霾的影响，因此对这些复杂环境下的沿面放电研究较少。相反，在我国特高压建设的带动下，我国建设了高达±1100kV特高压直流试验电源装置和大型人工气候室，在西藏（海拔4300m）、怀化（海拔1500m）等地建立了户外特高压试验基地，具备开展高海拔、污秽、覆冰等各种复杂环境的特高压全尺寸试验能力和条件，克服了传统外绝缘设计采用线性外推的选择和人工模拟高海拔、覆冰雪环境的试验方法。

3. 长间隙放电

随着输电电压越来越高，外绝缘空气间隙的长度也随之加长，人们逐步开始了长空气间隙放电特性的研究。20世纪70年代初，国外开始利用高压实验室对长间隙放电的现象和物理过程进行研究。著名的实验室和研究机构有法国的Les Renardières高压物理实验室、加拿大魁北克立电局研究所（IREQ）、意大利的电技术实验中心（CESI）实验室等。为了对这些试验结果进行解释，科研工作者提出了基于大量假设的物理模型与经验公式，例如，意大利学者Gallimberti提出了流注发展的能量平衡模型；Hutzler等提出了基于Aleksandrov的电晕云模型；Jones提出了先导通道具有电弧特性等。但由于计算能力的限制，这些模型大都是经验模型，对于放电物理过程的解释也相对比较笼统。近年来，为了满足我国特高压输电线路建设的设计需要，相关科研机构也开展了特高压下长空气间隙放电外特性的试验研究工作。但是相关工作主要还停留在通过在试验获得间隙放电电压、利用工程经验模型估计放电特性的阶段。对特高压下长空气间隙放电的分散性、饱和性等发生机理及其特征尚无清楚的认识。

4. 电网过电压实时感知和防护

目前电网过电压的研究，大多仍是依赖电磁暂态的仿真计算结果，缺乏实际测量的过电压波形及参数和依据实测特性建立的宽频元件模型。特别是直流、柔性直流输电以及特高压输电工程的发展，电力电子器件的大规模应用导致系统的暂态特性与传统电网有很大差异，如仍采用简单模型和简化电路仿真获取的过电压行为特征难以令人信服。近年来，在高压和超高压电网已有一些过电压在线监测装置投入运行，但目前对于过电压信号的获取大多数采用的是高压电阻式或电容式分压器，例如，一些特制的电压传感器组成套管分压系统，从套管末屏抽头处获取电压信号，实现对电网过电压信号的实时感知。但是，当电压等级较高时，增加一次设备会给电网的安全运行带来潜在威胁。随着光纤传感技术的迅速发展，以及一些新材料的不断应用，有研究者开始利用晶体的一次光电效应和二次光电效应开展电压、电场传感技术的研究。国内外曾有文献基于逆压电效应的电光晶体、锗酸铋电光晶体等晶体材料研制出了各种电压传感器。因此，基于先进的传感技术研究微型化、非接触、高性能的传感器是电网运行参数实时感知发展趋势。

因此，在电气设备中的放电与过电压防护方面，应大力发展如下研究：①全面掌握电弧等离子体与物质的相互作用机理，掌握采用各种灭弧介质的电力开关设备开断全过程的数值模拟方法，以及极端开断条件下的电弧特性及其控制技术。②阐明沿面放电起始、发展到最终闪络的时空演化规律；提出影响闪络现象的主要因素和综合评价体系；优化现有绝缘设计，提高沿面闪络场强，解决特高压直流输变电工程外绝缘沿面放电问题。③掌握长空气间隙放电关键参数的获取与辨识方法；建立特高压长空气间隙放电物理模型和快速稳定的数值计算方法；掌握高海拔长空气间隙放电特征并建立工程实用的海拔修正方法；揭示长真空间隙击穿机制及弧后介质恢复特性。④实现电力系统宽频域电气参数测量；提高传感器温度稳定性和湿度稳定性；掌握新一代复杂大电网暂态过程多参数实时获取方法；揭示复杂电网结构下的系统过电压行为特征及其对绝缘系统的影响规律；实现电网过电压的主动防护。

（三）高压电力电子装备

近年来，常规、柔性直流输电技术和柔性交流输电技术的发展和广泛应用，大大推进了直流电网的构建。我国在特高压直流换流阀、柔性直流换流阀、高压直流断路器、统一潮流控制器等高压电力电子装备研制方面取得了重大突破，部分核心技术达到了世界领先水平。此外，我国相关科研机构和高等院校也已启动了高压大容量 DC / DC 变换器（含高压大容量高频变压器）、柔性环网控制器的核心技术和装备研制方面的研究工作。但是，现有的高压电力电子装备大多实现了“中国制造”，距离实现装备的“中国创造”尚存在较大差距，其内在原因是对高压电力电子器件与装备的特性认识不够，基础理论和关键技术研究相对缺乏。

1. 高压大功率电力电子器件瞬态特性及失效机理

现有研究表明，在电力电子系统中，由于半导体功率器件引起的失效占比为30%~40%。器件失效通常可以分为两种：一种是电力电子器件开关瞬态过程中造成的失效，其主要是由过电压、过电流或者局部温升过高等原因导致；另一种是老化失效，如器件长期运行后的键合线脱落等。对于开关瞬态过程中的电气、机械、热特性引起的失效，国外自20世纪80年代后期已经开展了广泛研究。目前，国内对于器件失效机理方面的研究尚不充分，一方面，缺少基础理论和系统性的研究，如芯片自身特性，芯片与封装材料、封装结构之间的相互影响机理，器件长期运行条件下芯片与封装材料老化特性等的研究；另一方面，现有研究多局限于低压小功率电力电子器件，而对于高压大功率器件，不仅要考虑其与低压小功率器件相似的失效机理，还要解决高压大功率器件所特有的问题，如器件绝缘等级设计等。因此，研究高压大功率电力电子器件瞬态特性及失效机理，对于提升电力电子器件及系统的整体性能具有重要的意义。

2. 电力电子器件规模化成组

电力电子器件主要采用串联方式来实现高电压，采用并联方式来实现大电流。电力电子器件串联的静态均压由器件自身特性决定，可以通过改善芯片的参数一致性来实现。动态均压指的是改善多个器件的开通一致性。针对这一问题，国内外学者从栅极驱动和功率回路的角度提出了多种动态均压方法，并根据实际使用工况来选择合适的均压策略。特别是电力系统用的多个器件串联高压大功率应用工况，需要对各种均压策略进行系统对比，以选择合适的均压方法实现器件串联应用。对于电力电子器件的并联应用，核心是器件级和芯片级的并联均流。国内外已有研究表明，实现器件并联动态均流可以从驱动回路参数以及驱动信号延时等方面去改善和优化。但是这种均流方法是从外部电路入手，并没有通过改善器件内部芯片电流分布来整体提升器件的均流性能。目前，对于芯片级均流的研究尚不充分，国外已有的研究主要是针对多芯片并联的试验测量，并没有对芯片电流不均衡机理进行深入研究；或者是基于仿真方法，分析封装及系统结构对于芯片电流分布的影响规律。

3. 高压电力电子装备的多时间尺度电磁瞬态建模

高压电力电子装备建模主要存在以下问题：①对于其中的电力电子器件，尤其是高压大功率电力电子器件的自身特性认识不够。②主电路设计过于理想化和经验化，在设计仿真阶段基本采用元器件的简单模型，并没有考虑电力电子装备及系统中频变参数、寄生参数及分布参数的潜在效应。③对器件、电力电子装备及系统的不同时间尺度的电磁瞬态过程认识不清。国内外在高压电力电子装备的多时间尺度电磁瞬态建模方面鲜有报道，但在不同层面也开展了相关研究。针对电力电子器件的瞬态开关特性、主电路瞬态换流回路、回路杂散参数效应、脉冲瞬态过程、电磁能量过渡过程等方面，美国、英国、瑞典等国开展了大量研究，国内清华大学、浙江大学、华北电力大学等高校也在不同方面开展了相关工作。整体而言，现有研究多是针对某一时间尺度的电磁瞬态建模和特性分析。综合考虑器件开关的瞬态特性，以及电力电子装备和系统中频变参数、寄生参数及分布参数的潜在影响，开展不同时间尺度下的电磁瞬态建模并掌握其内在特性具有重要意义。

4. 高压电力电子装备的多物理场耦合特性

近年来，国外主要基于商业软件 ANSYS、COMSOL 等对电力电子器件内部的多物理场特性进行仿真分析，主要有美国、瑞士、英国、加拿大等国，包括对器件中电迁移现象造成的器件失效进行了大量研究，也对晶闸管、器件封装的多物理场特性进行了分析。国内全球能源互联网研究院、华北电力大学、株洲南车时代电气股份有限公司等单位，针对特高压直流换流阀、柔性直流换流阀、高压直流断路器等高压电力电子装备，在芯片、封装、器件及装备的电磁场、温度场、电化学、声场等多物理场及其调控方面开展了大量研究。由于高压电力电子装备多物理场耦合计算的复杂度极高，现有方法大多采用弱耦合方式，将多物理场耦合方程直接分离，通过分时多次迭代求解，但是现有工作对多场耦合的本质并未完全认识，缺乏相应的调控方法和优化技术，在多物理场强耦合方程快速求解、多物理场特性认识及综合控制等方面都有待开展深入研究。

5. 高压高频电力变压器基础理论与关键技术

美国、英国、瑞士等国相继研制了容量为几十千瓦、工作频率为几十千赫兹的高频电力变压器实验室样机，并对变压器磁心材料特性、损耗计算方法、寄生参数效应等进行了分析研究。上述研究主要针对小容量高频变压器，但随着容量和电压等级的提升，变压器匝数日趋庞大、内部结构日趋复杂，且一些高性能金属软磁材料将替代传统的铁氧体作为变压器磁心，使得高压高频电力变压器寄生参数效应、铁心高频磁化与损耗特性等日益复杂。在国外研究的基础上，我国在高压高频电力变压器电磁设计方法、宽频建模与参数提取、寄生参数效应优化与控制等方面进行了深入的研究，提出了适用于更大容量、更高电压等级的高频电力变压器磁心特性与寄生参数分析方法。但是，目前仍缺乏高压高频工况下变压器各种电磁场、电路、磁路以及材料电磁参数许用值等的相关研究，迫切需要建立变压器高频等效磁路、高频损耗模型，提出设计理论与方法，以实现变压器高低压绕组的均压均场设计、铁心与油箱及高低压绕组的损耗控制、变压器性能参数的总体设计及与变换器间的相互配合等，为未来研制高压高频电力变压器提供基础理论与关键技术支撑。

因此，高压电力电子装备方面，应大力发展如下内容：①揭示高压大功率电力电子器件的失效机理。②提出电力电子器件规模化成组的电气均衡技术。③建立高压电力电子装备的电磁暂态模型。④提出高压电力电子装备的多物理场综合设计方法。⑤提出高压电力电子装备对其他电磁敏感系统的影响抑制技术。⑥建立高压电力电子装备的等效试验理论及体系。⑦提出高压电力电子装备的可靠性提升技术。⑧建立高压高频电力变压器设计方法与理论体系。

（四）智能电气设备与全寿命运行特性

智能电气设备是指该设备具有对自身故障的智能感知、识别、控制以及信息的网络化交互、共享、控制能力，根据设备自身运行状态信息和外界多种信息的综合，采用模式识别、专家系统等智能分析、智能决策与控制手段，实现对设备运行状态的适时、适当调整与改变。智能电气设备研究涉及高压电气设备故障理论、故障的智能感知、智能分析、智能决策与控制等方面，目的是通过对电气设备故障的机理、规律和特性的认识，为故障的智能识别提供理论指导；采用先进的神经网络、专家系统等智能分析技术，实现对故障特征信息的辨识与故障定位，实现电气设备的状态智能评估、寿命预测、管理及控制，从而提高电气设备故障防御的能力。

1. 电气设备故障机理

智能电力设备应具有故障在线检测、状态评估、诊断功能，从而能及早发现潜伏的故障，可提供预警或规定的操作。因此，需要对故障产生机理、发展过程及规律、影响故障的各种因素进行深入的研究和探讨。众所周知，大型高压电气设备的绝缘故障是造成设备事故的重要原因，所以，研究绝缘老化击穿相关机理、规律、监测和防治方法是发展智能电气设备的理论基础。国内外的研究主要包括如下方面：①故障产生机理：电力设备的绝缘材料大多为有机材料，如矿物油、绝缘纸、各种有机合成材料等。②故障发展过程及规律：绝缘的劣化、缺陷的发展并最终导致故障的发生虽然具有统计性，发展的速度也有快慢，但大多具有一定的发展期。绝缘材料以有机绝缘材料的老化问题最为突出。③影响故障的各种因素：局部放电、沿面放电、电痕击穿、电树枝化等现象都是与绝缘劣化息息相关的。单一作用因素下的老化规律研究较多，而对于多种因素同时作用时的老化规律目前还没有充分研究。

2. 电气设备状态监测与故障诊断

智能电气设备的技术基础来自电气设备状态监测与故障诊断技术。国际上从 20 世纪 60 年代开始研究开发电气设备绝缘在线监测技术，但直到七八十年代，随着传感器、计算机、光纤等高新技术的发展和应用，在线监测技术才得到快速发展，尤其是进入 90 年代，人工智能技术在抗干扰、模式识别、故障诊断方面的应用，推进了在线监测技术的进步。我国的在线监测技术在 80 年代得到重视和快速发展。目前，我国的在线监测和故障诊断技术的研究与国际同步发展，处于几乎相同的水平，并且在设备信息处理、故障诊断方面的研究居于前列。

3. 电气设备综合评估及全寿命周期管理

电气设备综合评估技术：电气设备综合评估技术主要包括设备的故障诊断、状态评估、寿命预测、可靠性评估、故障预警、状态检修等方面内容的评价技术，是实现电气设备全寿命周期管理的基础。已开展的变电站高压设备综合评估研究工作有：高压电气设备早期及突发性绝缘故障的智能诊断与预测、故障特征量提取与评估理论及方法、绝缘老化诊断与寿命预测、绝缘故障演化机理及事故预警、状态评估与维修决策等。目前存在的主要问题包括以下方面：单目标评估系统难以在大型高电压设备的综合评估中获得良好的预期效果；由于电气设备受到电、热、机械、微气象等多因素影响，评估模型十分复杂，难以应用验证；由于设备信息不完善，难以获取有效设备信息支持电气设备的综合评估。

电气设备全寿命周期管理技术：全寿命周期管理是从设备需求、规划、设计、生产、经销、运行、使用、维修保养直到报废再用处置的全生命周期中对设备实施全面的管理。然而，由于目前电气设备综合评估方法与模型多种多样，评估指标体系仍不完善，难以完全支持设备全寿命管理的应用。因此，必须在完善的设备信息体系的基础上，形成以全寿命周期管理为应用目标的评估与管理决策指标体系，对设备制造、运行、检修及更新策略进行全方位评估，建立以风险效益为核心的输变电设备全寿命周期优化管理体系。我国电气设备管理一直沿用传统基于职能部门分工的“条块化”“分段式”管理模式，从而导致管理过程目标不统一，评估体系不科学。

因此，在智能电气设备与全寿命运行特性方面，应大力发展如下研究：①深化基础研究，特别是研究电气设备内部缺陷的产生、发展和致障机理，以及研究复杂电磁场、温场、油流、水分与杂质等多种因素对致障过程的影响，获取更精确的电气设备安全评估模型和方法，提升电气设备故障在线诊断和预警能力。②通过研究新型传感器技术以及符合电气设备电磁场分布要求的各种传感器接口，实现电气设备智能化，并提升故障特征信号的监测灵敏度和信噪比。③深入研究电气设备的综合评估和全寿命周期管理技术，提升电气设备的智能化运维水平，在满足可靠性水平的基础上，降低设备全寿命周期的运行费用，为智能电网的应用提供技术保障。

二、电力电子与电力传动

（一）最新研究进展

电力电子与电力传动学科是一门交叉学科，涉及电力、电子与控制等多学科领域，主要研究新型电力电子器件、电能的变换与控制、高性能功率电源、电力传动及其自动化等理论、技术和应用，综合了电能变换、电磁学、自动控制、微电子及电子信息、计算机等技术的新成就而迅速发展，对电气工程学科发展和社会进步具有广泛的影响和巨大的推动作用。

电力电子技术涉及电磁能量的变换、控制、输送和存储，通过半导体功率开关器件对电能进行高效率变换，获得所希望的高品质电能。电力电子技术产业涉及上、中、下三个层面的产业链：电力电子元器件（上游）、元器件构成的电力电子装置（中游）、以装置为基础的电力电子技术在各行业的应用（下游）。该技术产业覆盖了几乎所有关系国民经济发展和国家长久安全的关键技术领域，如材料、制造业、信息和通信、航空和运输、能源和环境。在我国《国家中长期科学和技术发展规划纲要》中，电力电子装置将被广泛地应用和渗透到所规定的"重点领域及其优先主题"中的能源、环境、装备制造业、交通运输、国防；"前沿技术"中的先进能源技术、激光技术、航空航天技术；"重大专项"中的核心电子器件、高档数控机床与基础制造技术等许多重要领域。可见，电力电子技术已经成为社会发展和国民经济建设中的关键基础性技术之一。

近五年来，国家产业政策的扶持推动、经济发展的持续增长、节能减排的需求驱动、安全战略的纵深谋虑、信息化社会对电能品质的不断提高，推动着我国电力电子学科及其技术快速的发展。电力电子学科从基础研究、技术水平、产业规模、产业链条完善和标准体系建立等方面成就斐然，相应的电力电子技术在元器件研制和生产、装置拓扑和结构以及在其主要的应用领域，如电机变频调速、工业供电电源、新能源发电、电力牵引、电力输配电和绿色照明等方面，都取得了飞跃发展。

1. 电力电子器件

我国电力电子器件及其产业已形成晶闸管类器件、装置、应用的成熟产业，达到国际先进水平。近年来，IGBT/IGCT 等电力电子器件及其应用得到迅速发展，实现了 IGBT 和 IGCT 器件的自主研制，并逐步替代进口产品。在碳化硅（SiC）、氮化镓（GaN）等新型宽禁带电力电子器件的研发方面，我国 SiC 和 GaN 电力电子器件实现了"从无到有"的突破，在技术研发方面有了较好的积累，个别技术水平接近国际先进水平。

（1）晶闸管类器件产业成熟，种类齐全，质量可靠，技术水平居世界前列

晶闸管和普通整流二极管是传统的电力电子器件，在许多关键领域仍具有不可替代的作用，尤其是随着变流装置容量的不断增大，对高压、大电流的高端传统型器件的需求巨大。通过技术上不断探索和引进消化国外技术，我国晶闸管的研发能力和制造产品质量达到了世界先进水平。西安电力电子技术研究所通过对 ABB 技术的消化—吸收—再创新，已实现了 5 英寸 7200V/3000A 电控晶闸管的产业化，并反向 ABB 提供芯片研制成功 5 英寸 7500V/3125A 光控晶闸管、6 英寸 8500V/（4000 ~ 4750A）电控晶闸管，成功应用于 ±800kV 直流输电线路，其应用成果于 2011 年获得国家科技进步奖一等奖。株洲南车时代电气公司研制成功 6 英寸晶闸管，应用于高压直流输电工程，获得 2010 年国家科技进步奖二等奖；在国产 CTO 器件的基础上，研制成功 4500V/4000A 高压集成门极可关断晶闸管（IGCT），获得 2012 年中国电工技术学会科学技术奖一等奖，这些都为国产大功率变流器的研制奠定了基础。

（2）研制成功高频场控器件 IGBT/MOS 并形成产业化

国家发改委于 2007 年和 2010 年分别发布了《关于组织实施新型电力电子器件产业化

专项有关问题的通知》，在科技部2009年国家科技支撑计划重点项目《电力电子关键器件及重大装备研制》和工信部2007—2010年四年连续发布的电子发展基金中，重点支持IGBT芯片、模块及FRED、MOSFET等芯片、封装的研发和产业化，为自主开发IGBT芯片和器件打下了良好基础。

近年来，高频场控电力电子器件技术和产业取得了长足的进步，建立了从电子材料、芯片设计、研制、封装、测试和应用的全产业链。中小功率（100~500V/ ≤ 30A）的MOSFET芯片已产业化，批量生产的单管已在消费类电子领域得到广泛应用，600~900V的MOSFET芯片正在开发中；600V、1200V、1700V/（10~200A）的IGBT芯片和600V、1200V、1700V/（10~300A）的FRD芯片已进入产业化阶段，3300V、4500V、6500V/（32~63A）的IGBT和3300V、4500V、6500V/（50~125A）FRD的芯片已研发成功，并进入量产阶段；IGBT模块的封装技术也上了一个大台阶，采用国产芯片的600V、1200V、1700V、3300V/（200~3600A）的IGBT模块已经实现量产，采用国产芯片的4500V、6500V/（600~1200A）的IGBT模块进入小批量的量产阶段。国产品牌IGBT芯片和模块已经形成与国际品牌竞争的态势。

（3）宽禁带电力电子器件取得了从无到有的突破

近年来，在国家发改委、科技部、工信部的支持下，我国SiC和GaN电力电子器件实现了“从无到有”的突破，在技术研发方面有了较好的积累，个别技术水平接近国际先进水平。在SiC器件方面，国内研发出了17kV PiN二极管芯片、3.3kV/50A SiC肖特基二极管芯片；研发出了1.2kV~3.3kV SiC MOSFET芯片、4.5kV/50A SiC JFET模块等样品。目前，我国已具备600V~3.3kV SiC二极管芯片量产能力，尚不具备SiC MOSFET芯片产业化能力。我国有若干科研机构和企业从事GaN材料技术的开发，目前已开发出了6~8英寸硅基GaN晶圆材料的产品、2~4英寸单晶GaN衬底及同质外延材料产品；已经具备了600~1200V平面型GaN芯片的研发能力，并具备了600V平面型GaN器件的产业化能力；在新型垂直结构GaN器件方面，国内研发出了1kV垂直型GaN肖特基二极管、1.7kV垂直型GaN PiN二极管。综合而言，我国宽禁带电力电子器件技术和产业水平还落后于国际先进水平，处于产业能力建设阶段。

2. 电力电子装置与应用

（1）电力电子技术基础理论与装置设计方法有望取得突破

电力电子学科是电子学、电力学及控制理论等多门学科的交叉结合，以电能变换为主要研究内容，包括功率半导体器件、电力电子电路、电力电子装置及其系统。预计到2030年，电力电子装置将管理大约80%的能源，比2005年增加了30%，相当于30亿千瓦时以上的节能。这些电力足以为30多万个家庭提供一年的电量。

近五年来，除集中于单台电力电子装置的优化设计，多台电力电子装置互联层面及系统层面的基础理论分析和优化设计方法同样获得很大关注。国家自然科学基金、国家重点研发计划项目都给予了极大的支持，在电力电子学科的基础理论研究和装置设计方法上取得了有意义的进展。

1）高增益电力变换调控机理与拓扑构造理论。直流电力变换技术是新能源发电、交通运输、电力推进和直流输配电等领域关键变流装备的核心。高增益直流变换方法是实现大升（降）压比变流装备高效率、高功率密度和高可靠性的理论基础。针对传统升压拓扑理论已遭遇电压增益提升极限、电路和控制系统处于极端条件运行，而且功率器件面临非柔性开关切换的高功耗物理瓶颈，浙江大学历经 10 余年潜心研究完成的高增益电力变换多自由度调控机制，实现了从单自由度调节到多自由度调控的根本转变；提出了自适应箝位软开关原理，破解了宽范围变换时高能耗瓶颈；建立了高增益电路统一构造方法，实现了高增益结构从孤立无序生成到普适有序推演的跃升，有力推动了电力电子拓扑结构的发展。20 篇主要论文中 18 篇发表在本学科国际顶级期刊上，6 篇入选 ESI 高被引论文；被国内外高校和研究机构他引 2896 次，SCI 他引 902 次。研究成果获得国家核心发明专利 19 项，在机载和舰载等国防装备及工业电源系统中成功应用并产业化。研究成果获 2017 年国家自然科学奖二等奖，为高性能变流装备技术提供了理论支撑，有力推动了电力电子学科的发展。

2）大容量电力电子混杂系统多时间尺度动力学表征与运行机制。大容量电力电子系统包含多种不同时间尺度能量变换的瞬态过程，不仅在运行机理和工作状态方面，而且在电、磁、热等方面均呈现出复杂的动力学特征，属于典型的多时间尺度非线性混杂系统。2015 年以来，由清华大学、海军工程大学、浙江大学、南车株洲电力机车研究所有限公司、中国科学院微电子研究所联合从系统电磁能量变换和开关脉冲瞬态过程的角度展开了深入研究，形成了一套完整的大容量电力电子变换系统电磁瞬态过程分析与控制技术，有效地提高了装置变换能力和系统可靠性，并推广应用于大容量电力电子装备及工程实际中，取得了显著的社会和经济效益。近三年间直接经济效益超 18 亿元，在西电东送、西气东输、新能源并网传输、区域电网互联、电能质量提升等国家重点工程领域和多个海外工程项目中发挥了重要作用。

3）大容量电力电子装备多物理场综合分析及可靠性评估方法研究。大容量电力电子装备在我国智能电网中应用比重日益增加，为实现 2020 年我国智能电网关键装备的国产化，智能电网领域整体技术处于国际引领地位。由西安交通大学、重庆大学、上海交通大学、华南理工大学、中科院电工所等多家单位联合研究 10MVA 以上大容量电力电子装备的可靠性评估理论和方法，包括关键部件在复杂工况下的多物理场综合作用与多时间尺度交互机制；关键部件级与装备级的动态失效机理与安全运行域刻画方法；关键部件的电磁应力、温度及老化状态的在线提取方法与验证；装备的多物理场联合建模和仿真方法；装备的优化设计与可靠性评估方法，开创未来大容量电力电子装备的概念化设计方法，达到在成本、效率和可靠性等方面的综合平衡与优化。

（2）高压变频核心技术打破国际垄断，低压变频器技术稳步提高

“十三五”规划强调“实施全民节能行动计划”。随着国家政策的宏观调控，以及节能减排政策的出台，变频器近年迎来一个发展的黄金时期。变频器的调速功能在提升电机系统能效方面潜力巨大。2016 年我国变频器行业市场规模约 416 亿元，2017 年约 453 亿元，低压通用变频器占比为 60% ~ 70%，高压变频器市场规模约 117 亿元。

我国变频器行业逐步将科技成果转变为显著的经济和社会效益，让节能减排更高效，不断向着转型升级、智能制造的目标迈进。近年来，低压变频器行业涌现了上百家企业，已全面掌握各类变频器的集成组装和制造技术。国内领先的企业如汇川技术、英威腾，目前市场份额已经超越日资品牌，进入前十，国产变频器进口替代正在加速。

高压变频器市场出现了爆发性增长，平均年增长率超过 40%。在国家重点研发计划项目支持下，我国大功率交流调速技术研究已取得长足的进步，特别是以大功率 IGBT 器件为核心的国产高压变频调速系统研制成功，并形成产业化，在钢铁和煤炭行业的重大装备中广泛推广应用，全面扭转了大功率交流变频传动装备长期依赖进口的局面，使我国在大功率交流调速理论研究、装备制造、工程设计与调试方面进入世界先进行列。

（3）数据中心与通信电源系统、不间断电源技术不断更新换代

当前信息高速发展时代，数据中心和通信系统必须以超大规模的容量运行，以满足用户需求并提供强大的数字支撑服务。正式商用 5G 牌照于 2019 年下半年落地，未来仅 5G 基站电源市场空间就高达 315 亿元。不间断电源 UPS 被称为数据中心和通信系统的“心脏”，不断追求“高效率”“小型化”“轻量化”的永恒目标。电容量在 20kVA 以下的中小功率市场规模持续缩水，销售额由 2015 年的 22.68 亿元下滑至 2017 年的 21.14 亿元，连续三年负增长；而大功率不间断电源市场销售额则从 2015 年的 28.59 亿元增长至 2017 年的 40.55 亿元，同比增速连续三年保持在两位数以上。近年来，国内一些优秀品牌在 UPS 市场异军突起，凭借在技术上的不断追求与本土化的生产服务优势，取得了令人瞩目的成绩，已经成为中小功率 UPS 市场的主力军。根据 2018 年我国三大运营商集采数据，华为、中兴、中恒电气、动力源、中达电通和维谛技术公司（前艾默生网络能源）占运营商集采 90% 以上的份额。中国华为模块化 UPS 全球市场份额第一，200kVA 容量以上 UPS 中国市场份额第一。

过去 5 年，我国 UPS 产品系统容量不断增大，寿命更长，可靠性获得显著提升，总体目标向高端化和标准化趋势发展。根据有关资料统计，UPS 供电系统 70% 以上的故障来源于电池。电动汽车中成功应用的锂电池和固体螺旋卷绕式铅酸蓄电池逐步替换传统液流铅酸电池。薄膜电容器要比电解电容器具有更宽电压范围，内阻也小得多，杂散电感要比电解电容器小一个数量级，寿命在同样价格下也比电解电容器长得多，这大大拓展了薄膜电容器的应用领域。锂电池、螺旋卷绕式铅酸蓄电池和薄膜电容器的应用大幅度提高 UPS 供电系统的可靠性并延长其寿命。

大量数据中心和通信系统需要相对较高电压（几百伏）到低电压的功率转换以给电路元件（如处理器）供电。具有高输入至输出电压比的开关模式功率转换器的效率较低，过去电源管理模块通常涉及多级功率转换。氮化镓凭借其独特的开关特性，实现从中间54/48V总线直接转换到处理器内核电压，可以降低系统成本并提高效率，成为未来直接转换架构的强有力候选者。

（4）轨道交通电力电子装置技术显著提升

我国实施的大规模铁路牵引装备自主研制工作中，中国北车集团承担了CRH3和CRH5等高速动车组，HXD2和HXD3等大功率电力机车的吸收消化再创新工作，包括牵引变流器、牵引辅助变流器、牵引电机技术、充电机、功率模块技术。中国南车集团承担了CRH2等高速动车组、HXD1等大功率电力机车的吸收消化再创新工作。到2017年年底，高速动车和电力机车的电力电子装置，如牵引变流器功率模块和牵引控制器、辅助变流器功率模块和辅助控制模块、充电机等，都已经具备设计、制造、试验能力。其中，“先进轨道交通”国家重点专项研制的基于高频化技术的电力电子变压器相对既有系统重量降低15%、体积减小20%、效率提高2%。轨道交通电力电子变压器系统突破了高压高频电路拓扑控制及集成技术，开发了基于6.5kV的IGBT（绝缘栅双极型晶体管）的高压高频模块，频率可达2kHz以上；研制出MVA（兆伏安）级油浸式高频变压器，效率可达99.5%；成功研制基于高频化技术的轨道交通牵引电力电子变压器工程原理样机。

（5）电力电子装备技术发展加快了智能电网的建设与进步

电力电子与电力传动技术在输、配电中的应用是其最具有潜在市场的领域，从用电角度，利用电力电子与电力传动技术可以进行节能改造，提高用电效率；从输、配电角度来说，必须利用电力电子技术提高输配电质量。未来有95%的电能要经电力电子系统处理后再使用。电力电子技术在电能的发、输、配、用全过程都得到了广泛而重要的应用，如表1所示。中、大功率电力电子装备的研发及应用，为我国电网实现智能化夯实基础，为开发我国新能源产业积聚力量，为我国挺进国际水准的电力能源利用大国增强臂翼。

表1　电力电子技术在电力系统中的主要应用

分类	应用装置举例
发电	发电机交、直流励磁装置，电厂用电故障监测及保护装置，串补装置，风力发电用永磁发电机变频调速装置，超大功率逆变并网系统等
输电	高压直流输电系统（包括：海上风力发电用岸上轻型高压直流输电装置等），灵活交流输电系统（包括：静止无功补偿器，静止无功发生器，潮流调节器等）
配电	有源电力滤波器、静止无功发生器，动态电压补偿器，电力调节器、电子短路限流保护器等
用电	大功率牵引、变频调速装置，核物理研究、磁悬浮配用大功率电源等

近年来，随着电力电子器件和变流技术的飞速发展，高压大功率电力电子装置的诸多优良特性决定了它在输、配电应用中具有强大的生命力。我国全面掌握特高压直流输电等技术，实现了“中国创造”和“中国引领”。特高压 ±800 千伏直流输电工程荣获国家科学技术进步奖特等奖，是我国能源电力发展的核心技术，是实施我国大规模跨区域能源优化战略的重大关键技术，具有输电损耗低、输电走廊利用率高的特点。国家电网公司等单位联合科研、高校、设备制造等 160 多家单位协同攻关，完成关键技术研究 141 项，创造了 37 项世界第一，攻克了特高电压、特大电流下的绝缘特性、电磁环境、设备研制、试验技术等世界级难题。

2018 年 12 月 26 日，张北柔性变电站及交直流配电网科技示范工程完成全部试验和试运行考验，标志着世界首个基于柔性变电站的交直流配电网正式投入商业运行。示范工程原创性地提出了融多种功能于一体的柔性变电站概念，赋予了变电站全新的功能形态，推动了变电站关键设备由“多种设备组合”向“单一设备集成”方向发展。首创的电力电子变压器取得五大技术突破，实现了多端口一体化变压变换、直流故障隔离等四大功能，较现有技术能量密度提升 200%。

（6）电力电子技术支撑我国新能源及电池储能产业蓬勃发展

2009 年，国家提出《新能源产业振兴和发展规划》，将太阳能、热泵、水电与风电、生物质能、交通可替代能源、绿色建筑、新能源装备制造业、对外投资新能源发电等列为我国新能源发展的重点领域。自此，新能源技术投入正式步入快车道。党的十九大坚持绿色发展理念，进一步确立新能源优先发展战略；促进技术创新，加强清洁能源高端装备研发制造，不断提高行业应用基础研究水平，重点支持大功率海上风电机组技术、低成本晶体硅电池国产化技术、高效低成本光伏发电技术等核心技术创新，提高国际竞争力。所有新能源发出的电，都必须通过电力电子技术变换才能达到使用的要求，其中发电系统成本的 1/3 到 1/2 是电力电子变换装置。

中国是世界新能源发展最快的国家，十年内完成了从新能源起步到世界第一的过程。截至 2017 年年底，中国风电装机容量已达约 180GW，光伏装机约 120GW，相比之下，德国风电、光伏装机约为 50GW 与 40GW。2016 年，中国并网风光发电已占总发电量的 5.1%，风光装机均已稳居世界第一。预计，到 2020 年，国内风电累积总装机可达 3 亿千瓦；到 2050 年，总装机规模将在此基础上增长 9 倍达到 300 亿千瓦，其所消费电量将占据国内能源总消费量的 80%，成为名副其实的主体能源。

光伏逆变器一般将其分为三类：集中式逆变器、组串式逆变器和微型逆变器。集中式逆变器将很多并行的光伏组串连到同一台集中逆变器的直流输入端，做最大功率峰值跟踪以后，再经过逆变后并入电网。集中式逆变器单体容量通常在 500kW 以上，单体功率高，成本低，电网调节性好，主要适用于光照均匀的集中性地面大型光伏电站等。组串式逆变器是对几组光伏组串进行单独的最大功率峰值跟踪，再经过逆变以后并入交流电网，单体容量一般在100kW以下，主要应用于分布式发电系统。微型逆变器是对每块光伏组件进行单独的最大功率峰值跟踪，再经过逆变以后并入交流电网，单体容量一般在1kW以下，主要用于户用型并网系统。我国2017年光伏装机量约53GW，占据全球光伏新增装机量的50%以上，为世界第一。国产光伏并网逆变器已经成为主流。

（7）电力电子与电力传动技术促进电动汽车科技创新和产业跨越式增长

作为新能源汽车产业之一的电动汽车，采用蓄电池或其他二次电能存储装置，并只以电机提供驱动力，具有零排放、动力系统结构简单、效率较高、续航里程短等特点。电动汽车的电气驱动技术涉及电机学、电力电子技术、变流技术、自动控制理论等不同的学科领域。2008年，由北京理工大学牵头完成的“纯电动客车关键技术及在公交系统的应用”项目获国家科学技术进步奖二等奖，2012年度由中国科学院电工研究所牵头完成的“电动汽车用高性能永磁电机和驱动系统关键技术及其应用”获得中国电工技术学会科学技术奖一等奖等，标志着我国电动汽车电气驱动技术取得了关键突破。

在电动汽车用电机本体研究方面，国内重点关注与电动汽车运行工况相关的多物理场耦合电机设计方法、电机系统热管理、振动与噪声分析以及新结构电机等方面。在电磁分析方法方面不断创新，发展了满足多重目标和约束的电机电磁设计方法和能有效处理复杂三维磁路结构的电机建模方法。在热管理方面，对脉宽调制导致的谐波铁损耗以及电机三维旋转磁化导致的铁损耗开展了深入研究，使永磁电机铁损耗模型对电机损耗的描述更为精确。从电机类型上看，对多相电机、分数槽集中绕组电机、轴向磁通电机、新型磁阻电机、混合励磁电机等开展了广泛的研究。

我国在先进的车用大功率电力电子装置集成和应用方面也取得了关键进展。“十一五”期间，在科技部“863”计划支持下，中科院电工所与江苏宏微、浙江嘉兴斯达两家公司在国内率先开展电动汽车用IGBT模块封装设计、封装工艺研究和模块测试研究等工作，已研制出600V/450A和600V/600A样品，现正处于实车验证阶段。在SiC器件方面，我国也一直在积极研究和开发。国内已经初步形成集SiC晶体生长、SiC器件结构设计、SiC器件制造为一体的产学研齐全的SiC器件研发队伍。在电机驱动控制器方面，各生产企业已开发出满足各类电动汽车需求的电机系统产品，获得了一大批电机系统的相关知识产权，学术界及时关注到电力电子系统集成这一重要发展趋势，相应地开展了电力电子系统集成的初步研究。

在车用电机的驱动控制方面，数字化控制在国内企业已基本得到普及。基于数字化控制技术，为了实现快速转矩响应、宽转速范围运行和电动发电多象限运行等复杂的运行特性，矢量控制技术、直接转矩控制技术与脉宽调制技术相结合的方法相继应用于电动汽车电机驱动控制并逐渐成熟，滑模控制、模糊控制、模型预测控制等智能控制技术也有大量的尝试和研究。2019年7月公共充电基础设施增速平稳，全国公共类充电桩约44.7万台，其中交流充电桩26万台、直流充电桩18.7万台、交直流一体充电桩549台。从2018年8

月到2019年7月，月均新增公共类充电桩约1.4万台，2019年7月同比增长62.5%。

近五年来，我国相关领域的专业人才数量稳步增长。中国科学院电力电子与电气驱动重点实验室、清华大学电机系、南车时代电动汽车公司、上海电驱动有限公司、北京理工大学电动车辆国家工程实验室、同济大学新能源汽车及动力系统国家工程实验室、精进电动科技有限公司和大洋电机新动力科技有限公司等企事业单位逐渐培育出了该领域的重要研究团队。

（8）电力电子技术促进国防装备和工业制造现代化

电力电子技术是实现电能高效、高质、高精度转换的关键，是我国国防建设及工业制造领域高端装备制造的核心动力和重要保障。海军工程大学研制的基于大容量电力电子技术的新一代航空母舰电磁弹射，采用变频直线电机驱动，400MW大功率变频器，作为新一代武器装备获得重大突破；另外，还有采用大功率电力电子技术的电磁炮，大功率激光武器、航天特种电源等。2016年，海军工程大学完成的中国海军舰艇电力系统技术，使中国在军事科技领域跻身世界一流水平，被誉为世界电气领域的“中国骄傲”。中国已完成蒸汽和电磁弹射器的研制和试验工作，预示着国产电磁弹射器已基本成功，2020年左右首套实用的国产航母电磁弹射器将建造完成，到2024—2025年左右，首艘采用电弹技术的国产航母将下水。届时，中国将成为第二个独立研制设计电磁弹射航母的国家，中国海军的远洋作战能力将实现历史性飞跃。北京交通大学、北京京仪椿树整流器公司与中国某空气研究院联合研制并成功投运了世界第三大容量的63MW航天用特种电弧电源，其输出电流特性精度达到了千分之一。这些都标志着电力电子技术及应用的重要进展。

由西安交通大学开展大功率特种电源的多时间尺度精确控制技术研究，经十余年攻关，围绕提高开关频率、加快响应速度和提高抗扰能力三个核心问题，从纳秒、微秒和秒级三个时间尺度分别开展研究，发明了纳秒级精确错相、微秒级延时压缩和秒级扰动抑制的精确控制方法及装置，实现了特种电源输出兆瓦级功率的同时达到高精度，满足了国家大科学工程建设的紧迫需求，并获2015年度国家科技进步奖二等奖。研制开发了系列产品，实现了核心技术的推广应用和大规模产业化。研究成果获授权专利23项，其中发明专利17项，出版学术专著2部，发表论文120余篇，被引2400次。开发出的系列产品应用于兰州重离子加速器、中国散裂中子源、上海同步辐射光源等大科学工程。还开发出飞机地面电源和电力操作电源等产品，用于成都飞机设计研究所、中国国际航空公司、国家电网公司、秦山核电站、±800kV特高压直流输电工程等军工、民用企业和国家示范工程，解决了枭龙战机等多个国防重点型号和国家重点工程的急需。产品销售到全国30个省市自治区，并远销伊朗、马来西亚等国，为我国基础科学研究、国防与民航安全、电力系统安全运行作出了重要贡献。

冶金特种大功率电源是生产特殊钢和超薄铜箔的关键装备，其性能直接影响产品品质，对提升机械、舰船、电子等制造业水平意义重大。国外技术封锁使该技术在国内处于空白。且随着特殊钢和超薄铜箔品质要求的提升，国外电源仍存在大电流快速换相、多电源同频同相、大电流均流输出等难题，亟待突破。由罗安院士牵头的湖南大学电能变换与控制创新团队在国家“863”计划等支持下，围绕冶金特种电源系统结构、控制方法、工程装备等关键技术，发明了两相电源系统及大电流快速跟踪方法，研制出我国首台特殊钢冶炼电磁搅拌电源装备，使我国特殊钢的等轴晶率 >50%（引进电源为 30%），成品率提高了 5%；提出了多电源并联与同频同相控制方法，研制出高磁场多辊搅拌电源成套装备，电磁搅拌力提高 120%，使我国宽厚连铸板坯宽度达 2.5m（引进设备为 1.7m）；发明了软开关电源系统及自动均流技术，研制出国内首台 50kA 铜箔冶炼电源，与进口电源相比，均流误差由 3% 提高到 0.2%，效率由 76% 提高到 88%，大幅提高了我国铜箔的品质。国际首创混沌 PWM 抑制电磁干扰技术，提高了电源可靠性。研制出三个系列 15 种电源装备，累计销售 18.48 亿元，新增利税 3.78 亿元，并应用于首钢、宝钢、安铜等国内外企业，市场占有率达 70%，生产的特殊钢已应用到三峡大坝船闸、“鸟巢”、高铁等我国重大工程中，产生了显著的经济和社会效益。研究成果填补了国内空白，整体技术达到国际先进水平，混沌 PWM 抑制电磁干扰技术居于国际领先水平，获 2014 年度国家科技进步奖二等奖。团队主动面向国际前沿和国家重大需求，秉承“装备改变品质、品质影响世界”的科研追求，先后取得了世界领先的高密度磁场电磁冶金系统、我国首套高精度大电流铜箔电解系统、首套海岛特种电源等核心成果，装备推广至国内外 200 多家企业，创造直接经济效益超过 150 亿元，获 2018 年度国家科学技术进步奖创新团队奖。

在现代国防装备及工业制造中涉及的特种供电电源、电力驱动、推进、控制等核心技术，以及快中子堆、磁约束核聚变、激光、航空航天、航母等前沿技术中，超大功率、高性能的变流器及其控制系统等必不可少的核心部件和基础，均涉及电力电子及其应用技术。

（9）电力电子节能技术广泛应用于消费电子产品

家用电器已经普遍采用电力电子技术，变频空调、变频洗衣机中的电机控制器，格力变频空调采用现代电力电子技术，在空调的关键技术上（包括自动转矩控制技术、软件全程功率因数校正技术、单芯片集成模块、自制变频压缩机）进行改革，取得了很好的应用成果。相比传统空调每台每年节电约 440 度，2011 年荣获国家科技进步奖二等奖。手机、电脑及液晶电视等家用电器中的电源适配器等一直保持着高速增长态势，节能效果非常明显。2017 年，电源适配器行业实现产值 1819.97 亿元，同比增长 7.54%；到 2018 年产值达 1980.14 亿元左右，预计到 2022 年，我国电源适配器行业需求规模将达到 3145 亿元。

氮化镓（GaN）器件推动中小功率电源系统不断革新，Navitas 半导体公司于 2018 年推出世界上最小的 65W USB-PD（Type-C）电源适配器参考设计，显著降低变压器、滤波器和散热器的尺寸、减轻重量和降低成本。相比现有的基于硅类功率器件的设计，需要 6~7 立方英寸和重量达 300g，基于 AllGaN™ 功率 IC 的 65W 新设计体积仅为 2.7 立方英寸，且重量仅为 60g。我国联想公司 ThinkPlus 口红电源仅比口红略宽一圈，却实现了 65W 输出功率并支持 USB PD 协议。

（10）电力电子学科交叉研究取得阶段成果

电力电子技术促进高效、环保、智能的绿色电能变换，除了传统电能变压、变流、变频调节，在国防、工业、医疗等领域的广泛应用，包括舰船与飞机全电功率系统、特种钢和铜箔生产电源装备、医疗检测与影像高精尖电源促进了电力电子学科交叉的广泛研究，包括电 – 磁变换、电 – 声变换、电 – 热变换、电 – 光变换，并取得阶段成果。电 – 磁变换广泛应用于无线电能传输、列车电磁悬浮系统、电磁感应加热系统、超导电磁储能系统、核磁共振仪、B 超检查仪等。我国研制出舰载电磁发射装置样机、3.45kJ SME 磁体和超导储能限流器样机。电 – 声变换应用于舰船声呐侦查和通信系统、深海油气勘测开发、工业无损检测、超声医学检测和成像等。我国研制出用于湖泊、海洋试验 SAS 系统，分辨率优于 20cm，高端超声无损检测设备及测温设备主要还依赖进口。电 – 热变换用于感应加热电源、微波加热、飞行器和电力传输线电热除冰等。电 – 光变换应用于红外医疗仪、长波紫外光探测、光纤激光切割机以及绿色照明等。目前我国研制出 1kW 直接半导体激光器、4kW 光纤激光器和多种规格固态光源，但在高端电光医疗设备和激光加工设备领域，尚缺乏高精尖技术和成熟产品。

（二）电力电子与电力传动内外研究进展比较

我国电力电子技术与国际发达国家相比，无论在器件和装置的设计水平和产品质量，还是器件及装置的生产力形成和国家产业扶持都有很大不同。

1. 电力电子器件

（1）硅基电力电子器件产业水平稳步提升，但是在高端产品领域进展缓慢

在电力电子器件方面，传统的大功率半导体器件晶闸管类器件产业成熟，种类齐全，质量可靠，可满足国内的需求。国内生产晶闸管类器件的厂家不少，而大部分企业还停留在中低端器件的制造上，与发达国家有竞争力的厂家不多。通过合资和技术引进，我国少数几家企业能够生产 5 英寸 7500V/3125A 光控晶闸管、6 英寸 8500V/（4000 ~ 4750A）电控晶闸管，达到世界先进水平，但距离国际上 12kV/10kA 的水平还有较长的路要走。

目前国际上功率半导体器件的主流产品、市场需求量较大的新型高频场控器件 IGBT，国外技术已发展到了第六代，商业化已经发展到了第五代。德国的英飞凌和日本三菱生产的 6500V/600A 高压大功率 IGBT 器件已经在我国高速列车等领域获得实际应用，瑞士 ABB 公司采用软穿通技术研制出了 8kV IGBT 器件。国际上 IGBT 及其模块（包括 IPM）已经涵盖了 600 V ~ 6.6 kV 的电压和 1 ~ 3500A 的电流，应用 IGBT 模块的 100 MW 级的逆变器也已有产品问世。国内研制的 IGBT 芯片 1200V/100A 芯片产品已经完全成熟，以上海华宏、上海先进为代表的代工企业带动了国内 1200V、1700V IGBT 芯片产业的发

展；中车株洲时代电气在 3300~6500V 高压 IGBT 芯片方面取得了重大突破，国家电网也开发了 3300V/3000A 的压接性高压大容量的 IGBT 功率模块技术。目前我国 IGBT 功率模块技术日益成熟，嘉兴斯达和株洲中车的相关产品已经打入国际市场，并抢占了一定的全球 IGBT 市场份额。上述 IGBT 产品以 NPT 型和场截止型等为代表的第三代、第四代产品为主，与国际最先进的水平仍存在较大的差距，特别是在高压（3300V 及以上）、大功率（千安培级及以上）、压接型功率模块等高端应用领域还被国外先进企业所垄断。

IGCT 器件特别适用于电压 3000V 以上、容量 1 ~ 20MW 的变流装置，在交流电机驱动及柔性供电系统中有潜在的巨大市场。目前，ABB 公司商品化的 IGCT 产品主要有三种结构类型：非对称型、逆导型和逆阻型，阻断能力有电压 4500V 和 6000V 两种系列，最大关断电流分别为 4000A 和 3000A，研制水平的电压已达到 9kV/6kA，6.5kV 或 6kA 的器件已经开始供应市场。国内目前已成功研制出 4000A/4500V 非对称型以及 1100A/4500V 逆导型两种 IGCT 样品。

快恢复二极管主要指与快速晶闸管、高频晶闸管以及 GTO、IGCT、IEGT 等晶闸管派生器件匹配的 FWD 器件。我国快恢复二极管的水平与国际先进水平相差无几。600V、1200V，100A 的 FRD 已进入批量生产阶段。国产器件不但在国内市场占有 80% 以上的份额，而且还有越来越多的出口。

另一主流功率器件——功率 MOS 器件是目前功率半导体开关器件中市场容量最大、需求增长最快的产品，是低压（<100V）范围内最好的功率开关器件。国际上，在降低器件导通损耗的基础上，提高器件耐压值和可靠性、进一步降低以 Super junction 结构为代表的新结构器件制造成本、增加元胞密度一直是制造高性能功率 MOS 器件的发展方向。国内的功率 MOS 以国际上早期的平面工艺 VDMOS 为主，缺乏高元胞密度的低功耗功率 MOS 器件产品。以 Super junction 为基础的 600~900V 的 MOSFET 芯片已经研发成功，具备了量产的能力。

（2）宽禁带产业发展迅速，亟待完善产业化能力

碳化硅（SiC）、氮化镓（GaN）等宽禁带半导体材料受到了越来越多的关注，成为新材料、新器件研究的热点。金刚石、氮化铝和氧化镓材料作为禁带宽度更宽的半导体材料，可能用来制造具有更低的电阻、更高的工作功率、更高的温度的功率器件，其器件性能可能优于碳化硅和氮化镓。未来，基于金刚石、氮化铝和氧化镓材料的功率器件对性能要求非常苛刻的应用领域可能具有广泛的应用前景，目前其研究主要集中于基础理论突破阶段。

目前碳化硅器件产品主要有二极管和 MOSFET 产品。在 SiC 二极管产品方面，美国 Wolfspeed（包括 Cree）、德国 Infineon 公司已经推出了五代 SiC JBS 产品；其中 Wolfspeed 的第四代及以前的产品为平面型，第五代为沟槽型，并且在第五代 650V 器件中采用了晶圆减薄工艺将碳化硅晶圆由 370μm 减薄至 180μm，进一步提高了器件的性能。Rohm 公

司开发了三代 SiC 二极管，最新产品也采用了沟槽型结构。Infineon 公司的前四代 SiC 二极管以 600V、650V 产品为主，从第五代开始推出 1200V 产品，即将推出第六代低开启电压的 SiC JBS 产品。在 MOSFET 器件方面，Wolfspeed 公司推出 600V、1200V 和 1700V 共三个电压等级、几十款平面栅 MOSFET 器件产品，电流从 1 ~ 50A 不等；2017 年，美国 Wolfspeed 公司发布了 900V/150A 的 SiC MOSFET 芯片，是目前单芯片电流容量最大的 SiC MOSFET 产品；Rohm 公司的 SiC MOSFET 产品有平面栅和沟槽栅两类，电压等级有 650V 和 1200V；意法半导体开发了 650V 和 1200V 两个电压等级的 SiC MOSFET 产品，Infineon 公司也推出了沟槽栅的 1200V SiC MOSFET 产品。另外，GeneSiC 公司开发了 1200V 和 1700V 的 SiC BJT 产品，Infineon 和 USCi 公司开发了 1200V 的 SiC JFET 产品。在研发领域，国际上已经开发了 10kV 以上的 JBS、MOSFET、JFET、GTO 等器件样品，以及 20kV 以上的 PiN、GTO 和 IGBT 器件样品，由于受到碳化硅材料缺陷水平、器件设计技术、芯片制造工艺、器件封装驱动技术以及市场需求的制约，以上高压器件短期内无法实现产业化。

我国的碳化硅功率器件产品以二极管产品为主，若干单位具备开发晶体管产品的能力，尚未实现产业化。在研发领域，我国距离国际先进水平有较大的差距，最高电压等级的碳化硅器件是 17kV 的 SiC PiN 二极管，最大容量的碳化硅器件是 3300V/50A SiC JBS 二极管；我国具备了 1200~3300V SiC MOSFET、1200V~4500V SiC JFET 等芯片的研发能力，最大单芯片电流容量 25A。在国家科技项目和各级政府的支持下，目前国内有多家企业建成或正在建设多条 4~6 英寸碳化硅芯片工艺线，这些工艺线的投产，将会大大提升国内碳化硅功率器件的产业化水平。

国际上平面型氮化镓功率器件的产业化公司主要有德国 Infineon（收购美国 IR 公司）、日本 Panasonic（松下）、加拿大 GaN System 公司、美国 Transphorm 公司、德州仪器（TI）、宜普电源转换公司（EPC），已经开发了额定电压 300~650V、额定电流 5A~60A 的硅基氮化镓功率器件产品。Transphorm 的氮化镓产品主要以 600V 为主，其 HEMT 器件为常开型，通过级联低压硅 MOSFET 实现常闭型。美国 EPC 公司 P-GaN 帽层实现常闭型器件，其产品主要面向 40~200V 低压领域。加拿大 GaN Systems 通过岛状工艺技术以及以独有的封装技术实现 650V 氮化镓器件产品。美国 Navitas 公司将平面型 GaN HEMT 器件与逻辑和模拟电路实现单片集成，推出了氮化镓功率集成电路芯片产品，可以实现体积更小、更高能效和更低成本的功率集成技术。

我国在平面型氮化镓功率器件领域的发展紧跟国际步伐，晶圆尺寸以 6 英寸为主，2013 年，苏州晶湛公司推出了 8 英寸硅基氮化镓 HEMT 结构外延材料，阻断电压超过 1000V。我国已开发出 900V 及以下电压等级的硅基氮化镓器件样品，性能与国际先进水平有一定差距，且尚未实现产业化。

苏州纳维、中镓半导体等公司推出了 2~4 英寸单晶 GaN 衬底及同质外延材料；在新型垂直结构 GaN 器件方面，国内研发出了 1kV 垂直型 GaN 肖特基二极管、1.7kV 垂直型

GaN PiN 二极管，尚未实现产业化。

2. 电力电子装置与应用

在电力电子装置和应用方面，传统电能－电能变换领域，差距逐步缩小或消除（如电力、铁道交通），有些方面差距依然交大（如船舶、国防、航空、航天等）。很多应用电力电子的重大装备，我国尚不掌握关键或核心技术，甚至整个装备的设计和制造能力为空白。在这些装备技术方面，我国不可避免地处于受制于人的境地，不是需要花费数倍于合理价格购买，就是干脆受到禁运，对我国这些领域构成威胁。

在变频调速技术领域，我国高压电动机调速技术虽然得到了迅猛发展，高压变频器产品得到广泛应用，技术水平和应用范围与发达国家的距离在缩小，但仍有差距，具体表现为：①国产高压变频调速技术类型较为单一，目前主要推广的是功率单元串联多电平型。虽已经掌握三电平技术，但是尚未大规模推广应用。②国产高压变频器的控制功能相对薄弱，绝大部分高压变频器属于低端的 VVVF 控制的通用型。尽管具有无速度传感器的矢量控制技术已被国内企业所掌握，且有少量的试用，但仍未被广泛推广，具有高精度、高转矩性能和高可靠性的产品仍需要大量依赖进口。③变频器所用元器件大量依赖进口，如 IGBT 模块、驱动模块等。

在电动汽车方面，我国对电动汽车用电气驱动技术的集中研发和示范应用已取得了大量研究成果，电机本体、驱动器和控制策略等关键技术研发方面与国外基本同步。目前，我国自主研发的永磁同步电机、无刷直流电机、交流异步电机和开关磁阻电机驱动系统等已经实现了整车产业化技术配套，各类电机系统的关键技术指标均在相同功率等级下达到国际先进水平，可以满足国内外各类电动汽车的需求。但在科研生产方面与国外先进水平仍存在一定的差距。一方面，面向车辆需求的高集成度、高可靠性、耐久性、安全与故障容错、标定与诊断等应用技术方面还有待深入研究；另一方面，成本控制、质量控制、大批量工艺流程和制造装备开发，以及系列化、规格化的产品系统开发还有待提高；此外，部分关键零部件，如功率电力电子器件等仍然依赖进口，某些国产零部件则还需要进一步提高性能，以达到世界先进水平。

我国国民经济发展对电力电子应用技术的需求巨大，大功率电力牵引系统中，变流器极限功率密度理论研究尚属空白，关键器件设计和生产均位于产业链下游。新能源发电和智能电网领域，新能源并网及运行优化技术亟待完善，2015 年国网公司弃光率达 12.62%，而同期德国弃光率仅为 1%。

近五年来，我国电力电子学科及技术发展非常快速，但总的说来还落后于国际先进水平，也跟不上国民经济发展的需要，特别是还面临着国外产品冲击的严峻形势。具体表现在以下几个方面：

（1）硅基电力电子器件的研究制造水平落后

当前，以 IGBT 为代表的电力电子器件仍然是卡住我国电力电子技术发展的瓶颈。经过国家有关部门的大力支持，已能生产 600V、1200V /75A、100A 的 IGBT 芯片，但其中一部分工艺是在国外完成的，而且还只是少量管芯。IGBT 技术仍然落后，其主要原因为：①自主创新能力薄弱，核心技术储备严重不足。②由于体制问题和企业自身能力不足，与国外功率半导体企业在技术、资金、品牌、经验上有很大差距。③产业化资源整合不够，缺乏产业化统筹规划。④政策激励措施不完整，稳定性和协调性差。

（2）宽禁带电力电子器件的研制水平与国际先行水平差距较大

虽然国际上宽禁带器件技术和产业化水平发展迅速，开始了小范围替代硅基二极管和 IGBT 的市场化进程，但是碳化硅和氮化镓功率器件的市场优势尚未完全形成，尚不能撼动目前硅功率半导体器件市场上的主体地位。其主要原因包括：①宽禁带材料技术尚未完全成熟，制约了宽禁带器件的良率和可靠性。②宽禁带器件的工艺技术水平还比较低，尚不满足量产需求。③业界存在重设计轻工艺的问题，造成目前国内碳化硅和氮化镓器件的制造存在依赖国外代工企业的弊端。④宽禁带器件的特殊工艺设备基本上被国外公司垄断，国内大规模建立宽禁带器件的工艺线采用的关键设备基本上需要进口。

（3）国产电力电子产品的配套水平低、可靠性差

多年来，我国分别建立了无线电元件（高频小功率）和功率无源元件（低频大功率）两大系列的电容、电感、电阻、变压器的配套生产。同时，建立了一些电力电子专用电容、电感、电阻和变压器的配套生产，但高端专用电容、电感、变压器及加上开关器件的配套产品主要靠进口，对其应用的可靠性研究工作十分薄弱。

（4）对电力电子技术的重要地位认识不足，应用基础研究跟不上

我国许多研究院所乃至高校，由于转制、经费来源等方面的原因，将大部分研究力量从应用基础研究转向产品试制、开发，忽视了应用基础研究。需要在新型元器件、可靠性以及高压、大功率变换技术的基础研究方面加强投入。

（三）电力电子与电力传动发展趋势及展望

1. 电能系统全新的发展趋势

近年来，受能源需求和环境影响，电能系统为能够更好地应对时代发展变化逐渐呈现出了以下全新的发展趋势。

1）能源结构发生巨大转变，一次能源由传统化石能源转变为可再生的能源包括光伏、风电、燃料电池和核能。电能在能源消费中的比重逐年增大，未来将有 80% 的能源来自可再生能源和核能，并经过电能转换直接消耗。

2）光伏、风电、燃料电池等新能源的广泛应用促进分布式电源系统的快速建设和发展，对于实现本地发电和用电负荷平衡，提高传统电力系统的供电可靠性，减小传输线路上的损耗具有深远意义。

3）大部分终端用电设备的供电电源使用直流电，并且越来越多的发电单元如光伏、

燃料电池可以直接产生直流电。因此，未来将会有越来越多的电能以直流的形式进行传输和分配。典型的多端直流输电系统和直流微网正获得广泛关注和研究。

4）越来越多基于电力电子技术的电能系统应用于运载工具、无线传感器、便携移动设备和可穿戴设备等。

5）相比传统电力系统，越来越多的电力电子装置应用于电能变换中。电力电子变流器快速动态响应，精确的电能控制和处理有助于大幅度提高电能转换效率和输配电系统的整体性能。

2. 传统电能系统电力电子化和智能化发展趋势

传统电能系统正在向电力电子化和智能化的电能系统转变，对电力单子技术的创新研究产生深远影响。电力电子器件芯片向大容量、高耐压、高频化、低损耗方向发展，主要包括：一方面是对以 Si 基为半导体材料的器件不断改进，另一方面是采用宽禁带半导体材料研制电力电子器件。器件封装向标准化、集成化、标准单元组合化方向发展。电力电子装备研究不仅集中于单台变流器和装置的设计上，还面临多台变流器互联以及系统级的优化设计。具体的发展趋势主要包括以下几点：

1）高压大功率场合，传统的电力电子器件晶闸管和 GTO 正逐步被 IGBT 和 IGCT 取代。中、低压小功率场合，宽禁带器件碳化硅 SiC、氮化镓 GaN 的商业化，与 Si 基 IGBT 和 MOSFET 在效率、成本和功率密度方面展开激烈竞争，具有广阔的研究和应用前景。

2）宽禁带半导体材料（碳化硅 SiC、氮化镓 GaN）具有优良的材料性能，制成的功率半导体器件的性能比传统的硅功率半导体器件有可能得到提升。氮化镓拥有独特的异质结二维电子气结构和在大尺寸硅基片上生长的可能性，使它有很大的发展潜力。

3）磁性元件所用的软磁材料和磁芯结构的新进展，使其性能有显著的变化，将为电力电子技术高频化和小型化产生重要的推动作用。磁性元件的结构最新进展包括大容量低频磁芯结构、低高度磁芯结构、复合磁芯结构、集成磁芯结构和垂直磁芯结构。

4）新能源如光伏、燃料电池输出电压变化幅度很大，电力电子装备既要满足全功率范围的高效电能变换，同时具有较宽的电压调节范围。

5）基于 VSC 技术和 IGBT 器件的轻型直流输电，由于其自身的诸多优势，必将成为未来输配电系统中一个不可或缺的重要组成部分。采用 MMC 技术可以降低高压轻型直流输电的难度，可不通过变压器直接接入高压系统，目前是国际上最为先进的轻型高压直流输电方案之一。

6）电力传动中最典型的应用是车用电驱动系统。我国未来车用电驱动系统的发展呈现出两个主要趋势：一方面是电气驱动系统的集成化和一体化趋势更加明显，混合动力中的电气驱动比例越来越大；另一方面是电驱动控制系统的数字化与集成化程度不断加大，车用电驱动与控制系统集成化程度也不断加大，将电力电子设备进行不同方式的集成正在成为发展趋势。

7）传统电能系统由少数发电单元和电网构成，电网强大，且同步发电机具有自同步特性，需要协调控制的电源数量相对较少。而对于电子化的分布式电能系统，包含多个不同特性的电源和负载设备，弱电网下的母线电压和频率需要动态调节控制，电源间需要协调控制和合理的功率分配，与大电网实现孤岛和并网模式的无缝切换等。

8）大量电力电子装备参与电能转换中，对大系统稳定性分析、暂态模型和可靠性分析均提出更加严格要求。传统电能系统的稳定性仅仅涉及发电机特性，更多的是无源负载，发电机动态特性相对缓慢且不复杂，特征参数容易获取。而对于未来的电子化电能系统，稳定性问题涉及源变流器和负载变流器的动态特性，变流器动态特性复杂，特性参数不易提取，且系统中变流器的数目可能会很庞大。

9）电力电子交叉学科基础研究取得阶段性进展。电力电子装置中，由于开关器件的参与，无源元件承受脉冲型方波电压、电流，对绝缘材料和绝缘结构的设计均提出了新的要求。基于电力半导体器件的交直流断路器尤其是大容量直流断路器的设计和产业化，电机本体与变流器控制系统的集成，未来电能变换系统母线类型和电压等级优化设计需要更多考虑电力电子装置类型、容量、效率等的影响。电力电子系统同传统电能系统一样，从元器件、模块、电路到设备和系统都需要具备高可靠性。此外，在国防、工业、医疗等领域，涉及电力电子技术的电 – 磁变换、电 – 声变换、电 – 热变换、电 – 光变换的基础理论研究也是未来的发展方向。

三、电力系统及其自动化

（一）电力系统及其自动化发展现状

近 20 年里，电力系统经历了前所未有的高速发展，实现了从传统电力系统到特高压交直流输电技术、智能电网、新能源电力系统、能源互联网的跨越，向更加安全、智慧、清洁、高效的方向前进。

1. 特高压交直流输电

我国能源资源与负荷中心逆向分布的特征明显，能源资源大部分中在西部、北部地区，负荷中心集中在中东部、东南部地区，大型能源基地与负荷中心的距离可达 1000 ~ 3000km，因此，要保障大型能源基地的集约开发和电力可靠送出，实现我国能源资源大范围优化配置，需要大力发展具有输送容量大、距离远、效率高等特点的特高压输电技术。“十二五”和“十三五”期间，随着特高压大容量交直流输电工程的推进，特高压交直流输电技术的发展呈现出新的特点和趋势。

在特高压交流输电技术研究方面，解决了特高压同塔双回输电系统的过电压和绝缘配合、雷电防护、外绝缘优化、电晕特性、无功补偿及潜供电流等多项关键技术难题，进一步推动了我国特高压交流发电事业。中国特高压交流工程在电网设计、设备、建设、科技等多个领域实现了重大创新和突破。“特高压交流输电关键技术、成套设备及工程应用”获得2012年度国家科技进步奖特等奖，目前，特高压交流工程已投运12项，核准1项，在建3项。国家电网公司引领我国特高压交流工程建设走向世界舞台。我国不仅全面掌握了特高压交流输电技术，而且在多个领域实现了“中国制造”和“中国引领”（图1）。

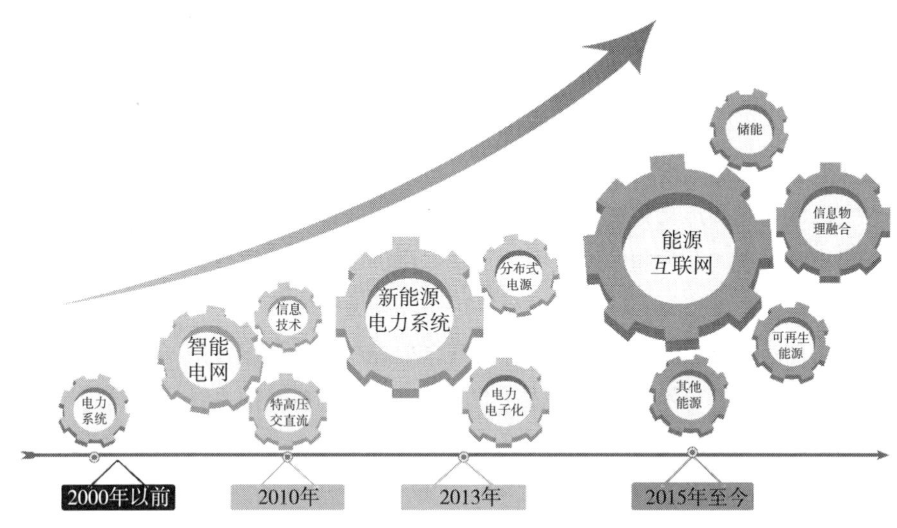

图1 电力系统的发展

2009年代表世界上最高水平的1000kV晋东南－南阳－荆门特高压交流试验示范工程投入运行，2013年国际上首个特高压同塔双回输电工程－皖电东送淮南－上海特高压交流输电示范工程投入运行，2014年第三个特高压交流工程浙北—福州1000kV特高压交流输电工程获得国家优质工程金质奖，2018年苏通GIL综合管廊工程刚性气体绝缘输电线路设备通过全部型式试验。这是世界上首次研制成功特高压GIL设备，将应用于苏通GIL综合管廊工程，代表国际同类设备最高水平。

对于特高压直流输电，我国已全面掌握了特高压直流规划设计、试验研究、设备研制、工程建设和运行管理等关键技术，并在国内国际上全面推广应用，输送容量和输送距离不断提升，先进性、可靠性、经济性和环境友好性得到了全面验证，打造了特高压直流输电的“中国创造”品牌。

特高压直流输电系统指的是±800kV及以上直流电压等级的直流输电系统，具有输电损耗低、输电走廊利用率高的特点，是我国能源电力发展的核心技术，是实施我国大规模跨区域能源优化战略的重大关键技术，在我国资源优化配置、国民经济快速发展中起到了至关重要的作用。±800kV特高压直流输电系统由中国率先建设，并成功投入商业运行。

同时，也在为世界提供着可借鉴的经验和技术。国家电网公司成功中标巴西美丽山水电送出±800kV直流一期、二期项目，实现了中国特高压输电技术、标准、装备、工程总承包和运行管理全产业链、全价值链输出。2017年12月21日，由国家电网公司与巴西国家电力公司联合投资建设的巴西美丽山 ±800kV 特高压直流输电一期工程，在受端巴西的斯特雷都换流站举行投运仪式。已投运的一期工程，标志着中国特高压“走出去”的首个项目正式投入商业运行。

我国特高压交直流电网建设取得了世人瞩目的成就，作为支撑技术，大电网规划技术、交直流混合电网运行控制技术以及源网协调技术取得了重要进展。

我国的大电网规划经济性量化评估技术、规划评估指标体系和指标计算分析方法均达到国际先进水平，先后提出大规模同步电网构建原则和安全稳定保障策略、受端电网受入高压直流规模和安全稳定保障措施。

在交直流混合电网运行控制技术方面，结合全国联网、特高压交直流输电工程研究了相关的安全稳定机理，在大容量直流馈入受端电网的电压稳定机理、基于复杂系统理论的连锁故障机理及分析方法等方面取得了重要进展。相关领域研究与国外基本同步。

在源网协调技术方面，大电网低频振荡在线监控与扰动源定位技术取得重大突破，大电网低频振荡阻尼控制技术基础理论体系初步建立，发电机控制系统协调优化技术获得成功应用，机组涉网保护协调优化技术初见成效。

2. 智能配电网

智能电网建立在集成、高速双向通道的基础上，通过先进的传感器和控制技术，实现电网的可靠、节能、高效运行，满足不同用电户的需求。智能配用电是智能电网的关键环节，在整个电力系统中，与分散的用电户直接相连接的 110kV 以下电力系统都属于配用电环节。

完整的智能配用电技术体系包括高级配电自动化技术、动配电网技术、自愈控制技术、分布式发电、储能与智能微网技术、用户服务和需求侧响应技术、智能配电网集成通信技术、智能配电网设备技术和高级资产管理等技术，实现对电力客户、电力资产、电力运营的持续监视，提高电网公司管理水平、工作效率、服务水平，保证电网的可靠性。

中国的智能配用电研究发展迅速，国家电网计划分 3 个阶段逐步推动智能配电网的建设工作。第 1 阶段（2009—2010 年），规划试点阶段；第 2 阶段（2011—2015 年），全面建设阶段；第 3 阶段（2016—2020 年），引领提升阶段，全面建成统一的坚强电网，技术和装备达到国际领先水平。2016 年以来，中国智能配电网进入引领提升阶段，在示范工程、电动汽车充换电设施、新能源接纳、居民智能用电、需求侧响应控制等方面大力推进。分布式能源实现即插即用，智能电表普及应用，为相关的一次设备与二次设备制造商带来了难得的发展机遇。

配电自动化建设是智能配用电运行实施的重要组成部分。2017 年，国网北京电力建成投运了国内首套“一体双核”配电自动化系统，在大幅降低主站建设费用的同时，数据处理、安全防护能力均超过国内外在运同类系统，实现全区域配电自动化主站全覆盖。截至 2018 年年底，北京地区实现全市区域配电自动化覆盖率 100%、功能投入率 100%、正确动作率 95% 以上的目标。

主动配电网是我国智能配用电新的研究阶段，围绕主动配电网的主要理念、基本理论、关键技术与实际应用分析等方面，国内各高等院校与相关研究机构展开了研究，并已经取得了初步成果。贵州电网于 2014 年开展了“863”计划项目“集成可再生能源的主动配电网研究及示范”，研究了含多能源协同的主动配电网的规划、运行与决策关键技术，建立了主动配电网的规划运行互动决策系列规范和前沿核心技术体系，填补了主动配电网规划标准的空白；国网北京市电力公司于 2014 年牵头研究了“863”计划项目“主动配电网关键技术研究及示范”，该项目基于多维度量测信息融合的态势感知，以抗闪动为主要目标，可以实现电能品质优化控制，提高需求侧能源综合利用效率、多能源协同交互控制。

智能配电网保护技术现在则还处于进一步升级研究阶段，国内外都在积极探索。2015 年 1 月，国家“863”计划项目“智能配电网自愈控制技术研究与开发（2012—2014）”在广东佛山成功验收。该项目在现有的配电自动化基础上，研发了自愈控制统一支撑平台和自愈控制系统，示范区内配电网 2 秒内可实现转供电，供电可靠率达 99.999%，并有效解决分布式能源大量接入配电网带来的控制保护、运行问题。这是我国在智能配电网保护所做的重要工作。

此外，我国在负荷侧需求响应方面所做的研究也突飞猛进，日渐成熟。中国电力科学研究院在需求响应领域开展了标准体系、仿真系统、终端和系统研发等工作，于 2016 年建立了国内首个需求响应仿真实验室，已经初步具备用户侧分布式电源并网、工商业及居民负荷集群调控等仿真试验功能，取得了美国 OpenADR 联盟授予的一致性测试实验室资质，成为继韩国、日本之后中国首家 OpenADR 一致性测试实验室。清华大学、天津大学、东南大学、国家电网、南方电网都进行了需求侧响应的各方面研究。自 2013 年国家开展电力需求响应城市综合试点建设以来，北京、上海、江苏、佛山等多地都实施了 DR 项目试点工作。经过多年的试点培育，我国 DR 试点工作形成了政府主导，电网企业支持参与，负荷集成商规模化、系统性整合电力用户资源，电力用户广泛主动参与的 DR 工作体系。

3. 电力电子化电力系统

得益于半导体新材料的出现以及电力电子变流器拓扑结构和控制策略的快速发展，电力电子变流器在电源侧、输电系统、变配电系统和负荷侧通过多种方式接入，其数量及容量都在不断提升，电力电子化电力系统的概念应运而生。电力电子化的电力系统是多类型电源、多电能变换、多电力形态经柔性互联的源网荷协调系统，功率在多层复杂网络间双向流动，具备强非线性、高敏感、快变化、冲击性、多能调控等特征。

随着半导体器件及控制技术的发展，电力电子变流器的使用越来越广泛，源－网－荷－储中包含的电力电子变流器的数量逐渐增加，传统交流电力系统的特性正发生着巨大改变，系统的安全、可靠和经济运行面临新的挑战。主要表现在两个方面：其一，电力系统中大量具有冲击性、非线性、不平衡性特征的电力电子装置造成配电网电能质量的持续恶化；其二，电力系统惯性降低，稳定性问题日益严峻。具体而言，电力系统将呈现出拓扑结构会随着电力电子器件的开关动作而改变、多个时间尺度的控制相互作用、非线性程度强、结构更加复杂、状态变量阶数增加等特征。

为了应对大量电力电子装置接入带来的电力系统电能质量恶化与稳定性问题，需要研究源 – 网 – 荷高度电力电子化的电力系统稳定性分析理论。建立源 – 网 – 荷电力电子化的电力系统中各元件多时间尺度动力学行为模型，探索电力电子化电力系统全过程数字仿真方法，研究电力电子化电力系统电压动态特性描述方法及其与功角稳定的相互作用机制，以及电力电子化电力系统中高频振荡的形成机理、激发因素、辨识方法与抑制措施，由此对电力电子化电力系统不同时间尺度特性进行全面的分析。

在继电保护方面，随着大规模新能源发电的集中式和分布式接入、多回大容量直流馈入馈出、柔性直流以及新型 FACTS 设备的广泛应用，电力电子装置已高度渗透至电力系统发电、输电、变电、配电及用电等各个环节，电网电力电子化特征日益凸显。大量电力电子设备的接入改变了系统的结构与参数，其本体控制保护系统在故障期间具有离散性、非线性的动态响应过程又将进一步增加故障暂态过程的复杂性和多变性，使得短路电流和正常负荷电流的差异变小，并包含大量的暂态谐波分量。传统继电保护的动作原理、配置方案、整定原则有待进一步改进，以适应电力电子化电网安全运行需求。

4. 可再生能源

目前，可再生能源发展已成为我国应对日益严峻的能源环境问题的必由之路。截至 2018 年年底，我国可再生能源发电装机达到 7.28 亿千瓦，约占全部电力装机的 38.3%。2018 年，可再生能源发电量达 1.87 万亿千瓦时，占全部发电量比重为 26.7%。可再生能源的清洁能源替代作用日益凸显，未来中国可再生能源装机容量与发电量将呈现持续上升趋势。

可再生能源并网比例的进一步提高会给电力系统带来重大的影响，主要表现在两个方面。其一，电力系统中的不确定性因素更加凸显，电力系统的运行状态日益复杂；其二，电力系统中用于可再生能源并网的电力电子装置明显增多，电力系统惯性降低，稳定性问题难以用经典理论直接分析。具体地，高比例可再生能源接入后，电力系统将呈现电力电量平衡概率化、运行方式多样化、电网潮流双向化、稳定机理复杂化、灵活资源稀缺化和源荷界限模糊化六大特征。

为了应对高比例可再生能源带来的强不确定性问题，可以从两个维度开展研究。一方面，研究复杂多重不确定性下的电力预测问题，建立含分布式新能源、储能、主动负荷等广义负荷的结构辨识与解析方法，探索多时空尺度的负荷曲线形态与特性的演变与转移规律，构建电价、气象、电源结构与电网结构等因素与广义负荷特性变化的动态关联模型及多时空负荷响应特性。另一方面，研究考虑灵活资源供给与需求平衡的概率运行模拟方法，探索基于灵活性评价的高比例可再生能源的电力系统协调规划方法，完成在规划和运行阶段对系统可用的灵活性资源的优化配置。

在国家政策方面，需要强调以可再生能源目标为引导，加强源网统一规划，完善电价、补贴、税收等政策机制。此外，要发展具有更高输送能力和适应复杂环境的特高压技术，加强包括先进大型风电机组和低风速机组、低成本光热发电机组、大容量逆变器和微型逆变器等在内的风电、太阳能发电关键技术发展，以技术创新与突破作为引领，对可再生能源发展给予长期、积极、稳健的支持。

5. 电力系统储能关键技术

储能技术的应用是在传统电力与能源系统电能生产、传输、消费模式中增加“存储”环节，提高电网运行的安全性、经济性和灵活性，对于支撑高比例可再生能源并网和建设能源互联网具有重要意义。

近年来，国家出台了系列储能产业发展相关文件和政策，加大对储能技术研发与项目示范。截至 2018 年年底，我国储能装机规模 31.2 GW。其中抽水蓄能装机规模最大，在电力辅助服务市场中最早进入商业化运营；电化学储能技术综合性能快速提升，锂离子电池全面主导电化学储能市场，铅蓄电池、液流电池等其他电化学储能技术定位逐渐清晰；压缩空气、飞轮等物理储能技术和储热、储冷、储氢等技术与欧美等国家发展水平存在差距，目前逐步进入小型示范或样机研制阶段。

不同储能技术的应用场景和技术瓶颈存在差异。抽水蓄能选址受限、建设周期长、启动与响应速度慢，主要适用于跨区域的大电网调峰、长时调频等。电化学储能成本较高，循环寿命、功率等级等仍与电力系统元件长寿命、大容量的要求存在差距。传统洞穴式或新型压缩空气储能技术对储气洞穴或装备质量有较高要求。飞轮储能放电时间短，只可持续几秒至分钟级，且具有一定自放电现象。储热、储冷、储氢等新型储能技术尚处于起步阶段。

储能接入电网方式多样。电源侧储能通常与火电打捆或“集中式可再生能源 + 储能”，能够有效提升可再生能源电站的可调度性，提高电力系统的安全稳定性。电网侧储能应用在 2018 年快速发展，在输电网中改善电能质量、缓解电网阻塞、提升电网电压稳定性；在配电网中缩小负荷峰谷差，提高供电可靠性、延缓配网改造。用户侧储能具有规模小、数量大、接入灵活、布局分散等特点，辅助分布式电源接入有利于降低用户用电成本。储能相关的新的业态和商业模式也正在培育，如储能参与电力辅助服务市场、基于共享经济的“云储能”等。

储能技术纷繁复杂，涉及材料、化学、结构、机械、电气等众多学科的交叉融合。为促进储能产业持续健康发展，除关注储能技术的持续开发和性能提升外，还应围绕其安全性、经济性以及储能接入电力与能源系统等开展相关研究和学科建设。①安全性是储能技术应用的首要考虑因素，目前电化学储能电站的安全隐患不容忽视，存在的主要问题包括储能相关消防风险安全评估和预案措施缺位，电化学储能电池系统缺少内部可控的安全设计，电池管理系统、储能运行状态监测、储能变流器技术水平参差不齐。②经济性是储能产业规模化发展的关键，除抽水蓄能技术外，其他类型储能技术成本仍然较为高。开展低成本储能技术研发创新的同时，需加强储能经济性的研究，通过全生命周期分析方法对不同储能项目、不同使用场景下的储能项目经济指标进行测算。该领域的研究涉及经济模型的建立和商业模式的分析，并要求对储能技术和电力市场有一定了解。③储能接入电力能源系统是能源互联网建设的重要组成，能源互联网实现传统能源与信息技术、大数据技术、互联网思维等的深入融合，打造全新的储能新业态、实现高效的储能并网运营等也需要有效利用与融合多方面的技术，从整个电力能源系统审视储能发展。

6. 能源互联网

面对全球能源发展危机，2011 年美国著名学者杰里米·里夫金在其著作《第三次工业革命》中提出了“能源互联网”的理念，其清洁低碳、安全高效的特征，十分契合我国能源体系的发展战略。2015 年，随着我国首个“中国能源互联网学术与创新联盟”倡议的提出，能源互联网作为能源革命的核心技术，迅速进入国内专家学者的视野。2016 年，我国政府发布《关于推进“互联网 +”智慧能源发展的指导意见》，使得电气工程学科领域迎来了能源互联网的研究热潮。

对于电气工程学科领域来说，能源互联网是以电力为核心，以最大化消纳可再生能源为目的，集中式消纳和分布式消纳并存，强调需求侧响应的新一代能源系统。近年来，众多专家学者从能源互联网的基础前沿理论、关键技术设备和示范应用转化等方面开展了系统的研究工作。

在基础前沿理论方面，西安交通大学在 2016 年承担了我国第一个能源互联网的重点研发计划项目“能源互联网的规划、运行与交易基础理论”，并于 2018 年完成了项目的中期验收工作。项目组提出了能量流 – 信息流时空多尺度耦合模型，建立了网络化多能源系统优化理论，并指出能源互联网是以电、热、气等多种能源网络为载体，以能源技术与信息技术深度融合为特征，实现能源互济互补和高效利用的一体化能源系统。清华大学在 2016 年成立了四川能源互联网研究院，对能源互联网的储能与智能电网、能量管理与交易以及能源战略与创新规划开展了深入的研究，并编制了《国家能源互联网发展白皮书 2018》。除此之外，中国科学院和上海交通大学在能源互联网中的分布式算法方面，天津大学在能源互联网负荷侧（综合能源系统）的理论与方法方面，华北电力大学在能源互联网的市场服务机制方面，浙江大学在能源互联网的风险评估方面都进行了非常有益的探索和突破。

在关键技术设备方面，国家电网公司、南方电网公司、中国电力科学研究院以及各大高校都进行了新能源发电技术、大容量远距离智能输电技术、先进电力电子技术、先进储能技术、智能能量管理技术、先进信息技术、可靠安全通信技术、系统规划分析技术和标准化技术等方面的研究工作。研究成果主要集中在多能协同能源网络关键技术、信息物理能源系统关键技术和创新模式能源运营关键技术三个方面，具体包括：高温超导材料、大功率电力电子器件、能量路由器、柔性直流输电技术、无线电能传输技术、云储能、能气转换技术、电动汽车、海量信息采集与传输技术、信息物理能源系统融合技术、新能源发电云平台、需求侧互动技术、能源大数据分析、能源网络虚拟化技术、信息双向互动平台、能量交易平台技术、能源互联网金融技术等。

在示范应用转化方面，科技部“863”课题相继推出了能源互联网关键技术研究和示范工程建设；中国电力科学研究院、国家电网公司、南方电网公司也相继启动了能源互联网前瞻性项目。对于这些示范应用转化项目，国家能源局综合司已于 2019 年 4 月开展了“互联网 +”智慧能源（能源互联网）示范项目的验收工作。其中最具代表性的是北京延庆能源互联网综合示范区、江苏大规模源网荷友好互动系统示范工程以及广东城市 – 园区双级“互联网 +”智慧能源示范项目。这些示范项目的成功验收也给能源互联网的具体落地实施提供了可能和参考。

（二）电力系统及其自动化国内外研究进展比较

1. 特高压交直流输电技术

随着国民经济的增长，中国用电需求不断增加，中国的自然条件以及能源和负荷中心的分布特点使得超远距离、超大容量的电力传输成为必然，为减少输电线路的损耗和节约宝贵的土地资源，需要一种经济高效的输电方式，特高压交直流输电技术恰好迎合了这一要求。

苏联、日本、意大利等国家特高压技术发展较早，但随后都由于本国经济发展、电力需求等原因没有建成完整的工程。由于投资金额不足，美国电网电力需求增长较为缓慢，且美国地形限制了跨区域电网的连接，建设难度较大，因而美国特高压远距离输电网建设的发展空间大大受限。尽管我国特高压技术发展较晚，但特高压 ±800kV 直流输电技术已经发展成为我国能源电力发展的核心技术，是实施我国大规模跨区域能源优化战略的重大关键技术，具有输电损耗低、输电走廊利用率高的特点。在输电网建设领域，我国从设备研制、工程设计到施工安装等各方面技术都取得了重大突破，成功自主研制了以全套特高压交直流输变电设备为代表的各类输变电新材料、新设备。

2. 智能配电网

随着全球范围内主要国家智能电网建设的实施，各国政策和资金投入的加大，智能配网项目和技术一直走在智能电网普及的最前端。国内外在配电自动化、配电网自愈、微电网、柔性交流配电、高级量测体系、用户互动技术等方面都开展了大量的研究，从系统优化技术、电力电子技术、信息互联技术等不同方面推动配电网向智能化的方向发展。

我国发展了先进的配电网自动化技术，包括从重要馈线采集信息的智能传感器、电子控制器、双向通信系统，推动智能化技术与配电网应用深度融合。山西、福建、宁夏等地先后推出了配电网智能化系统，可有力支撑配电网运行及故障快速处置，进一步提高配网的自愈能力和供电可靠性，提升配电网调度智能化水平。国外的配电网智能化发展较早，目前德国配电网分布式电源已经达到高度渗透；新加坡电网公司、东京电力公司等已经全面实现了配电自动化；法国 DEF 公司、意大利 ENEL 电力公司基本实现了配电自动化全覆盖。

3. 电力电子化电力系统

随着可再生能源发电、远距离输电及无功补偿和交流传动等应用的快速发展，电力电子装备因其在电能变换方面的灵活性，在电力系统中的渗透水平不断提高。

在电网侧，特高压直流、柔性直流和柔性交流输电技术广泛应用，输电网络的大功率电力电子变换器的发展改变了电源与负荷之间的相互作用规律。目前我国已建成包括南汇、厦门、舟山、南澳等多端柔性直流输电示范工程。此外，我国提出建立全球首个高压直流电网，ABB 将提供一套轻型高压直流换流阀、穿墙套管、变压器组件、高压电容器和电力半导体设备等关键的电力设备。

在负荷侧，分布式发电、直流配电网和微电网技术蓬勃发展，智能移动设备和电动运输工具（电动汽车、高铁和电驱舰船）等越发普及，基于电力电子变换技术的整流和逆变为负荷侧灵活高效利用电能提供了重要技术支撑。直流变压器、大功率 AC/DC 变换器、直流开关等设备的研究推动了现代柔性直流配电网的进一步建设。欧洲国家提出微电源输出端逆变器相应控制策略——PQ 控制 VSI（voltage source inverter）控制策略。我国在并网逆变器、静态开关和电能控制装置等电力电子装置方面进行了丰富的研究，推动了电网在负荷侧运行的灵活性，改善了负荷侧的电能质量。

4. 可再生能源

能源转型旨在实现由以化石能源为主向以可再生能源等低碳能源为主的可持续能源体系转型，可再生能源发电是国内外共同关注的重点。

在可再生能源消纳方面，中国的可再生能源在西部和北部比较富集，能源资源禀赋决定了中国的电力流向将在一定时期内保持“自西向东”“自北向南”的格局。一方面，国内针对跨省区输电通道输送配置清洁能源开展了大量研究，以提升外送电力通道的输送效率和清洁电力占比，促进可再生能源的消纳水平；另一方面，分布式清洁能源的发展开创了可再生能源发展的新模式，就地消纳也是促进可再生能源消纳的重要手段。欧洲的可再生能源发展机制较为完善，各国之间形成了良好的电力互济，发展成效明显。以德国最为显著，目前其可再生能源发电量已经超过煤电，成为德国 2018 年主要的发电来源。

可再生能源并网方面，目前中国的水电、风电、光伏发电装机规模均稳居世界首位，大规模可再生能源并网推动了应用于并网的电力电子装置的研究。同时，可再生能源并网为电网运行带来了更多的不确定性，国内外专家学者在基于可再生能源不确定性的网络潮流、系统优化运行、能源协同管理等方面开展了大量研究，从技术角度促进了可再生能源并网运行的发展。

5. 电力系统储能技术

全球能源结构转型为各国储能技术提供了更广阔的发展空间。近年来，“多能互补 + 压缩空气储能”开启了能源发展新模式，是一种完全意义上的清洁绿色能源利用方式，被广泛应用于我国的示范工程项目中。超级电容器由于拥有较快的充放电速度及更高的能量密度，成为高效、实用、绿色的新型储能元件，在电动汽车、通信装置领域获得广泛应用。液化空气储能系统无污染、储能成本较低，在低碳能源占据主要市场的将来会扮演重要角色。

由于近年来各国政策的出台，储能广泛应用快速平衡服务和可再生能源并网领域。前者契合了储能快速响应、快速调节的资源特性，在高价值回报的细分市场中更容易得到实现，主要应用于美国 PJM、英国；后者相较于独立储能项目，可再生能源 + 储能的形式开发成本更低，而且储能通过参与电力市场可以进一步增加项目收益，主要应用于美国、南澳、印度、韩国。国内的山西、广东、京津唐和内蒙古等区域利用储能来提高系统调频性能，以提高调频的补偿水平。同时国内还将储能与综合能源领域结合，以推动我国“三北”地区可再生能源消纳、分布式发电、微电网的发展。

6. 能源互联网

从世界范围来看，能源转型已经成为世界各国能源发展的重要趋势，能源互联网的发展为应对当前能源危机和环境污染等问题提供了新的解决思路，同时也带来了全新的挑战。

由于新能源消纳是我国能源发展面临的重要问题之一，因此国内许多研究集中于通过能源间转化互补解决新能源消纳问题。美国针对构成能量路由器的高压、高频电力电子器件方面，以及基于能源互联网特征的系统控制策略等方面开展了大量研究；德国基于 E-Energy 的 6 个示范项目，围绕低碳环保、经济节能的核心目标，对多能供需双向互动及节能减排等方面进行研究。区块链作为“互联网 +”新业态的一种新型应用技术，去中心化、透明性、公平性以及公开性的特点与能源互联网理念相吻合。美国的能源公司 LO3 Energy 建立了基于区块链系统的可交互电网平台，每个绿色能源的生产者和消费者可以在平台上不依赖于第三方自由地进行能源直接交易；欧盟正在研究基于区块链系统实现小用户绿色的直接交易。国内对区块链在能源互联网中的应用研究目前仍处于理论研究探索阶段，涉及了将区块链技术应用于碳排放权认证、信息物理系统安全、虚拟发电资源交易的多能源系统协同等方面。

国内外基于相关理论和技术成果，已建成了一些示范工程。美国能源部提出了综合能源系统的开发计划，启动了 ChevronEnergy、ecoENERGY 等多个示范建设；丹麦计划通过电、热、气的综合应用来实现能源网络所需的灵活性；日本 NEDO 建立了智能工业园区示范工程，旨在通过能源间协调调度提升企业能效、满足用户多能源梯级利用。为推进能源互联网发展，中国国家发改委也发布了《关于推进“互联网 +”智慧能源发展的指导意见》，目前国内已陆续建立了部分综合能源利用的示范工程，例如苏州同里综合能源服务中心、扬中新型城镇能源互联网示范项目、河北科技园区光储热一体化示范工程等。

（三）电力系统发展趋势及策略

电力系统是国民经济发展的重要支撑和保障，维持电力系统安全稳定运行是电力系统及其自动化领域的核心命题。近年来，随着风电、光伏等可再生能源的大规模接入，以及电动汽车、电采暖等电能替代技术的快速发展，电力系统在源荷两侧面临着更加复杂的随机因素和运行风险，使得电力系统的安全稳定运行更加困难。为应对这些挑战，电力系统结构和形态特征将发生深刻变化。在电源侧，随机不可控的可再生能源将以集中和分布的形式大量接入；在电网侧，交直流混联输电系统将愈发成熟，直流配电系统也将逐步发展；在负荷侧，电动汽车、电采暖等电能替代负荷一方面增加了负荷量，另一方面也为电力系统提供了新的柔性资源；在储能侧，锂电池等高密度储能技术的发展和应用将大大提升电力系统的灵活性；在二次侧，信息系统将与电力系统深度耦合，大大提升电力系统的可观可控性；此外，未来将以电力系统为核心，逐步形成电、气、冷、热等多种能源紧密耦合的能源互联网。

1. 随机不可控的可再生能源将以集中和分布的形式大量接入

随着技术水平的不断进步，未来海上风力、高楼墙壁光伏等资源将逐渐得到充分利用，风电、光伏等可再生能源发展潜力巨大。风电、太阳能光伏发电能量密度低、随机性高，更适合就近消纳、以分布式方式利用，通过源荷互动、储能利用等方式，可以有效降低风电等可再生能源波动性、间接性的影响，提高经济性。然而，我国可再生能源具有区域性特征，在“三北”地区风电资源丰富，开发成本小，却严重超过了当地消纳上限，因此，初期“三北”地区弃风率高。随着近几年电网规划建设的十余条跨区特高电压输电工程的密集投产，为跨区消纳风电提供了技术条件，极大激发了“三北”地区可再生能源开发热情，加快了可再生能源开发进度。根据我国《可再生能源发展“十三五”规划》，到2020年，新增风电装机约8000万千瓦，新增各类太阳能发电装机约7000万千瓦，我国可再生能源开发力度必将进一步扩大。未来我国新能源电力系统将是集中式与分布式可再生电源、远距离大电网输电和区域微网就地消纳相结合的形式，以保证可再生能源能被最大限度地利用。

2. 电动汽车、电采暖等电能替代负荷一方面增加了负荷量，另一方面也为电力系统提供了新的柔性资源

为了减少传统化石能源的利用、增加可再生能源消纳率，以电动汽车取代燃油汽车、电热泵取代煤采暖为典型代表的电能替代发展迅速。2018年，居民采暖和电动汽车改造

分别占我国电能替代总量的7.44%和8.38%，约115.90亿千瓦和130.49亿千瓦。电动汽车、电热泵等可主动参与电网运行控制，与电网进行能量互动，具有柔性特征。通过主动负荷控制、负荷侧需求响应等技术手段调度柔性负荷，可灵活调节能源供需关系，缓解电力系统供需矛盾。在电力市场发展较为成熟的欧美国家，柔性负荷调度表现为需求响应，重视对电力用户的引导和用户的参与满意度；中国目前处于市场发展的初级阶段，负荷调度更多表现为以分时电价和有序用电为代表的需求侧管理。作为发电调度的补充，柔性负荷调度能够削峰填谷、平衡间歇式能源波动和提供辅助服务，有利于丰富电网调度运行的调节手段，国内外专家学者在柔性负荷响应潜力、调度模式、响应行为建模和调度架构等方面开展了大量研究工作。2017 年 11 月 14 日，国网江苏省电力有限公司需求侧管理技术实验室基于电力负荷柔性调控的常态化需求响应友好互动平台及配套软硬件设施、检测环境投入运行。柔性负荷调度改变了传统电网“发电跟踪负荷变化”的运行模式，通过引导柔性负荷主动参与电网调度运行，有效改善了电力系统调节能力不足，提高电网运行的安全性和经济性，在未来将会被持续研究并有很大发展空间。

3. 锂电池等高密度储能技术的发展和应用将大大提升电力系统的灵活性

储能技术可有效解决可再生能源大规模接入和弃风、弃光问题，是分布式能源、智能电网、能源互联网中的重要组成部分。储能也可用于解决电力削峰填谷、调频调压等常规问题，提高常规能源发电与输电效率、安全性和经济性。1997—2017 年，全世界储能系统装机增长了 70%，到 170 吉瓦左右，截至 2018 年 6 月底，全球累计运行的储能项目装机规模 195.74 吉瓦，共有 1747 个在运项目。储能种类多样，包括抽水储能、压缩空气储能、飞轮储能、超导储能、铅酸电池、锂电池、液流电池等 5 大类 13 小类，其具有不同的性能特点，适用于不同的应用场合和领域。锂电池等高密度储能能够突破电力系统时间与空间的限制，提高电力系统的灵活性、可靠性、安全性，已成为主要发达国家竞相发展的战略性新兴产业，在未来发展前景一片大好。

4. 信息系统将与电力系统深度耦合，大大提升电力系统的可观可控性

电力系统在规划、建设、运行、调度等各个环节存在大量的信息数据，准确真实地收集电力系统各方面信息，是电力系统工作人员合理高效、经济科学展开各方面工作的基础。随着信息技术的发展，电力系统与信息系统耦合程度不断提高，不仅提高了系统自动化程度，同样也提升了工作人员的工作效率。如今电力信息采集系统在我国基本实现了百分百覆盖，“全采集、全覆盖、全费控”的电力信息系统基本实现。目前已经建成了包括电能采集系统、负荷管理系统、电表集中管理系统和自动化配电系统等一系列的智能化、自动化电力信息采集和监控系统。其在用电测量与监控、电力损失、运行保障、配电管理以及电力服务等各个方面都取得了重要的应用。随着高级配电自动化、主动配电网、泛在物联网、负荷侧需求响应、大数据技术、人工智能技术等在电力系统中的推广，作为这些技术基础的数据采集、传输、处理在内的各种类型的信息系统的构建将越来越丰富。

5. 未来将以电力系统为核心，逐步形成电、气、冷、热等多种能源紧密耦合的能源互联网

伴随能源系统的清洁化发展，增量能源将以清洁能源为主，且主要配置方式以电为主，当能源供应实现以清洁能源为主的战略转型后，电力系统将成为能源互联网的核心组成部分。燃气、热力管网在能源系统低碳、高效、清洁发展趋势下规模将逐渐缩小，且与能源互联网的交互耦合作用日益增强。随着可再生能源、储能、电动汽车等电力相关技术与领域的发展，以及信息通信、互联网、人工智能等基础技术的渗透融合，低碳环保、可持续发展、以用户为中心等理念的深入，能源运营商、服务商的创新意识逐渐增强，智能配电网、智能用电、需求侧响应、综合能源、基础平台等方面将是能源互联网业务服务创新的重要领域。2016 年 2 月，国家发展改革委等部委发布《关于推进“互联网 +”智慧能源发展的指导意见》，能源互联网成为推动我国能源革命，促进能源产业升级，形成新经济增长点的重要战略支撑；2017 年 6 月，国家能源局公布了首批 55 个能源互联网示范项目，能源互联网进入试点示范阶段；2018 年是能源互联网试点示范项目的落地年，能源互联网试点示范工作带动超过 400 亿元的投资；到 2020 年，中国能源互联网的总体市场规模将超过 9400 亿美元，巨大的投资规模激发行业快速发展，成为未来电力系统重要的发展及演化方向。

策略：结合国外政策制定和执行阶段的经验和效果，制定符合我国国情和发展阶段的相关政策，支持电力系统及其自动化领域的发展；促进电力公司、设备制造商、科研单位、大用户等积极沟通，相互协作，建立电力系统产业技术创新战略联盟，打通产学研壁垒；加强国家、企业层面的创新投入，促进新技术的发展成熟和推广应用。

四、电机与变压器

（一）最新研究进展

1. 电机新技术、新成果

（1）定子永磁型电机

传统永磁电机的永磁体位于转子上，导致转子结构强度低，而且永磁体产生的热量难以散发，制约了电机输出机械能的能力。东南大学程明教授率领团队提出了一种定子型电机结构，独创性地将永磁体和通电线圈都放于静止的定子上，消除了传统结构中的电刷和滑环。突破传统电机“双边磁场”运行机理的固有模式，提出了“单边磁场”定子永磁无刷电机系统及其实现方法，发明了定子永磁无刷电机强容错和宽调速运行的关键技术。采用新型定子永磁电机结构，通过合理的设计通电线圈，在很大程度上消除电机运行时的速度不稳定、震动、噪声等，提高了电机输出动能的能力，改善了电机性能，不需增加额外成本。相关专利技术成功应用于电动汽车、风力发电、飞轮动力系统等领域。2017 年在

国家科技学术著作出版基金的资助下，程明教授撰写了《定子永磁无刷电机——理论、设计与控制》一书，由中国科技出版传媒股份有限公司出版。

（2）磁场调制永磁伺服电机

交流永磁电机所构成的伺服系统在高精度、宽调速范围的伺服应用中发挥着重要的作用。伴随着新材料、机电一体化、电力电子、计算机、控制理论等高新技术的发展，永磁同步电机数字控制的交流伺服系统将会开拓更为广泛的应用领域，能够实现高速、高精度、高稳定度、快速响应、高效节能的运动控制。华中科技大学曲荣海教授团队提出了基于磁场调制永磁伺服电机拓扑，突破了传统伺服电机机电能量转换瓶颈，转矩密度提高 8%~10%，效率提高 2%~3%，具有明显的理论创新和工程实用价值。提出了计及空域量级差的齿槽转矩消减方法。揭示了积累误差造成磁场空间谐波成倍变化的理论原因，解决了微量级误差导致的齿槽转矩消减困难这一关键技术难题，齿槽转矩降低了 55%。提出了综合电磁热机及材料特性的鲁棒设计方法，将设计误差从 5% 降至 1% 以内；对电机磁路、热路和结构参数进行协同设计和优化，保证了电机产品在转矩品质、效率、温升、响应等方面具备优良的综合性能。“磁场调制永磁同步交流伺服电机关键技术及应用”项目获 2017 年湖北省科技进步奖一等奖。

（3）冷却技术

大型发电机是电网的主要设备之一，是电能的直接生产者。大型电机的发展在整个国民经济的发展中占有重要地位。从电力生产，电网运行、管理的经济性和供电质量来看，电网中主力机组的单机容量应与电网总容量维持一定的比例，例如 6% ~ 8%。单机容量越大，则单位容量成本下降，材料消耗降低，其经济性能就越好。电机容量的提高主要通过增大电机的线性尺寸和增加电磁负荷两种途径实现。然而增大线性尺寸同时会增大损耗造成电机效率下降；而增加磁负荷，由于受到磁路饱和的限制也很难实现。所以提高单机容量的主要措施就在于增加线负荷。电机的冷却方式分为气冷和液冷两大类。气冷的冷却介质包括空气和氢气。液冷的介质有水、油及蒸发冷却所使用的氟利昂类介质及新型无污染化合物类氟碳介质。汽轮发电机所采用的冷却方式较为丰富，包括空冷、氢冷、水冷、油冷及蒸发冷、浸泡冷等。

（4）大型风力发电机

风力发电机是将风能转化为电能的装置，近年来随着风力发电占总发电量比重逐渐升高，风力发电发展迅速。目前国内风力发电主要采用直驱永磁和双馈风力发电机两种主流机型。其中直驱永磁风力发电机结构简单，不需要配套齿轮箱，但是体积较大，同时永磁体在高温下有退磁现象。由于稀土作为一种稀缺资源，价格波动较大，直驱永磁风力发电机价格也会受到一定影响。双馈风力发电机有齿轮箱，体积较小，功率易于控制，但是电刷和滑环易损坏，目前正在向无刷的方向发展。随着材料工业的进步，风电领域涌现了一批新型电机。

高温超导电机用高温超导体代替普通电机的铜线圈作为励磁绕组，高温超导材料有高载流能力（是相同截面铜导线的 100 ~ 200 倍），允许取消或部分取消电机铁磁回路，有效工作磁场可达几特斯拉，利于电机结构紧凑、体积和质量更小。现在的高温超导材料最高临界温度约为 130K。该技术用于风力发电，相同容量的发电机，重量可降低为常规电机的 1/3 ~ 1/2；超导材料无损耗，铜耗可减少 1/2，机械耗也可降低，效率高。超导电机同步阻抗低、噪声低、谐波含量少、维护简单、励磁绕组不易产生热疲劳。若体积重量不变，则高温超导发电机容量可提高数倍，有效降低成本。高温超导发电机在非额定负载下的效率较高，可在很宽的转速范围内有较高的效率。

对于液压风力发电机，风力机将风能转换成机械能，推动液压泵，转换成液压能，流体传递能量，液压能传输到变量马达，马达驱动励磁同步发电机将液压能转换成电能。采用定量泵 – 变量马达容积调速系统做主传动系统，通过改变变量马达的排量实现液压传动比时时可调，控制发电机工作于同步转速，将励磁同步发电机用于风电。

无刷双馈风力发电机兼备直驱永磁和双馈风力发电机二者的优点（无电刷和滑环、无须全功率整流逆变器、无永磁体失磁的危险），同时还避免了两种发电机的缺点，易实现有功及无功功率的灵活控制，是一种较理想的风力发电机，具有很好的应用前景。

（5）轨道交通用永磁驱动电机系统

高铁、地铁等轨道交通装备作为中国制造的“名片”，已成为“一带一路”倡议实施的排头兵。牵引系统是轨道交通装备的“心脏”，是表征一代列车技术特征的唯一标志。永磁牵引系统凭借绿色高效的优点，正引发全球牵引技术新变革。国外从 20 世纪 90 年代率先开展研究并严密封锁技术，《高端装备制造业“十二五”发展规划》等国家行动计划将永磁牵引技术列为创新工程，促进原始创新。大功率低开关频率的复合励磁永磁牵引系统，存在幅频响应差、抗扰动能力弱、磁场静态规划与动态调整复杂等特性。为顺应宽速范围、供电间歇中断、轴驱轮径等速磨耗、轮轨蠕变无常等特定工况及需求，实现永磁牵引系统安全、可靠、绿色运行，亟须突破全速域鲁棒性、高速越行后控制重构、位置辨识收敛和全工作区高效等难题。中车株洲电力机车研究所有限公司历时 10 余年，经多个国家、省部级项目支持，在轨道交通永磁牵引系统领域取得重大技术突破，发明了融合永磁电机多模参数耦合模型、调制模式动态规划、磁链轨迹在线寻优的控制技术，首次提出了电压多维解析及交直轴电流预测的弱磁控制方法，在满足高精度转矩输出特性的基础上实现了低开关频率和轮轨蠕变约束下转矩的全速域高动态响应，最大阶跃响应时间小于 5.1ms，仅为国外学术研究成果的 54%，奠定了永磁牵引系统轮轨驱动的根基。发明了零电压矢量分时注入、相位自适应滤波的反电势实时观测方法，首创了基于重构电压幅相偏差校正模型的高反电势逆向穿越控制技术，构建了永磁牵引系统任意速度下供电间歇中断或惰行后动力柔性重构系统方案，转矩冲击小于 2.8%，实现了永磁列车在世界最高运行速度下的动力重构。发明了电感梯度变化率和直轴电流自学习、快速迭代寻优的辨识技术，构建了多模位置辨识方法，攻克低开关频率下低速辨识不收敛难题，实现零速满转矩启动、全速域位置准确辨识及高动态响应，稳态误差小于0.01rad，最大转矩阶跃下动态误差小于0.05rad，较国外学术研究成果大幅提升。发明了负载概率的效率寻优、永磁体矩阵排列、非均匀气隙的电磁设计方法，构建了热－流－力匹配定向散热的全封闭冷却复合结构，实现了温度、应力的梯度管理和磁场正弦分布，电机额定效率98.2%，高于异步牵引电机4%，在1.1kW/kg同等功率密度下高于国外1%。“轨道交通永磁牵引系统关键技术研究与应用”项目荣获2018年度国家技术发明奖二等奖。

（6）新能源汽车驱动电机系统

东南大学、江苏大学发明研制了可用于新能源电动汽车的驱动额强容错宽调速永磁无刷电机。永磁无刷电机具有高效节能等优点，广泛应用于电动汽车等领域。传统永磁无刷电机结构强度弱、有高温失磁风险、磁场无法直接调控等固有因素，导致电机功率密度难以进一步提高、容错性能差、调速范围窄等问题。该发明采用定子永磁无刷电机冗余励磁、双通道、容错齿等冗余设计技术和磁场重构、谐波注入等容错控制技术，显著提高了电机系统的容错运行能力；发明了多励磁源设计和磁场在线调控技术与方法，攻克了传统永磁无刷电机调磁困难、运行范围窄的难题。该发明揭示了恒定定子励磁与交变转子凸极效应相互作用实现能量转换的内在机理，发明了“单边磁场”定子永磁无刷电机及其实现技术，攻克了传统永磁电机转子机械强度弱，永磁体冷却困难、存在高温失磁风险的难题。发明了定子永磁无刷电机冗余热备份设计和容错运行技术，提出了双通道绕组、冗余励磁、容错齿、磁场重构、谐波注入等容错电机设计方法与控制策略，提高了电机系统的容错运行能力。发明了定子永磁无刷电机多励磁源设计与磁场在线调控技术，提出了分裂绕组、混合励磁、磁通记忆、动态磁化、在线效率优化等宽调速永磁无刷电机设计方法与控制策略，拓展了电机系统高效运行区域。相关技术通过许可、转让、合作开发等方式应用于电动汽车等，取得了显著的经济与社会效益。该发明获2016年度国家技术发明奖二等奖。

（7）极端环境下高可靠性电机研究

关于在湿热盐雾的环境下电机运行可靠性研究，赵昊、傅小敏等人在保证失效机理不变的前提下，通过湿热试验和盐雾湿热复合试验方法，对直流电机进行加速试验，以较短的时间获取其寿命参数与寿命分布模型。将载流摩擦磨损和盐雾腐蚀机理结合，探讨了直流电机电刷在湿热和盐雾耦合环境条件下的失效机理，进一步揭示了湿热盐雾环境下直流电机的可靠性。

关于在极寒环境下的环境下电机运行可靠性研究，杨利等为了在较短时间内能鉴定产品对环境的适应能力，采用人工模拟环境实验，在实验室的实验设备内模拟一个或多个环境因素的作用。人工模拟实验的环境条件确定，要求既能模拟环境中主要因素影响的真实性，又能在时间上起一定的加速作用，但是加速的程度不应改变产品损坏的规律。

由于对于高温环境电机的实际需求，近年来国内外的众多研究机构都在这个问题上进行了大量的研究工作，针对温升带来的电机性能变化的研究，取得了大量进展。沈阳工业大学的林岩等分析了永磁材料的热稳定性对永磁电机设计的影响，并且提出了一种通过常温下性能推算永磁体拐点位置的方法和给定拐点推测合理内禀矫顽力的方法，为选择性能合格的永磁体来保证永磁电机运行的可靠性提供了理论依据；北京航空航天大学的刘向群等人设计了一台导弹舵机用的永磁直流电动机，该台电机采用了钐钴材料的永磁体，输出功率 15kW，转速 15000rpm，重 20kg，短时工作温度可以达到 250℃，外形尺寸为 70mm × 70mm × 130mm，由于是高功率密度的舵机，工作时间仅为 2 分钟；中原油田公司设计的 107 系列耐高温异步潜油电机，额定功率为 22kW 至 65kW 七种型号，额定转速 2800rpm，采用了耐温 180℃的 H 级绝缘，长期运行环境温度可以达到 150℃。

2. 电机及电机系统的节能技术

（1）电机及系统节能概况

根据电能和机械能之间转换的过程，电机可分为发电机和电动机两类：发电机是将机械能转化为电能，向电网或用电设备输送电能；而电动机则是将电能转化为机械能，向机械系统输出动力。发电机系统多由大型同步发电机构成，单台功率大，总体数量少；小型同步发电机则多用于应急电源或分布式能源系统中，其比例较小。而交流电动机则由于应用范围广、产能大而成为电机及系统节能面对的关键目标。

据测算，在交流电动机产能中，普通交流三相异步电动机所占比例最高，为 87%，单相异步电动机占 4%，同步电动机占 5%，交直流两用电动机占 4%。而交流三相异步电动机又分笼型和绕线型转子两种，其中绕线型转子交流三相异步电动机的使用范围和应用场所较笼型交流三相异步电动机少得多，因此国内电机行业的主要产能和应用均集中在中小型三相交流笼型异步电动机中。

提高常规电机效率的几个技术途径有：提高材料特性、改善电机结构、控制电机运行；合理利用电磁转换原理、与提高功率密度相结合、与高功率因数相结合、与散热冷却相结合。

具体来讲，对需有级改变风量和流量的风机水泵，应采用专用的电动机，如变级多速电动机等。对于长期连续运行的场合，应采用高效电动机和超高效率的电动机以节约电能；对于经常运行在轻载的场合，应配备轻载节电控制装置；对于中大功率或高速电动机，应采用节电风扇；对需高启动转矩的长期运行场合，应采用高起动转矩的永磁电机。

电机系统节能通常是指从电机起动开关开始直至拖动的装置产出产品（流体）能量的最终消耗。它包括电机起动开关、供电馈线，电机速度控制装置，电动机、联轴器（或其他联结方式如齿轮联结、皮带联结、蜗轮蜗杆联结等）、拖动装置（泵、风机或压缩机等）、拖动装置产出的产品（一般为液体和气态流体）、输送管线、终端负载。所以，电机系统节能是指整个系统效率的提高，它不仅追求电机本体效率和拖动装置效率的最优化，而且要求系统各单元与系统整体效率的最优化。

（2）电机系统节能改造工程主要措施

对于电机系统节能，可用的系统节能技术和措施，总的来讲可分为两类。

1）提高系统中单台设备的运行效率。如选用高效低耗的机电设备、电动机加装节能控制器、更换裕量过大的设备、开展有效的设备运行管理等。提高设备效率的本质在于降低设备自身的损失，当系统已经比较符合节能要求时，只要对这些设备进行简单的更换调整，就可使系统成为一个较佳系统，收到良好的节能效果。但提高单体设备效率在技术上毕竟有限，对一个具体系统来说，其实际带来的经济效益往往也不是很可观。

2）系统改造。若在对系统进行分析时发现系统因结构不合理、设备不配套、调节方式不恰当等低效率运行，则需要对其进行系统改造。系统改造的目的在于如何使总的输入能量尽量降低，输出能量尽量提高，以及尽可能多地回收能量，而较少考虑单台设备本身的效率。如改变工艺流程结构，选择合适的调节方法，减少调节损失；改变操作条件，确定最佳运行参数，使设备发挥最大效能；调整系统结构和设备的组合方式、合理配套，降低不必要的能耗等。

对于一个具体的电机系统节能改造项目，可能有多个节能技术方案可供选择。需要强调指出的是，节能改造技术方案的最终确定，不可简单地根据各可选方案的节能效果来决断，也不可片面追求节能效果，而不考虑经济收益、产品的产量和质量以及工作环境等情况，而应该根据有关经济原则，并综合考虑产品的产量和质量、环境条件、技术的复杂程度和可靠性等多种因素，在此基础上对各方案进行技术经济综合评估，并确定最终的、当然也是最佳的节能改造技术方案。

3. 电机关键材料

（1）永磁材料

我国现有的全流程制造工艺有：烧结钕铁硼磁体的冶炼与铸造锭技术、磁场取向与压型技术、破碎与制粉技术、烧结与回火技术、控氧技术、机加工与表面处理等，这些工艺是从国外引进并进行了消化吸收的。中国是钕铁硼稀土永磁材料生产、应用大国，钕铁硼稀土永磁材料是目前磁性能最高、应用范围最广、发展速度最快，也是当前工业化生产中综合性能最优的磁性材料。结合其优缺点来看，未来要着眼高磁能积、耐腐蚀且具有优良力学性能等方向。可以通过使用先进的生产设备、采用双合金技术、优化合金成分等方法，满足高性能磁体的要求。不仅要优化磁体成分，还要降低原材料成本，降低稀土金属总量；通过实施量化控制、智能控制和自动控制的“三化”控制技术，实现提高成品率和效率的目标；结合细化晶粒技术、控氧技术、双合金技术等改善材料的微观结构，提升产品质量。随着计算机磁盘驱动器轻薄化、汽车电机的更新换代、风力发电和电子通信等设备的普及和发展，永磁材料将会更有发展前途。

（2）软磁材料

软磁材料因其饱和磁感应强度高、磁导率高、矫顽力低、损耗低和环境稳定性好等优点，被广泛应用于通信、电源、计算机和各种电子产品领域。硅钢片是历史上第一种应用于交变强磁场的软磁材料，具有电阻率高（是电工纯铁的几倍）、涡流损耗低、饱和磁感应强度高、价格便宜且稳定性好等优点，是目前应用量最大的软磁材料。根据加工工艺的不同，硅钢片可分为热轧、冷轧无取向、冷轧单取向和电信用无取向冷轧硅钢片。非晶态合金（亦称玻璃金属）、纳米晶（超微晶）软磁合金、软磁复合材料等均为采用粉末冶金技术制造的新型软磁材料，因具有优异的物理、化学、电学、磁学等性能，在国内外已越来越受到重视。非晶、纳米晶软磁合金和软磁复合材料的制备工艺和设备相对简单，生产周期短，性价比高。电子器件日益向高性能、高速化发展，要求改进和提高作为电感元件的铁氧体磁芯的性能，这对软磁材料及磁芯元件的要求就更高。

（3）绝缘材料

绝缘材料是电机中必不可少的重要组成部分。耐电晕薄膜方面，聚酰亚胺材料具有优越的电绝缘性、耐低温和耐高温性、力学性能、化学稳定性、耐老化性能和尺寸稳定性。聚酰亚胺薄膜的品种不多，产量主要集中在美国和日本两国，国内的生产产量较低，质量不高。有机硅树脂的耐电晕性能比一般氧化物高，有机硅树脂在特种电机，如牵引电机中有广泛的应用，能满足变频牵引电机绝缘系统高耐热性和高可靠性需求，但并未实现产业化。为了尽快促使耐电晕绝缘材料产业化，需要在纳米复合材料的制备、耐电晕机理及国家标准的制备方面进行更系统的研究。

4. 变压器技术

随着我国经济的快速发展，电力需求的不断增加，作为输变电系统中的主要设备，变压器也得到了长足的发展。为适应的满足市场需求，许多变压器制造厂家不断改进产品结构，提高产品性能，从国外引进先进的生产技术和装备，加强对新工艺的探索，其发展呈现如下四个趋势：

（1）大容量、特高压、高性能

特高压变压器代表了世界电力变压器技术的最高水平，我国发展特高压输电技术是由能源资源和用电逆向分布决定的。我国特变电工、天威保变和西电集团自行研发的特高压变压器和电抗器已经成功在试验示范工程中运行；±800 kV 直流输电换流变压器也已研制成功并投入运行；研制成功一批特高压新产品如：1000 kV、150 万 kV·A 的特高压交流变压器（单相式），1000 kV、40 万 kV·A 发电机变压器，±1100 kV 特高压直流输电换流变压器，特高压可变电抗器等。特高压交直流输电是我国电网发展的重点，发展特高压变压器与电抗器、特高压直流换流变压器也是我国变压器产业的一项长期任务。

（2）节能、环保、防灾

节能、低噪声、无渗透和能降解回收利用这四个方面特点显著。一般电力变压器损耗在电网损耗中占 30%~40%，我国《节能减排“十二五”规划》中明确要求“十二五”期间降低电力变压器损耗，其中空载损耗降低 10%~13%，负载损耗降低 17%~19%。因此，采用调整铁心结构及制造工艺的技术降低空载损耗；采用新型绕组结构、新型导线、新工艺以控制涡流损耗的技术降低负载损耗。通过节能技术使变压器的损耗参数在运行可靠性不变条件下达较低值。不是靠多用材料而是靠结构创新、工艺改进等措施实现，以获得最佳的性价比。

随着绿色发展理念的践行，天然酯绝缘油变压器技术近年在我国取得了快速发展，天然酯绝缘油是一种以植物油种子为主要原料的矿物绝缘油替代品，具有可再生、降解率高（达 99% 以上）、高燃点（300℃以上）等特点，对环境无污染。美国于 20 世纪 90 年代开始将天然酯绝缘油应用于变压器，截至目前，国外在运的天然酯绝缘油变压器约为 200 万台，其中 95% 以上为配电变压器。近年，随着环保压力的增大，天然酯绝缘油逐渐应用于超高压产品。德国西门子公司于 2014 年研制成功世界上电压等级最高、容量最大的 420kV、30 万 k・VA 变压器，并投入运行。2018 年，中国电力企业联合会发布了《天然酯绝缘油变压器技术白皮书》，指导相关领域技术工作。第一台 110kV 天然酯绝缘油变压器于 2017 年由广州供电局牵头研发成功并投入运行，2018 年，山东电工电气集团研制成功 110kV、6.3 万 k・VA 变压器，2019 年，正泰电气股份有限公司研制成功 220kV 变压器。南方电网公司等单位已经立项开展 500kV 天然酯绝缘油变压器关键技术研究。

对于城市变电站，变压器的防火灾性能异常重要，人们对难燃、不燃变压器的需求日渐增加。这类防灾变压器包括干式变压器、硅油变压器、β 油变压器、充气式变压器（气体绝缘变压器）。硅油和 β 油的燃点均为 300℃左右，远高于变压器油的 165℃，具有难燃特性，因其价格昂贵，近年应用未有大规模应用。干式变压器以环氧树脂或芳纶纸为绝缘介质，不充绝缘油，因此耐热等级高。干式变压器以运行维护简单、没有火灾危险、价格适中而得到大规模应用，并向高电压、大容量发展。2019 年，江苏华鹏变压器有限公司研制成功世界首台 110kV、4 万 k・VA 环氧树脂干式变压器，在同类产品的电压等级及容量上取得突破。充气式变压器是以 SF_6 等气体为绝缘介质，相对难燃的干式变压器、高燃点变压器等难燃产品，以其不燃、不爆、不受潮、占地小等特点，逐步成为主要的防灾型变压器产品。日本于 20 世纪 90 年代研制成功 500kV、30 万 k・VA 充气式变压器。随着我国城市用电量的急剧增长，防灾型变压器向高电压、大容量发展，促进了充气式变压器的技术进步和产品应用。我国香港、深圳、上海等地区需求量增长迅速，从 1995 年开始，部分城市采用了 110kV 充气式变压器，2014 年，保定保菱变压器有限公司研制成功 220kV、7.5 万 k・VA 变压器在深圳投入运行。由于 SF_6 气体被《联合国气候变化框架公约》列为六种温室效应气体之一，其使用受到限制。国内外对 SF_6 替代气体的研究异常活跃，文献也报道了近百种气体，但能够完全替代 SF_6 的环保型绝缘气体仍在探索中。

（3）智能变压器

在智能电网领域，智能变压器是当前变压器产业的研发重点，它是在常规变压器的基础上，配备电子器件、传感器和执行器等设备，增加自我诊断功能，通过网络数字接口实现关键状态参量的监测、控制与数据共享等，实现变压器的经济运行、辅助决策、状态评估和协调控制。变压器智能化需要研制变压器智能组件、关键状态参量传感器的安装方式、信号传输与接口技术等。随着智能电网建设的深入，智能变压器需求将会逐渐增多，智能变压器研制势在必行。

随着电动车、新能源等大功率市场的兴起，电动车低成本、小型化、快速充电等特性对变压器产品的安全性和高效性提出更高要求。在光伏发电和风能领域，主要应用输出功率可达 1000kW 的高频开关变压器，变压器一般与电感元件组合分别起到变压、滤波、储能的作用。

智能电表中的变压器与芯片配合，集测量、通信、微电子、数字信号处置和计算机技术为一体。具有互动性，能够提供电价、阶梯电价及供电选择、电能计量、多功能电参量测量、费率控制、预付费和负荷控制、数据处置及存储、通信、显示等实时数据。

（4）高可靠性

变压器在运行中要耐受系统短路引起的短路电流，其值可达到运行电流的十几倍。短路电流带来的电、磁、热、力的作用严重影响到变压器的可靠运行，据统计，电网中因变压器短路故障而出现的变压器损坏占变压器事故的 70%，严重影响了电网的安全。由于试验条件的限制，500kV 及以上超高压、大容量变压器的短路强度计算及工艺质量很难得到有效的验证和考核，给电力系统运行带来了严重的安全隐患。因此解决高电压等级、大容量产品短路承受能力试验条件不足的问题是国内乃至国际实验室面临的重要课题。国家电网公司等用户不断加大变压器短路试验抽检力度，变压器的抗短路计算及试验验证技术研究随之成为近年变压器领域的技术热点。2013 年，国内首次成功进行了 500kV、33.4 万 k·VA 超高压变压器短路承受能力试验，填补了国内空白，达到国际先进水平。2019 年，我国相关企业开始立项开展世界上首次 1000kV 特高压变压器短路承受能力试验研究。

（5）大功率、小型化、一体化

高频变压器是电子商品中体积大、分量重的配件之一，为了适应电子商品微型化的需要，必将推进高频变压器商品向大功率、小型化、一体化的方向开展，更首要的是跟着整机功能的改动，必将推动高频变压器商品向高频化、低损耗、外表贴装及新材料、新结构的新式变压器方向发展。目前国外微型电子变压器的发展较快，已产出 5mm × 5mm × 5mm 的微型变压器和仅厚 0.2mm 的平面变压器，中国少量外资公司已有此类封装微型电子变压器，而国内产品尚待开发。

5. 新型变压器产品

随着技术的进步和电力工业的发展，变压器在更多领域发挥着越来越多的作用。近年来，我国陆续研制成功多种类型应用于特殊领域、特殊用途的变压器产品。

2016 年北京设备公司 ±800 千伏 /6250 安培特高压平波电抗器等通过新产品鉴定。平波电抗器也称直流电抗器，是应用于直流输电系统的重要设备，串接在换流器与直流线路之间，在直流系统发生扰动或事故时抑制直流电流的上升速度，防止事故扩大。当逆变器发生故障时，避免引发换相失败。近年来随着材料及绝缘技术的发展，干式平波电抗器以其无油环保、没有辅助运行系统、基本免维护等优势，正在逐渐成为直流输电网络发展的一个方向。

2017 年特变电工衡阳变压器有限公司承担的 2016 年湖南省战略性新兴产业科技攻关项目（2016GK4038）“特高压 1000kV 现场组装变压器关键技术开发及设备研制”取得重大成果。在国家变压器质检中心的监督下，ODFPS JT-1500000/1000 特高压现场组装式变压器项目样机一次性通过出厂试验、型式试验和特殊试验，各项性能指标均优于国标要求，标志着本项目的样机研制任务取得圆满成功。项目产品是目前 1000kV 级世界最大容量的现场组装式变压器，该产品具有电气可靠性高、温升低、损耗小、经济性高等诸多优点，技术水平国际领先。该产品的成功开发将解决后期我国西南环网特高压建设中主变设备最为突出的运输问题，为建设全国性输电网络，实现跨区域、远距离、大容量的能源输送提供有力保障。

2018 年，保定天威集团特变电气有限公司研制的 LKD-23000/10 储能电抗器投入运行，产品应用于中国散裂中子源，是 25Hz 谐振电源中的关键设备，给谐振系统的偏置直流提供通路，电感线性度、电感偏差量等关键技术取得突破，是国内首次研制的同类产品，是我国变压器技术在基础科学研究领域取得的重大突破，保证了位列世界四大散裂中子源项目的中国散裂中子源项目的顺利实施。

2018 年，特变电工衡阳变压器有限公司研制成功海上风电升压站主变压器 -SFZ-180000/220 变压器，应用于三峡新能源江苏大丰海上风电项目，打破了海上风电领域电力设备被国外品牌垄断的局面，填补了国内空白。海上风电是目前我国新能源领域的开发重点，风能技术开发量约 2 亿千瓦，由于海上风电项目对防腐、抗震、可靠性等特殊要求，还要考虑与风机的配套性，以往我国海上风电升压站主变压器均为 ABB、西门子等国际品牌，此次研制的产品具有高可靠性、免维护、抗盐雾腐蚀 C5-M 等级、抗震抗颠覆等技术特点，具备了替代进口产品的水平。2019 年，三峡集团超标采购江苏如东海上风电柔性直流输电示范项目变压器，海上换流站采用三相 85 万 k·VA、网侧 230kV、阀侧 416kV 变压器，这将是我国最大容量、最高电压的海上变压器。

2018 年中国西电研制成功 500kV 高压直流断路器，通过了型式试验。这标志着中国西电在成功研制 ±500kV、±800kV 柔性直流输电换流阀之后，在高压柔性直流输电系统核心装备领域取得了又一重大突破。

2019 年上海沪光变压器有限公司发布了该公司的创新研发成果“拆装式牵引整流干式变压器”和“35kV 干式非晶合金牵引整流变压器”，填补了国内外同类产品的空白，具有良好的经济效益和社会效益。此次发布的“拆装式牵引整流干式变压器”，被轨道交通供电专业人士形容为“把地铁公司几十年的痛点、难点、死点给解决了”，同时也是全国首创。已运行 20 多年的上海地铁逐渐进入设备更新阶段，部分站点由于基础设施早已封顶完成、预留的现场设备进口较小等原因，无法让外形尺寸较大的干式牵引整流变压器进行整体更换就位。针对这一亟待解决的技术难题，上海沪光与申通地铁联合研发拆装式牵引整流干式变压器，创新性地将变压器分解成多个小部件，分别运入轨道站点的设备间后再进行现场人工拼装，可大大减少对轨道站点现有设施的破坏和影响。

2019 年，世界首台特高压 GIL 设备通过全部型式试验。由国家电网公司主导，平高集团、山东电工电气日立高压开关有限公司、ABB 公司和 AZZ 公司合作研制的 1100 kV 刚性气体绝缘输电线路（GIL）设备在西安高压电器研究院通过全部型式试验。这是世界上首次研制成功的特高压 GIL 设备，并应用于苏通 GIL 综合管廊工程，代表着国际同类设备最高水平，也是我国特高压输变电技术领域立足国内取得的又一项世界级重大创新成果。

（二）电气工程学科国内外研究进展比较

1. 电机及系统节能技术

为了提高电动机系统的能效，首先要选择能效高的电动机。对需有级改变风量和流量的风机水泵，应采用专用的电动机，如变级多速电动机等。对于长期连续运行的场合，应采用高效电动机和超高效率的电动机以节约电能；对于经常运行在轻载的场合，应配备轻载节电控制装置；对于中大功率或高速电动机，应采用节电风扇；对需要高启动转矩的长期运行场合，应采用高起动转矩的永磁电机。通过以上节能措施，可获得显著的能源节约。下面分析国内外促进电机系统节能降耗所采取的经验做法。

（1）美国电动机挑战计划

为了更好地推动电机系统节能技术的应用，美国能源部组织编制了电机系统节能规划，该规划称为电机挑战计划，其所需资金全部由美国能源署提供。虽然电机挑战计划是一个自愿参与计划，但是确实达到了引导制造商和用户生产和使用高效电动机和高效电动机系统的目的。参加该计划的企业必须承诺实现降低能耗的量化目标，并报告执行情况。企业将从中获得降低运营成本、提高和维持设备可靠性和服务质量等直接利益。此外，企业也可以享受使用电机挑战计划标识、参加电机挑战计划宣传活动等权利。美国预测通过电动机效率的升级，可节约 4.3% 的电动机总用电量。

（2）中国电机系统节能工程

据中国电监会 2008 年 4 月公布的数据，截至 2007 年年底，中国发电机总装机容量为 7.13 亿千瓦，中国电动机的装机容量按最保守估算应在 10 亿千瓦以上。这是因为：①从 2003 年到 2007 年，国家统计局统计规模以上企业生产的交流电动机产量已累计达到 7 亿千瓦，除小部分出口外，大部分在国内销售，且大量电机随进口机电设备进入中国；②按发电机和电动机装机容量比例的通用算法为 1 :（2.5 ~ 4）估算，电动机容量应在 18 亿千瓦以上，但考虑电动机生产和安装要滞后于发电机一定时间，故实际电动机安装量会少些；

③我国发电行业这些年始终处于高负荷运行状态，如按平均每年发电 5000 小时，其中 60% 用于电动机，全部在用电动机年平均运行时间为 1500 ~ 2000 小时，电动机总装机容量应为 11 亿 ~ 15 亿千瓦。如果 70% 用于电动机，则其装机容量为 12.8 ~ 17kW。因此，目前国内各种文献中将中国电动机现有装机容量认为是 4.2 亿千瓦是远远不止的。

据统计，2007 年中国国内市场销售的高效电机占电动机总销量的 1% 左右，即 98% 以上电机产品是普通效率电动机，比美国的高效电机效率低 3%，比超高效电机效率低 5%；风机、泵、压缩机产品效率比国外先进水平低 3% ~ 5%，电机传动调速及系统控制技术差距较大，系统效率比国外先进水平低 20% ~ 30%，电机系统节能潜力巨大。因此，国家发改委启动了“十一五”国家十大重点节能工程，电动机系统节能工程是其中之一，该工程的主要内容包括：① 更新淘汰低效电动机及高耗电设备；② 提高电机系统效率；③ 被拖动装置控制和设备改造；④ 优化电机系统的运行和控制；⑤ 重点改造领域为：电力、冶金、有色、煤炭、石油、石化、化工、机电、轻工、企业空调和通风、楼宇集中空调的电机系统改造等。

（3）欧盟制定 EU–CEMET 协议

为促进高效率电动机的推广，欧盟与欧洲电机与电力电子制造商协会在 1999 年 9 月达成协议，即电机行业根据欧盟积极开展电动机系统节能工作的要求，在欧盟委员会能源交通局（EU–DGET）的具体指导下，自愿制定和执行有关电动机能效水平的协议，所定的协议简称为“EU–CEMET 协议”。该协议的执行，大大提高了欧洲地区电机系统的节能效率，对欧洲国家能源节约作出巨大的贡献。

2. 电机材料（永磁、软磁、绝缘材料）

永磁材料方面，在我国稀土永磁材料发展中保持着以下的独有优势：①丰富的稀土资源可提供充足的生产永磁材料的主原料；②大量技术人才参与永磁材料的生产，使工艺和装备不断提高和完善。但也存在着生产工艺相对落后、材料利用率较低、高性能磁体产业化仍落后于国际先进水平等问题，因此要从做好永磁材料发展规划、加强应用研发、提高稀土材料磁性能、提高和完善生产技术和装备的创新等方面进行完善和提高。

软磁材料方面，从近几年各国软磁材料生产量的变化可以看出，世界软磁材料的生产格局已经发生了很大的变化。产量仍将有大幅度的增长，但竞争也会变得更为激烈。降低成本、提高效率、提高产品档次及市场竞争力将成为竞争的关键。非晶合金软磁材料因其生产周期短、性价比高等优势得到了很多关注，国外有日本东北大学、美国的 Allied Signal 公司从事非晶合金软磁材料的研发，与此同时，国内的中南大学、南昌大学、北京科技大学、兵器科学院等单位也正在纷纷展开对软磁复合材料的研究。软磁复合材料中的树脂或无机介电材料导致饱和磁感强度降低的问题仍待解决。

绝缘材料方面。电机的绝缘主要使用的耐电晕绝缘材料为耐电晕漆包线漆、耐电晕薄膜和有机硅浸渍漆。其中耐电晕薄膜中的聚酰亚胺薄膜产地主要集中在美国和日本，美国杜邦公司推出了可靠寿命达到11.5年的Kapton CR耐电晕薄膜和具有优异电弧性能的Kapton AR薄膜。绝缘材料在电机工作环境中不断吸附灰尘油污、无机盐类和水分等杂质，将会引起介电损耗增加和绝缘电阻的降低，导致绝缘失效。所以必须采用新型绝缘材料提高电机的绝缘等级，延长电机使用寿命，降低维护维修成本。目前，美国的P D George公司和Dupont公司、法国的Nexans公司等可以生产变频电机所使用的新型漆包线漆。

3. 变压器技术

近年来，我国变压器行业立足创新，并借鉴ABB、西门子等公司的先进技术，不断实现技术创新能力及产品制造水平的超越，产品种类涵盖电力变压器、整流变压器、电炉变压器、机车牵引变压器、干式变压器、充气式变压器、非金合金变压器和并联电抗器等。广泛应用于电力系统、高速铁路、钢铁冶金等领域，我国也成为变压器种类最齐全、产量最大的国家，变压器类产品的技术性能和质量均处于世界领先水平。

特高压变压器是指交流1000kV和直流 ±800kV及以上电压等级的变压器，是特高压电网中的关键设备。特高压能大大提升我国电网的输送能力。国家电网公司提供的数据显示，一回路特高压直流电网可以送600万千瓦电量，相当于现有500kV直流电网的5 ~ 6倍，而且送电距离也是后者的2 ~ 3倍，因此效率大大提高。此外，据国家电网公司测算，输送同样功率的电量，如果采用特高压线路输电可以比采用500kV高压线路节省60%的土地资源。我国自本世纪初开始进行特高压变压器相关技术的研究，开展了快速瞬变过电压、主纵绝缘结构、出现系统等关键技术研究。

并联电抗器也属于变压器类产品，在电网中并联接在供电系统上，主要用于补偿电容电流，削弱电容效应，限制系统工频电压升高，抑制操作过电压，消除同步发电机带空载长线时产生的自励磁现象，从而保证线路的可靠运行，是电网的关键设备。2011年，西安西电变压器有限责任公司研制成功世界首台200Mvar/1000kV可控并联电抗器。

特高压变压器和并联电抗器的研制成功，带动了国内变压器行业的技术进步和产业升级，直接推动了代表世界输电领域最高技术水平的交流1000kV特高压输电线路和直流 ±800kV特高压输电线路投入商业运行，这在世界变压器发展史上和输变电领域都是空前的。

4. 变压器材料

变压器产品的升级离不开材料技术的进步，电力变压器的主要材料包括绝缘纸板、电磁线和硅钢片等。

2008年以前，我国超高压变压器的绝缘纸板主要从瑞士维德曼和瑞典ABB进口，近几年国内几家高端绝缘纸板制造企业陆续投产，与国外相比，从纸浆到制造设备、制造工艺，差距不断缩小，完全满足IEC641-3-1标准及特高压变压器的绝缘性能要求，电气强度、灰分含量、水抽出物电导率等关键性能都与进口绝缘纸板相当，目前广泛应用于超高压特高压变压器。另一项代表绝缘件制造水平的是高压变压器出线系统，2010年，研制成功 1000kV 交流特高压变压器出线系统，经中国电力科学研究院的多项试验验证和实际产品应用，完全满足特高压变压器的要求。2011 年研制成功 ±500kV 换流变压器出线装置，并已完全替代进口产品。2014 年研制成功 ±800kV 特高压换流变压器出线系统，并成功应用于灵州－绍兴特高压直流输电工程。2019 年，完成了 ±1100kV 特高压换流变阀侧出线系统研制，达到了国际领先水平。

电磁线用来制作变压器的电路部分，随着变压器容量的增大，为了降低导线中的杂散损耗，换位导线的应用越来越广泛，国内厂家也在该领域加强了技术攻关。目前制作换位导线的换位头达到了 80 根，并且研制成功网包换位线、组合换位线、屏蔽换位线、带油道换位线等多种新产品。在导线机械强度方面，为了提高变压器的抗短路能力，适应不同领域产品的需要，导线的屈服极限达 260MPa，并广泛采用了自粘型换位导线。国内电磁线的制造水平与奥地利 ASTA、德国 ESSEX 等国际知名公司相当。

硅钢片用来制作变压器的磁路部分，包括铁心叠片、磁屏蔽等。硅钢片的性能直接决定了变压器的空载损耗、噪声和过励磁能力，2007 年以前，高等级取向硅钢片长期采用日本和韩国进口产品，随着国内宝钢、武钢等钢铁企业取向硅钢生产线的投产和科研水平的提高，高等级取向硅钢产品逐步实现国产化。宝钢、武钢陆续推出了普通取向硅钢片、高磁感取向硅钢片、激光刻痕硅钢片等产品，同时随着研发的不断深入，材料性能也不断提高，厚度包括 0.20mm、0.23mm、0.27mm、0.30mm 等，单位铁损达到 0.7W/kg。2019 年，宝钢自主研制成功 0.18mm 极低铁损取向硅钢，单位铁损达到 0.6 W/kg，比国际最高等级高两个牌号，是目前世界上损耗最低的取向硅钢。国内取向硅钢材料的外观、漏点情况、毛刺及工艺性能均等同于进口产品，在三峡工程、特高压输电等重要工程中得到应用。我国取向硅钢制造厂主要为宝钢、首钢、鞍钢等，年产能达到 100 万吨，从性能到产量均能够满足我国变压器生产的需求，但高牌号取向硅钢供不应求，并部分出口到欧美市场。

5. 国际变压器最新研究成果

2017 年年底，ABB 成功测试了包括高端和低端变压器在内的全球最大功率 1100 kV 特高压直流变压器，再次书写了全球电力历史的新篇章。该变压器由 ABB 与国家电网公司共同开发和生产，将应用在昌吉－古泉 ±1100 特高压直流线路中。该线路将新疆的电力输送到安徽，成功通过的一系列型式试验为该线路的落成打下了坚实的基础。

中国的用电负荷集中在东部，而大量的能源资源分布在西部和西北部。不断增长的用电需求推动了特高压线路的建设，从而增加输电能力、减少损耗。昌吉－古泉特高压直流输电线路是全球第一条 +1100kV 特高压直流线路，在电压等级、输电容量和距离上都创下了新的世界纪录。该项目的输电功率达到 1200 万千瓦，相当于 12 座大型发电厂的功率，与目前投入运营的 ±800 kV 特高压直流输电项目相比，输电能力提高了 50%，该工程也令原来 2000 千米的输电距离提升至 3000 多千米，在实现偏远地区可再生能源大规模并网方面发挥关键作用。项目投入运营后，将向 8 条 500 kV 和 2 条 1000 kV 交流线路提供电能，输送的电量相当于瑞士年均用电量的两倍。同时，该突破性技术也首次将±1100 kV 特高压直流输电线路接入 750 kV 交流线路。

此外，ABB 还为本项目开发并成功测试了一系列其他关键设备，包括换流阀、套管、直流断路器等。

6. 国内外电气学科发展状态比较

经过数十年的努力，我国电机学科整体实力得到了跨越式发展，产品质量得到大幅提升，缩小了与国外先进水平的差距，具有广阔的发展前景。但同时我们也应看到，我国在相关领域的基础研究与国外先进水平相比还存在较大差距，自主创新能力还有待提高，研发高性能、高可靠性、节能环保化、小型化、智能化的各种电机必要且迫切。

（三）电气工程学科发展趋势及展望

1. 高效节能电机系统

高效节能电机的运行效率高、节能效果好，通过采用最新材料技术及设计方法，在降低损耗的同时有效提高电机运行效率。

（1）超高速三相永磁同步电动机

超高速电机体积小、重量轻、功率密度高。通过高速电机直接驱动避免了由于机械传动装置带来的损耗、机械振动与噪声，在减小设备体积的同时提高电机系统运行效率。超高速电机在高速电主轴、电动工具、压缩机等领域得到了广泛的应用。

超高速三相永磁同步电动机的设计开发能够填补国内在该领域的空白，推动我国电机技术的发展与进步；进一步提高我国高精尖设备的制造水平，提升我国生产制造业的国际竞争力；促进相关辅助材料（比如电磁线、绝缘）、电力电子（比如变频控制）等技术的发展；大容量、超高速电机的研究与应用，可明显提升节能效益。

（2）低速大转矩永磁同步电动机

低速大转矩，一般来说指的是转速低于 500r/min、输出转矩高于 500N · m 的系统。这样的系统在多种工业传动设中比较常见（比如，球磨机传动系统），此外还有油田设备、矿山设备等。当前，使用较多的还是电机与减速机相结合的驱动方式，受到机械方面的原因影响，系统的整体效率不高。永磁电机的出现，则能够实现低速大转矩直驱运行，使得系统运行效率明显提高，应用前景广阔。该类电机应用在球磨机上，能够实现球磨机的可靠运行，且节能超过 10%。

（3）永磁同步磁阻电动机

该电机是从磁阻电机上改进而来，主要不同在于其转子结构。传统磁阻电机的转子结构是多层镂空结构，改变了电机 d、q 轴磁路磁阻，从而得到较大的凸极比，充分利用电机的磁阻转矩。永磁辅助同步磁阻电机是在磁阻电机转子的镂空机构中放入铁氧体永磁材料，使电机转子具有永磁磁势，但空载反电动势较小。该电机在利用电机的磁阻转矩的同时，也可利用电机的永磁转矩。

永磁同步磁阻电动机充分结合了永磁同步与开关磁阻电动机的特性，在使用中有着运行效率高、调节范围宽、节能效果显著等特点。目前，比较普遍的应用于汽车驱动系统中，未来应进一步拓宽该类电机在工业生产中的应用，开发出更多同系列的产品。

2. 电气牵引中的电机系统

电力驱动系统是纯电动汽车的核心部件之一。电力驱动系统主要包括电机和电机控制两部分。基于电动汽车对驱动系统的要求，电机要满足：①体积小，使得汽车的布局灵活；②高效率，提高经济性，延长续航里程；③可靠性高，保障汽车动力性和安全性；④降低汽车的成本；⑤低噪声，提高舒适性；⑥大转矩和宽转速，大转矩提高汽车的动力性，宽转速可以实现纯电动汽车的无变速器直接驱动。

感应电机的优势在于运行噪音小、可靠性高、结构简单、运行和生产成本低，并且电机有很强的坚固性。这种电动机的缺点在于传统的变频变压技术不能满足感应电机的运行要求。当前选用这类电机的车辆基本都应用矢量控制和直接转矩控制方式，后者在当前研究中成熟度更高，已经在很多电动汽车中应用，并取得了很好的效果。

永磁同步电机的运行原理为，将电机中的励磁线圈替代成永磁体，最终励磁线圈和磁场同步转动。这种电机的优势在于电机转子的惯性更小，并且整个电机体积较小，功率密度很高。此外，这类电机调速更快，可以更好地响应驾驶员的操作，当前这种电机不存在明显的短板，已经在很多电动车辆中获得应用。

开关磁阻电机的应用领域由于开关磁阻电机结构简单可靠、工作转速高、容错性好、制造成本低等优点，目前已广泛地应用于：航空航天、家电、电动机车驱动、煤炭工业和高速运转的工业领域。例如在电动机车驱动领域，开关磁阻电机以其启动和制动转矩大、电流小的出色性能，以及可以缺相工作的容错性能成为首选驱动电机。开关磁阻电机同时也存在诸如转矩脉动大、能量转换率低等缺点，因此在今后的研究工作中应该将以下几点作为开关磁阻电机的发展方向和研究重点：

当前电动汽车的一种设计思想为应用轮毂电机带动车辆运行，四轮独立驱动轮毂电机电动汽车是未来电动汽车重要发展方向。轮毂电机驱动车辆取消了发动机、离合器、传动轴，变速器等结构；与轮边电机驱动车辆不同，轮毂电机驱动车辆是把电机置于轮毂内部，并间接或直接与轮毂相连，其轮毂电机直接驱动车辆行驶。四轮车辆中每个车轮均有一个轮毂电机，即为四轮毂电机驱动车辆。由于其四轮驱动力矩独立可控、转矩转速易于测得，因此在稳定性、主动安全控制和节能方面相对于传统汽车具有显著的控制优势。

3. 用于新能源发电的电机系统

浪能发电装置实质上是将波浪能转化为机械能再转化为电能的一种装置。按照波浪能发电装置聚能和转能的原理，波浪能发电装置可分为一次转换装置、中间转换装置和二次转换装置。波浪能发电一次转换装置主要功能是收集波浪所具有的动势能，主要类型分为：振荡型、聚能型、动体型等；中间转换装置是为了更好辅助波能转化为电能的装置，可分为机械式、液压式和气动式；二次转换装置是其他形式能量转变电能的装置，主要类型分为电磁感应发电机、直线发电机、磁流体发电机、压电发电机等。

上海海洋大学研制的“浪流一体化直驱发电装置”同时可以捕获波浪和海流的向前的推力，在接收到海洋能量之后产生惯性而发生连续转动；通过主轴带动发电机旋转而产生电能。设计中去掉了中间转换环节，水轮机主轴右端通过联轴器和电机连接在一起，直接带动电机发电，中间不经过任何环节，这就实现了绝对的直驱。轮毂电机动力系统根据电机的转子型式主要分成内转子型和外转子型。减速驱动时，电机多采用内转子形式，一般运行在高速状态，减速装置放在电机和车轮之间起到减速和提升转矩的作用。直接驱动时，电机多采用外转子形式。直接驱动方式适用于负载较轻，一般不会出现过载情况的场合下。

风力发电场一般都处在环境比较恶劣的地方，例如戈壁、山区、海上等。这些地区一般比较偏远，交通不便。所以无论从初期建设还是后期的维护上来说，都要求所需要的风力发电系统具有很高的可靠性和稳定性。其次，由于自然风速是变化无常的，所以风力发电系统必须具有很强的适应性，在不同的风速下都能保证发出符合要求的电能。开关磁阻电机的特点使得它在风力发电中有如下优势：

1）开关磁阻发电机发出的电能是直流电，而且在控制系统的作用下很容易保持发电电压的恒定。例如在他励发电工作模式下，可以通过控制励磁电压的大小来保持输出电压的恒定，而与发电机的转速无关。在自励发电工作模式下，也能够通过控制器的调节来实现输出电压的恒定。如果要实现并网发电，可以通过逆变器将开关磁阻发电机发出的直流电逆变成符合要求的交流电。

2）开关磁阻发电机的转子上没有绕组，也没有电刷和永久磁体，所以结构比较简单而且制造成本低廉；无铜耗，有较高的发电效率；其转子转动惯量小，启动转矩低，动态运行性能良好。因为开关磁阻发电系统是自同步运行的，在频率较低时运行，也不会出现不稳定的问题。所以即使在外界风速较低的情况下，通过合理的设计和控制，并采用直驱式模式，也能够保证系统在较高的发电效率下运行。同时由于目前直驱式是风力发电系统的发展趋势，因此开关磁阻发电机比其他发电机的优势越来越明显。

3）开关磁阻发电机的一个显著特点就是调速范围宽，而且调速性能好。因此，它对自然风速的不可控性、随机性有很好的适应力，进而由开关磁阻电机所构成的风力机发电系统对风能的利用效率较高。

4. 特殊应用的电机系统

径向永磁同步电机相比，轴向磁通永磁同步电机可做的很薄，适用于空间狭窄的场合，因此更适合于无机房电梯曳引；方便调节气隙长度，噪声振动小，电机的通风效果很好，可做到很高的功率质量比；低速大转矩，适用于直接驱动场合；可做到无铁心，材料用量少，重量轻。这些优点使轴向磁通永磁同步电机在电梯未来发展上具有很强的竞争优势。

5. 特种电机

超声电机是利用压电陶瓷的逆压电原理，将定子的高频机械振动通过定、转子间摩擦耦合转化为转子的宏观运动。与传统的电磁电机相比，它不需要磁铁和线圈，并以结构简单、重量小、可直接驱动、低速大转矩、断电保持力大、控制精度高、无电磁干扰等特点，在智能机器人、光学和超高精度测量仪器、航空航天等领域有着十分广阔的应用前景，在光学领域、航空航天领域、精密位置伺服领域、医学领域、汽车领域内的特定场合下均有不俗的表现，尤其是在光学领域的相机调焦方向和航空航天领域太空机器人方向已经有较为成熟的应用案例。虽然具有低转速、大转矩、无电磁噪声、电磁兼容性能好、无源自锁、动态响应速度快、耐低温和真空等优点，但同时也存在输出功率小、转换效率低、需专用高频电源、定转子界面磨损严重、振动导致疲劳损坏等缺点。

6. 伺服电机

伺服电机在接收一个脉冲过程中，将旋转一个脉冲对应角度，以此达到实现位移的效果。因为伺服电机自身含有一定的脉冲功能，因此伺服电机各个旋转角度都会出现对应数量的脉冲，和伺服电机接收的脉冲之间相呼应或者出现闭环现象，在这种情况下，系统将会了解到通过多少脉冲实现伺服电机运行，并且也可以在此过程中收回多少脉冲。在这种工作原理下，可以精准实现对电机运作效率的把控，实现精准定位，定位精度为0.001mm。具有响应速度快、控制精度高等优点。

7. 球形电机

永磁球形步进三自由度电机是一种将电脉冲转化为三自由度角位移的执行机构。当电机接收到一个脉冲信号，它就驱动转子按设定的三维方向转动一个固定的角度。通过控制脉冲个数来控制角位移量，从而达到准确定位。永磁球形步进电动机转子由 2 个中空半球壳做成，每个半球壳内部均匀分布有精确定位的 40 个永磁体。通过采用空间几何方法在球面上进行均匀划分，可以充分保证各永磁体分布对称，消除电机的内部转矩，并使得转子沿各轴方向的转动惯量相等。当关节需要配置多自由度时，传统做法就是用多个单自由度电机和复杂机械传动机构进行组合。无疑体积和重量大大增加，为了减少体积，势必只用很微小的步进电机，这样又降低了转矩和能量的发挥。所以，球形步进电机最大的优点是结构精缩，大大降低了关节的体积能量比，提高电机的磁能积，即有效提高电机的运行效率。

但是从目前的研究情况来看，由于其原理的复杂性，永磁球形三自由度电机至今没有形成系统实用的设计理论和方法，球形电动机的研究几乎还停留在理想的实验室研究阶段，还需要进一步研究才能具备工业化生产的技术条件。

8. 磁悬浮电机

磁悬浮电机是磁悬浮轴承电机的简称，磁悬浮电机与传统电机的最大差别在于，磁悬浮电机采用磁悬浮轴承，代替传统电机中的滚珠轴承或浮动轴承，在使用过程中，磁悬浮电机的转子不与定子发生相对滑动，因此可以降低因滑动摩擦造成的功率损失，同时在维护时也无须额外对运动面进行润滑维护。

卫星采用磁悬浮电机，在减小执行机构质量的同时，提高了航天器指向精度的稳定性至亚角秒级别。从而彻底改变了动量轮通过传统的机械式滚珠轴承的支承方式，从根本上规避了应用机械轴承会带来摩擦损耗、噪声大、机械冲击严重等严重缺点。

优点主要在于以下方面：

1）节能高效。传统电动机日常使用的能量损耗中，摩擦损失占总能量损失的 45% 左右，较大的能量损失外，长期处于高速摩擦状态，大量机械能转化为热能，严重影响了电动机的使用效能和可靠性。磁悬浮电机采用磁悬浮轴承，消除了因摩擦造成的能量损失和热量积聚。

2）维护成本低廉。维护工作的重点一般在于润滑油脂的补充、更换与易损部件的更换，有时根据电动机的实际使用状况，对油道进行清洁，分为一般润滑保养和油道清洁保养，均会造成一定时间的电动机停机，影响电动机的使用效能，造成使用成本的提升。采用磁悬浮电机，因转子与定子间的接触部分较少，且主要轴承位置采用完全非接触结构，大大减少了摩擦副的数量，从而降低了因摩擦造成的机械损伤，因此在很大程度上免去了润滑保养的工作。同时，磁悬浮电动机因润滑位置较少，在设计时避免了复杂的油道布置，从而免去了油道清洁的工作，降低了维护保养的时间及成本。

3）系统耐久性好。行业要求一般工程类电机可以稳定连续运行 500 小时以上，3 年能量损失不得高于 15%，但是这一标准很难满足如人工心脏、呼吸机等重要设备的电动机使用需求。针对某人工心脏内的小型磁悬浮电机开展的耐久试验结果表明，磁悬浮电机可以连续 800 小时无功率损失运行，连续 1500 小时可以达到 90% 最大效率运行。磁悬浮电机展现了良好的耐久性，优于传统电机。

9. 智能变压器

早在 2009 年，国家电网公司提出了“坚强智能电网”发展规划。此后，发展智能化的变压器便成了变压器行业的一种趋势。近年来，随着“坚强智能电网”的概念愈加清晰，对包含智能变压器在内的电力设备智能化的需求也就愈加迫切。智能变压器在变压器本体和智能组件的高度融合之上，以传感器为核心技术，兼具测量数字化、控制网络化、状态可视化、功能一体化、信息互动化等显著智能化特征的智能变压器也已研制成功，并顺利通过挂网运行测试，能基本满足智能电网的要求。

智能变压器是计算机技术、电力电子技术、传感技术、自动控制技术、通信技术和变压器技术不断融合的结果，是具有电压变换与电能传输、在线监控与远程通信、满足用户多样化需求的多功能变压器。主要由变压器基本部件、主控单元、调节控制部件、传感采集、通信传输等单元组成。

1）主控单元作为变压器的智能核心，应有强大的数据采集、处理、通信、存储功能。对变压器运行参数，例如电压、电流、功率、功率因数、温度等参数进行监测并根据控制原则实时控制，实现遥信、遥测、遥控等功能。

2）变压器作为电网输配电的重要环节，在进行电压变换的同时，也应具有电压质量调节控制等功能，这要依靠优良性能的控制部件来实现。现有的电压质量调节实现方式分为无载调压和有载调压两种，即通过无励磁开关或者机械式有载分接开关等控制部件实现有级调压。由于机械式有载开关寿命低、可靠性差、切换有电弧，因此实际使用效果不能满足电压调节快速、可靠的要求。目前，一种用于配电网的光控电子式有载分接开关已经研发成功，其可频繁动作、寿命长、快速响应、无电弧、可分相操作的良好技术特性为电网电压稳定和变压器经济运行提供了良好的实现手段。此外，风机等配套设备也在节能、低噪声指标方面提出了更高的要求。作为变压器的重要组成部件，这些设备也在性能和智能化方面不断发展。

3）传感采集单元，采用模块化、组合式结构，具有体积小、配置灵活、安装方便的特点。通过它来实现对变压器运行状态的实时在线监测。

4）通信单元，可以实现变压器系统的智能通信并可以传输信号给灵活控制部件，如新型光控电子式有载分接开关稳定或调节电压以实现最优化运行。

智能变压器的发展与自动化控制水平、器件及材料的发展是密切相关的。变压器本身的制造技术也在不断发展，例如未来的变压器可能开发成小铁心带大的超导绕组，或大的非晶铁心带小绕组。对于变压器智能化的发展，至少有以下两种发展路线：

一是采用组合集成技术形成智能组合式变压器。智能组合式变压器是一种将传统变压器器身、开关设备、熔断器、分接开关及相应辅助设备进行组合的变压器，目前它已从单一只具有变电功能向带有强迫风冷、功率计量、计算机接口等多功能方向集成发展，在高压回路电压控制、保护、低压回路投切、无功补偿等方面采用计算机智能控制，因此具有远程全自动功能。采用新型电子式有载分接开关，引入智能化接口，具有设备保护、数据处理、状态控制、优化运行、状态显示等功能，从而使变压器成为一种多功能智能化、随时处于最佳运行状态的电气设备。

二是采用电力电子技术形成智能通用变压器（IUT）。电力电子器件用于电力拖动、变频调速、大功率换流已经是比较成熟的技术。近年来，大功率电子器件已经广泛应用于电力的一次系统，例如可控硅用于高压直流输电已经有很长的历史。目前大功率电子器件已经成功应用于灵活的交流输电、定制电力技术以及新一代直流输电技术。采用电力电子技术制造的智能通用变压器，其实质可以说是一种用于配电系统的多功能变换器，适合于有较特殊要求的中小容量用电场所使用。

10. 混合式配电变压器

近年来，配电网智能化升级加快了传统配电变压器的淘汰与改造升级。新型可控配电变压器的研究逐渐成了当下研究的热点。这种背景之下，ABB 研究所、University of Zielona Góra、Instituto Superior Técnico 提出了混合式配电变压器的概念。在保留传统配电变压器运行可靠、经济性好等的优势下，混合式配电变压器在可控性方面有了较大的提升，十分适合未来配电网智能化的发展需求。

但目前关于混合式配电变压器的研究尚不完善。有学者针对系统中包含的大量分立磁件导致的系统整体过大、装置整体结构复杂的问题，提出并设计出了一种结构简单的磁集成混合式配电变压器，从而实现了系统中各分立磁件的集成一体化设计。

11. 电力电子变压器

此外，伴随着电力电子技术的发展，电力电子变压器（Power Electronic Transformer，PET）作为一种新型的电压变换、电能传递设备，得到了越来越多的关注。电力电子变压器是集电力电子、电力系统、计算机、数字信号处理以及自动控制理论等领域为一体的电力系统前沿研究课题，也是解决电能质量问题，建设“绿色电网”“数字电网”的可行途径之一。目前在国内外都有很多相关的研究和开发。

电力电子变压器也称为固态变压器、柔性变压器和智能变压器，具体来说，它将电力电子器件及相关控制技术和高频变压器相结合，以实现不同电力特征的电能的相互转换。通过电力电子器件和电力电子变流技术，对电网的电能进行传输和控制。除了具备传统变压器的功能之外，还具有潮流控制、电能质量调节和维持系统稳定等优点，符合近年来智能电网的发展要求，受到了极大关注。在小功率场合下足以替代传统电力变压器。

相对传统变压器，PET 具有如下主要优点：体积和重量小，无需变压器油，环境污染小；运行时二次侧输出电压幅值恒定，不随负载变化，且平滑可调；工作过程中同时兼有直流与交流环节，各种小容量分布式电源可经 PET 接入电网；PET 在完成常规变压器对电压等级变换、电气隔离和能量传递等功能的同时，还能完成波形、潮流的控制和电能质量调节功能；有效隔离电压波动、失真以及谐波的传递，实现电网侧和负载侧的解耦。因此 PET 具备解决现代电力系统中面临许多新问题的能力。随着电力电子技术的飞速发展，相信 PET 在不久的将来会逐步取代传统变压器进入实际电力系统，因此对 PET 的研究有着十分重要的意义。

特别值得一提的是，PET 区别于传统变压器的一个最大特征就是它除了具备传统变压器的功能之外，还能极大改善电能质量，这主要取决于对其一、二次侧变流器控制技术的设计，因此 PET 控制策略是一个关键技术。目前国内外对三相电压型变换器常用的控制策略有：预测电流控制法、前馈补偿和反馈补偿控制法、内环为滞环结构的双闭环控制法、非线性控制法、间接电流控制法和双闭环直接电流控制等方法。其中直接电流控制是针对间接电流控制法动态响应慢、对参数依赖性高的缺点而提出的，同时由于其具有诸多优点而被当今广泛采用。

电力电子变压器的发展涉及很多经典的电路拓扑结构，如buck电路、boost电路等在应用时的修正。从斩控式变压器、交－交－交型变压器到反激型电力电子变压器、双PWM变换性电力电子变压器等。其中双PWM变换的基本思路是在变压器原边进行三相PWM整流变换，再将直流电压调制为高频电压，经高频变压器耦合到副边后，在副边进行高频整流，最后通过三相PWM逆变电路，得到三相工频交流电压。

从上面探讨的电力电子变压器的变化趋势来看，可以从以下两方面进行深入研究：

1）改善电力电子变压器电路拓扑。目前所使用的电路结构复杂、可靠性低、损耗大，这是制约电力电子变压器投入实际应用的主要因素之一。今后的研究应当从提高可靠性、降低损耗以及简化控制等方面，对电路拓扑进行修改和创新。

2）改进电力电子变压器的控制策略和算法。电力电子变压器的优点在于改善电能质量，同时实现大功率电能传输。因此，需要一套行之有效的控制策略，使设备能够实现电能传输、隔离、变换、保护和改善电能质量等功能。

（四）电机学科发展建议

1）在当前国际形势下，应加大电机行业的自主创新支持力度，以经费支持为导向，引导、鼓励科研人员在本领域全力解决“卡脖子”的技术问题。

2）加强社会力量与科研院所的合作力度，以促转化、重实效为标准，降低企业投入成本与风险，为产学研一体化创造更为便利的条件。

3）重视学科基础研发投入，只有夯实基础，着眼细节，才能逐步缩短与世界先进水平的差距，进而实现追赶、超越。

4）打通学科壁垒，通过深度交叉、融合，促生电机领域颠覆性创新，从而引领国际电机行业发展。

5）应加大力度支持电机领域国际交流，通过举办、参加高水平国际会议扩大国际影响，提高我国电机领域发展水平。

五、电器

电器是电能输送和使用的重要电气设备，电器学科的发展和我国电力系统及用户配电控制使用紧密相关，传统的电器向着节能、小型、高可靠性方向不断发展。智能电网是一个相对完整的体系，涵盖发电、输电、变电、配电、用电、调度等各个环节，电网建设以及用电总体水平的提高，需要智能电器和先进的传感技术支持，必将有力推进智能电器的技术发展和应用，同时也带来了巨大挑战，困难与机遇并存，电器学科必然围绕智能电网建设不断研究发展。近几年电器学科主要研究内容有：开关电弧、电接触、退化机理和寿命分析、电器运行控制和状态信息融合等方面，研究成果主要来自高校和科研院所。

（一）低压电器

1. 低压电器发展现状

近几年，我国低压电器行业进入了一个较快的发展期，根据国外万能式断路器发展动向，陆续开发了新一代低压电器产品，主要有：智能化万能式断路器，高性能、小型化塑壳断路器，小型化、电子化控制与保护开关电器，新型带选择性保护小型断路器。低压电器产品具有高性能、小体积、高可靠性、绿色环保等特点，性能和功能明显提升。主要特征如下：

1）低压断路器触头灭弧系统采用全新结构的双断点触头系统，大电流分断技术及短路性能取得较大进展；万能式断路器短时耐受能力大幅度提高，实现了全电流范围选择性保护；塑壳断路器短路分断能力大幅度提高，具有了限流选择性保护功能；万能式断路器、塑壳断路器均采用选择性区域联锁技术；开发了带选择性保护功能的小型断路器；在低压配电系统中实现了全范围、全电流选择性保护。该技术从根本上消除了低压配电系统越级跳闸或上、下级断路器同时跳闸的风险，大幅缩短配电系统实现选择性保护的时间，降低电器设备动、热稳定要求，有利于节材、节能和产品小型化，具有很好的经济效益与社会效益。

2）小型化技术有新的发展。产品小型化既是低压电器设计技术的综合体现，也是成套设备和系统小型化的需要，对推进电器产品节材、节能具有重要意义。低压电器小型化主要借助于新技术、新工艺以及产品结构创新，新一代产品与上一代产品相比体积平均缩小 20% ~ 50%。

3）低压电器模块化水平提高。模块化既是低压电器设计与制造能力的体现，也是实现产品多功能、提高产品使用与维护性能的需要。低压电器零部件、附件模块化水平一定程度上反映了一个国家的低压电器研究、设计与制造水平。模块化水平的指标包括功能附件模块种类、模块标准化程度、制造工艺性、维护方便性、模块小型化及工作可靠性等。

4）普遍采用现代设计技术和现代测试技术。在新产品研发设计过程中多物理场耦合仿真技术与虚拟样机技术得到普遍应用，操作机构运动受力分析、导电回路发热分布、电动力计算、磁系统设计等技术日益成熟，直流电弧仿真技术不断发展和完善。这些技术大大提高了设计的科学性、准确性，减少因设计盲目性带来的不必要反复，缩短了新产品试制周期，使我国塑壳断路器产品性能达到国际先进，部分性能处于国际领先水平。现代测试技术主要包括大电流电弧运动分析、区域联锁与级联试验、可通信一致性试验、浪涌过电压试验、设计可靠性试验、光伏发电与风电控制系统测试等。该技术不仅使研发人员获得试验结果，又掌握影响性能的原因，为产品改进设计提供科学依据。现代设计技术和现代测试技术的应用，使我国低压电器产品设计开始进入自主创新设计阶段。

5）直流产品快速发展。针对直流配电系统、新能源系统、航空直流供电系统和电动汽车等不同应用场景，我国低压电器厂家消化吸收国外先进经验，研发设计出一批小型化高电压大功率直流接触器。充气式全密封接触器在大幅度提高了切换功率的同时，可靠性和稳定性也大幅度提升。

6）低压电器智能化水平提高。低压电器设备智能化对于电网智能化至关重要。新型智能化低压电器有良好的谐波处理能力和全面的保护功能，同时可以初步实现中央计算机的监测控制，实现数据共享。

7）特殊领域低压开关的快速发展。新一代武器装备要求探测灵敏度更高、作用距离更远、打击目标更精确、信息处理能力更快、装备体积更小、可靠性更高、智能化更强，这对开关电器（包括继电器、接触器等）提出了更高更新的要求。如智能单兵系统、微纳卫星、激光武器等需要高效率、大功率、小型化、集成化的开关电器；未来的网络对抗则需要抗干扰、智能化（可编程、自恢复）的开关电器；空、天对开关电器的小型化、轻量化、高可靠需求迫切；海洋（深海）领域则要求开关电器向高功率、致密化、高可靠方向发展。因此军用低压开关电器的发展趋势为：轻量化、小型化乃至微纳尺度；高压、高频大功率，尤其是满足未来装备电制的高压直流方向；智能化集成化；高可靠耐极端环境；质量一致性定量可控。

2. 低压电器新技术

我国低压电器产品的研发和设计已基本摆脱了以仿为主的模式，开始了自主创新设计阶段，总体技术达到了当前国际先进水平，部分技术与产品指标达到国际领先水平。未来我国新能源电力系统将占据越来越重要的位置，特别是风电、光伏包括核电系统对低压电器都提出新要求。低压配电系统功能扩展及其安全性、可靠性的提高需要低压电器实现智能化、网络化。分布式新能源系统的发展与推广应用更需要低压电器智能化、网络化支撑。2015 年 9 月国家能源局公布的《国家配电网改造计划》对我国城乡电网发展提出的一系列新要求中，智能电网将作为重点内容之一。综合来看，低压电器新技术主要体现在以下几个方面：

1）低压电器智能化技术。智能化低压电器的基本含义是保护与控制功能齐全兼有参数（包括三相电流、电压、功率因数、有功功率、无功功率、谐波分量等）测量与显示、外部故障检测与显示（或报警）、电器内部故障自诊断与报警、系统运行状态及电网质量监控、电能使用管理等功能。其主要研究内容有：低压电器根据其在低压配电与控制系统中的地位和作用应具备的智能化功能；智能化低压电器集成技术研究；多种智能化电器集成时，对不同智能化功能的舍取；多种智能化功能重叠时，相互的协调与配合研究；智能化低压电器可靠性及电磁兼容技术研究；各类智能化低压电器标准研究与制定；低压电器智能化功能测试技术与测试设备研究。

2）低压电器可通信技术。智能化低压电器强大功能的充分发挥，必须依赖于低压配电与控制系统网络化以及可通信。随着低压电器智能化功能的进一步完善，以及现场总线技术的发展与应用，低压电器逐步向可通信和网络化发展，近几年基本实现了低压电器部分主要产品可通信，为我国低压配电系统网络化奠定了基础。先后研制出了可通信智能化万能式断路器、可通信智能化塑壳断路器、可通信智能化自动转换开关、可通信交流接触器、可通信电动机保护器、可通信软起动器、可通信控制与保护开关电器等产品。

3）智能配电与控制系统。主要功能包括信息管理功能、参数配置功能、保护与控制功能、故障诊断与记录、电网质量监控与能量管理。该系统具有如下特点：开放性，支持多总线，允许多主站、多总线配置；支持多厂商设备，方便用户选择；专用（配电与控制系统）工控组态软件，组态方便、快捷、正确；第三方设备接入方便；构成系统的配套件、附件齐全。

4）产品物联网化：从施耐德万能式断路器 Masterpact MTZ 可以看出，随着物联网技术的发展，多种传感器和通信技术的融合使得低压电器可以使用电脑、手机等设备在线监测、调控。低压电器作为物联网中电网保护的保护设备和感知元件，能够监测电网端的各种参数并及时传输给物联网中心。物联网中心可以通过大数据对电网系统进行监测、调度和维护等，从而达到电力可靠供应、环保节能的目的。

5）融入大数据分析及云平台技术。随着在线监测技术的日趋成熟以及计算机云计算应用技术、物联网技术与计算机网络通信应用技术、多层无线传感器技术的发展，基于大数据分析以及云平台技术对低压电器状态进行评估的方法也越来越普遍。通过对低压电器主回路电压、主回路电流、线圈电压、线圈电流等参数信号进行实时采集，从而通过计算或提取波形信号特征等手段来求得接触电阻、吸合时间、燃弧时间、燃弧能量、分断电流等参数。以相关规程和标准为依据，结合专家经验，组合和优选与交流接触器运行状态最紧密的状态指标量，从而获得有效、准确、全面的状态评估指标体系。内蒙古自治区电子产业园区数字智能云计算关键技术低压配电控制系统总线采用的通信模型大都在 OSI 参考模型的基础上进行了不同程度的简化。通过云平台可以减少低压电器运维费用，更提高了智能低压电压电器控制系统的准确性和可靠性。

6）军用低压开关电器及组件技术。国外高压直流接触器切换功率密度高达 $1.7kW/cm^3$，国内小于 $1kW/cm^3$。在 MEMS 开关方面，目前国内已研制出样机，但性能、稳定性与国外差距较大。高压、高频大功率开关电器及组件方面，国外已开发出以 1000Vdc/600A 为代表的一系列高压直流大功率开关，国内只能达到 900Vdc/100A。智能化集成化开关电器及组件方面，国外已经开发了具有多功能故障诊断和故障复位恢复能力的智能继电器和开关组件，国内才刚刚涉足。高可靠耐极端环境开关电器及组件方面，松下等欧美日生产厂家的继电器产品已明确在产品出厂前进行长达 6h 的耐久振动、2.5 倍极端冲击、6 类浪涌负载等极端环境试验，国内无此类系统测试。宇航环境方面，国外有国际空间站长期工作

（30年）产品的性能参数数据，而国内对该方面可靠性的研究才刚开始；质量一致性方面，国内由于基础材料、制造工艺短板明显，且对质量一致性设计重视不够，导致产品一致性与国外差距较大。因此，我国在军用继电器和接触器方面与国外在性能指标上还有较大差距。

（二）高压电器

随着基础理论、材料技术、生产设备和加工工艺的不断进步，高压电器设备的技术水平有了长足进步，并在许多方面突破了以往传统电器的概念，在产品种类、结构形式、材料介质以及综合技术水平方面都有了很大提升，特别是特高压工程建设，带动了高压电器行业研发各要素整体水平的发展和进步。目前，随着绿色环保的需求，高压电器正向着高压大容量、自能化、小型化、结合化和高可靠性方向发展。多年来，我国科研人员围绕高压断路器的许多问题，如灭弧方式、灭弧室结构、灭弧介质、开断性能及绝缘性能和操动机构等做了大量工作，已成功开发研制出了550kV、63kA单断口断路器，1100kV双断口断路器已在电力系统中得到应用。

1. 高压电器新产品

目前，国内电器产品形成了以真空开关为主导的中压产品体系，在高压、超特高压领域形成了以SF_6产品为主导的高压电器产品体系。电器产品设计水平与产品质量显著提高，自主创新与制造能力普遍增强，涌现出一批专业化、规模化生产企业，产品国产化率明显提高，行业主导产品的性能与技术水平已接近或达到世界先进水平，部分产品与技术位居领先水平，总结如下：

（1）不断开发具有国际先进水平的高压电器新产品

中压电器方面，近年来，中压电器产品研发工作遵循小型化、集成化、高可靠、环境友好的原则，以采用高技术含量的核心器件和新技术、新工艺、新材料为主线进行发展，取得了可喜成果。在不断完善和提高原有产品技术水平的基础上，研发出了复合绝缘真空断路器、固封极柱真空断路器等新型电器元器件和中压C–GIS充气柜、固体绝缘开关柜及各种新型预装式变电站等成套产品。同时，为满足特殊技术领域和使用场合的需要，研发出了新型发电机保护断路器、电气化铁道用电器设备、直流系统用电器设备、故障电流限流器、新能源发电系统用电器设备等专用产品，很好地满足了电力工业的发展需要，主要产品的技术指标和性能接近或达到国际先进水平。

高压电器方面，国产高压电器产品的总体技术水平达到了国际先进水平，在特高压领域达到了国际领先水平。随着科技进步，新原理、新工艺、新介质的出现，有组合化、成套化、大容量、智能化、免维护、各专业融合等发展趋势。当前，252 kV产品5500 A/63 kA、550 kV产品63 kA已经成为趋势。126 kV高压真空断路器、采用混合气体的高压断路器是目前国内高压开关新的研究方向。72.5 ~ 1100 kV级国产SF_6 GIS产品、126 ~ 550 kV

紧凑型成套电器产品获得广泛使用，126 ~ 363 kV 级单断口产品，550 kV 单断口产品及 800 ~ 1100 kV 级产品也已投入使用。灭弧室结构从 SF_6 双压式到单压式，并进一步发展到自能式，从而减少了操作功，使得在 126 ~ 252 kV 级产品上广泛应用了弹簧操动机构，在 252 kV 及以上等级产品中，普遍使用了大功率液压弹簧操动机构，呈现出 550 kV 及以下电压等级断路器采用弹簧操动机构，800 kV 及以上电压等级断路器采用液压操动机构的总体趋势，实现了产品的小型化和高可靠性。

（2）国产电器产品的质量及可靠性维持较高水平

根据国家能源局与中国电力企业联合会发布的《2017 年全国电力可靠性年度报告》，国产断路器可靠性指标近五年一直维持在较高水平，近两年呈逐年下降趋势。近年来，国产高压断路器产品的强迫停运率近五年均有较大幅度下降，近两年呈上升趋势，2017 年 330 kV 和 500 kV 电压等级国产产品的强迫停运率已低于进口产品。国产产品的可用系数已逐步接近进口产品，220 kV 电压等级产品已超过进口产品。

西安西电开关电气有限公司研发的新型 550kV 气体绝缘金属封闭组合电器（HGIS），与传统敞开式开关设备（AIS）以及气体绝缘金属封闭开关设备（GIS）相比，具有高可靠性和高性价比，是值得在 550 kV（330 kV）电站中广泛应用的开关设备。

（3）国产高压电器产品市场竞争力显著增强

国内高压电器在突飞猛进，现生产高压开关设备的企业约有 2000 多家，其中大部分为生产 126kV 以下高压开关设备的企业，生产 126kV 以上高压开关设备的企业有 50 家左右，生产 252kV 以上高压开关设备的企业有 30 家左右。以 ABB、西门子、东芝等为代表的外资及合资企业，凭借资金、技术可靠性和品牌优势占据了市场的高端。但近两年，在国家"重大装备国有化"的政策下，在国家电网公司招标中，外资企业占据市场的份额有所下降。以平高电气、西电西开等为代表的我国传统高压开关设备优势龙头企业处于第二梯队，通过吸收消化国外技术，已经具备较强的实力，是 550kV 以上高压开关产品国产化的主力，在高压开关各细分产品市场中均占有较高的市场份额。数量众多的民营企业主要生产 252 kV 及以下电压等级的开关产品，比如技术含量相对较低的隔离开关、接地开关和电压等级较低的 126 kV 断路器和封闭式组合电器。

从 2009 年世界主要高压开关设备生产情况看，2009 年中国已经是世界第一生产大国，从 2009—2017 年中国的高压开关产值从 826.05 亿元上升到 1124.13 亿元。高压电器产品技术发展举世瞩目，制造工艺技术进步有目共睹，能稳定、批量生产 126kV-800kV GIS 盆式绝缘子等浇注绝缘件、12/24/40.5kV 各类用于开关元件的数百万件甚至上千万环氧注射绝缘件、126kV-800kV SF6 P-GCB、T-GCB、GIS 绝缘拉杆以及 126-800kV GCB、GIS 壳（筒）体件等。世界上第一条 1100 kV 特高压输电线路使用的就是国产 GIS 产品，国产高压电器产品已出口到许多国家和地区。国产产品市场竞争力的显著增强，迫使国外公司不得不进一步向国内转移先进产品技术，大幅度降低其产品售价，国产高压电器产品基本具备了与国外同类产品同台竞争的资格和能力。

2. 设计及试验验证手段

全面提高国产电器产品的技术水平是一个综合性系统工程，依赖于与此相关的各种要素的共同发展和进步，缺一不可。近年来，高压电器行业在产品设计手段、试验验证手段、标准体系建设、工艺装备保障等方面都取得了显著的进步和提高。

（1）产品设计手段

目前，高压电器各个技术领域推广采用计算机辅助设计（CAD），通过虚拟样机技术，在产品设计阶段就能把握产品的立体形象，很容易进行结构解析和运动分析，通过模拟来提高设计精度，实现动态仿真并优化设计，大大提高了设计效率。利用计算机辅助分析（CAE）软件对电磁场、温度场、燃弧特性及应力等多种物理场的分析，可定量计算产品在不同结构及不同状态下的绝缘水平、开断性能及温升等参数，并可根据计算结果优化其结构，以达到最满意的技术经济指标。这样既可以在设计阶段提前预知产品整体性能指标，又可大大缩短设计周期，减少制作样机的反复过程，降低设计成本，使产品设计工作由以往靠经验定性设计进入到依靠定量数值计算及分析进行精确设计阶段，大大提高了设计效率和成功率，为一系列小型化、紧凑型产品的开发提供了可能。目前存在的问题是在高压电器产品的设计过程中，多物理场计算准确性仍需要进一步提高，特别是对于复杂的时变问题，计算效率还有很大不足。同时所采用的计算软件基本来自国外，缺乏自主工业设计软件，将来可能会面临技术封锁的风险，这一方面与国外差距还很大。

（2）试验验证手段

由于高压电器相关理论与计算手段的限制，高压电器产品性能的验证工作目前还无法由理论计算解决，只能通过全尺寸样机的型式试验进行，因此试验手段是否先进就成为衡量一个国家高压电器发展水平的重要指标。为适应我国电力工业高速发展对高压电器产品性能提出的更高要求，近年来通过技术改造及加大资金投入，我国高压电器试验检测能力获得了显著的提高。目前西安高压电器研究院完成了国际首次 1100kV 感应电流快速释放装置全电压短路关合试验，试验的圆满完成标志着我国在 1100kV 核心开关设备试验检测领域再次取得了重大突破。成功完成国际首次 252kV/100kA 短路开断试验，试验的圆满完成标志着我国 220kV 系统用高压断路器的开断容量和试验能力都达到了国际最高水平。国家高压电器质量监督检验中心成功完成了 1100 kV GIS 的全套型式试验，试验参数达国际最高水平；采用双边加压的切长线方法对特高压断路器实施了开合试验；采用三回路电流引入法成功实施了特高压断路器的 T100s 开断试验；成功完成国际最高参数的特高压断路器的整极开断试验；成功完成试验电流达 2A 的 1100 kV GIS 用隔离开关开合母线充电电流试验；成功完成试验电流达 1A 的 1100 kV GIS 用隔离开关开合感性小电流试验；成功完成 100 kA、120 ms 特高压电流互感器的暂态误差试验；成功进行了国内首次直流换流阀运行试验，国家高压电器质量监督检验中心已具备交流 1100 kV、直流 ±1100 kV 及以下交、直流设备高电压、大容量的试验能力，为我国交、直流超特高压电器设备的自主研发提供了良好的条件。

（3）标准体系建设

经过数十年发展，我国已基本建成体系完整并与国际接轨的高压电器标准体系，目前使用的高压电器方面的国家标准基本上为等同采用或修改采用相关国际标准。该体系覆盖了电器产品的设计、生产制造、所用原材料、试验验证及使用维护的各个方面，对引领新产品的研发及保证产品性能和质量起到了巨大的作用。我国特高压产品的成功开发，就是在我国自主制定的相关特高压标准的指导下完成的，而我国目前正在进行的智能化电器产品的开发工作也将是在相关标准及技术规范的引领下开展。我国积极参与了国际标准的制修订工作，使我国的一些主张在相关国际标准中得到体现，并对某些领域国际标准的制修订工作起到了主导作用。如高压直流断路器领域一些国际标准的制修订工作就是根据我国提供的相关研究成果为依据进行的。在未来智能电器相关国际标准的制订过程中，我国也会凭借在该领域进行的开创性工作而主导其制定工作。依托我国电网建设经验和设备开发能力，相继出台一系列新型电力设备国家标准和行业标准，同时为了满足行业的发展需求，对一系列原有的标准也进行了修订，如《GB/T 14824—2008 高压交流发电机断路器》《GB/T 5273—2016 高压电器端子尺寸标准化》《GB/T 33977—2017 高压成套开关设备和高压 / 低压预装式变电站产生的稳态、工频电磁场的量化方法》《GB/T 3804—2017 3.6 kV ~ 40.5 kV 高压交流负荷开关》《GB/T 14808—2016 高压交流接触器、基于接触器的控制器及电动机起动器》《NB/T 42107—2017 高压直流断路器》。

随着我国电器工业的发展壮大，在相关领域的国际影响力日益强大，一些国际标准组织的负责人历史性地由中国专家担任。国际电工委员会（TC28）绝缘配合技术委员会秘书处首次设立在中国，该委员会秘书长及国际电工委员会（TC22F）输配电系统用电力电子分技术委员会主席均由中国专家担任。国际 IEEE 电力能源协会包括直流系统在内的多个委员会在中国成立。越来越多的中国专家成了国际大电网会议 CIGRE 的工作组负责人或者成员。这些越来越广泛深入的国际交流，也将会带领我国标准体系在更深层次上与国际接轨，甚至在某些领域站到引领的位置。

（4）工艺装备保障

先进的制造工艺装备均达到了当代国际先进水平，其广泛使用对提高国产高压电器产品的技术性能和质量起到了极大的作用，促进了一大批高技术电器产品的产生。近年来，高压电器行业在采用先进制造技术提高产品技术水平方面取得了长足的进步：①钣金加工：数控加工设备已成为柜体生产企业的必备装备，钣金柔性生产线也被越来越多地使用；②机械加工：各种高精度、高效率的加工中心被广泛使用，激光切割机等高技术设备在某些领域被大量使用，柔性加工单元也在一些企业得到应用；③焊接：各种自动气体保护焊机、激光焊机得到了普遍使用，使得焊接质量和效率得到了极大地提高，促进了 GIS

和充气柜等产品整体技术水平的提高。焊接机器手（人）也在一些企业得到了使用；④绝缘工艺：新一代的环氧浇注工艺、APG 工艺及中压固封极柱技术得到广泛应用，使得电器设备的绝缘性能得到显著提高，为一系列小型化、紧凑型电器产品的开发创造了条件；⑤装配制造：已普遍采用小车式、滚筒式流水装配线装配中压断路器，已有一些企业采用流水线装配中压电器柜，极大地提高了生产效率，更好地保证了产品的一致性。在高压 SF_6 产品的装配生产中，超声波清洗设备、SF_6 气站及铠装式变频谐振或串联谐振试验系统得到普遍采用，使得生产过程更加环保，产品的品质更加有保证。

六、电工理论与新技术

作为电气工程学科中的基础性学科，电工理论与新技术学科涉及材料与结构、系统与元件，具有跨学科的特点，内涵丰富。电工理论主要包含电路与电磁场、电磁兼容性等；电工新技术主要包含电磁发射技术、强磁场技术等。电工理论与新技术所包含的主要技术领域如图 2 所示。

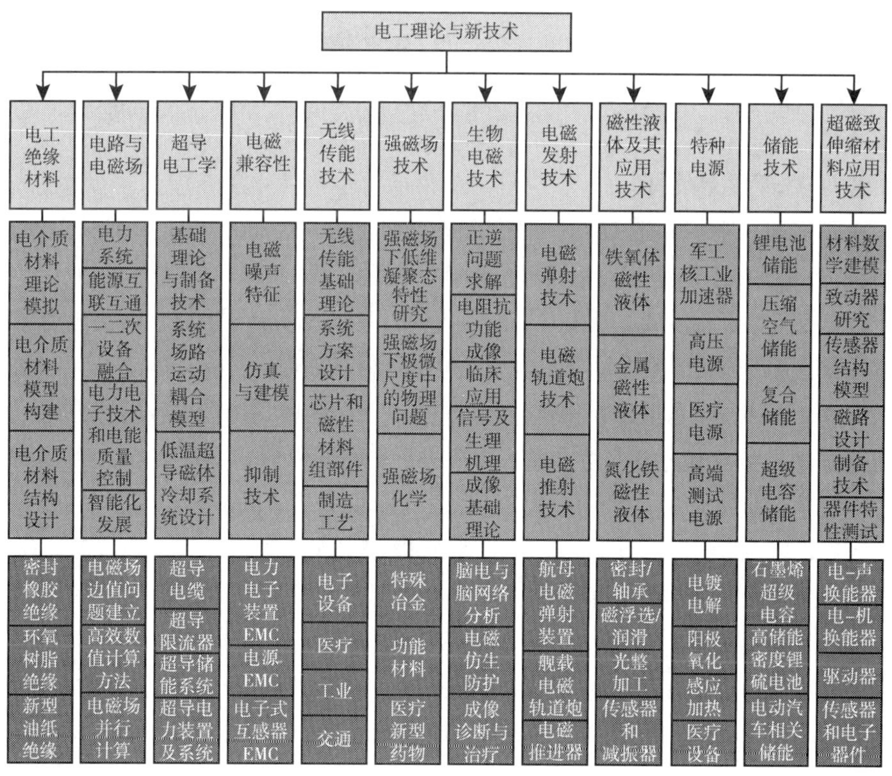

图 2 电工理论与新技术的主要技术领域

（一）电工绝缘材料

1. 最新研究进展

电工绝缘材料是高非线性、高热导率、高能量密度和高功率密度的电介质材料，能耐受高击穿场强、高低温、电痕化与辐照。电工绝缘材料研究一直是电气工程领域的前沿基础课题。应第三代电网的发展要求，电力系统不断向智能化、可持续和绿色环保等方向发展。未来电网的高效性、高电压等级和复杂电压类型对先进电力设备中的绝缘材料和绝缘技术提出了更高的要求。高性能电工绝缘材料是未来第三代电网发展必不可少的基础保障。

近年来，武汉大学对环保绝缘气体 C3F7CN 与密封材料三元乙丙橡胶的相容性进行了研究。合肥工业大学开展了环氧树脂绝缘材料固化体系残余应力影响因素的研究，发现了提高绝缘性能的外在条件。重庆大学在电工绝缘材料方面做出了很多科研成果，围绕特高压和绿色电网发展对高压大容量电力装备内绝缘性能、长期运行可靠性和环保性的苛刻要求，在新型油纸绝缘系统方面开展研究；并在植物绝缘油性能调控方法上取得突破，发现了植物绝缘油延缓绝缘纸老化的新规律，解决了植物绝缘油兼顾高稳定性和高绝缘性的难题，成功研制高稳定性植物绝缘油及其性能调控技术和制备工艺方法；研制出抑制油纸绝缘老化的植物绝缘油，合作建成我国首套年产 1500T 植物绝缘油的成套设备，使得我国成为继美国、瑞典、日本之后第四个能够生产制造具有全部自主知识产权植物绝缘油及其变压器的国家。

2. 国内外研究进展比较

材料是实现“中国制造 2025”的十大关键领域之一，而材料（和部件）性能模拟（标准或非标准条件下）是数值建模和仿真、产品设计的关键和共性技术。在关键材料制备、性能模拟技术研发领域，亟须开展新一代气、液、固环保绝缘材料以及智能材料的自主研发与制备。目前我国耐电晕和耐电痕化绝缘材料基础理论研究有待进一步突破。

近年来，国外在耐高温聚合物电介质材料（HTPDs）的理论模拟、模型构建、结构设计、制造方法、加工工艺等方面均取得重要进展。我国以西安交通大学、哈尔滨理工大学、清华大学、上海交通大学、北京交通大学等单位为代表的科研机构在 HTPDs 的基础与应用研究领域也取得了长足进步，尤其是在 PI 及其纳米复合电介质的数值计算与介电性能表征方法等方面取得了重要进展。

3. 发展趋势及展望

电工绝缘材料研究一直是电气工程领域的前沿基础课题。新一代电力系统需要新一代电工装备，集成新材料、新结构、新原理与新应用的研究成果与应用是实现未来电力设备小型化、轻量化和大容量化发展的主要途径。

（二）电路与电磁场

1. 最新研究进展

伴随新一代电力系统的发展，能源互联互通安全、可靠、稳定、高效运行，大容量电力电子技术及其在电力系统无功补偿和电能质量控制等方面的应用，一、二次设备的融合以及智能化发展的新需要，电路与电磁场理论及其应用在新材料、新技术、新方法等方面得到新发展。

在电磁场计算领域，由 IEEE 磁学会、中国电工技术学会、中国电机工程学会联合主办，浙江大学承办的第 18 届 IEEE 国际电磁场计算会议（The 18th Biennial IEEE Conference Electromagnetic Field Computation，CEFC2018）于 2018 年 10 月首次在我国召开，推动了我国电磁场计算技术的发展，促进了同领域专家间的交流。随着各国学者在电磁场理论与应用方面研究的深入，使其不止在理论研究方面，在工程领域也有广阔的应用前景。2016 年 9 月，由中国电工技术学会、天津工业大学、悉尼科技大学和河北工业大学联合承办第 14 次 1&2D 磁测量国际研讨会（两年一度，1&2DM2016 系首次在中国召开），推动了我国磁测量技术的发展。此外，结合云计算、精细模拟和 HPC 在内的计算方法，实现多时间 / 尺度、全生命周期的应用特性分析，最终为电工装备的优化设计及评价提供技术支持。

河北工业大学拥有先进的电工材料多物理量复杂特性测试实验平台，以电工装备中实际工程问题为研究出发点，基于磁性材料特性测量，采用有限元数值计算手段，建立物理数学模型，计算模拟电工装备中的电磁、温度、机械、声场等多物理场，为寻求高精度的电工装备性能分析提供计算理论和实践依据。

沈阳工业大学建立了国际一流的电工材料特性测试实验平台，搭建了电工产品多物理场耦合计算分析平台、电力变压器大模型测试平台，开展了取向电工钢片旋转磁化特性、交直流混合励磁下磁化及磁滞伸缩特性、宽频带与极端温度条件下绝缘材料特性等测试研究，建立了多规格电工钢片多物理特性数据库，解决了制约我国超高压大容量变压器研究的关键技术难题。

华北电力大学针对规模化新能源电力的外送问题，率先提出了混合直流输电拓扑结构与高压大容量换流阀研发的基础理论及方法；为适应新能源输送力率的不稳定性和随机波动性，提出了电压源 / 电流源混合串联型直流输电拓扑结构和理论模型；为解决特高压直流换流阀的自主研制问题，建立了换流阀多尺度宽频等效电路模型，提出了晶闸管与组件规模化串联的电压均衡控制方法；为解决柔性直流换流阀的研制问题，建立了柔性直流换流阀电、磁、热、力多物理场分析模型，提出了阀塔高电位区电场控制、子模块联接母排低感设计、绝缘栅双极晶体管器件散热等多物理场调控方法。

西北工业大学提出了一种应用等几何配点法的方法，用于求解电磁涡流场问题；在电磁场数值计算方面，中国矿业大学、湖南大学、中国科学技术大学等高校各自针对不同实际工程领域，提出了不同的电磁场数值计算模型。

2. 国内外研究进展比较

电路和电磁场基础理论研究方面，国内学者提出了一些新方法或改进了现有方法，解决了一批工程电磁问题；在基于电路和电磁场的 CAD、CAE 软件的自主研发方面，与国外研究尚存在差距。20 世纪 80 年代后期，我国在自主研发 CAD/CAE 软件方面曾取得一些研究成果，推出了各自的应用软件。但核心工业软件是制约电工装备领域的突出瓶颈问题，成熟先进的电工装备设计与分析软件有待进一步深化研究。

3. 发展趋势及展望

电磁场理论与电路理论既是互相独立的体系，又有紧密联系。今后电磁场理论及其分析的重点研究内容是微小尺度下，形状尖锐、极薄、各向异性高度非线性介质，或极高场源激励下，或极端环境下的电磁场边值问题的建立及其数值计算方法。复杂环境中电磁系统分析，以及含电、磁、热、力多物理场耦合分析的工程实践问题中，需结合正问题与逆问题综合分析以实现电磁系统整机性能优化，在高维情况下计算量巨大、计算效率低，发展高效数值计算方法、电磁场并行计算和集群处理技术是国际上广泛关注的研究热点。对于新一代电力系统拓扑设计、生命科学和信息与环境科学的新电磁领域科学问题、电磁干扰预测与可靠安全防护等新兴技术的研究有待深化。

（三）超导电工学

1. 最新研究进展

超导体具有零电阻、高密度载流能力、完全抗磁性（迈斯纳效应）、超导态—正常态转变等电磁特性，这些特性使得它完全区别于传统电工导体和电工磁性材料，在电工学领域具有广泛应用价值。超导电工学作为新兴交叉学科，随着超导科学和电力科学的发展应运而生，将对我国现有电力系统产生革命性的影响。

超导磁体方面，西南交通大学基于场 - 路 - 运动耦合模型，研究了超导电动悬浮列车特性，电磁力随横向偏移、悬浮高度变化规律。浙江大学设计了磁共振成像低温超导磁体冷却系统，减小了冷却磁共振成像（MRI）低温超导磁体的资源消耗和经济成本。

超导电力技术是利用超导体的零电阻和超导态—正常态转变等特性发展起来的电力应用战略高新技术。我国在超导电缆、超导限流器、超导储能系统、超导变压器、超导电机、多功能超导电力装置和集成系统等方面取得了重大突破。上海交通大学组建了高温超导应用研发团队，在二代高温超导材料制备工艺、带材生产线核心装备以及超导应用等方向上展开布局。2010 年超导带材提前完成“超导带材百米百安培”的目标，超导限流器完成样机制作并通过测试。2014 年国内首条高温超导带材生产线建成投产，产品以其良好的性价比在 2015 年大型超导示范项目“中科院大型磁体”和“中天科技超高压超导限流器”的招标中击败了美国超导、Superpower 等公司。目前，超导带材生产线已实现国产化，超导限流器、超导感应加热等示范应用也取得了重大突破，在材料制备、生产装备和工程应用全产业链上已拥有自主知识产权。

2. 国内外研究进展比较

国际上围绕大科学工程和强磁场极端条件等方面，相继提出了大规模超导磁体和 25T 以上稳态强磁场装置等研究项目，如 ITER、LHC-UPGRADE、美国和中国高场实验室的 40~45T 强磁场装置等，重点研究新型超导磁体的制造技术和高场内插磁体技术等。我国在 ITER 项目中参与了 CICC 导体的研制，国内在高场内插超导磁体技术方面也开展了应用研究。目前，我国超导电力技术的研究开发及其产业化链的雏形已初步形成，在超导变电站技术、大容量超导直线输电技术、高温超导储能技术、输电级超导限流技术等方面处于世界领先水平。

3. 发展趋势及展望

超导电工学作为电工技术及其新理论的一个重要新技术方向，对我国国民生产、医疗、军事等方面起着非常大的作用，未来对于超导电工学的研究主要集中在超导材料与超导技术的多方面应用上。在低温超导材料方面，进入 21 世纪以来，MgB_2（Tc 为 39K）和铁基超导体（Tc 最高为 55K）相继被发现，成为两种新的具有实际应用潜力的超导体。随着低温超导材料的性能水平的提高和工艺路线的成熟，我国将进一步根据应用需求不断优化工艺、提高材料的性能水平，特别是围绕中国聚变工程实验堆（CFETR）、超级质子对撞机（SPPC）和国内 MRI 市场发展需求，形成与国内需求相匹配的生产能力。对于高温超导材料，Bi 系高温超导材料的研究及基于高场超导磁体技术的应用一直以来是国内外研究的热点，Y 系高温超导材料相比 Bi 系性能更加优良，但主要障碍是弱连接问题，相邻的 YBCO 晶粒间的晶界角是决定超导体能否承载无阻大电流的关键。

（四）电磁兼容性

1. 最新研究进展

电磁兼容性（EMC，即 Electromagnetic Compatibility）是指设备或系统在其电磁环境中符合要求运行并不对其环境中的任何设备产生无法忍受的干扰的能力。EMC 学科领域范围日益扩大，已不仅限于电子设备本身，还涉及电磁污染、电磁饥饿等生态效应问题。随着电磁能量利用的发展，或将预测并影响变化着的地球和天体周围的电磁环境。

中国电力科学研究院为深入研究气体绝缘开关设备（GIS）隔离开关分合操作对电子式互感器电磁兼容特性的影响，研究了隔离开关操作过程中电磁干扰信号对电子式互感器影响的大小与各种耦合途径，并针对电磁干扰的不同耦合途径提出抗干扰措施，有效提高了电子式互感器电磁兼容水平。北京航空航天大学研究了特高压直流传输线下的电磁环境，并研制了一种无线电场测量系统。

中国电力科学研究院、清华大学、华北电力大学、武汉大学、重庆大学、上海交通大学等高校的研究工作主要集中在对二次设备的抗干扰问题、测量分析、数值预测、标准化研究，包括智能变电站或换流站中 IED 设备、IED 电磁兼容试验模型、抑制电磁干扰措施以及保护装置等。浙江大学、清华大学、海军工程大学、华南理工大学等在电力电子装置的 EMI 噪声特征、EMI 抑制技术、EMC 仿真和建模以及 EMI 测量等方面取得了系列成果。针对电动汽车电子风扇电机控制电路与主电路电磁兼容问题，天津工业大学通过实验测量了风扇电机控制电路和主电路的电磁场分布。重庆大学基于电动汽车开关电源电磁兼容问题，采用有限元法和静电场原理建立了寄生参数的计算模型，并推导出了计算方法，通过基于控制寄生参数大小的方法提高变换器系统的电磁兼容性。海军工程大学基于使用电磁兼容标准中规定的测试系统测量短时变频磁场信号代价过高的问题，设计了适用于大功率电磁装置短时变频磁场辐射测量的测试系统，并与电磁兼容标准中规定的测试系统进行了测试对比。

2. 国内外研究进展比较

从 1945 年开始，美国颁布了一系列电磁兼容方面的军用标准和设计规范，并不断加以充实和完善，使得电磁兼容技术得到快速发展。苏联在 1948 年制订了“工业无线电干扰的极限允许值标准”。1986 年我国出台 GJB151—86 标准，1997 年颁布并强制执行了《GJB151A—97 军用设备和分系统电磁发射和敏感度要求》《GJB152A—97 军用设备和分系统电磁发射和敏感度测量》。目前，随着 CCC 认证的实施和科研水平的提高，我国在电磁兼容标准与规范方面已与国际要求同步，并且在部分领域达到国际先进水平。

3. 发展趋势及展望

在电磁领域，特别在快速电磁暂态和电磁兼容性等领域，场路耦合、复杂环境中设备间电磁兼容不容忽视，电磁干扰预测与安全技术有待深入研究。

（五）无线传能技术

1. 最新研究进展

随着各国对环境保护重视程度的日益提升以及对可再生能源的大力支持，清洁无污染的电能源将是未来工业、商业、农业、交通运输业以及家居生活的主要能量来源。航空航天、电动汽车以及消费电子产品等领域的蓬勃发展对电能源技术提出越来越高的要求，诸如航天器在轨维修、无人机空中电能补给、新能源汽车充电、手机和电脑等消费电子产品的非接触式充电等应用场景对发展新型无线电能源传输技术提出了迫切需求。电能无线传输技术是一种供给源和接收源可以不经线缆直接实现电能传输的能量供给方式，具有一对多、多对一、传输距离可调控、能够对移动目标实时供能等优点。尤为重要的是，电能无线传输可以实现电能在空天地海三维立体环境中精准传输和智能化网络互联，是未来新型能源网络体系建设不可替代的重要组成部分。

北京航空航天大学成功研制出应用于电力系统的磁耦合谐振无线能量传输装置。河北工业大学研制了高铁无线传能模拟展示系统。南京航空航天大学和中兴通讯有限公司开展技术合作，建立了南航 – 中兴通讯无线电能传输技术联合实验室，研制完成单体 3.3kW、5kW、30kW 的大功率无线充电器。中国物理工程研究院开展了激光辐照下光伏电池的响应特性与能量转换效率的研究，提高了激光传能的效率。北京理工大学进行了小功率能量传输的仿真和激光无线能量传输系统效率模型研究。清华大学对激光传能系统的能量接收端反馈弥补效果进行了研究，以提高系统稳定性。山东航天电子研究所对激光无线传能的机理进行研究，自主设计研制了一套激光无线能量传输系统，并在 2014 年 10 月首次实现两飞艇之间的无线能量传输。南京航空航天大学研究了不同波长和强度的激光的转化效率。重庆大学联合原兵器工业部 308 厂科研所对氙灯泵浦 YAG 激光器、大功率半导体激光器、光电转换技术、光学系统设计以及激光在大气中的传输技术开展相关研究。长春理工大学高功率半导体极光国家重点实验室、长春光机所等各研究机构也取得了相关研究成果。

2. 国内外研究进展比较

国外在无线电能传输技术方面已有基础研究和应用基础研究成果。面向无线充电全产业链上的系统方案设计、芯片和磁性材料组部件、制造工艺等方面，美国、日本等国家的技术壁垒有待突破。

3. 发展趋势及展望

由于无线电能传输技术可用于电子设备、医疗、工业、交通等领域，无线电能传输产业链条上的各部分组部件厂商以及与之相关的公司快速发展，中国产业信息研究网发布的《2017—2022 年中国无线充电行业市场深度分析与投资前景预测研究报告》数据显示，到 2022 年无线充电市场将达到 140 亿美元，渗透率提升到 60% 以上。从电动汽车应用领域看，根据政府对新能源汽车发展的目标，到 2020 年，我国纯电动汽车和插电式混合动力汽车预计生产能力达 200 万辆、累计产销量超过 500 万辆。若充电设施与电动汽车按 1∶2 比例建设，无线充电技术渗透率为 50%，按照无线充电装置单价 1 万元计算，预计到 2020 年仅我国无线充电的市场规模将达到百亿，无线传能设备与相关技术开发应用前景广阔。

（六）强磁场技术

1. 最新研究进展

强磁场通常是指磁感应强度在 2.0 T 以上的磁场，主要分为稳恒强磁场和脉冲强磁场。利用常规科研条件开展的科学研究工作日趋完善，强磁场、超高压、极低温等极端条件下相关科学问题和调控技术的研究得到国内外研究者的关注。强磁场极端实验装置已成为科技界公认的探索科学宝藏的“国之重器”。“十一五”国家重大科技基础设施——稳态强磁场实验装置于 2017 年 9 月完成竣工验收工作，其磁体参数和装置综合性能达到国际先进水平，为基础前沿科学研究提供了强磁场极端实验条件，推动了强磁场科学技术和多学科前沿科学研究的发展。

近年来，国内有关院校对强磁场技术进行了深入研究，并在其应用方面取得进展。华中科技大学开展了稳态磁场交流阻抗测量系统及其电磁兼容性研究，并开展了高场强、长脉宽、高稳定度等高参数磁场技术及应用研究，取得了系列创新性成果，并于 2014 年建成世界顶级的脉冲强磁场实验装置。在理论创新方面，提出了脉冲磁体非连续性层间加固理论，显著提高了磁体的性能和寿命；同时提出了轴向阶梯型三线圈磁体结构，实现了力学设计与电磁设计的统一，样机测试验证了方案的有效性（测试磁场达 75T），为实现 100T 磁场、创造新的非破坏性脉冲磁场世界纪录奠定了基础。在航空航天领域，研制了具有国际先进水平的多级多向脉冲强磁场成形制造装备原型机。创新性地开发了集成式脉冲强磁场实验装置，已在中国人民大学、南京大学、中国科学院物理研究所等多家单位投入使用。中国科学技术大学与中国科学院合肥物质科学研究院合作完成了稳态强磁场实验装置的研发，装置中稳态混合磁体的磁场强度可达 42.9 T，位居世界第二。

吉林大学开展了对脉冲磁场下磁致应变的测量与探究。东南大学结合生物医学，完成了对中低频可调脉冲磁场的研制及调控磁性纳米颗粒标记间充质干细胞的研究。西安电子科技大学开展了基于脉冲磁场的等离子体电子密度削弱方法研究。中国科学技术大学、江苏大学等高校也开展了强磁场方面的研究。

2. 国内外研究进展比较

利用强磁场可对物质进行调控，进而发现新现象、揭示新规律，为多学科交叉研究提供新机遇。据统计，至今国际上强磁场相关的科学研究成果先后获得 19 项诺贝尔奖，其中 1 项医学奖、5 项化学奖、13 项物理学奖。另外，强磁场在推动技术发展方面也发挥了重要作用，如在特殊冶金、化学合成、功能材料、生物、医疗及新型药物等方面，国际上已有许多发明成果得到广泛应用。目前，强磁场技术方面，中国稳态强磁场实验装置是国际上五大稳态强磁场实验装置之一，建设完成的稳态强磁场装置磁体技术和综合性能达到国际领先水平，稳态强磁场实验装置的建成进一步推动了中国强磁场技术的发展，也推动了中国多学科基础前沿科学研究的发展。

3. 发展趋势及展望

稳态强磁场用高场磁体技术、高可靠性强磁场调控技术、脉冲强磁场磁体设计与脉冲功率电源等方面的研究以及强磁场安全应用等方面有待突破。

（七）生物电磁技术

1. 最新研究进展

生物电磁技术是研究非电离辐射电磁波（场）与生物系统不同层次相互作用规律及其

应用的技术，主要涉及电磁场与微波技术和生物学。生物电磁技术是电气科学最具生命力的增长点之一，也是学科交叉领域中最具创新力，最具有前景的方向。一直以来，国内多所高校，如清华大学、天津大学、河北工业大学、第四军医大学等，对生物电磁技术给予高度重视并取得系列研究成果。

河北工业大学在生物电磁场正逆问题求解方法、生物医学电阻抗功能成像及临床应用研究方面开展了生物组织电特性功能成像新型方法和应用研究、脑内电阻抗功能成像与源定位研究。与美国约翰·霍普金斯大学合作，开展语言任务状态下皮层脑电与脑网络研究，为临床癫痫手术术前评估提供参考。同时，与中国人民解放军军械工程学院、兰州交通大学等联合开创电磁仿生防护新领域，尝试将生物抗干扰机制引入电子系统。

电磁场耦合作用于人体能有效激发生命过程的电磁信号及生理响应，并实现对肿瘤、脑出血等疾病的成像诊断与治疗。研究电磁场理论及技术在成像治疗领域的机理及应用，具有重要科学意义与发展前景。在生物电磁诊疗方面，重庆大学开展了相关研究，提出了采用陡脉冲不可逆电穿孔治疗肿瘤的新技术，研究了脉冲电磁场作用下细胞时频域响应特性、窗口效应及选择性作用机理，攻克了不可逆电穿孔消融肿瘤的临床关键技术难题，研发了世界首台复合陡脉冲治疗肿瘤临床样机，开展了世界首批复合陡脉冲治疗前列腺癌临床试验，并在北京、上海、浙江、广州等多家医院开展了多中心临床试验。此外，针对磁共振成像轻量化设计难题，提出了超低频场磁共振成像的基础电磁场理论，制造出超低场的成像永磁机构，研究了基于等效偶极子方法的磁场匀称线圈结构，搭建了国内外首套磁场场强仅为 0.05T 的轻量化超低场核磁共振头颅图像监护系统，并在灵长类动物上开展了临床前试验。

2. 国内外研究进展比较

高压输电线路和电力设备相关的电磁环境对健康的影响是国际上广为关注的问题。世界卫生组织于 1996 年启动“国际电磁场计划”，对电磁场生物学效应进行全面评估，2007 年发布《极低频场环境健康准则（EHC No.238）》，国际非电离辐射防护委员会、国际电气与电子工程师协会（IEEE）均制定了射频电磁波公众防护限值。国内在高压输电线路和电力设备相关的电磁环境及医疗仪器相关的电磁技术方面进行了广泛深入的研究，但在与具有医学背景的科研人员的深入合作方面存在一定的欠缺，导致医疗仪器产品的研发远落后一些国外公司，目前还是以模仿、跟踪为主。

3. 发展趋势及展望

生物电磁技术主要研究生物医学与电气科学交叉的问题，涉及生物（特别是生物物理学）和医学前沿问题。在电磁场效应研究方面，交直流输电线路、磁悬浮列车、无线电能传输等相关的复杂电磁环境的检测技术和对环境、健康影响；基于电磁场理论和电磁技术，多物理场耦合的成像技术、脉冲电场 – 磁场的医学应用、与纳米技术相关的生物电磁技术、植入式医疗设备的新型供能技术等均是生物电磁领域的研究热点。

（八）电磁发射技术

1. 最新研究进展

电磁发射是借助电磁能做功，将电磁能转化为弹丸等有效载荷动能的一种发射技术。电磁发射能提供较大动能，可将弹丸等有效载荷加速到化学发射方式难以达到的超高初速和射速，速度可调且精度高。该技术在军事和民用领域有着潜在优势和应用前景。作为科学研究手段，可用于受控核聚变试验和高压物理领域。作为军事应用，可进行电磁炮弹和导弹发射，用于地面防空、拦截弹道导弹、摧毁军事卫星，还可用于航母飞机弹射系统等。在工业交通领域，可用于电磁抽油机和高速电磁列车等。

在电磁轨道发射方面，我国已取得诸多研究成果。北京特种机电技术研究所建立了储能 6 MJ 的脉冲电源系统，突破了中小口径电磁轨道发射抗烧蚀和抗刨削关键技术，实现 2km/s 速度条件下轨道重复发射 20 次以上。兵器工业集团也开展了电磁轨道发射技术研究，完成了炮口动能 1 MJ 以上的发射试验。清华大学、四川大学的研究者对于电磁发射的运行机理、分析方法开展了一系列研究。海军工程大学针对电磁发射系统储能系统、脉冲功率变换系统、闭环运动控制系统、检测系统等开展了相关研究，在电磁发射系统的设计与开发方面取得系列成果。

在电磁线圈发射技术方面，兵器工业 202 所和军械工程学院均已建立起多级线圈发射装置，并进行了发射试验研究。航天 061 基地还开展了大载荷电磁线圈发射技术研究。中国地质调查局地球物理地球化学勘查研究所的航空电磁脉冲发射技术取得重要进展，成功研发了 iFTEM-Ⅱ型千安级航空电磁脉冲发射系统样机。

2. 国内外研究进展比较

在电磁轨道发射技术方面，美国海军于 2015 年进行了 63 MJ 电磁轨道炮试验，实现了 20kg 射弹初速达 2.5km/s。2016 年 5 月，美国海军继续对轨道型电磁炮进行试射，其发射速度达到 724km/h，射程可达 200km。2017 年 5 月，通用原子电磁系统分公司研发出一种电磁炮，命名为“闪电”，并加装了增强型制导组件的高超声速炮弹，闪电炮口动能可达 10MJ，试射过程中炮弹加速度超过 30000g。我国电磁发射技术研究最大电源系统储能不超过 10MJ，发射炮口动能不超过 2MJ。在电磁线圈发射方面，美国针对 120mm 电磁迫击炮完成了全质量模拟弹丸的发射，初速达到 430m/s，我国线圈发射最大速度不超过 200m/s，且弹丸质量更小。在电热化学发射技术方面，美国完成了装甲车辆的电热化学发射演示验证，目前我国在相关技术方面也已取得一定的研究成果。

3. 发展趋势及展望

电磁发射技术是电工理论学科中一种新兴的技术，主要分为线圈型、轨道型还有重接型。轨道型研究较其他两种形式的装置更为成熟。电磁发射技术多领域应用是未来研究的热点之一，如航空母舰上的飞机弹射装置、用于星际航行的电磁弹射系统、可以提高打击速度和效率的电磁武器。未来，也许可以利用电磁发射技术从地面直接发射飞船或卫星，或者代替第一级火箭，为火箭发射提供初速度，可极大减少火箭燃料携带量，提高效率降低成本。

（九）磁性液体及其应用技术

1. 最新研究进展

磁性液体（Magnetic Liquid）是一种兼具流动性和磁响应特性的新型功能材料，也称磁流体或铁磁流体（Ferrofluid）。其基本原理是：将一种纳米级铁磁材料（Fe_3O_4、Fe、Co、Ni 等）颗粒利用表面活性剂（不饱和脂肪酸等）均匀、稳定地分散在某种液态载体（水、脂、煤油、硅油、碳氢化合物等）之中，所形成的稳定胶体悬浮液，是一种用途极其广泛且最富有生命力和应用前景的新型功能材料，是目前国内外比较尖端的纳米技术之一。

1977 年，第一届国际磁性液体大会在意大利召开，至 2019 年已成功举办了 15 届国际磁性液体大会。2011 年，美国航空航天局（NASA）在其官方网站中指出，磁性液体及其密封的研究为其今后 10 年的重点研究领域之一。随着各国科学家对其基础理论、物理化学性质、配制工艺等各方面研究的深入，磁性液体凭借其独特的性质，在工程领域有着广泛的应用前景。目前已开展的磁性液体相关应用包括磁性液体密封、磁性液体传感器、磁性液体减振、磁性液体润滑、磁性液体选矿、磁性液体印刷、西行液体研磨、磁性液体医学应用、磁性液体声学、光学应用等。北京航空航天大学、北京交通大学、哈尔滨工业大学、河北工业大学、南京航空航天大学、沈阳工业大学、华北电力大学、中国西南应用磁学研究所等高校及科研单位相继开展了相关领域研究工作，在密封、轴承、磁浮选、润滑、光整加工、传感器、减振器等技术上取得了系列成果。

2. 国内外研究进展比较

磁性液体的研究自 20 世纪 60 年代美国首先在实验室研制成功以来,50 年来发展迅速。在理论研究方面，国内外研究差距不大。在应用研究方面，磁性液体在航空航天和民用工业方面的应用进展极其迅猛，国外更多关注其在生物医学和环保方面的应用。国内主要集中在电气机械工业，如密封和润滑方面。

3. 发展趋势及展望

磁流体技术主要涉及电磁学与流体力学的学科交叉，如 MHD 管道流动问题、电磁场与波浪外力作用的 MHD 普道流动机理及特性研究、数值求解方法与技术实用化研究。高超音速飞行器的磁流体综合应用技术方面，如高超音速飞行器机载磁流体发电技术、基于 MHD 流动控制的飞行器防护、激波抑制和定位控制等。

（十）特种电源

1. 最新研究进展

特种电源是为满足科研、军事、工程等领域特殊负载或特殊应用需求设计研发的特殊种类的电源，其特殊之处在于或输出电压、功率、纹波系数等技术参数要求高，或要求能够适应高低温、辐射、强电磁、强振动等特殊环境。特种电源技术需要综合应用电工、电子、材料和计算机等多种技术，甚至会逼近器件、材料的极限参数。特种电源在脉冲X光机、电磁轨道炮、高功率微波、加速器、环境应用等方面的应用前景广阔。

西南交通大学设计了具有快速动态响应的大功率脉冲负载电源，可用于磁悬浮列车；南京理工大学研制成功小型化脉冲电源，其储能密度达到国际先进水平，大容量脉冲电源容量可大于10MJ；上海理工大学开展了全固态高重频高压脉冲电源的设计；武汉大学设计了一种电感储能连续脉冲电源电路，提高了脉冲电源的性能；西安理工大学开展了铝镁合金微弧氧化电源技术研究，以能速的概念替代了传统的击穿电压理论作为电力电子功率变换器设计的指导思想，促进了非平衡液态复合脉冲等离子抛光、磁控溅射和新型脉冲电镀等特种工业电源领域的研究，并在一汽、比亚迪、波音等企业生产中得到应用。

2. 国内外研究进展比较

由于较高的参数和性能要求，特种电源对基础技术和器件的依赖性较强。在理论与实验室研究方面，国内近年发展迅速，诸多参数可达到国际先进水平；而在应用研究方面，国外发展更为快速，拥有较高技术指标。从市场需求角度来看，特种电源市场整体容量较大、单一领域市场规模相对较小，对制造企业的技术实力、产品定制能力以及快速及时的售后服务能力要求较高，国外生产企业受制于成本、服务响应能力的制约以及军工等特殊行业资质和国防安全方面的限制，在军工、核工业、加速器及部分工业领域由国内产品占据主导地位；在其他对技术和应用经验要求高的如高压电源、医疗电源、高端测试电源等高端领域，国外产品仍占据优势地位。

3. 发展趋势及展望

特种电源技术是电源技术研究领域中极为活跃的研究方向，近年来，在大科学工程、高新装备等的需求推动下，特种电源技术研究综合应用电工、电子、材料和计算机技术等多个学科的科技成果取得显著进步。特种电源的研究方向主要包括开关技术、储能技术、控制技术、特种电源系统设计技术、高重复频率固态脉冲功率源技术、精密特种电源及调制器技术以及大电流能库电源技术等方面。

（十一）储能技术

1. 最新研究进展

随着我国经济的飞速发展，各行业对能源储存的要求不断提高。储能的应用改变了传统的供能与用能模式，对推动我国能源结构转型、消费侧能源革命、能源安全、节能减排目标具有理论和工程意义。华北电力大学自主研发了适用于高寒高海拔恶劣环境下免维护易组装的风光储互补发电系统；北京航空航天大学基于微网技术，建设了多个基于光伏、风电和锂电池储能的微网示范系统，提高了系统的能量传输效率；北京科技大学开展了关于锂电池和超级电容复合储能系统的最优设计与控制的研究；中国矿业大学针对构建高比例可再生能源供电的弹性矿区电网问题，提出了基于复合储能系统的矿区电网频率弹性提升方法；太原理工大学基于极地无人冰站供电系统的研发项目，研究了铅酸电池的低温充放电特性及低温下蓄电池与风光互补电源管理的控制策略，以及在北极特有的极昼极夜期间的蓄电池充电的整体控制策略。此外，国内诸多高校与研究所也对锂电池储能、压缩空气储能、超级电容储能以及复合储能开展了相关研究。财政部、科技部、国家能源局及国家电网公司联合推出的“金太阳工程”首个重点项目，也是国网公司建设坚强智能电网首批重点工程中唯一的电源项目——国家风光储输示范工程已在张北投入运行。在储能示范上，开创了国内规模化电力储能的先河。

针对再生能源的大规模应用问题，大连理工大学提出了“利用储能消弭新能源风险”的基本思路，克服了传统基于概率学原理解决新能源消纳问题的缺陷，在新能源出力特性、功率预测、规划和协调控制机理等方面取得成果，在应用技术与产业化方面研究了储能电站的规划与源网协调控制技术，开发了能够针对省级规模电网容量不大于100万千瓦的储能电站的规划软件包，填补了国内技术空白，实现了规划软件包的工程应用及产业化转化。

在锂电池储能方面，哈尔滨理工大学通过对石墨烯、碳纳米管和金属氧化物的协同效应的研究，发现锂离子电池电极材料离子嵌入和扩散行为规律；围绕阵列CNTs/三维石墨烯基底进一步开展了高能量密度锂硫电池的研发。针对新型锂电池储能技术，三峡大学将超细天然石墨转化为高容量石墨复合负极材料并应用于储能锂电池，设计并完成球形石墨水系包覆技术及异取向球形石墨负极材料制备技术；以天然石墨为基体，通过原位反应引入高分散增容相，将负极材料的容量水平提升提高了一倍，实现了负极材料高容量和优异循环性能的有效统一；将活化石墨作为单一碳源引入正极材料制备工艺中，突破了传统正极材料制备工艺中包覆碳石墨化度难以提高的技术瓶颈，使正极材料在大电流实现了稳定循环，为其应用于动力电池提供了技术支撑。

在电容储能方面，华中科技大学建立了极端参数条件下储能电容器、强流开关等关键器件的寿命模型，提出了纳米级厚度电极的自愈能量调控方法；发现并利用了安全膜分块电极的边缘退化导致容量损失这一新机制，提出将方阻值和模块结构、分块密度优化匹配方法以提高电容器工作寿命；成功研制出储能密度2.7MJ/m^3、寿命1000次以上的电容器，指标接近国际最高水平（3.0 MJ/m^3）；研制出储能密度1.6 MJ/m^3、寿命10000次以上的电容器，居国际先进水平；研究成果已用于惯性约束聚变、电磁炮、高能激光等大国防装置。

2. 国内外研究进展比较

大规模储能技术在全球还处在发展初期，目前已实现商业化应用和示范的储能技术有多种。美国能源部全球储能数据库（DOE Global Energy Storage Database）显示，从累计运行储能规模来看，2017年，美中日依旧占据储能项目装机的领先地位。根据GTM

Research 发布的全球储能报告，2017 年全球新增储能电量 2.3 GW · h，其中，美国新增 431 MW · h，居全球首位。截至 2017 年年末，美国储能累积部署达到 1.08 GW · h。中国储能产业虽起步较晚，但近几年发展速度令人瞩目。目前，国内储能侧重示范应用，积极探索不同场景、技术、规模和技术路线下的储能应用，同时规范相关标准和检测体系。2019 年 1 月，湖南省首个电池储能电站项目——长沙电池储能电站一期示范工程榔梨储能变电站正式并网。长沙电池储能电站示范工程属国家电网系统规模最大的电池储能工程，也是全国最大单体容量室内储能电站，共包含榔梨、芙蓉、延龙 3 个储能变电站，总功率达 6 万千瓦，总容量 12 万千瓦时。

3. 发展趋势及展望

对于储能技术，在新能源大规模发展和智能电网背景下，储能系统应用于电力系统受到关注。能源互联网的五大重要元素包括可再生能源、分布式发电、分布式储能、能源互联以及零排放交通。其中，分布式储能是近期以及未来研究的重点与热点。储能主要包括物理储能、电磁储能、电化学储能等。对于物理储能，主要为压缩空气储能，未来研究的重点在绝热压缩空气储能系统、液态空气储能系统、超临界压缩空气储能等多种新型的压缩空气储能系统；对于电磁储能，主要是对基于石墨烯的超级电容的进一步完善；对于电化学储能，未来主要在于对锂硫电池的研究，比如对高储能密度锂硫电池电极的优化设计。另一方面，储能与电动汽车协同发展是未来一个重要的研究方向。大规模电动汽车接入电网充电对电网的影响不容忽视。

（十二）超磁致伸缩材料应用技术

1. 最新研究进展

磁致伸缩（Magnetostriction）是指磁性体在外磁场作用下，材料自身磁化状态的变化引起材料形状和尺寸的变化，外磁场消退后，沿磁化方向发生微量伸长或缩短的现象。超磁致伸缩材料（Giant Magnetostrictive Material，GMM）是一种迅速发展起来的新型材料，相比于金属、合金、铁氧体等传统磁致伸缩材料，其磁致伸缩应变大、强力、机电耦合系数高、响应速度快、可靠性高等优异特性，在军事、航空、海洋等领域展现了巨大的发展潜力，它不仅包含着各种尖端技术，而且对传统产业的现代化改造也有着巨大的推动作用，已被视为 21 世纪提高国家高科技综合竞争力的战略性功能材料。

超磁致伸缩技术涉及材料、设备制备、电磁场、机械动力以及传感技术等学科，被用来制备电 – 声换能器、电 – 机换能器、驱动器、传感器和电子器件等，广泛应用于海洋、地质、航空航天、运输、加工制造、医学、计算机、机器人、仪器、电子及民品等技术领域。

在超磁致伸缩材料应用研究方面，河北工业大学立足省部共建电工装备可靠性与智能化国家重点实验室，以超磁致伸缩材料为核心元件进行研究，在超磁致伸缩棒、薄膜等材料数学建模、致动器、传感器结构模型、磁路设计、制备以及器件特性测试等方面取得系列成果。浙江大学、北京航空航天大学、西北工业大学等高校开展了超磁致伸缩材料基础理论以及实验研究，研制出能实现纳米级位移控制和毫秒级快速响应的超磁致伸缩执行器。浙江大学提出将超磁致伸缩材料用于活塞异型孔加工，对超磁致伸缩构件的精加工、温度分布和控制进行了深入研究；利用超磁致伸缩制动器配合气动弹簧搭建微制造平台主动隔振系统。大连理工大学研究了具有位移感知功能的超磁致伸缩微位移执行器，并进一步进行超磁致伸缩执行器、力传感器以及薄膜悬臂梁等研究。中科院声学所通过对超磁致伸缩合金的研究，开发出大功率低频声纳。南京航空航天大学根据稀土超磁致伸缩材料的固有特性研制了磁致伸缩材料作动器。陆军工程大学、军械工程学院研究了超磁致伸缩致动器的分析模型。哈尔滨工业大学针对超磁致伸缩致动器损耗、温升特性与冷却方法进行了相关研究。

2. 国内外研究进展比较

超磁致伸缩材料的优良特性一直受到科技界、工业界尤其是军事部门的高度关注，国内外学者针对磁致伸缩致动器的材料性能与制备技术、致动器性能及其控制开展了基础研究。稀土超磁致伸缩材料发展迅速，其生产工艺也在不断改进，材料制备工艺、材料成分对其性能的影响已成为国外研究重点，针对传统 $REFe_2$ 材料相本身为脆性相特点，新合金体系如：含轻稀土元素 Pr、Nd 和 Sm 的合金体系、含重稀土元素 Gd、Ho 和 Er 及第八族 Co 元素的合金体系由于其整体力学性能优异而受到关注。我国目前已有多家单位生产超磁致伸缩材料，如北京有色金属研究院、包头稀土研究院、中科院物理研究所、甘肃天星稀土功能材料有限公司、浙江椒光稀土材料有限公司等。在超磁致伸缩传感器、流体机械、磁电声换能器、微型电机、超精密加工领域等方面有相关研究成果。

3. 发展趋势及展望

由于稀土超磁致伸缩材料的磁致伸缩应变值很大，其长度可随外磁场的交变而反复伸长和缩短，能产生机械波，可以大功率、高效率地实现电磁能与机械能、声能之间的相互转换，在军事技术、海洋探测与开发、海洋工程中具有广阔应用前景。目前相关领域广泛使用水声声呐，而声呐的水声发射换能器主要采用压电陶瓷制备，频率较高、衰减快、传播距离短、发射功率小、体积大、笨重，此外，随着舰船隐身技术的发展，现代舰艇可吸收频率在 3.0kHz 以上的声波，难以被声呐监测。而采用稀土超磁致伸缩材料制造的换能器其能量密度为压电换能器的数十倍，工作距离超过 10000km，且声速较低。稀土超磁致伸缩材料还可用于地质科学与工程的陆地声呐、石油工业的工业声呐、加工制造业、医学和民用的超声换能器等。

七、电工数学

电气工程科学是研究电磁现象及其应用的科学。数学是研究现实世界中的空间形式及数量关系的一门学科。电工数学是研究电气工程科学问题的应用数学，是数学与电气工程科学之间的桥梁，通过运用数学方法认识电气工程科学问题的本质、揭示并描述其内在规律性，形成理论创新、方法创新和技术创新，有力推动了电气工程科学的发展和电气工程领域的技术进步，是人类社会进入电气化时代的重要基石。

（一）最新研究进展

当今人类社会面临能源安全和气候变化的严峻挑战，可再生能源大规模利用，推动了电力能源清洁化、低碳化、智能化发展，构建“清洁低碳，安全高效”的现代能源体系是国家能源发展战略重大需求。能源电力工业的转型变革为电工数学提出了新挑战。

电工数学的研究对象非常广泛：涉及电、磁、热、力等物理现象；研究对象的电压从直流到低频、工频、高频、射频，甚至多频耦合；涉及元件、装置、系统等多种层级，如电路元件、电磁元件、热力元件，电工装备、热力设备，电路系统、电磁场系统、电力系统、电力电子系统、自动控制系统、热力系统、燃气－热能－电能耦合系统等。

电工数学主要包括微分动力学、仿真计算学、运筹学、数理统计学、信息学、人工智能等，渗透到电气工程领域各个方面，其主要应用领域包括：磁悬浮、超导、生物电磁效应、等离子体、高性能电机系统、大规模复杂电力系统等。需要研究的问题包括：磁悬浮交通控制、基于强磁场的图像检测、物性研究，超导输电，气体放电理论、电晕电弧放电理论、电机物理场优化设计、电力电子功率变换、高功率脉冲技术、等离子技术、电磁兼容、电力系统运行优化和规划等。

客观而言，电工数学的发展进程浩若烟海，电气工程领域每一项研究成果都推动了电工数学的进步，要全面呈现电工数学发展的全貌非常困难。本报告从仿真计算数学、数理统计数学、优化方法以及人工智能与大数据等 4 个方向回顾电工数学领域近五年的主要研究进展。这些研究进展主要体现在近年来获得国家科学技术奖励的项目、国家级重点科研项目等重要学术成果中。

1. 电气工程仿真计算方法

仿真计算就是利用模型复现实际系统中发生的本质过程，并通过对系统模型的实验来研究存在的或设计中的系统。其中系统模型包括物理的和数学的、静态的和动态的、连续的和离散的各种模型。当所研究的系统造价昂贵、实验的危险性大或需要很长的时间才能了解系统参数变化所引起的后果时，仿真是一种特别有效的研究手段。仿真的重要工具是计算机。仿真与数值计算、求解方法的区别在于它首先是一种实验技术。

电力系统数字仿真是电力系统规划设计、调度运行和科学研究的重要仿真计算工具之一，通过建立电力系统物理过程的数学模型，基于计算机技术和数值计算技术求解数学模型，实现对电力系统的模拟。同时，在不同电力系统仿真的场景中，需要对相应的求解算法进行研究与完善。电力系统机电－电磁全过程数值仿真、直流输电换流阀电磁暂态仿真、电力系统新材料以及包含大规模线性方程组计算、特征根计算和并行计算在内的电力系统高性能计算，都是当今电气工程仿真计算的热点研究方向，并取得了相当显著的研究成果。

随着社会经济的发展，特高压交直流混联输电工程的集中建设，电网互联规模不断加大，网内电气耦合更加紧密。同时，大规模新能源以及柔性直流输电系统的接入使电网的控制与运行变得日益复杂。上述因素使得传统的仿真方式已无法满足现代电网的要求，需要研究规模更大、仿真精度更高的电力系统仿真手段，因此对于新型电力系统机电－电磁全过程仿真技术的要求越来越迫切。

在电力系统机电－电磁全过程数值仿真方面，按照电力系统时间尺度划分，可以分为三种类型的仿真，分别是电磁暂态过程仿真、机电暂态过程仿真以及中长期的动态仿真。电磁暂态过程，即对各元件中的电场和磁场的电压和电流的变化情况进行相应的仿真观察；机电暂态过程，即对电力系统当中机械暂态过程和电磁暂态过程两个方面进行综合性分析研究。中国电力科学研究院自主研发了 PSD-PSModel 软件，用于进行电力系统机电－电磁全过程数值仿真。该软件首次具备了大规模电力系统多时间尺度全过程仿真中直流输电等局部子系统精确化的电磁暂态仿真能力。

在直流输电换流阀电磁暂态仿真方面，换流阀系统的电路仿真模型主要基于 PSCAD 等电磁仿真软件实现，其电磁场仿真过程则主要基于有限元仿真软件 ANSYS 和边界元程序实施。基于多物理场耦合效应建立仿真模型，再现换流阀运行时所承受的各种应力，是当前研究的热点之一。如 2018 年度国家重点研发计划“大容量电力电子装备多物理场综合分析及可靠性评估方法的研究”等。

电工材料的模拟计算，通过理论计算主动对材料－器件微系统的本征特性、结构与组分、使用性能以及合成与制备工艺进行综合设计，达到对材料结构与功能的调控，并提供优化设计和协同制造技术的一门交叉边缘学科。以新型电工材料设计为目的的模拟计算与传统的实验研究相比，具有一系列优点，如：①计算机可以模拟进行现实中不能或很难实现的极端条件下的实验，如电工材料在极端压力、温度条件下的相变；②计算机可以模拟目前实验条件下无法进行的原子及以下尺度的研究；③计算机模拟可以验证已有理论和根据模拟结果修正或完善已有理论，也可从模拟研究结果出发，指导、改善实际实验。因此，新型电工材料的计算机模拟成为材料研究领域理论研究与实验研究的桥梁，促进了材料科学与工程的发展。

2. 电气工程数理统计方法

电力系统发输配变用等环节存在大量的不确定性，高比例可再生能源并网、电力市场改革推进、多能源系统融合等使得电力系统变得更加复杂，更富有不确定性。对电力系统不确定性的分析、建模、预测、优化等，对电力系统运营、可靠性评估、稳定性分析等具有重要意义。

统计数学作为不确定性分析的主要数学分支，在解决电工系统复杂不确定性分析和建模方面具有重要应用。目前统计数学也开始向用电大数据和人工智能拓展与结合，在不确定性分析、电力系统预测等方面具有重要作用。

（1）不确定性相关性建模与模拟

传统电力系统不确定性分析主要针对单一对象，或者简单假设不同对象之间是相互独立的；而电力系统中的很多元素具有显著相关性的特征，如何对不同对象的不确定性及其内在复杂的相关性进行建模是目前电力系统不确定性研究的一个热点。

Copula 理论将多个随机变量的联合分布表示为各自边缘分布的“连接”。给定变量的边缘分布以及变量间的 Copula 函数，就唯一确定了变量间的联合概率分布。利用 Copula 函数，可将相关的多个随机变量按其边缘分布及相依结构分别建模，为研究非独立的随机变量提供了极大的便利。近年来，Copula 理论被引入电力系统领域，被用于可再生能源不确定性建模、电力系统可靠性分析、谐波分析等研究中。

从电力系统不确定建模到电力系统可靠性评估等应用，往往通过两种途径实现：一种是样本生成技术，即产生海量的“场景”描述待分析系统的不确定性，而这些“场景”满足原始不确定具有的边缘分布、相关特性、时序特性、周期性等，其核心是基于不确定性模型的采样技术（如蒙特卡洛采样、超拉丁采样等）或者生成技术（如随机差分方程、变分自编码等），其难点是生成的所有样本要同时满足各种特性。时序风电模拟、可再生能源场景生成技术、重要性采样等成为目前研究的热点。与可再生能源场景生成对应的还有场景削减技术，即在保证一定精度情况下，从海量场景中提取具有代表性的场景描述未来不确定性，从而简化后面的分析或计算工作。另一种则是解析表达技术，即直接根据构建的模型进行解析推导，其核心是针对不同的应用做不同的解析化推导，不像样本生成技术，具有一定的“通用性”，其难点是对于很多实际问题必须忽略某些因素，简化推导，精度难以保证。卷积，作为两个独立随机变量求和后分布计算的重要工具，是一种简单的解析化表达技术。

对于实数，数学上定义了四则运算对两个或者多个实数进行运算；对于两个独立随机变量的分布，其加和后的分布则可以用卷积得到计算。清华大学康重庆教授从卷积出发，提出了序列运算理论，定义了独立随机变量分布之间的加减乘除运算，具有一定的完备性。后期又针对不确定性相关性，提出了能够有效处理高维相依不确定性的相依序列运算理论，成为分析不确定的有效工具，在电力系统可靠性分析、概率预测等方面具有广泛应用。

在 2016 年国家重点研发计划“高比例可再生能源并网的电力系统规划与运行基础理论”中，对高比例可再生能源电力系统的复杂多重不确定进行刻画成为整个项目的重要组成部分。

（2）电力系统概率预测

预测的本质就是挖掘历史数据中的规律，然后利用这种规律推测未来的发展趋势，即

“让历史告诉未来”。

传统电力系统预测技术主要集中在点预测领域，而随着可再生能源出力和负荷的不确定性不断增加，概率预测技术近年来在国内外受到了较大的关注，也成为统计数学在电工领域的重要应用之一。传统点预测仅给出未来负荷或者可再生能源出力等的期望值；而概率预测则是通过分位数、区间数或者概率密度的形式描述预测对象的不确定性，能够提供除期望之外的更多信息。国际电气与电子工程协会电力与能源学会（IEEE Power and Energy Society）在 2014 年和 2017 年主办了两次全球能源预测竞赛（Global Energy Forecasting Competition），包括负荷、风电、光伏和电价的概率预测。在 2016 年国家重点研发计划“高比例可再生能源并网的电力系统规划与运行基础理论”中，概率性负荷预测是其中的一个重要研究内容；2018 年国家重点研发计划“促进可再生能源消纳的风电 / 光伏发电功率预测技术及应用”专门重点研究可再生能源预测的关键技术。

（3）系统与装备可靠性与风险评估

保障整个电力系统的供电可靠性对国民经济具有重要意义，而供电可靠性不仅涉及整个电力系统，也涉及不同的电力装备。现代电力系统规模庞大且设备众多，其运行过程可能出现的系统状态数量非常巨大，所以其可靠性评估问题往往极其复杂。

可靠性评估的模拟方法，通过抽样可能出现的系统状态，模拟电力系统未来的运行情况，并给出相应的可靠性指标。模拟法的计算效率受系统规模影响不大，因而更适合在大规模或低可靠性系统中应用。近年来许多文献都提出了能够有效提高蒙特卡洛抽样效率的改进方法。除了对系统状态抽样方法进行改进，还可通过提高系统状态影响的计算效率来进一步提升蒙特卡洛方法的收敛速度。蒙特卡洛抽样方法可根据其是否能够处理时序信息进一步细分为两类：非序贯蒙特卡洛抽样法和序贯蒙特卡洛抽样法。

可再生能源并网和直流线路使得电力电子设备在电力系统中的渗透不断提高。除了发输电系统的可靠性，电力电子设备的可靠性评估也成为研究重点。以溪洛渡送电广东的直流同塔双回路输电工程为例，通过子系统划分和子系统等效技术对电力电子变换器件进行建模，定义第一回路单极强迫停电时间、第一回路双级强迫停电时间等指标，评估该直流输电系统的稳定性。2018 年国家重点研发计划“大容量电力电子装备多物理场综合分析及可靠性评估方法的研究”针对智能电网电力电子装备所占比重日益增加的问题，研究 10MVA 以上高密度大容量电力电子装备的可靠性评估理论和方法，具体主要包括关键部件级与装备级的动态失效机理与安全运行域刻画方法、装备的优化设计与可靠性评估方法等研究内容。2018 年另一项国家重点研发计划“海上多平台互联电力系统的可靠运行关键技术研究”针对海上油气开采、处理及输运电力系统高可靠运行的需求，研究海上多平台互联电力系统的结构优化、保护控制以及仿真分析技术，其中海上多平台互联电力系统的结构优化方法及可靠性评估方法是重要研究内容之一。

3. 电气工程优化方法

电气工程领域中许多核心问题最终都可以归结为优化问题，例如：在进行电机设计时，需要对其结构尺寸、转子直径、绕组个数、绕组匝数、气隙宽度、槽深度等参数进行优化，以提高电机性能和可靠性，降低损耗；在进行电力变换器设计时，需要对其主电路结构、元件类型、串并联组数、开关频率等进行优化，以提升电力变换器性能和可靠性，降低开关损耗；在制备高压绝缘材料时，需要对不同原料的配比进行优化，以提升绝缘性能，降低制备成本。

优化理论是应用数学的一个重要分支，可用于对生产活动进行规划，在可供利用的资源受到限制的条件下，使生产活动的效益达到最优，或用最少的资源完成指定的生产活动。根据优化模型的不同，可将优化问题分为线性优化、整数优化、二次优化、非线性优化、随机优化、动态优化等不同类别。针对不同类型的优化问题，又可根据实际需求选择解析法或启发式算法等不同优化算法进行求解计算。

在早期电力系统优化的研究中，由于计算能力有限，通常采用数学解析法进行优化计算，通过列写目标函数与控制量的显式函数关系式，由简单的解析运算与电力系统实际的运行经验相结合设计出一系列的决策规则。基于数学解析的优化计算速度快，占用内存少，能满足一般的应用要求。随着新技术的快速发展和能源变革的不断深入，现代电力系统具备了许多新特点，例如可再生能源的大规模接入、多种能源形式的耦合互动、电能的市场化交易、用户侧供需互动等。这些新特点导致电力系统结构和运行方式更加复杂，系统运行的各种约束条件日益强化，电力系统优化正在向大系统、实时控制、在线计算等方向发展，电力系统的蓬勃发展对优化方案及实现手段的要求越来越高，具体体现在：

（1）电力系统元件众多，规模庞大，对应的优化模型往往具有较多的决策变量和约束条件；此外，由于电力系统潮流平衡方程是一组典型的非线性方程组，因而其构成的等式约束也为非线性约束。因此，电力系统的优化问题属于高维非线性优化问题，其求解相对困难。

（2）电力系统优化的应用场景多样，电力系统的规划设计、运行调控、市场运营等各项工作均离不开优化方法的支撑。然而，不同的应用场景对电力系统优化方法的要求存在较大差异，需要考虑的目标函数、约束条件和决策变量均不相同，建立适用于不同应用场合的电力系统通用优化模型理论上不可行，必须结合实际需求选取具有针对性的优化方法解决问题。

（3）由于电能无法大量储存，因而电力系统运行过程中必须时刻保持电能的供求平衡，否则将造成电力系统发生振荡、解裂，甚至崩溃。因此，优化方法应用于电力系统运行调控工作时，需保证其计算效率满足实时性需求，这对大规模非线性优化问题的求解是一个挑战。

（4）电力负荷不受电网运营商控制，因而电力负荷的预测存在较强的不确定性；此外，大规模接入的风电、光伏等可再生能源受制于天气的变化，其出力同样难以精确预测。因此，在进行优化分析时应当考虑全面这些不确定因素，这也是电力系统优化的一个难点。

电力系统的上述复杂特性对优化模型和方法提出了更高的要求，针对不同的应用场合的实际需求，需要选择具有针对性的优化算法，才能保证相关工作的顺利进行。

提出了一种改善源网综合收益的大规模风电集中外送输电规划技术，依据风电功率波动特性设置风电外送输电容量约束，解决了常规电源外送输电规划方法存在无效输电容量、低效输电容量的问题。该方法依据风电功率波动特性精确匹配风电外送输电容量，能够显著提高输电工程的经济效益。

建立了含变换拓扑电气参数和电力电子功率元器件应力指标的电压增益综合模型，定量探讨了各参数之间的内在耦合关系并阐明了其对电压增益的约束机理，从而发现了传统交错并联 Boost 升压拓扑无法实现高增益变换的根本原因是其电压增益（M）仅由功率器件的占空比（D）调节，即调控自由度（调控参数）的单一性。基于此发现，建立了含高增益变流拓扑和运行控制交互关系的多自由度调控（D、N、K…）电压增益优化模型，揭示了新增调控自由度与电压增益（M）的相互作用关系及各调控自由度和电力电子变流器电气参数极限运行的内在关系，从而实现高增益电力变换的多自由度优化调控。提出的多自由度优化调控机制克服了传统单自由度调节法在高增益变换时存在的参数极限运行、能效低等局限，取得了很好的调控性能。

4. 电气工程人工智能和大数据

认识世界的过程中有两类基本的方法：第一类为“经验 + 直觉”，第二类为“形式逻辑 + 实验”。在电气工程领域，从电的理解到电力系统运行控制基本都是基于第二类，即从多次实验后得到基本假设，将假设用定理、公式描述，再通过实验实证，最后推理出整个系统，通过定理和公式认识和改造电工世界。随着电网的智能化发展、能源互联网的规模化发展、电力电子化电力系统的发展、源网荷互动程度的增高，第二类认识方法对“海量设备 + 智能设备 + 多时空耦合 + 特高维网络”的电工世界认识有时难以满足。

伴随大数据技术和人工智能技术的进步，第一类认识世界方法得到了快速的发展。大数据技术在复杂世界中获取了大量有效样本，可以得到基于数据分析的经验；人工智能技术对规模有效样本进行深入学习，得到了基于数据和学习的深度经验，并真正产生了决策能力，可以不通过定理和公式，而通过有效学习获取经验，针对复杂世界进行高效认知和控制。

经过 60 多年的演进，人工智能在移动互联网、大数据、超级计算、传感网等新理论新技术以及经济社会发展强烈需求的共同驱动下，加速发展，呈现出深度学习、跨界融合、人机协同、群智开放、自主操控等新特征。大数据驱动知识学习、跨媒体协同处理、人机协同增强智能、群体集成智能、自主智能系统成为人工智能的发展重点。当前，新一代人工智能相关学科发展、理论建模、技术创新、软硬件升级等整体推进，正在引发链式突破，推动经济社会各领域尤其是能源电气领域从数字化、网络化向智能化加速跃升。

2015 年国家自然科学基金重点项目“基于大数据的电力系统运行行为识别提取与表

征”试图从大数据中获得对电力系统运行特征的全面把握和深刻洞察，揭示运行变量之间的逻辑和非逻辑关联关系，建立评价运行状态临界特征的直接表征方法。推动基于大数据方法的电力系统运行特征研究。

电网仿真分析广泛应用于电网运行、规划、设计等领域，是大电网的一项基础性支撑技术。但传统的电网仿真分析需要大量人工参与，存在着严重依赖专家经验、易于引发错漏现象、难以控制分析误差和大量消耗人力成本的不足之处。引入人工智能技术，有望扩展电网仿真分析的深度和精度，有效减少人工参与，实现高效、精确的大电网仿真分析。

国家自然科学基金委－国家电网公司智能电网联合基金首批集成项目“基于数字仿真的大电网人工智能分析方法研究”项目紧扣“大电网仿真分析与决策的人工智能”的核心科学问题，利用电气与计算机学科交叉融合的优势，将先进的人工智能技术与成熟的大电网仿真技术相结合，从仿真数据分析角度出发，提出大电网仿真分析知识模型及应用方法、大电网仿真分析知识发现方法，以及具备差异化电网迁移能力的大电网潮流和暂稳仿真结果分析、潮流计算调整和稳定控制决策等人工智能模型和算法，从而为大电网仿真分析开辟了一条新的技术途径，有力保障了我国交直流互联大电网的长期安全稳定运行。

（二）发展趋势及展望

当今人类社会面临能源安全和气候变化的严峻挑战，传统的能源发展方式难以为继，能源电力工业正经历着清洁化、低碳化、智能化的转型变革，大规模可再生能源、冷/热、电、气综合能源、海量电力电子化装备、直流输电网络、以电动汽车为代表的双向可控负载、大规模储能等新型电气元件的广泛接入，不仅悄然改变着电力系统特性，更从多角度给电气工程科学提出新的挑战。

伴随着计算机技术、信息通信技术的高速发展，5G 的商用和物联网（IOT）的发展带来广泛的信息采集与控制，也带来信息爆炸的担忧。以元件特性模型为基础、基于“分析”方法论的电工数学面临着巨大挑战，但也将迎来新的发展机遇。电工数学将更多地向依赖大数据、人工智能和网络计算、基于“综合”方法论的方向转变（图 3）。这或许是电工数学自麦克斯韦以来新的重大机遇，电工数学必将成为新的能源革命的重要推动力量，必将助力人类从能源利用不清洁不经济的“必然王国”走向能源清洁高效充分利用的“自由王国”，实现永续发展，共享美好生活！

八、电气工程与生命科学

电气工程与生命科学包含所有生命体中自生与外加电磁过程的研究与应用，是一门综合生物学、医学与电气科学的交叉学科，其研究内容主要有两个方面：一是检测生命体的电磁特性与自生电磁信号，进而研究生命活动规律并诊断生命体的健康水平，如生物组织介电特

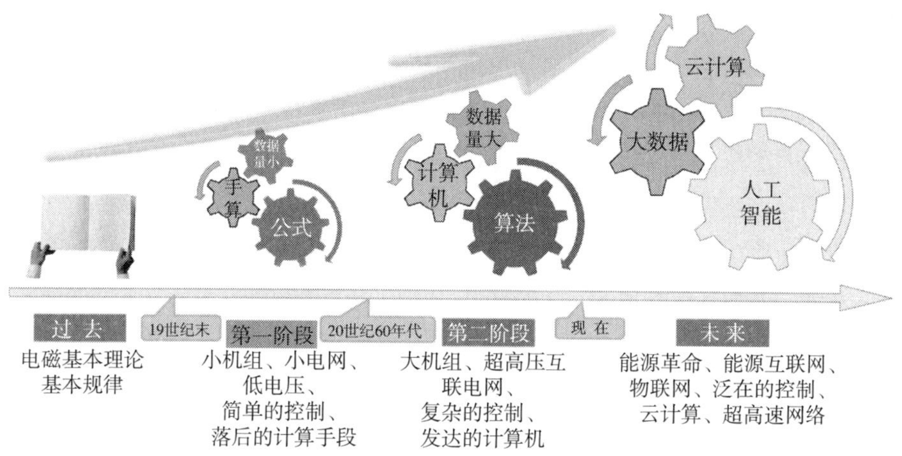

图3　电工数学的过去、现在和未来

性检测、心/脑电图检测分析等；二是改变生命体的物理、化学与生理过程，干预生命活动轨迹并治疗相关的疾病，这主要通过外加电场、磁场与放电等离子体等电磁作用来实现。

电场可用于刺激或破坏生命体的组织和细胞，实现消毒灭菌、治疗癌症及神经性疾病的用途。其中，脉冲强电场可以在非热条件下致死细菌，能耗低且对非生命体影响小，因而在低温消毒灭菌中被大量应用。脉冲强电场也被广泛应用于肿瘤的治疗，这主要基于“电穿孔”效应或高频透膜效应。基于不可逆“电穿孔”效应的肿瘤消融技术已广泛应用于包括肝癌、肾癌、胰腺癌、前例腺癌等在内的临床治疗中，具有快捷、可控、可视、选择性和非热机理等优势。当脉冲宽度低至纳秒量级时，脉冲强电场以其高频透膜效应能透过细胞外膜作用到细胞内部，诱导与不可逆电穿孔截然不同的生物电效应，包括：诱导细胞膜产生纳米级的微孔、诱导线粒体等途径介导的凋亡效应、消融肿瘤组织并抑制肿瘤生长、使肿瘤死亡具有细胞免疫原性、调节肿瘤微环境、激发机体抗肿瘤免疫应答等。这一系列生物电效应在防止肿瘤复发、转移方面展现出突出的优势，未来有望发展成为无创的肿瘤治疗新技术。除脉冲强电场外，高频弱电场可以有效刺激神经细胞，从而对治疗帕金森综合征、癫痫病等神经性疾病有显著疗效。

磁场可用于反映生命活动轨迹并检测病理状态，也可以调控生理过程及实现靶向治疗。基于外加磁场的医学检测技术主要包括核磁共振技术和磁声成像技术等，前者基于机体组织中核子自旋运动弛豫时间在不同病理状态下存在差异来诊断疾病，已经广泛应用于癌症、心血管疾病、脊椎病变、神经性疾病等诊断；后者是一种基于声场、电场和磁场相互正交耦合作用的成像方法，它继承了超声分辨率高和电阻抗成像对比度强的优点，有望在癌症等疾病的早期诊断中发挥作用。基于外加磁场的治疗技术主要包括基于磁性颗粒的生物磁调控技术和磁靶向治疗技术，以及基于神经元刺激作用的经颅磁刺激技术等。基于磁性颗粒的生物磁调控技术首先将铁蛋白或磁性纳米颗粒通过化学或基因工程方法与细胞受体或离子通道等蛋白相连，然后施加磁场，通过热或力（矩）的作用影响细胞蛋白的构象，从而引起细胞状态改变，实现细胞及神经系统的调控；磁靶向治疗技术是通过对磁性药物或介入式的诊疗设备进行磁场驱动与控制实现靶向治疗，例如可以控制胶囊微机器人对肠道进行靶向给药；经颅磁刺激技术是利用脉冲磁场作用于中枢神经系统，通过产生的感应电场激活神经元引起一系列生理生化反应，进而在脑功能连接、运动中枢传导测定、抑郁症及偏头痛治疗中得到了应用。此外，针对生命体自生磁场的科学探索与医学检测研究也长期开展，未来有望得到更广泛的应用。

放电等离子体的生物医学应用主要包含 3 个层次：一是用于生物学用途的消毒灭菌、诱变育种等，在农业、污水处理等领域有良好的应用前景；二是用于医用材料和器械的处理，包括医疗器械的灭菌、医用材料的表面相容性处理等；三是直接用于临床治疗，目前的研究发现在皮肤病、伤口愈合、止血、美容、抗感染、组织消融和癌症治疗等方面都展现出良好的应用前景。尽管等离子体生物医学的机制尚未阐明，但基本可以确定是等离子体产生的活性粒子起到了关键的作用，包括电子、离子、自由基、强氧化性分子等。应用于生命科学的等离子体具有电子温度高（T_e>20000K）而气体温度低（$T_g \approx$ 300K）的特点，高能量的电子能够在大气压、接近室温的生命环境中产生大量的活性粒子，这是其他技术无法实现的，具有唯一性。虽然已经有多种类型的等离子体产品获得了医学应用许可，但相关研究与应用尚处于初级阶段，尚需进一步揭示活性粒子的生物医学效应以促进其应用的发展。

除了上述 3 个方面之外，电气工程与生命科学还存在一些热点的交叉研究和应用领域，包括电阻抗成像、生物磁导航机制等。通过对电气工程与生命科学的交叉研究，可以促进我国在电磁防护技术、新型生物电磁治疗技术、新型生命科学仪器、空间生物学研究等方面的发展，为我国医疗仪器和治疗手段的源头创新提供动力。

（一）最新研究进展

1. 电场与生命科学

脉冲强电场的电穿孔效应对细胞具有独特的功能调控作用，为肿瘤治疗提供了技术推动力，并衍生出广阔的研究空间和创新潜力。此项研究的国内主要单位包括重庆大学、北京大学、浙江大学、兰州大学等。以脉冲强电场电穿孔效应为基础发展而成的不可逆电穿孔消融肿瘤技术具有快捷、可控、可视、选择性和非热机理等优势，因而在近年来发展快速，已广泛应用于包括肝癌、肾癌、胰腺癌、前例腺癌等的临床治疗中。随着临床研究与应用的推进，传统不可逆电穿孔技术也凸显出一些亟待解决的难点问题——肌肉收缩以及电场分布不均。针对此临床难点问题，重庆大学基于前期的脉冲参数 - 生物细胞响应的“窗口效应”，提出新一代不可逆电穿孔组织消融方法——复合脉冲不可逆电穿孔肿瘤消融技术。在此基础上，开展了大量复合陡脉冲的基础性研究，并建立针对患者个体化的融合组织介电特性测量与波形特征参数优化的治疗策略。2016 年，重庆大学研制了国际上首台复合陡脉冲临床治疗样机，包括集控制、输出、采集、保护于一体的高精度高可靠性脉冲发生主机、具有生物兼容性的治疗电极、智能化人机交互系统以及便于医师安全操作的脚踏控制开关。目前，样机已通过了国家药监局三类医疗器械全套注册检验、国家药监局创新医疗器械特别评审，通过了第二军医大学附属上海长海医院医学伦理委员会审批，开展了国际首批复合陡脉冲治疗前列腺肿瘤临床试验，效果显著。

当脉冲宽度低至纳秒量级时，脉冲强电场的高频透膜效应显著，由此产生与不可逆电穿孔效应截然不同的生物电效应，在防止肿瘤复发、转移方面展现出突出的优势，为高复发转移型肿瘤的治疗与长期预后提供了新的治疗策略。国内外学者对纳秒脉冲作用下的生物电效应开展了系统的基础理论分析和实验研究。在国内，北京大学采用纳秒脉冲联合化疗药物处理乳腺癌细胞，对处理后细胞的死亡类型和凋亡生化指标进行了检测分析。浙江大学相继开展了纳秒脉冲对胰腺癌、肝癌细胞的杀伤和凋亡效应的相关实验。兰州大学对纳秒脉冲电场结合吉西他滨对鳞状细胞凋亡的影响及分子机制进行了研究。重庆医科大学报道了纳秒脉冲电场治疗宫颈癌的基础实验研究，均取得一定进展。重庆大学开展了大量的细胞实验及动物实验，证实纳秒脉冲能够诱导肿瘤细胞凋亡，并将细胞凋亡与纳秒脉冲参数密切关联；借助流式、ELISA（酶联免疫吸附）、Western Blot（蛋白质转渍法）等证明纳秒脉冲诱导肿瘤细胞死亡具有免疫原性，并表征出焦亡特性；同时，运用活体荧光技术、流式技术等先进生物检测技术分别检测并分析了纳秒脉冲消融原位肿瘤后肿瘤消融情况以及瘤苗免疫小鼠在肿瘤挑战实验中的生长情况及其相应生化指标，进一步证明了纳秒脉冲电场能够有效消融肿瘤组织并激发机体抗肿瘤效应，达到很好的抑瘤效果。另一方面，化疗抵抗是当前肿瘤治疗的致命难题，重庆大学从纳秒脉冲靶向内膜的特征以及化疗抵抗肿瘤细胞群体的本质物理属性出发，率先研究了纳秒脉冲电场对化疗抵抗肿瘤细胞的杀伤效果及其选择性作用机制，对克服化疗抵抗、改善肿瘤治疗预后具有重要科学意义和学术价值。

除脉冲强电场外，基于高频弱电场的神经电磁调控技术也是当前的研究热点。清华大学研制的用于帕金森病治疗的全植入式脑起搏器（DBS）打破了美国的垄断，是除美国产品之外唯一大量临床应用的医疗器械。所研制的变频刺激方法获得了治疗方法的美国专利，解决了临床上帕金森病患者运动和步态障碍的同步治疗难题，并在世界上率先研制成功兼容核磁共振扫查的脑起搏器；同时使脑起搏器具备了植入脑电图功能，成为研究大脑疾病机制和认识大脑的工具，达到了世界先进水平。脑起搏器已经实现了科技成果的产业化，列入了《中国制造 2025》重点发展的产品目录，在国内 130 家医院获得成功应用，患者植入超过 3000 例，疗效显著，为患者节省医疗费用超过 3 亿元。相关成果获 2018 年度国家科学技术进步奖一等奖。此外，清华大学研制的迷走神经刺激器（VNS）已投入癫痫病的临床应用。

2. 磁场与生命科学

在高场磁共振研究方向，上海联影医疗科技有限公司已有 3T MRI 产品上市，其动态多极 3.0T MRI 技术世界领先。2016 年，中国科学院电工研究所与江苏美时医疗科技公司研制了国内首台 7T 磁共振动物成像系统，具有较大的成像孔径，具备多核成像功能。测试结果表明，该系统可获得高分辨率的磁共振图像和精细的谱结构，可替代类似产品的进口，填补国内空白。2015 年中科院武汉数学物理研究所完成了动态核极化磁共振成像原理的验证，获取了极化方式下的高信噪比图像。

医学磁声成像是一种多物理场耦合成像技术，它继承了超声分辨率高和电阻抗成像对比度强的优点，有望在癌症等疾病的早期诊断中发挥作用。国内中科院电工所、浙江大学等团队都在开展相关研究。中国科学院电工研究所从 2005 年就开展了磁声成像的研究工作，与国外起步时间相当，从只能检测高电导率的铜开始，经历了 12 年的持续研究，突破了弱信号检测、图像快速重建等关键技术，至今已将电导率的最低检测限降到了 0.2S/m，获得了高分辨率的肝脏图像，这是国际上报道的最高水平。该技术有望实现实体性肿瘤（肝癌、乳腺癌和前列腺癌）的早期诊断。

经颅磁刺激（TMS）不仅可以用于神经系统的功能定位及功能检查，还可用于神经系统疾病的治疗，如耐药性的抑郁症、癫痫、脑卒中的运动康复等方向。中国医科院生物医学工程研究所研制了刺激频率可到 100Hz 的高频 TMS 系统，建立了基于导航的精准 TMS 刺激技术和研究平台，开展了基于精密定位导航的 TMS 定位运动功能区和语言功能区的技术研究。中科院电工研究所基于弥散张量成像技术开发了 TMS 精准定位方法，通过电磁场计算可获得精准的刺激靶点范围和线圈位置。

磁调控技术近年来逐渐受到国内学者的关注，有望在神经调控、基因表达调控研究领域发挥作用。中国科学院电工研究所目前正在开展磁调控方面的研究，主要采用趋磁细菌（能够合成具有固定磁矩的磁性纳米颗粒）在磁场作用下产生机械力对细胞离子通道进行激活，最终实现对细胞的功能调控。在胶囊内窥镜成像技术方面，上海安翰医疗技术有限公司自主创新研发了一款磁控胶囊内镜机器人控制设备，可通过磁控技术对胃部进行 360° 的检查，只需一天就可以排出体外，实现胃镜检查无痛、无创、无死角更无须麻醉的效果。

上述几项技术都是通过外加磁场来实现的，而生命体自生磁场的研究也一直持续开展。中科院上海微系统与漫迪医疗仪器（上海）有限公司联合研发了无屏蔽 36 通道心磁图仪，具有无创、无辐射、灵敏度高、早期诊断能力好等优点，尤其对于冠心病、心肌缺血、心肌梗死等疾病有很好的诊断能力。此外，生物磁导航是电磁场理论和电磁技术与生命科学的交叉研究热点。目前有关生物磁导航的机制主要有基于磁铁矿的模型和基于自由基对反应的化学模型，中国科学院地质与地球物理研究所、中国科学院电工研究所、南京农业大学等团队开展了大量实验工作。2016 年，中国科学院电工研究所首次在迁飞性农业害虫体内发现纳米级内源磁性颗粒。近年来北京大学团队提出新的磁性蛋白生物指南针模型，认为动物的磁受体是一种蛋白复合体，由隐花色素 Cry 和铁硫簇蛋白 MagR 结合而成，共同实现磁感受的功能。

3. 放电等离子体与生命科学

我国学者针对等离子体与生命科学的报道最早见于 1996 年，几乎与国外同步。目前，主要的研究单位包括大连理工大学、中科院合肥物质科学研究院、中科院物理所、北京大学、清华大学、华中科技大学、西安交通大学、厦门大学等，在国际上形成了一定的影响力。

等离子体生物学的应用研究主要集中于消毒灭菌和诱变育种两个方面。在等离子体消毒灭菌方面，中科院合肥物质研究院开发了医用低温等离子体灭菌装置，实现了产业化应用；国内一些企业开发了等离子体空调设备，也具有一定的灭菌效果。在等离子体诱变育种方面，清华大学开发的常温常压等离子体（APTR）诱变育种仪获得了第 45 届日内瓦国际发明展金奖，也实现了产业化应用。

等离子体医学的应用研究主要在牙齿美白、牙齿根管治疗、银屑病治疗、伤口愈合治疗、感染性疾病治疗几个方面取得了原创性进展。北京大学针对牙齿美白的研究已开展临床试验，并开发了产品样机；华中科技大学率先开展等离子体治疗牙齿根管的研究，利用等离子体的高效灭菌、可深入细长狭缝的特点，取得了良好的临床试验效果；西安交通大学率先采用等离子体治疗银屑病，已开展临床试验 20 余例，效果良好；华中科技大学提出采用等离子体活化油治疗慢性伤口，通过动物实验证实可以高效杀灭引起伤口感染的常见细菌，刺激机体细胞的增殖，从而加快慢性伤口的愈合；西安交通大学提出采用等离子体活化水治疗腹腔感染，动物实验证实可使脓毒症小鼠的 5 天存活率提高 7 倍。这些研究都进入了动物试验甚至临床试验阶段，但国内还没有研制出等离子体医学产品通过国家药监局的认证，并进而实现产品化的临床应用。

等离子体与生命科学兴起 20 余年，展现出广泛且良好的应用效果，但目前还有大量的科学问题尚未阐释，特别是等离子体的生物医学效应是如何实现的？进而如何来调控？迄今尚未解答，使得应用的发展缺乏关键理论支撑。所以，等离子体与生命科学的交叉研究目前仍主要关注科学问题的解答，直接面向临床应用的研究还比较少。在科学研究层面，我国学者取得了一些原创性的进展，例如：华中科技大学系统研究了等离子体射流的特性，多次在国际顶级期刊 *Physics Reports* 发表综述论文；西安交通大学率先建立了描述等离子体对水溶液的渗透模型，被 23 家研究单位的学者综述论文评价为“近几年模型研究的主要进展”；此外在等离子体与肿瘤作用、等离子体致敏抗生素、等离子体对机体组织渗透作用的机理研究方面也处于国际一流水平。这些理论研究工作大幅提升了对等离子体与生命科学的认知水平，对应用发展起到了重要作用，例如：基于理论研究的成果，近几年的等离子体活化水溶液的应用研究已成为热点。

4. 其他

生物组织的介电特性是生物电磁技术应用的基础。第四军医大学的研究团队近年来完成了 10Hz ~ 100MHz 频段人体活性组织介电特性测量与分析方法学研究，首次开展了人体重要器官活性组织介电特性测量与分析，得到了这些组织在该频段的介电特性。对人与动物、活性与失活、正常与病变组织的介电特性做了对比。

近年来电阻抗断层成像技术（EIT）发展迅速，已在临床得到应用。电阻抗成像的价值在于弥补 CT、MRI 等现有医学成像技术的不足，为临床诊断提供一种安全、低成本、连续动态监测的新型成像方法。其临床应用前景突出表现在实时动态图像监测和疾病早期检测方面。目前在颅脑成像、呼吸功能监测等方面取得瞩目进展。第四军医大学研究团队利用电阻抗断层成像技术研制了床旁电阻抗动态图像监护仪，临床证实电阻抗断层成像可对脑水肿脱水治疗效果进行评估，能够对重要器官功能监测预警。他们还利用电阻抗扫描成像技术研制了新一代动态乳腺电阻抗扫描检测仪，对早期乳腺癌的敏感性达 85.9%，特异性达 75%，保持国际领先。

（二）国内外研究进展比较

1. 电场与生命科学

近年来，我国学者在细胞、组织及器官等不同层次开展了脉冲 – 生物相互作用机制的研究，结合实验观察与理论仿真技术，正在逐步深入相关机理认识，并致力于将其推向临床应用，目前已取得了突破性的研究成果。

在不可逆电穿孔肿瘤消融技术上，国外主要是纳米刀公司生产的不可逆电穿孔肿瘤消融设备，我国目前临床上应用的此类产品也几乎全是进口产品，价格昂贵。国内从事不可逆电穿孔肿瘤消融技术研究的单位较少，在前期几乎处于跟踪研究，而最新针对新一代复合陡脉冲不可逆电穿孔肿瘤技术的研究，重庆大学已成功研制了国内外第一个完全自主研发的新一代不可逆电穿孔技术的产品，并开展了临床试验，处于国际领先水平。尽管国外对新一代复合陡脉冲不可逆电穿孔肿瘤消融技术的研究尚处于临床推进阶段，但其研究单位多，多领域协同融合更加深入，所涉猎的范围及相关拓展研究更加广泛和系统；由于脉冲电场肿瘤治疗技术涉及问题复杂，相关研究需要生物、医学、物理和工程等多方面知识，国内研究单位较少，并且医、工、研、产等融合不够全面，要想保持前沿优势，还需进一步深入系统研究，加强科研投入，推进我国在该领域的技术发展。

在瞬态高功率纳秒级脉冲电磁场的生物效应研究方面，国外已成功研制首台纳秒脉冲治疗仪，并报道了第一例临床皮肤癌患者的治疗，目前已完成新一代医疗装备的更新，但尚未获得 FDA 产品注册证。国内起步较晚，最早由重庆大学开展相关探索性实验研究，目前在此领域研究方面，主要还包括北京大学、厦门大学、浙江大学、兰州大学等单位在开展，由于其所涉及的知识领域相比较于传统不可逆电穿孔技术而言更加复杂深奥，我国在此领域研究背景尚浅，发展较为缓慢，核心基础理论与国外存在较大差距，有待大力推进、加速发展。

在神经电刺激技术方面，我国已处于国际先进水平。国内 DBS 以及 VNS 已实现产业化，打破了国际垄断。国外 DBS 在闭环控制上具有优势，可以感知患者病情发作的信号，对信号进行分析，进而产生相应的刺激，以达到按需治疗的效果。国产 DBS 在磁共振兼容性上国际领先，已实现 3T 磁共振开机工作。国产 DBS 在变频刺激技术上也具有领先优势。

2. 磁场与生命科学

我国在高场磁共振技术方面还处于跟踪阶段，国外 7T 设备已进入临床试验阶段。我国在大口径高场磁体技术研发方向还需加快步伐、加大投入。医学磁声成像研究国内外起步基本一致，国内研究团队已将图像分辨率做到了国际最高水平。

我国已有多家公司的经颅磁刺激技术产品上市，技术指标与国外产品处于同一水平，但在精准定位技术、充放电核心器件等方面较国外产品还有一定差距。经颅磁刺激技术在我国的临床应用领域近年来显示了快速的拓展趋势，除抑郁症、偏头痛的治疗外，我国多家医院已将其用到了癫痫抑制和睡眠调节方向的临床研究当中。

美国的生物弱磁信号检测技术处于领先地位。我国在 SQUID 传感器研究方面也取得了很大进步，已有国产的心磁图设备上市，但脑磁图设备依然没有突破。在光原子磁力计研究方向，美国研究者已实验获得脑磁信号，并在传感器的小型化、集成度上处于领先地位，基于光原子磁力计的多通道脑磁系统可能短期内完成研发。

3. 放电等离子体与生命科学

在等离子体生物学的应用研究领域，国际同行开发了种类繁多的等离子体水处理（灭菌和分解有机物）、等离子体农业（诱变育种、抗病虫害）的设备。近年来，研究热点从等离子体直接应用转移到等离子体活化水溶液，也就是先用等离子体对水溶液（纯水、生理盐水等）进行活化，进而用活化后的水溶液进行灭菌、促进植物生长等应用。在等离子体水处理方面，国外大量采用等离子体制备 O_3 处理自来水，而我国因为成本因素未广泛采用；除此之外的应用均由于技术难度和成本等因素，未实现大规模的产业化推广，国外整体水平略高于国内。在等离子体农业应用方面，我国在诱变育种研究领域处于国际一流水平，但其他的农业应用则发展滞后，未受到广泛的重视。

在等离子体医学的应用研究领域，目前国际上通过药监机构审批的等离子体临床医学产品至少有 4 大类型，都是欧美发达国家率先研制的，包括：第一款低温等离子体医疗器械灭菌器于 2003 年通过了 FDA 认证，第一款等离子体美容设备于 2008 年通过 FDA 认证，第一款国低温等离子体止血仪于 2008 年通过 FDA 认证，第一款基于组织消融技术的等离子体手术刀于 2009 年通过 FDA 认证。除此之外，德国研制的等离子体慢性伤口治疗仪已于 2018 年通过欧洲 CE 认证。相比而言，我国仅仿制了低温等离子体医疗器械灭菌器，实现了国产化，但其他几种设备还全部依赖进口。虽然明显落后于国际同行，但我国在一些新兴的应用领域，包括牙齿根管治疗、银屑病治疗、腹腔感染治疗等方面占据引领地位，这些应用从实验室走向临床还需要至少 5 年时间。

在等离子体与生命科学的基础研究领域，我国在等离子体射流技术、等离子体与水溶液相互作用、等离子体与药物联合抗感染等方面处于国际一流水平。近年来，国际上有大量医学背景的研究人员从事等离子体与生命科学的研究，但我国还主要以电气工程和物理学的研究人员为主。这导致在生物医学效应与机制的研究相对滞后，例如：等离子体对神经系统及免疫系统的作用研究已成为国际上的热点，但国内学者少有介入。

4. 其他

关于生物活性组织电磁参数的检测研究，国内已开展了有效的工作，这些基础数据的获得将为我国生物电磁技术的发展奠定很好的基础。在磁感受机制研究方面，我国学者提出的磁性蛋白生物指南针模型备受国际关注。

阻抗成像技术经过多年发展，我国已有相关产品用于临床，并且在动态乳腺电阻抗扫描技术上保持国际领先。

（三）发展趋势及策略

脉冲电场肿瘤治疗技术主要聚焦脉冲电场在肿瘤治疗领域的应用，其中许多问题涉及生物、医学的前沿问题，因此发挥电气科学和电工技术领域人才的特长，从电气科学角度出发，与生物与医学专家紧密配合，从理论研究和实际应用方面，均可望取得重大成果。在脉冲电场肿瘤治疗技术方面，形成脉冲电场 – 细胞或组织的生物电响应的完整理论体系是生物电磁技术深入应用的前提和基础，与医学前沿技术更深度地融合以及发展无创的物理消融手段将是未来研究的主要方向。在不可逆电穿孔肿瘤治疗技术的研究方面，重点是面向临床实际需求，从完善高性能超短脉冲形成主机、个体化术前适应性治疗策略，到高精度的临床治疗数据采集、实时病理和生理学指标检测和解析，以及疗效实时评估和治疗参数跟踪等方向深入研究和开发。

在瞬态高功率纳秒级脉冲电磁场的生物效应研究方面，应重点发展和拓宽现有研究领域，并加快推进研究成果的临床转化。基础性研究应更多关注纳秒脉冲所诱导的本身的优势生物效应（例如内电处理响应机制、免疫应答效应及长期预后）以及融合包括特异性肿瘤免疫治疗技术医学前沿技术的协同响应机制；在技术方面，应关注瞬态高功率纳秒级脉冲电场在深部肿瘤的建立和调控、医疗装备的电磁兼容及防护技术的研究。在未来研究上，应进一步突破脉冲电场肿瘤消融微创的限制，实现脉冲电场无创肿瘤治疗。当然，这其中还存在很长的距离，有待解决的关键技术及面临的挑战还很多，需要协同包括电气科学在内的多学科专家共同努力。

活体组织的电磁特性研究是生物电磁技术的基础，我国在此方面已有相关研究，未来应逐步构建更宽频段的人体活性组织电磁特性数据库，以提升我国的生物电磁技术应用水平。生物磁感受的机制研究是国际生物电磁学的热点，国内学者提出的磁性蛋白生物指南针模型受到高度关注，进一步证实其作用机制将为生物磁感受理论提供坚实基础。

基于生物电磁特性的成像技术研究，我国在某些领域已处于世界先进水平。阻抗成像已有相关产品运用于临床，特别是动态乳腺电阻抗扫描检测仪，技术保持国际领先。今后应加大其在体检筛查中的应用，建立大数据分析系统，以获得更加精准的分类标准。磁声成像技术已有突破，快速完成系统集成及动物实验验证工作将极大地提高其临床应用的速度。

高场磁共振技术是国际大型影像设备的趋势，我国已研制有 7T 动物 MRI 设备，但临床推广还有很长的路要走。国内心磁设备已形成产品，但由于超导量子干涉仪传感的限制，基于自主传感器的脑磁设备还未见产品。目前国际上已将目光聚焦于光原子磁力计的研发，由于其不需液氦低温环境，将来极有可能取代超导量子干涉仪作为生物磁检测的首选传感器。国内有多家单位从事光原子磁力计的研发，但都未形成稳定的产品级传感器。

在神经电磁调控方面，国产的 DBS 及 VNS 已临床应用，从技术上已具备国际优势，但在一些关键部件上仍需加大研发力度，如电池和电极材料等方面。另外，植入式电刺激设备的闭环控制方式将是这一领域的大趋势。今后应探索更加精准的定位方法，提高刺激效果的稳定性、可重复性，推进其在脑科学研究中的应用。

基于磁性颗粒的磁调控技术可实现神经活动调控、深部脑刺激以及对特定基因（比如胰岛素基因）的表达调控，应用前景广阔。今后应在磁性颗粒与通道蛋白结合的特异性、高效性以及外场调控的有效性方面开展更加具体的工作，以加快这项技术的应用转化。

在放电等离子体与生命科学的研究领域，未来几年的重点方向应包括等离子体对人体生理过程的调节、活性粒子剂量的精准控制及选择性生物效应、等离子体与水溶液的相互作用及其医学应用、等离子体与传统治疗方法（如：抗生素）的协同、等离子体的生物安全性与临床认证标准等。在这些研究方向上，我国整体水平落后于欧美发达国家，但在局部研究点上具有优势，包括牙齿根管治疗、腹腔感染治疗、银屑病治疗等，这几项研究在未来 5 ~ 10 年有望实现临床应用。自 2009 年以来，国际上等离子体与生命科学的研究已进入了平台化、规模化、多学科交叉系统化发展的新时期，但国内学界未能紧跟步伐，这导致了目前研究水平的相对落后。未来一段时间里，预测经费投入少、学科交叉难、医药产业发展滞后是制约等离子体与生命科学交叉研究的关键因素，需要积极争取国家重大项目支持，破除学科交叉融合的壁垒，选取有限目标重点攻关，以点带面实现研究与应用的突破。

电气工程与生命科学是涉及生物、医学、电气工程等方向的多领域交叉学科，近年来我国已有长足发展。由于其技术出口在生物医学方向，服务于人类健康工程，因此以临床需求为导向是其发展的必需之路。许多案例已表明，基础理论和核心技术有所突破后，因尽快建立研发团队、临床专家以及资本的紧密联合体，加快技术向产品的过渡，形成产品后反过来促进基础研究和技术的升级。

九、电气工程与材料科学

（一）最新研究进展

材料科学的发展与电气工程的发展息息相关，任何电、热的传播都离不开材料，从绝缘体、半导体、导体到超导体的材料科学都是电气工程发展的重要领域。具有优异特性的新材料的发展和应用渗入到电气工程发展的各个领域。

1. 导体材料

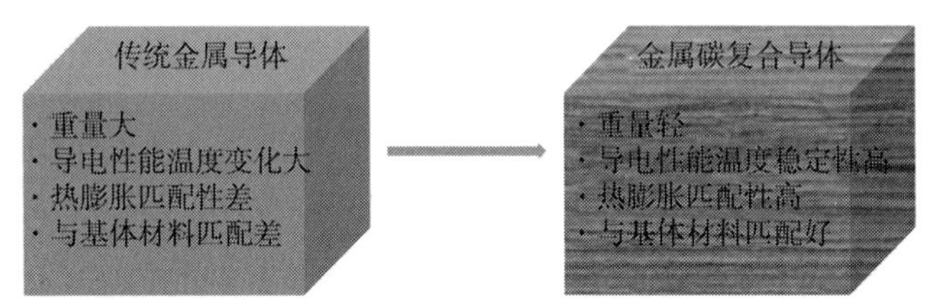

图 4　导体材料的发展趋势

导体材料的研究进展及趋势见图 4 所示。随着航空航天以及电子产业的不断发展，对导电、导热、热电稳定性、高强度等综合性能优异的高能效轻质导体提出了越来越高的要求。传统材料面临重量大、导电性能温度稳定性差、热传导能力相对差、与基体接触热膨胀系数不匹配等种种挑战，急需将具有优异性能的新材料与传统材料结合，在充分应用原有工业生产框架的基础上，融入新材料的性能，达到与新材料的有效结合以及工业化进展的有效推进。

碳纳米材料尤其是碳纳米管和石墨烯具有高强度、高导电性、高导热性、热膨胀系数低以及轻质的特性，将碳纳米材料或者石墨烯与常规金属导体铜进行有效均匀复合，将大大提高材料的导电、导热、电热稳定性、电击穿且轻质等综合性能，同时由于降低导线的重量，从而达到节能减排的目的。铜在非贵金属中具有最高的电导率（27℃下的电导率为 5.8×10^5S cm^{-1}）和最高的导热性（27℃下的导热系数为 401 W m^{-1} K^{-1}），然而铜的密度较高（8.9 g cm^{-3}）。一辆中等汽车平均用铜 22.5kg，火车和客机约用几吨的铜。如果客机中 2t 的铜导线换成质量是原来 2/3 重的新导线，每年可以节约 25000t 燃料并减少 78000t 二氧化碳排放。同时随着电子行业的发展，其尺寸将越来越小而设计却越来越复杂，对高电流高热稳定性的散热片以及与硅基底的热膨胀吻合度和导热性能提出了越来越高的要求，传统的铜已经无法满足。铜与碳纳米管或者石墨烯的复合结构能够很好地满足以上需求。

（1）金属与碳纳米管复合材料

金属与碳纳米管复合材料的研究进展见图 5。前期的铜与碳纳米管的复合材料主要采

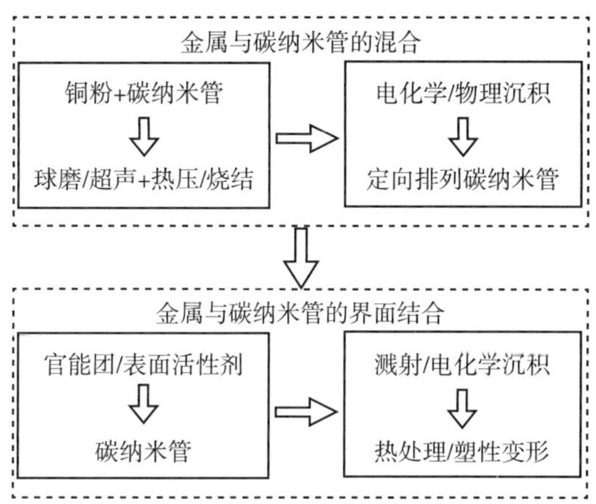

图 5 金属与碳纳米管复合材料的研究进展

用粉末球磨及超声混合后热压或采用不同烧结手段而获得，受碳纳米管材料分散均匀性的限制，添加的碳纳米管的体积比例无法超过 20%，同时由于碳管无法达到定向排列，二者复合的优异性能无法得到充分体现。通过电化学沉积法或者物理沉积法进行复合，可以很好地克服以上缺陷。该方法首先制备定向排列的碳纳米管，而后在其上直接沉积铜。该方法制备的碳纳米管金属复合材料的碳纳米管比例可以根据需要进行调整。在满足好的复合材料比例和混合的基础上，提高复合材料中铜与碳纳米管的界面结合是提高其导电、导热和机械性能的一大研究重点。前期为了提高碳管与铜的结合强度，往往在碳纳米管中引入官能团或者表面活性剂，但都降低了原有碳纳米材料的高导电和高导热性能。最近 Wang 等在高定向排列的碳纳米管材料上进行直流磁控溅射铜后在不同温度下进行热处理，在 600℃处理后，其电阻降到最低（6 μΩcm），低于磁控溅射下的纯铜薄膜。Xiong 等在高定向排列的碳纳米管上通过电化学沉积的方法制备铜与碳纳米管复合材料，而后通过剧烈塑性变形处理以提高复合材料的拉伸强度（470MPa）和导电性能（达到热处理后铜的国际标准导电率的 98%）。

（2）金属与石墨烯复合材料

高定向排列碳纳米管与铜的复合材料能够结合碳管与铜的综合优势，但是高定向排列碳管的制备成本高且产量低，从而使其工业化生产受到一定限制。Zhang 等采用液态剥离法制备高度分散的石墨烯，并将该石墨烯分散液与铜纳米线分散液充分混合获得石墨烯与铜纳米线的混合浆料制备石墨烯与铜的混合薄膜材料，该石墨烯与铜纳米线的复合薄膜的电流击穿强度比纯铜高出 39%；其电导率随温度的变化远低于纯铜的变化，在室温下石墨烯与铜复合薄膜材料的电导率为 3.6×10^5 S cm^{-1}，略低于纯铜在室温下的电导率（5.3×10^5 S cm^{-1}）；当温度升高到 423K 时，石墨烯与铜复合薄膜材料的电导率为纯铜的 4.3 倍；同时该石墨烯与铜复合薄膜材料的导热能力远高于纯铜薄膜材料。但液态剥离法制备石墨烯由于产量的限制难以实现工业化生产，且铜纳米线的成本在现有制备工业下也相对较高，要想实现工业化生产，利用铜粉与其他方法合成的石墨烯进行有效混合来制备是一个比较可行的选择。

2. 防腐涂层材料

碳纳米材料不仅在轻质高导热导电方面能够发挥其优势，在电气工程防腐涂层方面也具有优异的特性。利用石墨烯的表面尺寸效应及其疏水性，将疏水的石墨烯加入到涂层中，使其与水的接触角变大，能很好地阻止涂层表面的水分子进入涂层达到金属表面，进而起到防腐蚀的作用。同时利用石墨烯的高导电性，可以将发生在金属表面的阴极反应转移到涂层表面，抑制阳极反应的发生，从而对腐蚀介质起到阻隔作用。目前铁塔防腐采用的是镀锌，在重污秽地区，铁塔防腐对镀锌质量控制要求很高，但是一旦镀锌质量不好会造成铁塔腐蚀严重。目前，富含锌的环氧树脂是保护铁等金属的重要底漆，富锌环氧底漆的全球市场规模为每年几百万吨，由于锌含量超过 70%wt，导致锌粉的消耗量很大。常州环保涂料有限公司引入 1%wt 还原氧化石墨烯，替代 50%wt 锌，可以降低石墨烯基锌环氧底漆的锌含量。 1%wt 的还原氧化石墨烯加上 20% wt 的锌，防腐寿命比传统的富锌环氧底漆（ 70%wt 的锌）长近 4 倍。刘兆平研究团队以及宁波墨西科技有限公司联合国家电网宁波电力公司和浙江海盐供电公司，在大型输电塔架和变电设施上进行了大规模示范应用。但是该石墨烯采用的是还原氧化方法制备，石墨烯官能团含量较高，且需要额外加入分散剂，不仅增加制备工艺复杂性能和成本，同时也影响防腐蚀效果。

3. 导电高聚物材料

碳纳米材料与高聚物如环氧的复合材料在军事领域弹药的包装、电力系统金属接地网的替代、电子电器、公共设施的电磁干扰屏蔽、电晕屏蔽、抗静电保护等领域拥有广阔的应用前景。碳纳米材料如石墨烯的添加不仅提高高聚物如环氧树脂等的导电性（ $> 10^3$S/m ），同时也提高了其力学性能。目前对环氧树脂进行导电改性的主要方法是在树脂中添加高导电的填料，高导电填料虽然能够提高基体树脂的电导率，但是单纯加入这些填料通常需要很高的填充量，不利于复合材料的加工成型，同时会大大降低复合材料的韧性。因此，在保证高导电性能的前提下，如何通过特定内部结构形成导电网络，在减小填料用量的同时改善复合材料的力学性能，是目前亟须解决的问题。而碳纳米材料由于具备高导电、低密度、耐腐蚀、用量小、加工性好等优点逐步取代导电树脂、金属，成为最受关注和应用最广泛的导电填料。为了获得连续的碳导电骨架以提高环氧的电导率和压缩模量，Han 等将粒径约为 2.2 ~ 3μm 的镍粉分散到聚丙烯腈的 N,N- 二甲基甲酰胺溶液中，随后蒸干 N,N- 二甲基甲酰胺溶液，将剩下的镍粉与聚丙烯腈粉末充分研磨均匀后真空加热烘干并压缩成型。压制后的样品在 Ar/H_2 气氛中 1000℃煅烧获得多孔性石墨烯导电骨架，而后通过氯化铁溶液刻蚀掉内部镍粉，在后续处理掉氯化铁溶液后，通过氨气进行氮化处理，而后通过浸泡在刻蚀后的微孔内填充环氧。通过该方法制备的石墨烯 - 环氧复合材料具有极高的电导率（41.0 ± 6.3 S/cm）。但是该方法获得的石墨烯实际上是结晶性较好的多孔性石墨，严格意义上并不能叫作石墨烯，且制备工艺较复杂，产量低，工业化推广具有一定的难度。如果换成石墨烯，由于石墨烯的高导电和导热性能，在更低的填料基础上就能获得更高的电导率。但是现有市面上购买到的石墨烯在二次利用时都存在团聚和分散困难等问题，所以如何将石墨烯均匀分散到高聚物中是当今研究的主要挑战。

4. 碳纳米管材料自身研究现状

新材料如碳纳米材料不仅在新型轻质导线、防腐涂层、导电高聚物包装，且在储能、微波吸附、柔性透明导电薄膜、传感器等方面都具有其他材料无以比拟的优势，与传统材料进行有效复合能够充分发挥二者的优势。但是不管是轻质导线、高导热导电薄膜、防腐涂层还是导电高聚物包装材料，碳纳米材料的有效添加和复合都是当前研究面临的主要挑战。首先市面上能够买到的碳纳米材料的质量无法保证，Kauling 等用电镜、拉曼光谱、原子力显微镜、元素分析、X 射线光电子能谱法、扫描电镜和透射电镜对市面上 60 多家出售石墨烯的厂家产品进行分析，发现大部分厂家出售的是石墨微片而不是石墨烯。假的石墨烯大大限制了石墨烯的实际应用，因此应该出台统一的标准来规范。

工程材料与基础材料研究的相对分离，一定程度上限制了基础材料的工程应用。比如石墨烯的应用，市面上购买到的石墨烯大部分只是石墨微片，哪怕购买到的是真正的石墨烯粉末，由于石墨烯二维材料容易团聚，首先均匀分散石墨烯存在着很大的挑战，进而限制了石墨烯与其他材料的有效均匀混合，为了增大石墨烯的分散度，往往需要添加分散剂，进而降低了石墨烯原有的效果。再者，现能够购买到的石墨烯都是通过氧化还原法制备的，带有大量的氧化官能团，导电导热能力大大降低。要想达到理想的复合材料性能，还需要从最基础的材料合成和制备着手，根据最终材料性能要求制备理想的基础材料，解决两步法出现的团聚和再分散问题，实现不同材料的原位合成和复合，才能从根本上实现复合材料的优化性能。

（二）国内外研究进展比较

复合材料制备的主要限制因素还是组合成分材料的质量以及复合效果，所以基础材料合成以及后期处理是工程材料发展的主要挑战。在过去的发展阶段，发达国家对基础科学的投入和关注力度远大于我国，对于基础材料发展的每一个细节都有长远的规划和投入，不急功近利低追求短平快的见效。许多发达国家的大公司对有发展潜力的基础科学技术从一开始就进行跟踪，并不断对各个细节进行优化改进研究，不断取得阶段性成果，并最终与产品开发的某个环节结合在一起，取得关键的突破。目前国内普遍存在一个现象，某些热点出现，一堆人一哄而上，当热点退去，一些难度大、花钱多、见效慢的基础科学硬骨头没人愿意去啃，或者各种体制限制无法做到十年磨一剑。

国内外研究的最主要差距在于基础材料研究上的距离。在复合工艺方面国内外的差距并不明显，但是在基础原材料的使用源头上就受到很大限制，后期工程材料开发和应用就很难突破。如碳纳米管与铜等材料的复合材料中碳纳米管的结晶性、直径、管壁是影响碳管导电性、热稳定性和传热性能的重要因素，所以复合材料中的碳纳米管质量是复合材料制备的最基本要素。在国内我们尝试购买了十几家不同壁数不同直径的碳纳米管，大部分标定单壁碳纳米管的还是各种不同直径的多壁碳管，碳纳米管的结晶性更无法保证，而且碳管样品混杂无数的其他碳杂质，标定是双壁碳管的买回来也不是双壁碳管。而在日本可以购买到直径均匀分布在 1.5 ~ 1.6nm，碳管结晶度高，且管内洁净无其他杂质，长度在毫米以上极易成膜的单壁碳管（Meijo SO SWCNTs）或是直径为 2.0nm 左右本身就是薄韧性极好的单壁碳管；也能买到内径为 1nm 左右结晶性极好、内腔干净的双壁碳纳米管（Toray Co.）。由于国外碳纳米管合成的研究小组能够得到公司的直接投入，并联合生产质量有保障的碳纳米管，买进的碳纳米管质量稳定，与其他报道的工作能够有效进行对比。在国外研究碳纳米管与铜等金属的复合材料的团队就无须从碳纳米管的制备开始，而且也很难一下子通过不同方法制备不同直径、不同结晶度和不同管壁的碳纳米管，可以直接从市面上买到所需的不同属性的可靠的碳纳米管直接进入下一步研究。而这些技术成熟、品质可靠的碳纳米管，日本只在其国内出售，轻质导电材料的研究团队如果无法获得质量可靠的碳纳米管，在很多关键细节的研究上无法通过实验验证或探索。同样工业上由于原材料来源的限制，也进一步限制轻质导电材料的工业化进程。

石墨烯的很多性能与碳纳米管相当，同样具有轻质、高导电、导热和高机械性能等优势，而且在工业化生产中具有较大潜力找到成本低廉的制备方法。石墨烯原材料的生产国内外差距不大，但是整体存在石墨烯层数多，实际上不能叫石墨烯；而少量薄层或单层的石墨烯实际二维尺寸很小，往往小于 2μm；还有购买到的石墨烯存在大量氧化官能团，当石墨烯的官能团达到一定比例，其高导电和导热性能已经丧失；而且购买到的石墨烯粉末已经发生团聚，再次分散困难。而对于石墨烯与其他材料的复合结构，国内外同样存在购买到的石墨烯难以分散，而无法与其他材料进行有效的混合，对石墨烯需要做进一步的处理，实际应用中根本无法发挥石墨烯的优异性能。

（三）发展趋势及展望

材料工程研究必须与基础材料研究相结合，利用新型高性能新材料的复合材料制备必须与基础材料组分的制备和性能研究紧密结合，从基础材料组分的结构以及复合界面结合等角度来分析复合材料的性能。尤其对于使用碳纳米材料如碳纳米管和石墨烯的复合材料研究，由于碳纳米材料普遍存在分散难以及与其他材料的界面结合差等问题，简单地使用两步法进行复合的结构难以达到理想的优化组合效应，一者受原材料质量的限制，二者由于碳纳米材料分散技术中引入分散剂以及超声等手段不仅无法达到理想的均匀分散效果，同时又引进大量的缺陷及官能团从而降低原有材料的导电导热特性。所以复合材料的制备应该从原材料的制备着手，避免碳纳米材料制备后产生的团聚现象，在团聚之前就与其他成分进行有效的复合，避免两步法引进的新问题。

同时考虑到工业化成本和规模化推广的问题，发展高质量石墨烯的新型合成方法是碳纳米材料复合导电导热材料应用的重要方向；碳纳米管由于制备过程中需要高能量，如电弧放电、化学气相沉积或者激光法等，面临规模化生产还有一定的距离，且碳纳米管复合材料必须通过两步法制备，所以碳纳米管的团聚和再分散是难以避免的难题；同时高导电性的内径为 1nm 左右的双壁碳纳米管技术主要由日本和美国掌握着，大量使用是现今面临的又一难题。石墨烯可以直接通过剥离石墨的方法获得，该方法对于工业化大规模应用以及成本考虑都具有很大的优势；现有石墨烯剥离技术国内外都存在引入官能团以及层数不均匀、薄层比例低等问题，发展新型的没有官能团化的薄层石墨烯剥离方法是推进碳纳米材料复合材料应用的关键；同时避免剥离后石墨烯材料在与其他材料复合前可能造成团聚的处理工艺，最有效的方法是直接在复合材料的其他成分表面原位剥离石墨烯，在剥离的过程中石墨烯能够同时与复合材料其他成分形成好的界面结合，同时实现石墨烯与其他材料的均匀分布。为了提高复合材料的导电导热性能，碳纳米材料在复合材料中形成联通骨架也是今后研究的重点，降低石墨烯的官能团及层数、增大石墨烯二维尺寸也是提高复合材料的综合性能的重要发展方向。

（四）发展建议

随着工业发展的不断前进，对材料的性能也提出了越来越高的要求，复合材料成分的质量、复合界面结合程度、不同组分的分散均匀度都是影响复合材料综合性能的关键因素，未来电气工程材料的发展必须与基础材料包括基础材料化学合成相融合，学科划分不应过细。由于基础材料研究者往往对工业需求和应用的方向不明确，工程研究团队与基础研究团队应该相互融合，组成共同的研究中心，面对工程需求合力开展研究将是未来科学发展的主力军。

专题报告

电工新材料

一、引言

材料作为电工技术的重要物质基础，其发展一直是促进电工技术进步的根本动力之一，因为电工装备的功能和性能往往在很大程度上取决于材料的特性。纵观电工技术100多年来的发展历史，最为显著的进步原动力均来自新材料技术的进步。例如，基于半导体材料的发展而产生的电力电子技术，已经成为20世纪电工技术领域最具变革性的进步动力，并对现代电网技术的进步产生了重大影响；又如，钕铁硼永磁材料和非晶合金铁磁材料的发展，对现代电机和变压器制造技术的发展产生了重大的影响；氧化锌避雷器、碳纤维复合芯导线等技术发明，其根本创新之处在于新材料的应用；超导材料如能在电工技术中得到广泛应用，将对电工技术产生革命性的影响。

近年来，随着电工科学与技术及其交叉领域的发展，一些新材料不断涌现，如新型纳米电介质材料、超导材料、高压绝缘材料、永磁材料、储能材料等。电力新材料的发展和应用将不仅使我们有能力突破传统材料的物理极限，实现传统电气设备的升级改造，也将推动新型电气装备的快速发展，并促进这些装备朝着小型化、智能化、高集成、长寿命的方向发展，对提高电力系统的可靠性、安全性、经济性、高效性和环境友好性起着重要的支撑作用。

电力新材料的创新，以及在此基础上诱发的新技术、新设备的创新将是未来几十年对社会发展、经济振兴、国力增强非常有影响力的战略研究领域之一，对我国国民经济的发展、科学技术的进步以及国防建设能力的提高起着重要的推动作用。本节将着重对绝缘材料、导电材料、半导体材料和磁性材料进行讨论。

二、发展现状及展望

（一）绝缘材料

电工绝缘材料作为电工电子装备的基础材料，对电力、轨道交通、新能源、微电子、航空航天、国防军工等领域的电工电子装备的革新换代，具有基础性、支撑性和先导性的作用，决定着电力行业与电子行业的技术水平。随着电气设备向大容量、高电压、高功率密度化和小型轻量化发展，微电子和集成电路向高速度、高集成度方向发展，高性能绝缘材料的研究和开发迫在眉睫。现阶段，我国的绝缘材料已经严重制约了相关领域的发展。

高击穿场强绝缘材料是我国第三代电网及超 / 特高压交直流输电系统中高压电力设备发展的基础，目前国内外学者在电介质的击穿理论、表征分析和材料开发设计等方面做了很多工作，很多材料的击穿性能得到了提升和应用，特别是利用纳米电介质的可设计性和协同效应成功制备了具有抑制空间电荷和高击穿场强的绝缘材料。但电介质材料的击穿不仅依赖于电荷积聚和电场集中，还与温度、湿度、电压形式、介质厚度等多种因素耦合作用密切相关，不同条件下介质击穿的微观过程和机理尚不清楚，这限制了新型材料的设计与开发。为了顺应我国第三代电网的发展要求，需要进一步改善电介质材料的击穿性能，全面评估新型绝缘材料在电气领域应用中的精确服役特性，研发可广泛应用的新型高击穿性能绝缘材料。

按照关键物理性能分，主要的绝缘材料进展及发展建议如下：

（1）高非线性绝缘材料在高压输变电系统中的作用主要体现在解决电气设备内部绝缘材料承受电场不均匀的相关问题上。高非线性绝缘材料在低电场作用下能保持很小的电导率或介电常数，相当于绝缘材料，在高电场作用下呈现很大的电导率和介电常数，避免此处的高分压，对空间电场分布不均起到有效的调制作用，从而进一步优化绝缘设计，维持设备的长期稳定运行。非线性材料均匀场强的基本理论已经发展得较为完善，理论研究的重点在仿真和数值计算上。近年来广泛关注的微型压敏电阻多为 ZnO 填料添加多种金属氧化物的非线性复合物，结合典型的陶瓷烧结工艺高温烧结制成，各大高压绝缘设备的生产厂家近年来都有 ZnO 基非线性绝缘产品推出。但非线性绝缘材料应用于高压输变电系统时存在漏电流和损耗大的问题，也有部分学者针对这一问题开展了非线性压敏介电复合材料的研究。在先进非线性绝缘材料的导电机理和非线性复合物的性能调控方面仍需深入研究，发展多个电压等级下（35 ~ 800kV）多种设备中应用非线性材料均匀场强的设计，提出明确非线性材料的应用要求，生产出应用非线性材料改善电场分布的新型高压设备。

（2）高导热绝缘材料是大容量电气设备的小型轻量化，微电子和集成电路高速度、高集成度发展的关键因素之一。电气电子设备中的绝缘材料导热系数提高，会极大地提高设备整体的工作效率和使用寿命。然而导热性能与绝缘性能相互矛盾，因为电子具有高效的导热作用，但同时具有导电性，因此目前对于绝缘材料的导热主要围绕另外一种导热性准粒子（即声子）展开研究。对于提高绝缘材料导热性的研究，主要集中在本征导热聚合物、填充型导热聚合物的设计和改性。我国在高导热绝缘材料领域的研究从 20 世纪 90 年代末开始，理论的研究主要是填充型高导热聚合物基复合绝缘材料的导热机理与结构设计，但是尚未形成系统的基础理论和观点共识；在技术层面上，对高导热环氧树脂等复合材料的制备与应用、结构与性能方面等进行了大量探索性研究，工业界已开发出不少相关材料，但性能上与国外产品存在差距。

（3）高储能密度绝缘材料是有效储存能量和提高电能质量的重要支撑，对于可再生能源替代传统能源，解决能量供求的时空差异问题有重要意义。电池和电容器是电能储存的主要元件，电容器相较电池功率密度大且耐高温高压，受到各个领域的青睐和重视。但电容器较小的能量密度严重制约其发展，因此急需发展高储能密度绝缘材料。提高电容器的储能密度，主要围绕有机薄膜材料、陶瓷、聚合物 / 填料体系和超级电容器电极材料的改性展开。有机薄膜材料今后的发展重点是通过改变加工方式和化学改性等方法提高材料的介电性能来提高有机薄膜材料的储能密度。陶瓷电介质未来的发展重点是克服在烧结过程中产生的缺陷和杂质等问题，进一步提高材料的介电强度。聚合物 / 填料高介电复合材料的研究主要关注如何在不损害介电强度和损耗性能的情况下提高介电常数，但在研究过程中发现两相界面结合特性严重影响材料的介电性能、机械性能和使用寿命，因此目前研究的重点是如何改善填料与基体间的界面。超级电容器电极材料的研究主要是提高材料的比表面积并优化孔径分布，以有效增加超级电容器的储能密度。在未来的发展过程中，通过对高储能密度绝缘材料的研发和应用，逐步利用电容器取代在多数领域应用的蓄电池，并将其作为新能源发电中的主要储能设备。

（4）耐电晕耐电痕绝缘材料的发展，对于复杂环境中多因素长期作用下电工电子设备的绝缘寿命和可靠性有重要意义。目前主要通过优化设备绝缘结构设计，改进绝缘材料的耐电晕和耐电痕化老化性能，达到提高电工设备中绝缘结构在复杂极端条件下耐放电老化的目的。绝缘材料的电晕电痕老化机理，主要是带电粒子的直接碰撞、局部高温和放电活性产物的老化作用，通过无机纳米掺杂可以有效提升高聚合物电介质的耐电晕和耐电痕化老化性能，此外绝缘电场分布的改善等也是提高电力设备耐放电老化的研究热点。对电晕和电痕化老化机理及其影响因素，纳米复合电介质的耐电晕老化机理和模型，极端和特殊环境条件对绝缘材料电痕化老化的影响，宏观、介观以及微观等多层次下的电痕破坏的表征和理论仍然缺乏系统深入的研究。为应对各种极端工作环境，绝缘材料应该有更好的耐电晕和电痕化老化、导热、耐腐蚀、抗潮等性能，需要定向制备满足不同需求的新型耐电晕和电痕化绝缘材料，尤其是可控结构的纳米复合耐电晕和耐电痕化绝缘材料，并对其在新领域特殊工况下的服役行为进行理论研究，以满足先进电工绝缘材料的应用要求。

（5）耐高低温、耐辐照和耐候等特种聚合物绝缘材料的短板，使得我国民用及国防高科技电工产品难以形成有力的国际竞争力，这对于我国的国民经济以及国防建设均会产生不利影响，极端条件下聚合物绝缘材料的理论基础与应用开发研究对于提升我国的综合国力具有重要作用。我国对于上述各个领域已展开相关研究并且发展迅速，但依然存在很多问题。如：我国耐高低温聚合物电工绝缘材料品种单一，众多国家支柱产业，例如航空航天、武器制造、核能装备、微电子装备、高速交通等领域所用耐高低温绝缘材料主要依赖进口。我国耐辐照绝缘材料的制备研究主要依据的都是发达国家的标准，我国核电站电缆的研究、生产与国际脱节，现有核级电缆制造工艺复杂，且质量有待提高。因此，需要根据航空、航天、海洋、核能、超导等特种领域绝缘材料应用的特殊环境，拓展极端或非常规条件下电工绝缘材料测试表征手段，发展高性能绝缘材料的制备技术，解决相关先进电工绝缘材料在电气领域中涉及的关键科学问题，提高新型相关先进电工绝缘材料的设计、制备以及应用水平，应对发展不同类型的绝缘材料所面临的技术挑战。

（6）先进电工绝缘材料的发展重点关注绝缘材料的仿真与设计、制备与工艺、测试与表征以及绝缘结构设计与制造等方面的发展，主要体现在：极端条件下绝缘材料的失效规律与机理研究，高性能绝缘材料的研究与开发，环境友好型电工材料的研究与开发。由于绝缘材料的研究与开发涉及多个学科的研究前沿，工作量大且对制造水平及表征手段要求较高，需要国家制定相关发展战略，整合多学科优势研究机构的力量攻克关键科学问题与技术难点，对先进绝缘材料从基础理论、新材料物理化学结构设计、合成制备工艺设计、产业化工艺设备开发、测试分析技术及标准等方面进行系统深入研究。

（二）导电材料

导电材料是现代电力技术最重要的物质基础，是实现输送电能、传递信息以及实现电 – 磁 – 光 – 热等能量之间的转换等的基础性材料。发展高性能导电材料不仅是实施高效电力节能的重要技术手段，还有助于挑战更高的电磁参数极限、生产出具有更好电磁性能甚至完全新型的电工装备。亟须发展的先进电工导电材料如下。

超导材料：随着节能减排、新能源以及智能电网等新技术和新型产业的快速发展，超导技术已经越来越成为一项不可替代的具有经济战略意义的高新技术。根据不同超导材料的研发现状，重点开展以下几方面研究：针对低温超导材料及应用技术中的关键材料和关键应用，通过产学研用联合攻关，实现低温超导材料产业升级换代，开发出面向电力、能源、医疗和国防应用的低温超导磁体装备；研究进一步提高实用铁基超导材料的载流能力、降低交流损耗以及实现各种特殊性能的实用导线；攻克高温超导带材的低成本制备技术，实现产业化。

铜和铝传统导电材料：铜和铝是导体材料中应用最广、使用量最大的基础关键材料，在电力电器、电子信息、交通运输、冶金化工、机械工程、海洋工程、航空航天和国防军工等领域具有不可替代的作用。铜和铝导体材料的主要发展方向有：满足电子信息、航空航天等领域发展的需要，成分向超纯方向发展，性能向高强、高弹、高导方向发展，形状尺寸向高精、极细（薄）、超长的方向发展；满足绿色制造和节能减排的需要，生产工艺和装备向高效、低成本、短流程方向发展；高附加值关键产品研发，满足高铁产业的快速发展和高速列车进一步提速的要求，研究开发超长、高精以及高性能的接触网线，替代进口并占领国际市场；针对我国铜矿资源日益枯竭的问题，研究开发废杂铜的回收与利用技术，主要包括废杂铜分选技术和废杂铜精炼净化技术。经过 5 ~ 15 年的努力，形成完整的铜和铝导体材料绿色、高性能化制造产业体系，总体制造与应用技术水平进入国际先进行列，部分合金和产品取得原始创新突破，全面满足国民经济重点领域和国防建设的需求。

新型纳米导电金属材料：采用纳米技术获得力学性能和导电性优异的金属材料已经成为当今新型导电材料的一个重要研究方向。将金属的微观结构细化至纳米量级可有效提高其强度，如同时控制其界面为低能、共格结构，该结构在提高强度的同时还可保持良好的导电性。提高金属材料综合性能的另一有效途径是将碳纳米管与金属材料复合化。探索新的纳米强化机制和强化方法，获得力学性能和导电性优异的金属材料是目前发展导体材料的基本思路，也是相当长时间内导电金属材料研究和发展的核心问题。

碳纤维增强的复合芯导线：碳纤维增强的复合芯导线作为一种新型复合导线，因其重量轻、强度大、导电率高、弧垂小、载流量大、耐腐蚀、抗蠕变等一系列优点而成为目前电力系统中取代传统钢芯铝绞线的理想产品。为了促进碳纤维增强的复合导线在国家电网中全面推广，应重点进行以下几方面的研究：提升碳纤维复合芯导线芯棒树脂体系及芯棒拉挤工艺技术；完善碳纤维复合芯导线无损检测系统；提高碳纤维的力学性能及综合性能，实现高性能碳纤维的国产化。

电接触材料：电接触材料是电力系统中传递电信号或能量的关键元部件，其稳定性和可靠性直接关系到整个系统的性能水平。需要重点在以下几个方面展开研究：以长寿命、大容量高压电触头材料为主要研究目标，在 CuW 合金触头材料的制备、产品性能和服役寿命提高方面实现技术突破，缩小与国外先进水平的差距，促进我国电工装备技术的跨越式发展与进步；以电磁炮导轨为主要应用目标，使用激光技术对 Cu-Cr-Zr 合金进行表面强化，以提高其表面耐烧蚀性和耐磨性，使用激光表面强化以提高铜合金的表面性能，延长其使用寿命和扩大其应用领域；以高性能受电弓滑板材料为主要应用目标，研制出具有自主知识产权的高性能受电弓滑板，克服现有滑板材料因自身材质的缺陷而难以协调弓网系统、载流磨损过大等问题，使我国受电弓滑板的研发和制备达到国际先进水平。

加强先进电工导电材料研发生产平台建设：组织从事基础研究、应用研究以及生产的科研机构与公司建立研发生产平台，以应用研究促进基础研究的发展，以产业化开发为目标解决关键技术问题；加强关键装备研发，针对一些关键装备均依赖从发达国家进口的现状，应着重对有关装备进行研发，达到发达国家水平；加强和完善产品标准研究与制定。

随着近年来工业的快速发展，一大批新型导电材料开始大规模应用。目前尚无统一的国家或行业技术标准，市场亟须规范指导。

（三）半导体材料

先进半导体材料是电气工程中各种电力电子器件的基础，半导体材料的物理特性及电、磁等特性直接决定了所生产的各类电力电子器件的性能，进而影响各类以电力电子器件为基础的电力电子系统的性能和水平。经过几十年的发展，传统的硅材料及硅基电力电子器件的性能指标已接近使用材料特性所决定的理论极限。为突破这个极限，首先必须以具有更高性能的新型半导体材料取代原来的硅材料，有效解决现代电力电子系统及电气装备中的材料瓶颈问题，制造出更高性能的半导体电力电子器件，促进电气工程领域的重大创新和技术突破。

在半导体材料的发展过程中，一般将锗（Ge）、硅（Si）等基础性半导体列为第一代半导体材料；将砷化镓（GaAs）、磷化铟（InP）等功能性半导体列为第二代半导体材料；将宽禁带（禁带宽度 Eg>2.3eV）的碳化硅（SiC）、氮化镓（GaN）、氮化铝（AlN）和金刚石（C）等高能量半导体列为第三代半导体材料。其中，硅材料是目前半导体材料中应用最广泛的一种材料，由于具有优良的性能，其在目前电力电子器件中占有决定性的重要地位。然而，近年来，硅功率器件的性能指标已接近其材料特性所决定的理论极限，为突破这个极限，以碳化硅、氮化镓为代表的宽禁带材料及相应的功率器件越来越引起人们的关注。

我国的半导体材料与器件学科在国际上与发达国家几乎同时起步，但是由于各种原因，目前我国电力电子器件的水平远远落后于国际上的先进国家。近几年，由于国家的重视及各方面的努力，我们在电力电子器件方面有了长足的进步，但是与发达国家相比，还是存在不小的差距。硅材料的水平已经与国际上的先进水平比较接近，而且硅基电力电子器件也取得了长足的进步，但是从高性能功率金属氧化物半导体场效应晶体管（MOSFET）及绝缘栅双极型晶体管（IGBT）器件及模块发展水平上来看，我国与国外优秀公司还有不小的差距。在碳化硅材料及器件方面，我们目前还没有大规模制造出高质量6英寸碳化硅单晶的能力，碳化硅的厚外延生长质量也有待提高，这直接导致我们国家还很难制造出超高耐压（>10000V）的碳化硅电力电子器件；碳化硅 MOSFET 器件也刚刚处于实验室试制阶段，而国外碳化硅 MOSFET 器件已经更新到了第三代。在硅基氮化镓材料及器件上，我们离商用阶段的目标还较远，而氮化镓本征衬底及外延也落后于日本及欧美国家。在前沿的金刚石与氮化铝材料及器件的研究上，我们国家也只处于刚起步的阶段。功率器件的封装水平在最近几年有了比较大的发展，但是，在高温封装及宽禁带电力电子器件的封装上还有明显的不足。

未来，基于宽禁带半导体材料的电力电子器件技术，应开展：① 6 英寸及以上碳化硅单晶和外延材料技术：针对碳化硅单晶材料的位错缺陷，研究其形成机理，在此基础上进一步降低碳化硅单晶中位错缺陷的密度；加强对 p 型碳化硅单晶掺杂及调控机理的研究，获得低电阻率的 p 型碳化硅单晶制备技术；研究大尺寸碳化硅单晶的生长及加工技术。②高均匀性碳化硅外延材料制备技术：包括厚外延材料生长技术、漂移层掺杂浓度调制技术、外延缺陷密度抑制技术、外延层表面粗糙度控制技术和多层外延层生长技术。③高可靠性碳化硅器件研制工艺技术：包括大剂量高能离子注入工艺、高温退火工艺、刻蚀工艺和氧化层生长工艺等。④高可靠性异质外延氮化镓材料技术：包括器件表面以及半导体材料表面的处理、高温退火工艺、刻蚀工艺、表面钝化工艺以及场板结构工艺等。

（四）磁性材料

磁性材料是电工领域的基础必备材料，先进电工磁性材料探索和制备新型磁性材料或对已有磁性材料特性改进，可极大推动电工装备的持续发展和新装备的研制。先进永磁材料、非晶合金铁磁材料、软磁材料和特殊功能磁性材料等典型电工磁性材料的研究与发展，大大提高了电工装备的性能和新产品开发进度，促进电工技术的快速发展。电气装备中所涉及的磁性材料，具有特定的磁学性能。所谓先进电工磁性材料的研究对象包括传统磁材料在电工装备中的创新应用、新型磁材料在传统装备中的创新应用和由新型磁材料催生的新型电工装备。电工磁性材料广泛应用于电气工程领域，如电力变压器、电机等铁心部件，是直接影响电工装备电气性能的最关键部分。目前我国容量在 280kW 以下的中小型电机的设计平均效率为 87%，比国际先进水平低 3% ~ 5%，提高变压器、电机等电工装备的设计水平和电能利用率的需求十分迫切，因而研究和推广先进电工磁性材料的应用成为一个现实需求。

软磁材料方面：软磁铁氧体正在向更高频率、更高磁导率、更低损耗这三个方面不断发展，同时，电气设备对电磁性能的要求也在不断提高。对于未来软磁铁氧体的发展，国际上已经将“两高一低”材料，即同时具备高频率、高磁导率、低损耗的材料，作为发展的重点。目前，国际上对“双高”材料的研究已经取得了一些成果，但由于电气设备的工作环境复杂，在实际应用中还存在许多问题，例如，在高强磁场下，材料损耗增大，导致设备过热。近年来采用了合理掺杂、优化配方、改变材料的晶界电阻，改善粉粒的平均粒度、粒度分布、形状、流动性及松装密度，提高产品的密度，从而也开发出了相当于日本 TDK 公司 PC50 的高频功率转换用软磁铁氧体材料，如电子科技大学的 R1.4KF、浙江天通公司的 TP5A、浙江东磁集团公司的 DMR50 等，这些材料目前正在进入工业化阶段。而目前我国工业化的高频功率铁氧体材料处于日本 TDK 公司 PC40 材料阶段，应用频率低于 0.5MHz，只有少数单位能够小批量生产应用频率为 0.5~1MHz 的功率铁氧体材料，但未来需要更高开关频率的软磁铁氧体材料，如 3F4。我国软磁铁氧体材料发展应向高频、高磁导率和低损耗发展。向高频率发展：国外先进技术已经将软磁铁氧体材料的工作频率提高到了 3MHz 以上，而我国还没有自主生产 MHz 级别软磁铁氧体材料的能力，因此开发更高频率的软磁铁氧体材料是我国研究软磁铁氧体的重点发展方向。向高磁导率发展：高磁导率软磁铁氧体主要特性是磁导率要求在 10000 以上，从而可以大大地缩小磁心体积，并且希望提高工作频率。目前我国较多企业能大批量生产磁导率在 5000 ~ 7000 的材料，少数企业能生产磁导率为 10000 的材料，但磁导率大于 10000 的材料还尚处于开发试制阶段。因此，高磁导率软磁铁氧体是提高我国软磁铁氧体整体竞争力的发展方向。向低损耗发展：为了满足设备小型化、高频化发展，低损耗软磁铁氧体材料的发展显得十分重要。TDK 开发的 PC47 材料的功率损耗仅为 250kW/m^3，而我国在开发生产还有较大的差距。

永磁材料方面：永磁材料主要包括稀土永磁材料和纳米复合永磁材料。稀土永磁材料自 60 年代问世以来，它凭借非常优异的性能，在科研、生产和应用领域一直高速发展，稀土永磁主要包括钐钴永磁体、钕铁硼永磁体。1970 年以来，烧结钐钴磁体的研究基本都是围绕 Sm（Co、Cu、Fe、Zr）z 高温磁体。北京钢铁研究总院在 2012 年已研发成功在 500℃时 Hcj=5.5kOe，（BH）max=12.5MGOe 的高温磁体。2012 年 8 月，日本东芝公司开发了电机用烧结钐钴磁体，把磁体的铁含量从一般 15wt%（重量百分比）提高到 25wt%，提高磁体的剩磁。目前，钐钴永磁体（2：17 型 Sm-Co 为主）因具有独特的优势（例如工作温度高、温度系数小、抗腐蚀强等），仍然在军工、航空航天等方面占据牢固的地位。1983 年，日本住友特殊金属公司和美国通用汽车公司分别报道了一个含有钕（Nd）、铁（Fe）和硼（B）的新型永磁体的制备和性能，从而产生了第三代稀土永磁材料——钕铁硼磁体。进入 21 世纪后，烧结钕铁硼的工艺技术有了长足发展。2008 年美国启动了 500 万美元的磁能积大于或等于 717kJ/m^3 的新型永磁材料研究项目，推动并掀起了新一轮研究热潮。近年来，许多新应用要求磁体具有高的内禀矫顽 Hcj，同时还要求保持较高的最大磁能积（BH）max。2013 年 4 月，中科三环发表文章宣布，通过对烧结钕铁硼常规工艺的全面优化，结合新型晶界扩散工艺的采用，研制出在 20℃，Hcj 高达 35.2 kOe 的同时（BH）max 能保持在 40.4MGOe 的高性能烧结钕铁硼磁体。目前各国的主要研究目标是双高磁性能磁体［高磁能积（BH）max 和高内禀矫顽力 Hcj］的制备和降低生产成本，以适应烧结钕铁硼磁体在风力发电、混合动力汽车 / 纯电动汽车和节能家电等低碳经济领域中的应用要求和原材料价格上涨的新形势，同时也是为了促进稀土资源的高效应用。未来研究重点为：探索新型稀土永磁材料如 Fe-N 系永磁合金磁体、纳米双相复合永磁材料等，改进现有稀土永磁材料制备工艺，开发稀土回收利用技术，提高稀土资源的回收利用效率。

参考文献

［1］ Dissado L A，Fothergill J C. Electrical degradation and breakdown in polymers［M］. Paris：Peter Peregrinus，

1992.

[2] Li S T, Yin G L, Chen G, et al. Short-term Breakdown and Long-term Failure in Nanodielectrics: A Review [J]. IEEE Trans. Dielectr. Electr. Insul., 2010, 17(5): 1523-1535.

[3] 何金良，谢竞成，胡军. 改善不均匀电场的非线性复合材料研究进展 [J]. 高电压技术，2014，40 (3): 637-647.

[4] 王文，夏宇. 导热绝缘材料的研究与应用 [J]. 绝缘材料，2012，45 (1): 19-24.

[5] Strong Z. Market Evaluation for Energy Storage in the United States [EB/OL]. www.nsti.org.

[6] McKeen L W. Film properties of plastics and elastomers: 3rd Edition [M]. Elsevier: Waltham, 2012: 315-317.

[7] Hasegawa K, Fujino K, Mukai H. Biaxially aligned YBCO film tapes fabricated by all pulsed laser deposition [J]. Applied Superconductivity, 1996, 4 (10): 487-493.

[8] 李周，雷前，黎三华，等. 超高强弹性铜合金材料的研究进展与展望. 材料导报，2015，29 (7): 1-5.

[9] Bakshi S R, Lahiri D, Agarwal A. Carbon nanotube reinforced metal matrix composites - a review [J]. International Materials Reviews, 2010, 55 (1): 41-64.

[10] Shenai K. Future Prospects of Wide Bandgap (WBG) Semiconductor Power Switching Devices [J]. IEEE Transactions on Electron Divices, 2015, 62 (2): 248-257.

[11] 王占国，郑有炓，等. 半导体材料研究进展：第一卷 [M]. 北京：高等教育出版社，2012: 357-375

[12] 盛况，郭清，张军明，等. 碳化硅电力电子器件在电力系统的应用展望 [J]. 中国电机工程学报，2012，32 (30): 1-7.

[13] He J, Zhao D. Research review of amor- phous soft magnetic materials and their deve-lopment [J]. Metallic Functional Materials, 2015 (6): 1-12.

[14] 李东风，贾振斌，魏雨. 软磁铁氧体的发展历程及展望 [J]. 化工时刊，2002 (8): 15-18.

撰稿人：李盛涛　刘文凤

电气测量与传感技术

一、引言

智慧、高效、清洁的智能电网是我国未来电网发展的必然趋势，相比于传统电网，智能电网在电源构成、负荷种类、信息传输等环节均呈现多样性，智能电网构建基于可靠灵活、稳定、安全、柔性的能源网络，也离不开现代多层传感与多信息智能感知、快速检测和控制保护、能量转换和系统自愈。随着电网规模的扩大，分布式能源和电力电子器件的引入，新一代电网以及电力装备的全生命周期运维与服役特性离不开先进的传感和量测技术为其控制决策提供信息支撑，以实现智能电网在复杂网络条件下的安全可靠高效运行。智能电网先进传感和量测技术的关键在于传感器，“中国制造 2025”已明确指出传感器应作为实现设备智能化的前提，但面向未来规模不断扩大的智能电网，不仅设备造价、小型化和分布式要求更高，还需满足智能电网传感器与设备高度融合的要求。

美国通用电气公司预测，到 2020 年，电力能源相关领域每年通过传感器获得的数据将达到 24EB[1]。在这一大趋势下，世界上各大公司纷纷开始在电力能源相关领域提出基于传感数据的解决方案。美国通用电气公司与美国电话电报公司已在智能电网与物联网基础架构方面开展合作。同时，美国通用电气公司的 Predix 工业大数据软件平台还与美国微软公司的 Azure 平台在云端应用等方面进行了资源整合。德国西门子公司与美国埃森哲公司则合资成立了 OMNETRIC 集团公司，为其客户提供数据驱动的能源解决方案。法国阿尔斯通公司和瑞士 ABB 集团于近期在电力能源领域相关的物联网应用上加大了投入。国家电网公司则于 2019 年提出建设泛在电力物联网，传感技术的发展将成为泛在电力物联网“状态全面感知”的核心技术。

当前电网状态感知主要包含以电压、电场、电流和电磁场为检测对象的电参数测量；以遥感测量为代表的非电参数电网设备状态检测，及以超声导波检测、金属磁记忆检测和管道漏磁内检测等为代表，用于克服常规检测技术在特殊场景下检测局限性的新型检测技术（图 1）。

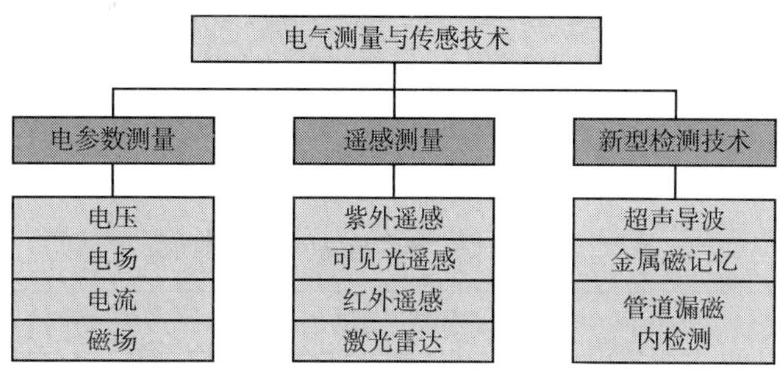

图 1　电气测量与传感技术的主要技术领域

二、最新研究进展

（一）电参数测量

近年来，随着先进传感技术和材料技术的发展，在传统的电磁测量基础上，出现了大量基于物理量耦合与转换的新型电压电流传感原理与方法。基于物理耦合及转换规律，新型电压 / 电场、电流 / 磁场传感和量测技术多集中在将电学物理量（电压、电场、电流、磁场）转换为光学物理量（光强、相位）、力学物理量（振动、位移）和热学物理量（温度、体积），通过对转换后的物理量进行测量和反演，实现对原电学物理量的传感与量测。物理量的转换过程及相应测量技术有抗电磁干扰、无损传输、结构紧凑、全电介质材料、宽幅值测量范围和宽频率测量范围等优势。同时，信号传输的光纤化和信息处理的电子化是所有先进电压 / 电流测量技术的共性，此类电压电流传感技术在未来智能电网的发展过程中具有实用化前景，对于实现电网关键节点的分布式电压电流传感，提供关键状态量，为控制决策提供信息支撑具有重要的作用。

在电场强度检测方面，清华大学研究团队基于 M–Z 干涉的集成光学电场传感器，针对宽频域和高幅值需求的强电场测量，设计了垂直和水平偶极子两种电极结构、半波电场为 70~600kV/m 量级的 M–Z 干涉类电场传感器[2]。该类型传感器在 20 Hz ~ 100MHz 具有较为平坦的频率响应特性（除去 1.2~3.5 MHz 频带内的若干个谐振频点）。为进一步拓展传感器的测量范围，该团队研制了单屏蔽电极 M–Z 类型传感器[3]。单屏蔽电极通过改变波导周围的电场分布，使得波导两臂感受到的电场出现差异，从而产生不平衡的相位调制，所设计传感器的半波电场为 1200kV/m。通过采用集成 M–Z 干涉式结构，减小传感器的尺寸，使其便于分布式安装。重庆大学研究团队提出基于一次电光效应和电容耦合原理的非接触式电网过电压传感器[4–6]。利用空气杂散电容实现输电线路高电压非接触耦合至低电压电光调制单元，使用双铌酸锂晶体补偿策略提升温度稳定性，以克服电光晶体材料的自然双折射和热释电性带来的误差。当温度范围为 -10 ~ 50℃、频率范围为 10Hz ~ 1MHz、场强范围为 1.2 ~ 155kV/m 时，其最大测量误差小于 5%；传感器采用无源和非接触式设计，传输损耗低、结构紧凑、耐高压，可用于测量宽频率范围强电场强度，还可在智能电网内构建分布式电场测量系统，监测整个电网中电力设备电场信号，有望实现智慧城市供电的最优调度。

表 1　几种最新电场传感器的原理与性能

传感器类型	基于共路干涉的光电传感器[7]	基于 M-Z 干涉的光电传感器[8]	MEMS 压电电场传感器[9-10]
原理与材料	BGO 晶体的泡克尔斯光电效应	$LiNbO_3$ 晶体的泡克尔斯光电效应	压电振动驱动
灵敏度	—	32.8 mV/（kV/cm）	—
分辨率	—	—	20V/m
不确定度	1%	—	<2%
测量范围	0 ~ 15kV/cm	-12.5 ~ 12.5kV/cm	-1 ~ 1kV/cm DC 与 AC（MHz）
优点	可测量大电场、高频	双极电场测量、高灵敏度	响应速度快、稳定性好、尺寸小
价格	高	高	低
缺点	直流测量差、温度稳定性差、光学漂移不可控、不能微型化		测量范围窄、能耗高、需接地
应用	换流站、变电站替换传统电压互感器		大气中电场测量及智能电网主要节点测量

表 1 中介绍了几种最新的电场传感器的原理以及性能。当前电压 / 电场传感器主要集中在光电传感器及 MEMS 微型传感器，前者针对换流站的直流电压测量场景的需求，后者针对电力系统发输配用环节广泛分布的传感器网络节点测量。光电传感器因其传测量与数据传输一体化，更早受到学术界及工业界的关注。但是因其复杂、成本高、对光源要求高以及能耗高，无法为传感领域带来革命性的进展。随着 MEMS 工艺的进一步发展，微加工电压电场传感器已成为学术界及工业界的主流，并且传感芯片也在被不断地发掘、改进及应用到电力系统广域、宽频、实时测量中来。

在电压检测方面，目前电力系统的主要电压测量设备是电压互感器，其基于分压原理，利用串入参考电阻的电流值计算待测电压。基于该原理的电压互感器只能精确提供工频电压信息，无法精确测量暂态电压以及直流电压。在高压试验中，一般采用分压器来进行高电压的测量，包括电容分压器和阻容分压器；在电站监测中，广泛采用的是电子式电压互感器。这些设备体积巨大，无法满足智能电网所需要的分布式安装以及实时监测的要求。因此，在电子式互感器取代传统分压互感器并广泛应用的同时，以非接触式电场测量为目标的新型电压传感器也得到了很大的关注。

由于制作能够直接耐受被测高电压的性能优良的长条晶体非常困难，且成本很高。有研究提出了改进的叠层介质分压型光学电压传感器，并通过介质和电光晶体进行分压的方式以实现扩大电压测量范围的目的。日本东京大学 HIDAKA Kunikiko 等学者提出了高电压直接测量系统，利用多节 BGO 晶体的纵向调制方式实现高电压的直接测量，测量电压范围可达几百千伏，频带可覆盖到兆赫兹级别。该研究团队进一步提出了一种改进的高电压测量系统，利用双波长激光射入 BGO 晶体以实现对传感器有效测量电压范围的拓展，对应于两种波长的输入输出特性曲线，构建以两种波长对应的输出光强与输入电压之间的关系，提出高电压测量范围超出半波电压的高电压测量方法，其电压测量范围高达 ±450 kV，测量频带覆盖到吉赫兹[11]。重庆大学研究团队利用多模光纤、光栅等光学器件对逆压电材料的电致形变/应力进行检测，并逐渐成为研究热点，此外，为提高传感器可测范围和精度，提出利用双光栅结构进行信号自解调的传感器结构[12]。当传感器内部使用双光栅对信号进行解调时，由光栅解调仪器所带来的传感器测量频段范围的限制不再存在。当使用类似的双光栅进行信号自解调时，由于材料效应系数一致，理论上可完全抵消环境温度变化给传感器测量结果带来的影响。目前，利用参考光栅的设置抵消或减小温度变化对传感器中光纤光栅的影响的方式较为常用。相关研究中对正弦电压测量频带范围最多达 20kHz，对目前电网电压信号测量来说，此测量频段仍然不够完善，对相关宽频带、全电压种类的传感器测试亟待完善。

在电流检测方面，目前电网中最常用的电流信号监测传感器是基于线圈绕组式变压器原理的电流互感器（CT）。现有的传统电流互感器存在较大的局限性：①体积较大，难以安装到空间有限的输、配电线路上；②制备成本较高，耗费大量金属资源，大规模使用不够经济；③功能单一，仅适用于工频交流信号，对于直流、暂态以及高次谐波等信号，均无法量测。随着半导体技术的发展，霍尔效应传感器作为一类新型传感器在电力系统电流测量中已得到越来越广泛的应用。光纤的出现和技术的发展，使得光纤式电流传感器（OFCT）成为电流传感器发展的另一大趋势。近年来，随着磁电子器件的快速发展，基于巨磁电阻（GMR）效应的传感器也为智能电网的在线电流监测提供了一种新的选择。

表 2　几种常见的电流传感器

性能	CT 和罗氏线圈电流传感器	霍尔电流传感器	OFCT 电流传感器	GMR 电流传感器
测量原理	电磁感应	霍尔效应	法拉第磁光效应	巨磁电阻效应
体积	CT 体积大，罗氏线圈体积小	小	小	小
频率范围	CT：<100 kHz，罗氏线圈：<1 MHz；CT 和罗氏线圈均不能测量直流	DC ~ 150 kHz	DC ~ 300 MHz	DC ~ 1 MHz

续表

性能	CT 和罗氏线圈电流传感器	霍尔电流传感器	OFCT 电流传感器	GMR 电流传感器
价格	高	低	高	低
绝缘	复杂	复杂	简单	复杂
有源无源	无	有	无	有
灵敏度	低	低，0.05%/Oe	高	高，0.01% ~ 2%/Oe
非线性度	0.05%	0.1% ~ 1%	0.2%	0.001% ~ 0.05%
电压温度系数	—	-0.3 %/℃	-0.4 %/℃	-0.1 ~ -0.4 %/℃
测量电流范围	—	10 mA ~ 35 kA	0 ~ 3 kA	1 mA ~ 10 kA
耐压	高，超高压	低压（1 kV）	高，超高压	高，超高压
缺点	体积大，频带窄，金属资源消耗大	性能易受温度和工艺影响	结构复杂，价格昂贵	位置敏感

几种常见电流传感器的性能比较如表 2 所示[13, 14]。其中传统的电流传感器有电流互感器、罗氏线圈、霍尔传感器等，新型的传感器有光纤和 GMR 传感器。对于电网的分布式测量而言，GMR 电流传感器具有广阔的应用前景。与传统电磁式电流互感器相比，其具有能够测量直流到高频（MHz 量级）的电流信号、测量范围宽、灵敏度高和体积小等优点，尤其是 GMR 能够测量直流电流，这对于直流输电系统中换流站中直流的监测极为有利；与霍尔元件相比，其体积较小、灵敏度高，且具有更好的温度稳定性，能够适应电网环境温度的剧烈变化；与新型光纤电流传感器相比，其结构简单、制造简便且造价低廉，便于大规模推广使用。GMR 电流传感器的以上优点使其能够监测电力系统正常工作和事故状态下的电流，并借助先进的通信手段，实现电力系统的分布式实时监测与数据采集[13]。

日本东芝公司采用反射式结构充分利用共光路设计的特点，以降低光纤对外界振动因素的敏感度，避免陀螺效应。由于光纤环末端自由，可方便安装在待测电流装置上，使得测量过程方便灵活；在提高检测精度与稳定性方面展开大量研究，主要研究工作包括对传感光纤温度和振动特性分析以及对系统温度和振动补偿，可以在 -75~145℃温度下进行稳定测量[15]。然而，此类传感器的长期稳定性仍需进一步改进。基于磁致伸缩效应和光纤光栅的电流传感器测量范围宽、灵敏度高，但由于光纤光栅温度、应变的交叉敏感问题，以及磁致伸缩材料会因为内部的铁磁损耗造成温度升高等问题的影响，为得到较好的传感性能，须采取措施对温度补偿进行改进。针对温度补偿问题，哈尔滨理工大学研究团队采用自适应控制算法与 DFB（Distributed Feedback Laser）分布反馈激光器波长可调谐特性的正交工作点锁定方法，实现了温度的自动补偿功能，同时利用可调谐 DFB 激光器的驱动电压获取温度信息，同时测量电流与温度[16]；此外，基于双光纤光栅结构，抑制了温度引起的共模信号，较好地实现了电流传感器对温度影响的抑制[17, 18]。自 2007 年科学家阿尔贝·费尔和彼得·格林贝格尔由于发现巨磁电阻效应并获得了诺贝尔物理学奖后，巨磁阻元件开始应用于工业生产，与异性磁阻元件的结构不同，其由中间带隔离层的两层铁磁体组成，比异性磁阻元件灵敏度更高，测量范围更广。清华大学研究团队基于巨磁阻效应研制出带宽直流到 10 MHz 的宽频电流传感器以及电晕放电磁场传感器，满足了智能电网的测量需求[19-21]。隧道磁阻电流传感器是近年来新型磁电阻效应传感器，西班牙巴伦西亚大学利用磁性多层膜材料的隧道磁阻效应对磁场进行感应，比异性磁阻和巨磁阻电流传感器有更高的温度稳定性、灵敏度及线性范围，同时具有体积小、整体成本低等特点，在智能电表计量、磁性随机存储等领域具有非常重要的优势[22]。

在电工材料磁测量方面，磁特性测量技术主要是指对硅钢叠片材料等软磁材料的磁特性测量。随着测量精度要求的不断提升和国内外学者的深入研究，其经历了一维磁特性测量、二维磁特性测量和三维磁特性测量三个阶段。一维磁测量方法有爱波斯坦方圈法、一维单片测量法和磁环法等。其中，最具普遍性和代表性的测量方法，是已经颁布了 IEC 标准的爱波斯坦方圈法。由于旋转的磁滞损耗具有空间各向异性和磁饱和性质，无法通过一维磁测量叠加获得，需要直接进行二维旋转磁特性测量。二维磁测量技术迄今已经持续了 100 多年的历史，磁性测量装置也在不断地发展和改进。沈阳工业大学研究团队设计了一种便于实现的二维磁特性测量装置。保定天威集团工程中心研究团队应用改进爱波斯坦方圈研究了大型变压器铁芯叠片材料的饱和磁特性。近年来，二维磁特性测量方法不断改进，已经在强磁场检测、旋转磁芯损耗和直流偏磁检测等领域成功应用。但是相比于一维磁特性测量装置和方法，国际以及国内尚没有统一的二维磁特性测量标准。相较于一维磁特性测量，二维磁特性测量在全面描述磁性材料磁特性方面，有了实质性的进步和提高。由于在实际中，无论是单一方向上的磁化，还是平面上任意方向上的磁化，由于材料内部磁畴的旋转，材料总是表现出空间上三维磁性特征，因此，三维磁特性测量技术开始发展起来。有关磁性材料三维磁特性测量，澳大利亚悉尼科技大学研究团队研制的三维磁特性测试系统，对一种软磁复合材料进行了三维磁特性的测量，进行了磁性材料三维磁特性的初步研究。河北工业大学研究团队通过改进三维激磁方法和检测方法，对一种软磁复合材料的宽频率三维磁特性进行测量，分析了实测产生轻微结构各向异性的成因；并以“电工磁性材料三维磁特性检测技术和张量磁滞模型的研究”为课题获得了国家自然科学基金科学部优先领域重点项目的支持，这也是目前国内对磁性材料三维磁特性测量研究的首个研究项目。

（二）遥感测量

遥感检测通过利用遥感器记录目标物对电磁波的辐射、反射等信息并形成影像，分析目标物特性机器变化。在电力测量领域，常用的遥感手段包括紫外成像、红外热成像、可见光成像、激光雷达等。遥感检测主要用于在线监测及电力巡检，通过温度、辐射光等手段监测设备运行状态，达到间接感知电网运行状态的作用。主要推动力来源于近几年智能电网建设及巡检模式的改进。

在紫外遥感方面，主要用于检测电力设备的电晕放电和表面局部闪络，通过探测放电辐射出的波长为 240~280nm 波段的紫外光信号，输出放电紫外图像，以图像光子数作为衡量放电强度的量化参数。相比超声波检测法、红外成像法，该方法具有灵敏度高、不易受环境干扰等优势。因此，有研究将其应用于输电线路无人机巡检中，取得了一定效果。受制于紫外传感设备的价格因素，目前紫外检测在电力中的应用并不广泛，研究也处于起步阶段。紫外检测法的关键在于紫外图谱特征量提取与故障模型搭建。在探测设备方面，为了解决目前大多数紫外成像仪存在的定位和指向精度差、色差较大、分辨率及光能利用率不足的问题，中国科学院长春光学精密机械与物理研究所设计了一款大孔径消色差紫外光学系统，以满足电力行业对电晕探测的要求[23]；建立了极微弱目盲紫外辐射定标平台，以解决不同厂商紫外设备的测量一致性问题。

在可见光遥感方面，主要用于检测肉眼可见电力设备特征性质变化，由于其设备要求简单，检测缺陷范围广，近几年被大量推广于变电站及输电线路巡检中。当前电力巡检中，基于可见光遥感检测的无人机巡检占输电线路巡检工作量的 50%，相比传统人工巡检方式，飞行器巡检作业效率提高了近 20 倍，且更容易发现线路平口以上的部件缺陷，是目前电力系统的主要推广方向。可见光遥感检测依赖后期人工观测影像来检测缺陷，工作量大且效率低下，检测质量参差不齐，对图像智能处理的需求非常迫切。近 10 年公开发表的论文中，关于图像中电力部件或及其缺陷的自动检测以机器学习方法为主，基本都是针对单一检测任务，检测对象以绝缘子或及其缺陷、导地线提取为主，较好的检测准确率约为 90%，近几年少数研究尝试使用深度学习方法，效果总体上优于人工设计特征的机器学习方法，准确率通常为 95% 左右。但这些研究的一个重要问题在于算法的检测范围，电力巡检有近 900 种常规缺陷，且电力部件具有型号众多、同类不同型设备存在外观差异的特点，一个算法仅能检测单一或少数几种目标，缺乏工程意义。国网山东省电力公司电力科学研究院使用基于深度学习技术的 Faster-RCNN 算法同时检测间隔棒、均压环和防震锤三类目标，平均准确率 92.7%，展现了人工智能技术在电力巡检影像多类检测方面的潜力[24]。国家电网从 2018 年至今共进行了 3 次电力巡检航拍图像人工智能处理技术验证工作，第一次验证工作为无人机巡检图像缺陷检测，算法检测的最好成绩为 40%~87%（平均准确率，AP）；第二次验证为直升机巡检图像缺陷检测，最好检测成绩为 23%~89%。其中，针对绝缘子、金具等几何特征相对显著的缺陷，检测效果较好；而通道环境、接地装置和异物类缺陷由于样本数较少，且缺陷表现特征多样化，检测效果不佳；第三次验证为巡检现场测试，由于实际巡检工作中存在大量的负样本，导致误检、错检率急剧上升，同时，由于前两次技术验证均是挑选视觉特征相对显著的缺陷作为检测目标，而本次现场验证将大部分缺陷都纳入考量，增加了大量具备语义关联信息（如杆塔塔材缺失）或外观表现不明显的缺陷，大大增加了算法检测难度，检测准确率仅为10%~30%，说明图像分类预处理的必要性及图像智能处理距离实际生产应用还有相当长的一段路要走。除了无人机及直升机外，可见光遥感还可装载在卫星（主要用于大尺度上对通道环境进行刻画、监控）、架空线路巡线机器人、变电站巡视机器人等载体上，无论载体如何，其面临的一个共同挑战都是海量影像数据的智能化处理。

可见光遥感在电力巡检中的另一个新兴应用是结合配备 RTK（Real - time kinematic）载波相位差分技术的小型无人机进行杆塔、通道环境及变电站设施的三维建模，大疆智图是国内该领域较为先进的处理软件，能实现可见光影像数据的自动处理及三维模型重建，典型精度为3~6cm，能辨识出导地线、大尺寸金具等部件，但无法辨识销钉级部件。相较目前大范围推广应用的激光雷达三维建模，可见光遥感建模虽然在模型精细度、适应性、作业效率及数据处理效率上有所下降，但其设备价格及作业成本要远低于激光雷达。这也为电力测量提供了另一种思路，即使用可见光遥感进行轻量级的三维测距，与小型无人机日常巡检结合，实现树障、限距等中等精度要求的距离类缺陷检测。相比传统巡检测距方法，其工具简便，灵活度高，不易受环境因素制约；与激光雷达测绘相比，其成本低廉，时效性好。电力巡检图像具有电力设施轮廓明显，纹理特征相对丰富，光照条件较好的特点，有利于图像特征分析及特征匹配，这是机器视觉测距至关重要的一个环节，但可见光视觉非常依赖图像的纹理信息，对光照环境敏感，高度依赖算法，因此工业化应用首先要解决的是可靠性问题，对算法鲁棒性有较高要求；另一方面，单纯视觉测距的景深分辨率会随着测量目标的距离增加急剧下降，如何提高中远距离视觉测距精度也是工业化应用所面临的一大挑战。

在变电站领域，目前巡检机器人配备的可见光摄像头已经实现了表计识别及自动抄表。但机器人的导航与定位仍是以磁导航或激光雷达 SLAM（simultaneous localization and mapping）即时定位与地图构建为主，存在一定的误差，可能存在遥感器无法准确对准待测设备的情况，可以考虑加入可见光视觉辅助导航，以显著目标物（如设备铭牌等）辅助机器人及待测目标的定位。

在红外遥感方面，红外成像法是当前监测和诊断运行中电力设备过热缺陷的常规手段之一，其原理是通过红外热像仪等设备探测目标热辐射以获取目标的二维温度分布，生成热像图，具有高效、安全、不受高压电磁场干扰等优点，目前已与各类巡检载体（如在线监测、手持设备、巡检机器人、飞行器等）融合，广泛应用在变电站、架空线路、发电站等电力设备的异常发热检测上。与可见光遥感类似，电力设备红外遥感检测方法也是通过后期人工观察热像图特征进行缺陷判定，《DL/T 664—2016 带电设备红外诊断应用规范》[25] 对此具有指导意义。类似的，红外遥感检测也存在图像智能化处理的迫切需求，是当前红外遥感电力检测领域的研究热门。但与可见光图像不同，由于非检测目标的热辐射会干扰所获得红外图像的质量，且被测目标与周围环境存在热交换、空气辐射、热吸收等现象；同时，受制于硬件成本，大多数热像测温设备像元数目较少，拍摄的红外图像分辨率不高。红外热像图通常具有图像灰度分布集中且整体数值较低、信噪比低且含有大量混合噪声、对比度低、图像边缘模糊等特征，热图像呈现的复杂度、纹理等也在很大程度上受到物体表面红外辐射场的影响，红外图像仅能反映出设备的边缘信息。因此，热像图处理与传统的可见光图像处理存在较大差异。当前，热像图自动处理的研究主要有三个大方向：

1. 热像图降噪与增强

河北大学针对现有红外设备成像盲元补偿算法存在的复杂度高、精度低、易造成边缘模糊等问题，提出了一种新的基于温度梯度基本理论的盲元块补偿算法，实现电力设备红外图像盲元块的有效补偿，提高故障定位精度[26]。国网泉州供电公司与河海大学合作提出了基于直方图双向均衡和 NSCT 变换结合的红外图像增强方法，对图像高频部分和低频部分进行不同的增强，在增强图像清晰度方面取得了较好的效果[27]。上海电力学院研究团队针对复杂环境下电力设备热像图存在多噪声、多尺度等问题，提出了一种基于改进 Retinex 模型的热像图增强方法，提升了红外热图的对比，有效消除不同尺寸的设备滤波时的边缘弥散现象[28]。

2. 目标检测与分割

广东电网公司电力科学研究院与武汉大学测绘遥感信息工程国家重点实验室研究团队提出了一种基于绝缘子中心线附近周期性重复的纹理特征聚类的航拍红外图像绝缘子定位算法，识别率 85% 以上[29]。上海电力学院针对电力设备图像的倾斜、缩放及外形相似性导致的设备特征参量难以提取的问题，提出了基于 Zernike 矩特征和相关向量机的设备分类识别方法，识别准确率达 94.7%[30]；针对传统的 Chan-Vese 模型在分割电力设备热像图时存在的分割速度缓慢、不能有效消除无关背景的问题，修改了 Chan-Vese 模型初始水平集函数，并利用一个高斯核函数产生长度正则项的效果，简化了梯度下降流，提高了曲线的全局收敛速度，提高了模型的分割速度，并具备消除无关背景的能力[28]；提出了一种基于粒子群优化方法的 Niblack 电力设备红外图像分割算法，以类间方差公式作为粒子群算法的适应度函数搜寻 Niblack 法处理后的图像分块邻域的最优分割阈值，采用该阈值对当前分块进行二值化处理，相比 Osts、Niblack 等传统算法，极大减小了误分率和平均耗时[31]。上海电机学院研究团队提出了一种基于改进区域生长法的电力设备红外图像分割算法，以解决传统区域生长法需要人工选择初始种子点、易产生过分割与欠分割等不足[32]。针对电力设备红外图像包含大量的噪声，且设备边缘较为模糊的特点，国网浙江杭州市萧山区供电公司提出了一种基于密度相似因子的电力设备红外图像分割方法，实现电力设备红外图像滤噪分割[33]。

3. 异常发热区域检测

绝缘子是热像图缺陷检测研究的一个热门对象。针对绝缘子处于劣化阻值范围和绝缘良好时发热相同的盲区问题，湖南大学研究团队提出一种基于电网络法的红外热像检测盲区分析方法。根据绝缘子串电压分布，结合绝缘子的发热模型，对比了理想条件下和存在测量误差时的红外热像检测盲区，并就盲区绝缘子对绝缘子串整体温升的影响进行了分析[34]。国网江西省电力有限公司电力科学研究院提出了一种基于铁帽和盘面温升特征的劣化绝缘子盲区诊断方法[35]。国网电力科学研究院武汉南瑞有限责任公司提出了一种结合均值漂移的改进 MSER 算法，实现电力设备故障区域自动提取[36]。国网重庆市电力公司信息通信分公司针对传统聚类算法对电力设备红外图像多层分割效果较差，异常检测有效性较低等问题，提出了一种核猫群电力红外图像异常检测方法，较 k-means、FCM 等算法，其异常检测更为准确全面[37]。针对电力设备红外图像批量诊断中故障特征参量提取及参数配置难题，上海电力学院研究团队提出了一种基于 PSO-Niblack 的设备温升特征和 BA-SVM 的设备故障诊断算法，故障识别率达 97.5%[38]。

目前激光雷达被广泛应用在电力测绘领域，技术已经日趋成熟，用途主要有架空线路的通道环境测绘及三维重建和变电站设施的测绘及三维重建，是当前电力线路走廊通道环境检测的主要技术手段之一。该方法主要通过机载激光雷达扫描电力线路通道，根据点云数据建立电力走廊通道环境的三维模型，在此基础上分析危险点（树障缺陷、限距缺陷、外破缺陷等），并结合倾斜摄影进行通道可视化管控，结合微气象、导线工况进行导线弧垂、风偏、覆冰等缺陷预警。在该领域，相关研究主要集中在电力线路走廊点云分类及典型目标识别、电力线三维重建、杆塔三维重建、危险点检测等 4 个方面。其中，电力线三维重建是多项检测及预警的基础，也是技术难点之一；此外，杆塔的三维重建和数据处理自动化也是目前需要解决的问题。

在卫星遥感方面，中国电科院建立了卫星大数据应用平台，接入了气象、遥感、北斗三大类 30 颗卫星及 6 万余个气象站点数据，提供电力通道环境及山火灾害监测、地质灾害及气象预警，并一定程度上实现数据的自动处理。

（三）新型检测技术

特殊场合下常规检测技术难以实现有效检测，然而，超声导波检测、金属磁记忆检测、管道漏磁内检测等新型检测技术可作为保障装备安全运行非常重要的检测技术手段。目前，对于其腐蚀、应力集中、损伤等方面主要采用外检测技术，这类方法无法满足完整性管理理念、对结构件缺陷的定量化描述较为困难。若采用内检测技术对其运行状态进行分析研究，应用内检测器采集结构件运行状况的数据，则可以满足检测的综合数据分析并实现定量化检测。

在超声导波检测方面，超声导波检测技术的研究经历了从理论推导到实验验证、从板中导波理论研究到复杂的管中导波应用研究的过程。近年来，由于超声导波在管状及板状结构检测的优越性，利用导波对各种类型、结构的介质材料进行缺陷检测和性能评价已成为导波检测技术研究与应用的热点问题。在油气管道检测中，超声导波检测技术已得到广泛应用，其理论基础是基于有限尺寸的弹性固体介质中导波的传播和散射。检测系统通过监测回波信号变化，即可一次性全面检测较长距离管道运行问题，避免了传统超声检测技术逐点检测的烦琐问题，是一种快速、安全的无损检测技术。超声导波传播过程中由边界边值问题求解获得频散特性的变化趋势。针对介质材料结构复杂性，边界边值问题求解困难，如多层结构、复合材料等截面问题更加复杂，其多模态和频散特性机理研究更加困难。因此，深入研究导波传播机理，使复杂的物理现象数值化、理论化，是超声导波科学研究和实际应用的理论支持。太原理工大学针对超声导波检测的数值分析与数据处理进行了研究，通过对管道一端端部周向各节点施加轴向瞬时位移载荷模拟入射导波，同端接收反射导波，根据裂纹级波回波信号到达时间和反射系数能较为精确地判断裂纹位置及周向长度。北京工业大学针对薄壁管道内周向导波的传播特性及频散特性进行了研究，并通过实验得到验证；模拟研究了 L（0，2）模态导波对管道上的裂纹缺陷的检测，获得了管道缺陷周向和轴向的定位方法。北京航空材料研究院从兰姆波检验参考曲线的绘制，对比试块设计与制造、探头的制作、反射回波与质点振动方向关系等方面，对金属薄板兰姆波检验进行了探索，得出了一些新的试验结果和认识。

在金属磁记忆检测方面，铁磁材料在应力作用下产生磁效应，而其作为一种应力的无损检测方法经过多年的研究与实践逐渐发展成为用于工程上检测应力集中及应力损伤的无损检测技术，目前已在许多国家和地区得到迅速推广和使用。我国自 21 世纪初开始关注该项技术，众多的行业专家和学者开展了大量的研究和实际应用。目前，国内外针对磁记忆检测技术的研究，主要集中在磁记忆信号产生机理及检测方法的工程应用两个方面，包括磁记忆检测基本理论、磁记忆实验现象及力磁关系模型、磁记忆应力检测的工程应用。从发现铁磁材料在应力作用下具有磁效应开始，国外学者开展了大量针对铁磁材料力磁效应形成机理及金属磁记忆检测技术应用方面的研究。沈阳工业大学将磁记忆检测技术成功应用于长输油气管道应力集中的内检测中，自主研发油气管道应力内检测装置，实现对油气管道早期损伤的在线检测。北京航空工程技术研究中心将磁记忆检测技术应用于飞机主承力部件的状态检测及早期损伤的快速诊断中，对飞机的一些关键结构件进行疲劳寿命预测。北京铁路局科学技术研究所研制了 MTR 型铁路专用金属磁记忆检测仪并开展了铁路钢轨的磁记忆检测技术应用，检测结果显示出良好的重复性和规律性。中国特种设备检测研究院开展了特种设备的磁记忆检测技术研究及应用，对压力容器、游乐设施等进行磁记忆检测，对检测信号及检测能力进行分析研究，推动了磁记忆检测技术在特种设备行业的发展。北京理工大学开展了管道应力腐蚀的磁记忆检测应用研究，并以 HMC-1022 磁敏元件为基础开发了二维弱磁检测仪器。

在管道漏磁内检测方面，管道缺陷区域在磁场中处于饱和状态时，缺陷周围产生漏磁场，可以把缺陷的两个侧面看作磁极，用等效的磁偶极子来模拟各种表面缺陷。近年来，研究者将数值方法用于漏磁检测的漏磁场分布计算中，实现了几何形状复杂结构的管道缺陷检测。近年来，国际上对漏磁检测技术的研究日趋活跃，主要集中在漏磁信号的影响因素的分析、信号反演算法和缺陷形状重构的方面。韩国釜山大学利用三维有限元仿真分析了漏磁检测过程中的速度效应，指出检测装置的运行速度可扭曲漏磁信号，提出了速度效应补偿方法。英国哈德斯菲尔德大学利用数值仿真方法对高速运行环境下的漏磁信号做了评价，指出了检测过程中应该解决的技术问题。德国耶拿大学提出了最大熵、L1 和 L2 范数等线性和非线性的信号反演算法，适合于依赖漏磁检测分析数据反演计算确定缺陷区域和位置，为缺陷的检测与描述提供了强有力的手段。美国密歇根州立大学提出了基于函数逼近神经网络的漏磁检测的信号反演算法，能在噪声存在的情况下较好地重构缺陷轮廓。德国无损检测与服务公司和美国 Tuboscope 管道服务公司合作研究了漏磁检测缺陷形状尺寸重构的可靠性问题。加拿大麦克马斯特大学引入漏磁信号的切向分量，用于描述表面裂纹缺陷的方向、长度和深度。

三、国内外研究进展比较

（一）电参数测量

在传感器技术研发方面，国外传感器的新技术、新产品、新工艺、新材料不断涌现，传感器集成化、数字化、智能化、微型化已成趋势，大多数产品已变成现实，且在不断完善、不断升级，而我国的传感器虽然所涉足的研究开发领域基本与国外相差无几，但由于在某些核心制造工艺技术上滞后，在深度和广度上有一定差距。光学光纤传感的研究广度已与国际接轨，但研究深度及应用强度远不及国际水平，基于新型材料的微型传感技术的基础研究更是远远落后于国际先进水平。此外，国内目前能够适应当今传感器技术发展需求的高水平科研队伍及中青年科技专家、技术管干、学术带头人相对缺乏，行业技术更新换代步伐慢，产业发展后劲不足。在电气领域，由于我国在电网建设与改革方面投入较大，应用于电网的传感器技术研发一直是国内学者的研究热点，并取得了较多的研究成果，与国外相比不相上下。以清华大学为例，其基于巨磁阻效应研制出的宽频电流传感器以及电晕放电磁场传感器，能满足未来智能电网的发展需求，处于先进地位。但国内研究成果以样品居多，距产业化较远，自主开发和拥有自主知识产权的科研成果不多。因此，应当加强国际间科研工作与工业应用的合作与交流，借鉴国际优秀成果，尽快改善我国电工传感领域的发展架构与思维模式。

传感网络的建立及传感技术发展尚处于基础研究阶段，因此，我国的电工传感领域要特别注重科研水平的提升，这依赖于学科建设与人才培养。高校电工专业需引入电工传感技术的基础课程及研究课程，提供国际先进的电工传感领域的前沿研究成果交流，加强电工传感技术研究方向的引导，培养具有跨学科综合能力的电工传感技术研究人才。同时，通过引进国际人才，正确引导我国电工传感领域的发展方向，加快我国电工传感技术的基础研究及应用开发。

在传感器生产应用方面，国内经过多年开发，虽研制出一批工艺和产品，但批产工艺的稳定性、可靠性问题没有得到根本解决，限制了其应用领域和产业的发展。部分高性能产品，不是靠工艺保证，而是靠筛选分档。从技术角度看，国内传感器生产工艺与工艺设备相对落后，造成微机械加工技术和封装技术不够先进、手工操作比较多、检测手段不规范等，主要性能指标和国外差 1 ~ 2 个数量级，使用寿命差 2 ~ 3 级。因此，在化工、电站、冶金、石油、环保、机械等领域重大工程中，许多高性能传感器仍依赖进口。从行业产品结构看，国内传感器老产品比例占 60% 以上，新产品明显不足，高新技术类产品更少，数字化、智能化、微型化产品严重欠缺。从总体看，品种不配套、系列不全、低档产品多、高档产品少、缺乏市场竞争力。

在电工材料磁测量方面，针对传统一维、二维磁测量，国内沈阳工业大学、河北工业大学、海军工程大学、保定天威集团做出了大量研究，国外德国物理技术研究院、英国 WCM、日本大分大学、澳大利亚悉尼科技大学、意大利佩鲁贾大学以及匈牙利布达佩斯大学等均在二维旋转磁测量系统设计方面做了大量研究工作。理论研究及测量系统设计方面与国外先进水平差距较小，部分理论研究居世界先进水平。但国内外测量设备设计、生产、开发水平差距较大，相关研究工作亟待开展。由于对二维磁特性测量技术的研究和应用，日本的工业电气设备以及家用电器的能源利用率水平走在世界前列。在三维磁测量方面，国外开展研究同样较晚，目前国内外差距相对较小，我国开展三维磁测量技术与基于此的三维磁特性数值分析，具有较大发展前景。

（二）遥感测量

遥感测量的核心传感设备涉及大量光学元器件，其研发及生产现状与电参数传感器类似。

在遥感应用及算法开发方面，电力行业是遥感领域较为成熟技术的迁移应用，过去遥感数据处理商用软件主要由国外厂家垄断，但近年来随着大疆智图、LiPowerline 等国产软件的出现，二者差距正在迅速缩小，在某些性能上甚至要优于国外软件，也更符合国内电网的定制化要求，目前国内外已无明显差异。尤其是当前的人工智能浪潮，由于目前先进的人工智能算法需要有庞大的数据作为支撑及驱动力，在国内外电网体量和体制的差别下，国内电网具备更大的数据获取优势，更容易完成数据的积累及统一管理，以数据推动算法的发展。

（三）新型检测技术

在超声导波检测方面，自超声导波检测技术提出以来，便获得国外研究者的广泛重视，国外学者对一些较为规则的介质结构中的超声导波无损检测进行了大量的研究，对固体中弹性波的界面区超声表征进行描述，有效维护和提高了结构运行的安全性等，具备了深厚的技术积累和研究基础。同国外相比，国内对超声导波检测技术方面的研究，尤其是在实际应用中的研究起步比较晚，尚处在开发探索阶段。近些年利用超声导波进行管道检测的理论和实验研究逐步发展。

在金属磁记忆检测方面，到目前为止，国内外专家和研究机构针对磁记忆检测技术开展了大量研究，对磁记忆现象产生的物理本质的认识越来越深入，磁记忆检测技术的应用领域也越来越广泛，我国部分检测技术已达到世界领先水平。但源于力磁耦合过程的复杂性及弱磁信号的不确定性，磁记忆检测技术的基本理论和应用方法还未完全成熟，对磁记忆检测机理及应用技术的研究还需进一步深入。

在管道漏磁内检测方面，中国石油天然气管道局引进了多套管道内检测设备，在输送管道上进行了大量的检测工作，在使用上取得了大量的工程经验，在检测设备的借鉴研究方面进行了有效的研究工作。但由于国外技术保密，国内研究起步又较晚，目前从理论到应用均存在较大差距，亟须开展相关研究。

四、发展趋势及展望

在传感器方面，随着国家电网公司坚强智能电网计划的实施，变电站将向智能变电站发展。在智能变电站中，二次与一次设备之间的界限越来越不明显，二次设备的部分功能将转移到一次设备之中，融合为更为集成化的智能单元。通过融合一、二次设备能有效提高设备工作效率，并在一定程度上提升配电设备运行水平及运行质量，从而促进配电网建设的智能化建设。但是，但由于一、二次设备目前在协调配合上仍然存在问题，许多关键问题尚未得到有效解决。其中，传感器的数量与体积极大地限制了一、二次设备的融合。

因此，要促进智能变电站一、二次设备融合，必先提高传感器的集成程度、减少传感器的体积。通过提高传感器集成程度，使得单个传感器实现多参数检测，可有效减少传感器数量。传感器的集成分为传感器本身的集成和传感器与后续电路的集成。前者是在同一芯片上，将众多同一类型的单个传感器件集成为一维线型、二维阵列（面）型传感器，使传感器的检测参数由点到面到体多维图像化，甚至能加上时序，变单参数检测为多参数检测；后者是将传感器与调理、补偿等电路集成化，使传感器由单一的信号变换功能，扩展为兼有放大、运算、干扰补偿等多功能、实现了横向和纵向的多功能。高性能微型传感器主要由硅材料构成，其体积小、重量轻、反应快、灵敏度高且成本低。传感器的微型化可有效减少传感器的体积，使其在开关柜内部等有限空间内得到良好的应用，也有利于一、二次设备融合。

在电气领域的各类传感器中，有三个较为重要的发展方向：光学光纤传感技术、新型材料 / 效应传感技术、MEMS 技术。

光学光纤传感技术几乎可以用在电工传感领域的各个方面，具有绝缘、抗电磁干扰、结构小、耐高电压、耐化学腐蚀、测量精度高且频带宽等优势。优先发展光纤传感器需要构建光纤传感网络，将携带被监测参数信息的光信号进行转换并传输，同时实现了电工参数的测量及传输功能。类似的无线无源 SAW 声表面波传感器也可以对几乎所有电工参量进行测量，如温度、湿度、气体、应力应变、位移、电压、电流等。这类全能型的传感器是未来电工领域的优先发展方向。

第二大优先发展方向为基于新型材料及其效应的传感技术。基于材料领域的重大发现，基于物理、化学等方式的改进与优化，将新型材料与效应应用到电工传感网络中。新型材料如碳纳米管、石墨烯经过一定修饰后，可进行温度、湿度、气体、应力应变的传感，并且新的研究表面在电场作用下存在光学效应。具有良好性能的复合材料如铁电材料、铁磁材料种类繁多且实验发现的新合成的材料效应不断被突破，如应用于电流 / 磁场传感的磁阻材料（AMR、GMR、TMR）除了具有一般的铁磁效应外，在一定尺度下还存在量子效应，对于传感技术是重大的突破与应用；应用于电压 / 电场传感的压电材料如 PMN-PT、PZN-PT 可以很好地传感与测量电压或电场信号。因此，将新型材料应用于电工领域将会促进传感技术的突破性进展。

第三大优先发展方向为 MEMS 技术。在实现既定的测量功能后，传感器将向着更小的尺寸、更好的组网性能等方向发展。MEMS 传感器是采用微机械加工技术制造的新型传感器，其尺寸通常在毫米级，凭借其体积小、重量轻、功耗低、可靠性高、灵敏度高、易于集成、适于批量化生产以及耐恶劣工作环境等优势，极大地促进了传感器的微型化、智能化、多功能化和网络化的发展。当前 MEMS 技术已涵盖至各类传感器，温度、形变、电流 / 磁场、电压 / 电厂、气敏 / 湿敏传感器都已有应用 MEMS 技术，可构建全方位测量的传感网络，如基于 MEMS 的环境监测系统可测量压力、湿度、温度、生物、腐蚀、气体、流速等多种目标量。此外，借助新型材料，如 SiC、蓝宝石、金刚石等可开发出各种新型高可靠 MEMS 传感器，如温度传感器、气体传感器和压力传感器具有耐高温、耐腐蚀和防辐照等性能。纳米管、纳米线、纳米光纤、光导、超导和智能材料也将成为制作纳米传感器的材料。MEMS 传感器向纳米级发展将产生多种传感器，如气体、生物和化学传感器。借助新的加工技术，如先进的 MEMS 制作和组装技术使 MEMS 传感器体积更小、功耗更低且性能更高，如具有耐振动和抗冲击的能力。利用专门的集成设计和工艺，如与 CMOS 兼容的 MEMS 加工技术和芯片上集成系统（SoC）技术可把构成传感器的敏感元件和电路元件制作在同一芯片上，能够完成信号检测和信号处理，构成功能强大的智能传感器，满足传感器微型化和集成化的要求。传感器集成化是实现传感器小型化、智能化和多功能的重要保证。

在电网状态感知方面，状态感知智能化是建设智能电网的必然趋势，可以有效提升电力测量效率，保证电网安全生产。其发展由三方面推动：

1. 感知算法智能化

随着电网工作模式的改进，智能设备不断增加，利用算法代替人工处理海量数据成为目前电网的迫切需求，国家电网数次开展的巡检图像人工智能处理技术验证工作正是基于这一原因。与此同时，大量的历史数据能为系统的状态预测提供参考，但如何突破人类思维局限，从海量数据中寻找规律是智能算法面临的一个重要挑战。另一方面，随着通信技术的发展及泛在电力物联网的提出，电力设备乃至系统间的互联互通是电网智能化发展的必然趋势。将多种系统状态感知数据进行交互，充分利用多源信息互补性增加系统输入信息，深化多系统融合应用，突破单一检测手段或单一系统的局限性，应是今后的主要发展方向。

2. 传感器智能化

传感技术智能化目前尚处于探索阶段，以往的智能化更偏向于数字化，智能程度有限，仅能执行信息处理与存储，还不能完成初步的逻辑思考和结论判断。这一类传感器相当于微型机与传感器的综合体，其主要组成部分包括主传感器、辅助传感器及微型机的硬件设备。智能传感器能够完成多传感器多参数混合测量，从而进一步拓宽了其探测与应用领域，而微处理器的介入使得智能化传感器能够更加方便地对多种信号进行实时处理。

3. 输电线路取能

迄今，国内输电线路在线监测装置已安装十余万套。而在线设备供电一直是制约智能电网发展的一个突出问题，也是国内外学者研究的热点和难点。当前借助光伏阵列的主流供能方案对应用环境有较高要求，且严重制约设备功耗。相比微波 / 激光供能或光伏 / 风能供能，直接从输电线路取能受环境因素制约小，无需额外的储能设备，同时还能作为巡检无人机、线路巡检机器人、特种作业机器人的能源补给，是较为理想的设备供能方案。但目前尚未有可通用于架空线路的可靠技术。

在电工材料磁测量方面，目前，国内外厂商对于硅钢片产品电磁性能质量控制仍然采用一维的磁特性测量标准。二维磁特性测量的工业应用和推广还有一些亟待解决的科学和工程问题：磁特性测量的有效反馈算法；新型高灵敏度磁特性测量传感器的设计；磁特性测量样品的最优磁场均匀度与样品尺寸形状关系；测量传感器的位置和大小优化设计；高磁场激励下，B 和 H 相角测量的扰动。三维磁测量是未来实现高精度测量的趋势，但在测量技术和模拟方法上还有进一步研究和改进的空间：考虑应力工况下的电工软磁材料三维磁特性的测量；电工软磁材料三维磁滞伸缩特性的测量研究。

在新型检测技术方面，随着工业领域对无损检测技术日益增长的需求，多模态无损检测技术被越来越多地使用，不同检测技术的结合可以提高检查的可靠性，开发复合式的无损检测系统是今后工业无损检测领域的主要发展趋势；激光超声技术作为一种新型的无损检测方式，相对于其他无损检测技术具有独特的优势，虽然目前发展较好，应用也很广泛，但还是存在一些关键问题需要解决；激光器需要改进：超声传播过程稳定、缺陷信号表述清晰以及检测过程达到完全实时监测，都需要研制出高脉冲、高重复发射激光的激励激光器，同时配上能持续接收信号的接受激光器，所以在激光器方面还需要大量的研究；光声能量转换效率较低：现阶段主要应用激光热弹超声，能量转换效率不高，超声信号很弱，影响缺陷检测准确性；为了更好地适应现代工业应用要求，符合现代技术发展的标准，激光器的小型化、集成化，检测系统的自动化、智能化，操作过程的快速化、方便化，也是需要解决的难点和进一步研究的方向。

参考文献

[1] Annunziata M，Bell G. Powering the future：Leading the digital transformation of the power industry [R]. General Electric，2015.

[2] Zeng R，Wang B，YuZ，et al. Design and application of an integrated electro-optic sensor for intensive electric field measurement [J] //IEEE Transactions on Dielectrics and Electrical Insulation，2011，18（1）：312-319.

[3] Zeng R，Yu J，Wang B，et al. Study of an integrated optical sensor with mono-shielding electrode for intense transient E-field measurement [J] //Measurement，2014（50）：356-362.

[4] Yang Q，Sun S，He Y，et al. Intense electric-field optical sensor for broad temperature-range applications based on a piecewise transfer function [J] //IEEE Transactions on Industrial Electronics，2019，66（2）：1648-1656.

[5] 司马文霞，韩睿，杨庆，等. 双晶体温度补偿型非接触式光学过电压传感器 [J]. 高电压技术，2018，44（11）：3465-3473.

[6] Sima W X，Han R，Yang Q，et al. Dual $LiNbO_3$ crystal-based batteryless and contactless optical transient overvoltage sensor for overhead transmission line and substation applications [J] //IEEE Transactions on Industrial Electronics，2017，64（9）：7323-7332.

[7] Zeng R，Wang B，Niu B，et al. Development and application of integrated optical sensors for intense E-field measurement [J]. Sensors，2012，12（8）：11406-11434.

[8] 王博. 基于共路干涉的集成光学强电场传感器研究 [D]. 北京：清华大学，2013.

[9] Peng C，Chen X，Ye C，et al. Design and testing of a micromechanical resonant electrostatic field sensor [J]. Journal of Micromechanics and Microengineering，2006，16（5）：914-919.

[10] 陶虎，彭春荣，陈贤祥，等. 一种基于微加工技术的微型电场传感器的设计与制造 [J]. 电子器件，2006，29（3）：639-642.

[11] Kumada A，Hidaka K. Directly high-voltage measuring system based on Pockels effect [J] //IEEE Transactions on Power Delivery，2013，28（3）：1306-1313.

[12] Yang Q，He Y，Sun S，et al. An optical fiber Bragg grating and piezoelectric ceramic voltage sensor [J] // Review of Scientific Instruments，2017，88（10）：105005.

[13] 何金良，嵇士杰，刘俊，等. 基于巨磁电阻效应的电流传感器技术及在智能电网中的应用前景 [J]. 电

网技术，2011，35（5）：8–14.

[14] Ouyang Y，He J，Hu J，et al. A current sensor based on the giant magnetoresistance effect：Design and potential smart gridapplications [J]. Sensors，2012，12（11）：15520–15541.

[15] Sasaki K I，Takahashi M，Hirata Y. Temperature–insensitive sagnac–type optical current transformer [J] //Journal of Lightwave Technology，2015，33（12）：2463–2467.

[16] 刘杰，于效宇，郭文敏，等. 基于双光纤布拉格光栅结构的电流互感器设计 [J]. 半导体光电，2013，34（2）：330–333.

[17] Han J，He H，Wang H，et al. Temperature–compensated magnetostrictive current sensor based on the configuration of dual fiber Bragg gratings [J] //Journal of Lightwave Technology，2017，35（22）：4910–4915.

[18] Zhao H，Sun F，Yang Y，et al. A novel temperature–compensated method for FBG–GMM current sensor [J] //Optics Communications，2013，308（11）：64–69.

[19] 胡军，赵根，常文治，等. 基于隧穿磁阻效应的多点电晕放电磁场传感及定位 [J]. 高电压技术，2018，44（3）：1003–1008.

[20] 胡军，赵帅，欧阳勇，等. 基于巨磁阻效应的高性能电流传感器及其在智能电网的量测应用 [J]. 高电压技术，2017，43（7）：2278–2286.

[21] Yong Ouyang，Zhongxu Wang，Jinliang He，et al. Current sensors based on GMR effect for smart grid applications [J] //Sensors and Actuators A：Physical，2019，（294）：8–16.

[22] Vidal E G，Munoz D R，Arias S I R，et al. Electronic energymeter based on a tunnel magnetoresistive effect（TMR）current sensor [J] //Materials，2017，10（10）：1134–1144.

[23] 崔穆涵，田志辉，周跃，等. 大相对孔径紫外成像仪光学系统设计 [J]. 中国光学，2018，11（2）：212–218.

[24] 王万国，田兵，刘越，等. 基于 RCNN 的无人机巡检图像电力小部件识别研究 [J]. 地球信息科学学报，2017，19（2）：256–263.

[25] 中华人民共和国电力行业标准. 带电设备红外诊断应用规范（DL/T 664–2016）[S]. 北京：中国电力出版社，2016.

[26] 何怡刚，琚天公，李兵，等. 基于温度梯度的电力设备红外图像盲元块补偿 [J]. 电子测量与仪器学报，2018，32（05）：1–8.

[27] 王门鸿，杨文陵，龚建新，等. 基于 NSCT 和直方图的电力设备红外图像增强 [J]. 微处理机，2016，37（3）：40–43.

[28] 顾鹏程，黄福珍. 基于改进 Chan–Vese 模型的电力设备红外图像分割 [J]. 计算机工程与应用，2017，53（10）：193–196，212.

[29] 彭向阳，梁福逊，钱金菊，等. 基于机载红外影像纹理特征的输电线路绝缘子自动定位 [J]. 高电压技术，2019，45（03）：922–928.

[30] 郭文诚，崔昊杨，马宏伟，等. 基于 Zernike 矩特征的电力设备红外图像目标识别 [J]. 激光与红外，2019，（4）：503–506.

[31] 李鑫，崔昊杨，霍思佳，等. 基于粒子群优化法的 Niblack 电力设备红外图像分割 [J]. 红外技术，2018，40（8）：780–785.

[32] 施兢业，刘俊. 基于改进区域生长法的电力设备红外图像分割 [J]. 光学技术，2017，43（04）：381–384.

[33] 余彬，万燕珍，陈思超，等. 基于密度相似因子的电力红外图像分割方法 [J]. 红外技术，2017，39（12）：1139–1143.

[34] 彭子健，张也，付强，等. 高压瓷绝缘子红外热像检测盲区研究 [J]. 电网技术，2017，41（11）：3705–3712.

［35］李唐兵，龙洋，万亚玲，等. 基于铁帽和盘面温升特征的劣化绝缘子红外检测方法［J］. 红外技术，2018，40（12）：1193–1197，1205.
［36］冯振新，周东国，江翼，等. 基于改进 MSER 算法的电力设备红外故障区域提取方法［J］. 电力系统保护与控制，2019，47（5）：123–128.
［37］胡洛娜，彭云竹，石林鑫. 核猫群红外图像异常检测方法在电力智能巡检中的应用［J］. 红外技术，2018，40（9）：908–914.
［38］李鑫，崔昊杨，许永鹏，等. 电力设备 IR 图像特征提取及故障诊断方法研究［J］. 激光与红外，2018，48（5）：659–664.

撰稿人：何金良　缪希仁　刘晓明　陈坤金　刘志颖　鄢齐晨　姜文涛　胡　军

电力储能技术

一、近年最新研究进展

（一）电力储能装置研究进展

电力储能的形式多样，可以根据转化后能量形式的不同将其划分为机械储能、化学储能和电磁储能三类。机械储能的使用时间较早，技术也相对较为成熟，具体可分为抽水蓄能、压缩空气储能和飞轮储能三种，机械储能技术参数见表 1。

表 1　机械储能技术参数

系统	功率等级与连续发电时间		储能周期		
	功率等级	持续发电时间	能量自耗散率	循环效率 /%	合适的储能期限
抽水蓄能	100~5000MW	1~24 小时以上	极低	70~85	小时 ~ 月
压缩空气蓄能	5~300MW	1~24 小时以上	低	60~70	小时 ~ 月
飞轮储能	0~250kW	毫秒 ~15 分钟	100%	60~95	秒 ~ 分钟

相对于其他形式的电储能而言，以电池为代表的化学储能技术种类最多，发展也最为迅速，其具备的不同特性可以满足电力系统中的多种需求。电池储能系统主要利用电池正负极的氧化还原反应进行充放电，常见可用于储能的电池有铅酸电池、镍电池、液流电池、金属－空气电池、锂电池和钠硫电池等。其中铅酸电池可靠性好，技术成熟，但是循环寿命较低，通常只有 500~1000 次，且在制造过程中存在一定的环境污染。镍（镍镉、镍氯）电池充放电效率比较高，循环寿命长，可快速充电，但随着充放电次数增加容量将会减少。液流电池，如钒液流电池、锌溴电池等的电化学极化小，能够 100% 深度放电，储存寿命长，并且额定功率和容量相互独立，但成本同样较高，另一方面其能量密度低，

阻碍了进一步发展。金属 - 空气电池（如锌空气电池）能量密度和容量大，在制造和使用过程中环保无污染，但锌空气电池不可充电，属于一次性电池，需要定期更换材料才能维持运行。锂电池重量轻，能量密度较大，循环寿命较长，但其安全性较差且生产要求条件高。钠硫则被视为新兴、高效且具有广阔发展前景的储能电池。钠硫电池体积小，使用周期长，便于模块化制造、运输和安装，但成本高且安全性较差，电化学储能主要技术参数见表 2。

表 2　电化学储能主要技术参数

系统	循环效率 /%	能量和功率密度				寿命与循环次数	
		Wh/kg	W/kg	Wh/L	Wh/L	寿命 / 年	循环次数
铅酸电池	68~90	30~50	75~500	50~80	10~400	5~15	1000~3000
镍镉电池	70~80	50~75	150~300	60~150	—	10~20	2000~2500
镍氯电池	82~87	100~120	150~200	150~180	220~300	10~14	2500 以上
钒电池	58~70	10~30	—	16~33	—	5~10	12000 以上
锌溴电池	62~70	30~50	—	30~60	—	5~10	2000 以上
金属 - 空气电池	65~77	150~3000	—	500~10000	—	—	100~300
锂电池	85~95	75~220	1500~3000	200~500	—	5~15	1000~10000 以上
钠硫电池	73~87	150~240	150~230	150~250	—	10~15	4500
燃料电池	—	800~10000	500 以上	500~3000	500 以上	5~15	1000 以上

电磁储能具有高效率、高密度、高成本的特点，主要包括超级电容器和超导磁储能，电磁储能主要技术参数见表 3。超级电容器是介于传统电容器和蓄电池之间的一种储能装置。按储存电能的原理不同，超级电容器主要可分为两种类型：双电层电容器和法拉第准电容。双电层电容器主要基于电极 / 电解液上电荷分离所产生的双电层电容。而法拉第准电容则由贵金属或贵金属氧化物电极组成，其电容产生是基于电活性离子在贵金属电极表面产生欠电位沉积，或在贵金属氧化物电极表面及体相中氧化还原反应而产生的吸附电容，该类电容的产生伴随着电荷传递过程的发生，通常具有更大的比电容。超导磁储能（Superconducting Magnetic Energy Storage，SMES）系统利用直流电流流过超导线圈所产生磁场实现储能。由于能量交换和功率补偿无须能源形式的转换，因而具有响应速度快、转换效率高、比容量大、污染小等优点。

表 3 电磁储能主要技术参数对比

系统	功率等级与连续发电时间		储能周期		成本		
	功率等级	持续发电时间	能量自耗散率	合适的储能期限	$/kW	$/kWh	$/（kWh·次循环）
超导储能	100kW~10MW	ms~8s	10%~15%	min~h	200~300	1000~10000	—
电容储能	0~50kW	ms~60min	40%	s~h	200~400	500~1000	
超级电容	0~10MW	ms~60min	20%~40%	s~h	50~70	300~2000	2~20

（二）电力储能规划和配置技术研究进展

储能装置本体的研究主要追求性能提升、可靠性增强、成本降低等，另一方面，根据能源网的需要合理配置储能技术也非常重要。主要的问题是根据系统运行的需要确定技术参数，进而选择合适的储能形式，然后合理选择安装位置和所需的容量（包括额定功率和所能存储的能量容量）。合理的配置储能不仅能够最大限度地发挥储能的作用，而且能够和系统内其他装置相协调，综合降低系统的投资成本。然而影响储能容量配置的因素众多，其规划问题需要考虑不同应用模式下不同类型的储能技术参数，是一个多场景、多目标、多约束的复杂问题。

由于在不同的能源系统中储能在技术参数、投资成本和建设需求等方面都具有较大的差异，储能的配置需要在系统层面综合考虑其应用的场合、技术需求、收益和运行成本等。储能的配置问题要从系统需求和储能本体技术经济性两方面结合考虑，结合相应的配置方法，最终形成优化配置决策。储能配置的方法较多，主要分为统计分析类的方法、基于数学规划的方法以及基于搜索的方法 3 类。

（三）电力储能控制技术研究进展

储能协调优化运行的目的主要是根据能源系统的状态信息以及未来的负荷和能量供应预测信息，在保证供需平衡的前提下最优化系统的运行方式。风电、光伏发电在电力系统中渗透率的不断提升，给电力系统的运行带来极大挑战。目前针对风电场—储能联合系统的运行与优化已开展了大量工作。为最大化风蓄系统的收益，可以采用两阶段随机优化模型优化风电场与抽水蓄能电站联合运行的日前调度策略[1]；考虑到抽水蓄能电站受限于地理条件，不能灵活地配置于风电场和光伏电站内，可以利用电池储能快速充放电的特点来协调配合风电场以优化风电场出力。对于风储（电池储能）系统日内调度策略可以采用基于两阶段优化模型的日内滚动发电计划决策方法[2]，第一阶段为系统级的综合协调调度，以求解确定系统最大风电消纳能力，第二阶段为发电出力分配优化求解，两个阶段之间相互协调以利用储能减小弃风，降低系统运行成本。进一步地，考虑到我国风电具有集群开发、集中外送的特点，采用集群风储联合系统的广域协调优化控制技术[3]能够充分利用有限储能容量的杠杆效应，改善集群风储联合系统的控制效果。另外，近年来利用储热技术提升新能源消纳能力成为一个关注热点。在我国的相关政策支持下，三北地区将推广以风电供热为代表的可再生能源供热系统。学者提出可以利用这些大容量供热环节，实现热电联供机组热、电控制的解耦，从而提高热电联供机组的调节能力，最终达到提升能源网络消纳风电等可再生能源能力的目标[4]。

在用户层面上，分布式储能和相关储热技术也越来越多地应用于协调优化家庭、商业楼宇等耗能用户的能源消耗。分布式储能对于优化用户的能源消耗行为、改善能源系统的运行特性等方面的作用得到广泛的认可。基于集群调度策略[5]、多代理优化[6]等协调优化策略，利用电动汽车等分布式储能优化分布式光伏 / 风电出力或者电力公司收益是近年来的一大研究热点。此外，在热网络中，有诸如智能优化算法（PSO、GA）、数学规划算法（LP、MILP）等多种方法用来协调优化工商业楼宇、酒店、微网等能源网络中的储热设备[7]。但是，目前单一储能装置容量较小，而复合储能技术同时具有能量型和功率型储能的优点。优化利用复合储能涉及多时间尺度的运行协调，也是多能源网协调运行的关键问题。

如前所述，在不同的能源网中储能所起到的作用不尽相同，参与提高系统的动态性能是储电技术所独有的功能。这是由电力系统的特征以及储电技术的快速响应的特点所共同决定的。在电力系统中不仅需要维持能量供需的平衡，还要保持整个系统作为一个微分动力系统的稳定性。早在 1973 年，N. Mohan 率先在其博士论文中提出将 SMES 用作电力系统稳定器（PSS）的思想[8]。1982 年储能容量为 30MJ、最大功率为 10MW 的 SMES 研制成功，并于 1983 年安装在美国西海岸两条并联的 500kV 高压输电线路上进行试验，目的是要消除该线路上出现的 0.35Hz 低频振荡，以提高线路的稳定性[9, 10]。在此之后涌现了大量的工作设计电力系统稳定控制用的储能控制器，应用到如 H_2、H_∞、模糊逻辑、启发式动态规划等一系列先进的控制算法，以期改善系统的动态性能。进一步地，针对有限储能容量下系统的动态稳定分析和控制，饱和控制理论将因储能容量受限时出现实际输出和期望输出不等的情况作为模型非线性处理，使得控制性能显著提高。

随着可再生能源的发展，新型风机、光伏等通过电力电子接入的发电设备不断涌现。和常规热电机组所不同的是，这些以电力电子为接口具有“弱惯性”特点。变速恒频风电机组转子动能被变频器与电网“隔离”，使得其对电网贡献的惯量几乎为零，不再具有常规同步发电机转子转速和系统频率之间直接耦合。且风、光等可再生能源往往不参与系统频率调节，因此需要通过储能进行功率的双向调节，使得风电场对于电力系统表现出类似于同步发电机的“虚拟惯性”，进而提高系统的频率稳定性[11]。同时对于电力电子装置表现出来的易脱网等特性，储能可以在故障过程中提供无功 / 电压支持和有功调节，以提高其故障的穿越能力。

虽然储能技术因其有功调节的能力在阻尼电力系统有功低频振荡方面相比于其他灵活输电装置（FACTS）如 STATCOM、SVC 等具有一定的优势，同时还能够在区域电网中参与电压调节和动态补偿，被认为是一种前景光明的电力系统稳定器，但限于其技术经济性，暂未能得到大范围的推广应用。

（四）创新市场模式

能源互联网主要包含物理系统、管理系统和能源交易市场 3 个方面[12]。在能源互联网中，储能应用模式可以分为两类——广域能源网应用和局域能源网应用。应用于广域能源网的储能技术将协调集中式能源的生产，缓冲大规模能源对能源互联网的影响，为系统实现大规模能源资源优化配置提供支撑。随着电力系统市场化改革的推进，大容量储能运营主体将直接参与到能源交易市场，由市场调配储能运营主体公平合理的提供服务。在局域能源网中，储能与能源生产单元相互配合保证系统经济运行。局域能源网管理系统根据储能的状态信息、系统发电能力预测信息以及市场价格信号优化能量的生产与消费。

随着未来能源互联网的逐步成熟，大容量储能设备将能够发挥更大范围的资源优化配置的作用。就电力系统而言，目前抽水蓄能电站和压缩空气储能已得到较成熟的应用，大容量储热和天然气管网储能在欧洲已有一定规模的应用。但是，要发挥储能的积极作用，还必须有完善的市场机制作引导。例如，抽水蓄能电站应用于电力系统已有 100 多年的历史，美国、英国等国家已建立起较为完善的储能设备参与电力市场机制，通过竞价策略获得较大的抽发价差，一定程度上保障了抽水蓄能电站的可能的经济效益，此外，通过合理的辅助服务补偿，将抽水蓄能电站的静态作用及动态作用充分体现于经济效益上[13]。在我国，到 2014 年年底已建成 26 座抽水蓄能电站，总装机容量 2154 万千瓦；在建抽水蓄能电站共计 23 座，在建规模 3395 万千瓦。但我国大部分抽水蓄能电站由国网新源公司和调频调峰发电公司控股，由所在地电网公司等出资，委托省调或者网调决策运行，而抽蓄电站的电价机制主要是电量制、电网内部结算、容量制及两部制。由于我国抽水蓄能电站运营管理和电价机制不够科学，部分已建抽水蓄能电站利用率低下，导致部分抽水蓄能电站经营困难。由此可见，在未来能源市场中，必须设计合理的市场模式，充分发挥大容量储能设备协调系统运行、优化资源配置的作用，同时保证储能运营主体合理的经济收益。

随着电池储能技术的不断成熟，以及分布式发电的大力发展，应用于分布式发电、微网等的电池储能快速增长。能源互联网可充分利用分布式储能以提高分布式可再生能源的可控和可调度性，因此分布式储能技术在局域能源网中的作用将不可忽视。对于我国的能源网而言，随着我国新一轮电力体制改革的推进，以及对储能在电力系统中作用认识的不断深入，我国已出台相关文件完善辅助服务市场机制以促进电储能参与“三北”地区辅助服务试点。预计未来电池储能将在能源互联网中充分发挥重要的作用。

综上，多能源网分别以自身利益最大化为目标参与市场交易，其表现出的自发性和无序性很强可能对物理网络的运行管理带来压力。当储能作为直接参与能源交易的主体时，大容量储能的状态将对全局价格信号的优化起到重要的作用，需要在定价机制中予以重点考虑。同时新能源成为主要一次能源时，能源市场交易的不确定性增大，边际成本的变动增加，市场需要有一定的激励机制促进包括储能在内的柔性资源的参与[14]。因此，储能不仅能够影响能源市场的运行，相关投资建设和运行市场的机制设计也是推广应用多能存储的决定性因素。

二、国内外研究进展比较

电力储能技术在电力系统中的应用和相关研究取得了极大的进展，但不同类型储能的技术经济特点不同，各国资源结构与市场需求有所差异，电力储能技术在世界各国的发展情况不尽相同。

（一）技术研发重点

就当前的技术发展水平而言，寻找高密度储能材料、开发高性能储能控制系统、探索高效率能量转化与存储方法以及改进储能相关装备制造工艺是实现储能技术规模化示范应用的研发重点，同时，降低储能技术经济成本、延长储能装置寿命和确保储能工程整体运行安全性是实现储能技术商业化成熟应用必须突破的重大技术瓶颈。

以下对当前常见的一些储能技术研发重点进行举例。抽水蓄能和压缩空气储能技术在大规模应用中受地理条件限制（水库蓄水和地下储气），选址灵活性较低。飞轮储能与国外先进技术水平差距有 5~10 年，需要重点研究减小飞轮储能的摩擦损耗，同时应用高速电机、降低转子制造成本，先进复合材料飞轮技术、高速高效电机技术、磁悬浮轴承技术、飞轮阵列技术等方面也有待发展。超级电容成本较高，限制了其在电力系统中的大规模应用，在电介质材料、新型样机开发、低成本电极材料、高性能结构设计等方面有待研究。超导磁储能技术难以大规模应用，在超导材料技术、低温制冷技术、超导限流技术、功率变换调节技术和系统动态监控技术等方面需要突破[15]。电化学储能技术的能量载体比传统化学能量载体（例如碳氢化合物）的能量密度低 1 ~ 2 个数量级，储能密度有待提升；此外，面向电网应用的电化学储能电站规划和电池管理系统设计等方面需要加强，循环寿命需要增加，安全可靠且具有良好经济性的产品亟待开发。

（二）主导性技术路线

随着电力储能技术水平的进步和经济成本的下降，各种类型的储能技术在世界范围内获得了不同程度的发展，部分储能技术逐渐迈入成熟并开始示范，少部分储能在各国政策支持下进入商业化应用。

美国是全球最大的电化学储能市场，其依托自由化的电力市场，引领着储能在辅助服务市场和用户侧的应用，同时也在逐步实现电源侧储能项目的规模化应用部署。英国储能市场规模快速增长，主要得益于先进调频、其他电网平衡服务等高价值电网服务合同的驱动。2016 年下半年发生在南澳州的一系列停电事件，导致抽水蓄能、电池储能等能够以电网规模应用的储能技术受到了极大的关注。澳大利亚 2017 年新增投运的储能项目主要应用在集中式可再生能源并网，主要采用的技术是锂离子电池，以及少量的铅蓄电池和液流电池，带动了储能在可再生能源场站侧布局与电网级储能规划项目发展的热潮。日本主要的储能应用仍然集中在集中式可再生能源并网领域和用户侧领域，其中北海道等解决弃光需求较强烈的地区，以及福岛等需要灾后重建的地区成为储能应用的重点区域。由于缺乏足够的自然资源，韩国大力推动集中式可再生能源并网储能项目建设，未来储能与可再生能源的配套应用，以及为接纳高比例可再生能源而提供灵活性辅助服务等具有较大的应用潜力。

2017 年 10 月 11 日，我国第一个国家级储能产业政策《关于促进我国储能技术与产业发展的指导意见》发布。指导意见出台后，各地制定和出台储能相关政策的步伐明显加快。但目前我国储能产业尚缺乏针对储能技术应用的专项补贴支持政策，储能项目收益主要依赖于地方电力服务补偿机制。在储能技术成本相对较高的情况下，储能项目的商业运营普遍存在不确定性，不仅难以获取足够的社会资本投入，也无助于构建产业良性升级机制。因此，我国储能技术的应用仍然处在一个关键时期，一方面是技术本身的突破与成本的降低，另一方面是合适的上也模式与价格机制的建立。

（三）应用示范项目

随着电力储能技术的成熟和建设成本的下降，各类型储能示范项目逐渐投入使用，以下展示几个典型应用示范项目。

（1）广东惠州抽水蓄能电站。惠州抽水蓄能电站是目前中国最大的抽水蓄能电站，位于广东省惠州市博罗县。该抽蓄电站为高水头大容量纯抽水蓄能电站，包含 8 套额定转速为 500r/min 的立轴单极混流可逆式水泵水轮机，总装机容量为 2400MW，蓄能容量 34065.3MW·h，年发电量 45 亿 kW·h，年抽水耗电量 60.03 亿 kW·h，效率约为 74.96%。

（2）河南电网磷酸铁锂储能电站。国网河南省电力公司与平高集团有限公司合作，选择郑州、洛阳、信阳等 9 个地市的 16 座变电站，采用“分布式布置、模块化设计、单元化接入、集中式调控”的技术方案，建设电网侧分布式百兆级电池储能工程。工程建设规模为 100.8MW/125.8MW·h，共计 84 个电池集装箱。河南电网 100MW 电池储能示范工程作为规模化储能项目，可以以毫秒级的响应时间，为特高压交直流故障提供快速功率支援，同时也丰富了电网调峰调频、大气污染防治手段，提高了能源利用综合效益。

（3）日本青森县钠硫电池储能。2008 年，东京电力与 NGK 公司合作完成了 34MW/244.8MW・h 钠硫电池储能示范工程建设。该示范工程位于日本青森县 51MW 风力发电站中，目标是平滑风电出力，这是目前实际运行的最大功率的单座钠硫电池储能系统。

（4）辽宁大连全钒液流电池储能电站。示范项目位于辽宁省大连市，建设规模为 200MW/800MW・h。全钒液流电池具有安全环保、循环寿命长、性价比高、充放电响应时间快等多种优点，且非常适合大电流快速充放电，更加适应在过充、欠充、局部 SOC 区间等电网实际工况条件下的运行要求。全钒液流电池储能系统在常温常压条件下工作电池部件使用寿命更长，安全性更高，且电解质溶液可循环使用和再生利用。

（5）北美地区电网级铅炭电池储能。2011 年，美国能源局投资 254 万美元发展北美地区电网级铅炭电池储能项目，其容量达 3MW/1.4MW・h，用于电网辅助能量存储、频率调节和能源需求管理。之后美国在夏威夷的瓦胡岛和毛伊岛分别建立了容量为 15MW/10MW・h 和 10MW/20MW・h 的铅炭电池风电储能系统。铅炭电池储能系统在该项目中达到稳定风能发电、削峰填谷的作用。

（四）国内外技术对比

各类储能技术研发与应用情况对比如表 4。

表 4　国内外储能技术与应用情况

类别	国际发展状况	国内发展状况
抽水蓄能	技术相对成熟，有健全的配套电价机制。技术水平上日本领先，抽蓄电站机电设备可靠性和自动化水平高，并具有高管理水平	已完整掌握大型抽水蓄能电站核心技术，变速抽水处于研究阶段，海水抽水和小型化处于攻关阶段
压缩空气储能	德国、美国已实现商业运行，大规模压缩空气储能电站如德国 Huntorf 电站和美国 McIntosh 电站。美国和英国开始攻克传统压缩空气储能依赖大型储气洞穴、依赖化石燃料两大技术瓶颈	没有运行的传统压缩空气储能电站，正在研发不使用燃料、不使用储气洞穴的新型压缩空气储能，规模 1~10MW，以清华大学 500kW 项目和中科院工程热物理所 1.5MW、10MW 项目为代表
飞轮储能	美国总体上处于领先地位，其飞轮 UPS 投入商业运行，规模约 1MW，主要应用于消除谐波、调频调峰、提高电能质量。在高温超导轮储能系统的研制方面，美国、德国处在世界前列，日本和韩国也进行了卓有成效的研究	飞轮储能处于关键技术突破阶段，与国外先进技术水平差距有 5~10 年，且多与其他储能方式配合使用，以英利集团的百千瓦级高速飞轮储能研究和清华大学兆瓦级中低速飞轮储能系统研究为代表
锂离子电池	锂离子电池近年来得到了迅速发展，目前是全世界装机规模最大的电化学储能技术。在锂离子电池电力系统储能应用方面，美国走在前列。成本相对偏高，单体电池一致性以及安全性等问题有待解决	动力电池发展极大推动了锂离子电池的应用，国内已有河南电网 100MW 磷酸铁锂电站、江苏镇江 101MW 磷酸铁锂电站投入使用。固态锂电池或半锂电池发展是目前研究的热点，锂硫、锂空气电池发展很快

续表

类别	国际发展状况	国内发展状况
钠硫电池	钠硫电池在国外已是发展相对成熟的储能电池，日本 NGK 公司是全球唯一钠硫电池供应商，有绝对领先地位。其安全性、可靠性及成本是影响其大范围商业化推广的关键问题	中科院上海硅酸盐所目前已经完成兆瓦的示范，常温钠硫电池属于前沿的技术，成为继日本之后世界上第二个掌握大容量钠硫储能电池核心技术的国家。主要研究是降低钠硫电池温度，从而提高钠硫电池的安全性和效率
液流电池	全钒液流电池已经实现商业化运作并进入产业化初期，美国、日本、加拿大都在布局。整体循环效率、工作温度和容量单价是实现大规模商业化应用需要解决的问题	我国处于领先的地位，大连融科和中科院大连化物所制定我国首个液流电池标准，正在开展200MW/800MW・h 全钒液流电池储能项目。北京普能陆续实施 10MW、100MW 液流电池项目。前沿技术还有很多，锌镍液流电池等
先进铅蓄电池	铅酸电池是早期大规模电化学储能的主导技术，在美国、西班牙、澳大利亚广泛应用，在维持电力系统安全、稳定和可靠运行等方面发挥了重要作用。美国电网级铅炭电池储能项目规模达到 15MW	铅酸电池有价格优势，仍然是电池总量一半以上。我国的铅碳电池技术发展很快，已跻身国际前列，以辽宁大连化物所铅碳电池示范工程和新疆吐鲁番混合储能工程为代表

三、发展趋势与策略

在能源产业发展新局面、新态势下，更先进、更可靠、更安全的储能技术是储能产业健康发展的基础；建立与可再生能源消纳、分布式能源发展、电力系统安全稳定运行相匹配的发展模式是储能产业健康发展的关键。我国经济将继续持续快速发展，电力需求必将快速增长，也亟须解决储能所面临的问题[14]。

（一）技术发展趋势（表5）

当前已经有多种电力储能技术，同时，储热储气技术也在快速发展；储能总体将会向大容量、高效率、长寿命、高安全、低成本的目标发展[15]。电力存储技术具备推广或示范应用的条件，部分先进电力储能技术适合电网调节的应用，未来对大规模储能技术的需求将更加迫切[16]。

表5　储能技术发展趋势[15]

		2030 年		2040 年		2050 年	
储能技术参数	技术类型	寿命	效率 /%	寿命	效率 /%	寿命	效率 /%
	抽水蓄能	30~50 年	75	30~50 年	80	30~50 年	85
	压缩空气	20 年	70	20~30 年	75	30~50 年	80
	飞轮储能	15 年	85	25 年	90	30 年	95

续表

		2030 年		2040 年		2050 年	
	技术类型	寿命	效率 /%	寿命	效率 /%	寿命	效率 /%
储能技术参数	锂离子电池	10000 次（100%）	90	15000 次（100%）	92	20000 次（100%）	94
	液流电池	15 年	80	20 年	85	25 年	88
	铅碳电池	4500 次	85 ~ 90	5000 次	85 ~ 90	8000 次	90
	钠硫电池	6000 次（100%）	85	8000 次（100%）	88	10000 次（100%）	90
	超级电容器	15 万次	90	20 万次	70 ~ 80	30 万次	98
	超导储能	10 年	90	15 年	95	20 年	98
	熔融盐蓄热	0.4GW 级别	75 ~ 85	示范工程	85 ~ 90	商业应用	90
	储氢	15 年	60	20 年	70 ~ 80	25 年	80
	混合储能	降 30% 成本		降 30%~50% 成本		示范工程和商业应用	

1. 储电技术发展趋势

抽水蓄能：技术较为成熟，经济性较高的大规模储电技术；并网的储能技术应用中，其占比达到 99%，目前效率可达 72% 左右，典型规模 100 ~ 3000MW，建设成本大致为 3000~5000 元 /kW[15]。未来发展中应考虑其受到电站选址、环境和高投入制约的特点[17]，提升效率，发展海水抽水蓄能技术及其与可再生能源联合运行技术[18]，发展智能调度与运行控制技术和大规模储能技术[19]，实现商业模式。

压缩空气储能：传统压缩空气储能已比较成熟，目前提出绝热、液态和超临界等多种新型压缩空气储能技术[19]，摆脱了地理和资源条件限制，但效率低于 70%。未来应向不依赖化石燃料、不依赖大型储气室、提高系统效率方向发展，主要通过提高关键部件技术性能、优化系统集成与控制技术等手段来实现[15]。

飞轮储能：功率密度高、使用寿命长、效率可达 95%，但能量密度低和自放电率高。未来应尽力缩小与国外的差距，减小飞轮储能的摩擦损耗，同时应用高速电机，降低转子制造成本[20]，朝着增加飞轮单机与单元储能容量、增加功率、提高效率的方向发展[15]。

电池储能；应发展适合大规模储能工程应用的关键技术；发展提升储能单元使用寿命、能量转换效率、能量密度、安全性能的关键材料及创新结构；发展降低储能单元、模块、系统成本、动力电池的梯次利用关键技术[20, 21]。其中，锂离子电池：采用有机电解液存在安全隐患，未来应提升寿命和成本等技术经济参数。液流电池：目前发展较为成熟，已有多个兆瓦级工程。发展趋势是选用高选择性、低渗透性的离子膜和高电导率的电极提升效率，提高工作电流密度和电解质的利用率以解决高成本问题等。铅碳电池：未来偏向于进一步提高电池比能量密度和循环寿命，同时开发低成本高性能的碳材料。钠硫电池：发展趋势主要是提高倍率性能、减少成本、提高系统可靠性和系统安全性。

超级电容器：循环效率高达95%且功率密度高，但能量密度低、投入高。未来应努力改善器件的性能和可靠性；提高储能密度，降低成本，向着高能量密度的混合电容、锂离子电容器、柔性电容器方向发展[22]。

超导磁储能：我国在该领域暂不具备大规模应用可能，仅针对特殊场景，未来应探索新型超导材料及其制备技术，实现示范工程[23]，向中、大功率（1～10MW/10～50MJ级）发展[15]。

2. 储热技术发展趋势

储热技术：显热储热目前发展得较为成熟，得到了推广应用，如熔融盐蓄热，但目前还存在成本高、效率和可靠性低等缺点，发展趋势主要是突破工质选择和关键材料[23]。潜热储热技术经济性有待进一步提高，而相变储热多数还停留在研发阶段；未来应发展水层储热系统技术[24]和金属氢化物储热材料[25]。总体技术应该向低成本、高能量密度、储能材料更优、高效管理技术、可靠性强、低污染等方向发展[16]。

3. 储气技术发展趋势

储氢技术：目前效率还低于50%，生产过程能耗过大。未来应研发适用的标准的氢储存系统和接口技术[26]；减少制氢能耗、降低成本、提高转化效率；发展新型高效的储氢材料，配备高容量和高重量储罐[26, 27]；输氢方面，发展抗氢脆和渗透的输氢管道材料，研究氢与天然气混合输送技术[28]，建立和完善相关配套设施；用氢方面，发展低成本的气体整重技术、降低氢燃料电池的成本、提高性能稳定性[23]。

4. 混合储能技术发展趋势

混合储能技术：各储能技术有各自的优势与劣势，电池与超级电容器在功率密度、能量密度和循环寿命上具有良好的互补性[21]；超级电容与电池组合使用可让可再生能源功率曲线变得非常平滑[20]。未来应继续发展电池与超级电容器、电池与电池、热储能与电池等混合储能技术，提升混合储能在特定场景中的应用效果，研究新型混合储能的储能形式，缩小与国外差距，发展大规模混合储能，建立示范工程并实现商业模式。

（二）应用发展前景

根据电网对储能应用功能的需求，按照发、输、变、配、用及调度环节，分别对储能技术的应用进行划分。下文按照储能在传统发电、可再生能源发电、辅助服务、电网系统、分布式发电及微网、能源互联网等领域中的应用，概述储能的应用发展前景。

1. 传统发电领域

辅助动态运行：储能装置与火电机组共同按照调度的要求调整输出的大小，尽可能减少火电机组输出的波动范围，令火电机组工作在接近经济运行的状态下，提高火电机组效率；避免动态运行对机组寿命的损害，减少设备维护和更换设备的费用[30]。

取代或延缓新建机组：在负荷低时，通过原有的高效机组给储能系统充电，在尖峰负荷时，储能系统向负荷放电，储能可以取代或降低对新建机组容量的需求。

2. 可再生能源领域

削峰填谷：负荷低或限电时，间歇性可再生能源给储能装置充电；负荷高或不限电时，储能装置向电网放电。这可使得储能与可再生能源作为一个完整的系统，其输出为可调度的，减少电力系统备用机组容量，令间歇性的可再生能源变得电网友好，可调度实现可再生能源的削峰填谷。

跟踪计划出力：储能是提高风电预测能力的技术之一，具有快速响应及爬坡率大等特点。可以解决风电预测不能覆盖的时间段（如 15min）的问题，帮助提高风电预测的精确性。

3. 辅助服务领域

调频：电网中的储能设备进行充放电及控制充放电速率，可以达到调节系统频率的目的，储能设备与火电机组相结合共同提供调频，可以提高火电机组的运行效率，减少碳排放。

调峰：储能在用电低谷时蓄能，在用电高峰时释放电能，实现调峰辅助服务。

电压支撑：电力系统一般通过对无功的控制来调整电压。将具有快速响应功能的储能设备装置在负荷端，根据负荷需求释放或吸收无功功率，以调整电压。

备用容量：储能设备提供备用辅助服务，可随时被调用，须在需要使用时能立即被调用提供服务。

4. 在电网系统中的应用

无功支撑：通过传感器测量线路的实际电压，调整输出的无功功率大小，进而调整整条线路的电压，储能设备做到动态调整[31]。

延缓输电系统阻塞：储能系统安装在阻塞线路的下游，储能系统在无阻塞时段充电，在高负荷时段时放电，从而减少对输电容量的需求。

延缓输配电系统扩容：在负荷接近设备容量的输配电系统内，将储能安装在原本需要升级的输配电设备的下游来缓解或者避免扩容。

变电站直流电源：变电站的储能设备可用作开关元件、通信基站、控制设备的备用电源，直接为直流负荷供电。

5. 分布式能源和微网服务

分时电价管理：在电价较低时给储能系统充电，在高电价时放电，可通过低存高放来降低整体用电成本，且不用改变用户的用电习惯，进而实现分时电价管理。

容量费用管理：电力用户采用储能方式，在不影响正常工作的情况下，降低最高用电功率，有效降低容量费用，实现容量费用管理。

提高供电可靠性：发生停电故障时，储能将储备的能量供应给终端用户，避免了故障修复过程中的电能中断，保证供电的可靠性。

提高电能质量：负荷端的储能能够在短期故障的情况下保持电能质量，减少电压波动、频率波动、功率因数、谐波以及秒级到分钟级的负荷扰动等对电能质量的影响。

基于电动汽车的分布式储能：对电动汽车充放电进行科学有序管理，电动汽车的储能载体的聚合效应能够实现能量的优化管理[32]。

6. 在能源互联网中的应用

在广域能源网中的应用：在骨干网络中，利用大规模储能技术协调集中式能源生产，参与广域能量管理，为大规模能源生产和传输提供“能量缓冲”，为系统广域能量调度提供支撑，维持系统供需平衡。大容量储能的运营主体直接参与能源交易市场，根据能源市场价格变动灵活购入或卖出能量，或提供调节服务。

在局域能源网中的应用：局域能源网中，储能与能源转换装置相互配合共同维持系统经济高效运行，局域能源网管理系统根据储能的状态及供需预测信息，结合能源价格信息，对局域网内能源的生产和消耗进行决策，从能源市场购买或卖出能量。在 VEP 应用中，由于难以对各分散生产者的行为进行预测，因此对分布式电源、电动汽车等进行聚合管理具有较大的难度，引入储能对 VEP 的管理和运行有着重要意义。在储能的作用下，分散的能源生产者具有更可信的能源供应能力，使其具备参与能源市场交易的条件[33]。

（三）面临的问题与对策

目前，储能技术的发展稍滞后于新能源发电技术的发展和应用需求，综合能源系统和能源互联网对电、热、气等大容量储能技术提出了新的要求，储能在新时期面临一些新问题。

抽水蓄能：目前面临的主要问题是大容量抽水蓄能机组主要依靠引进，应用依赖于地理位置。应重点研发海水抽水蓄能技术[18]、抽水蓄能电站流体机械的先进设计技术、抽水蓄能机组整机制造技术、复杂地质条件下高坝 / 超大地下洞室群开挖与支护等[17]。采用变速恒频技术、高水头大功率水泵水轮机、高转速大功率发电机、蒸发冷却技术以及智能控制技术等来提高效率，并大规模应用[15, 19, 23]。

压缩空气储能：目前面临的主要问题是传统压缩空气储能技术效率低和依赖特殊地质条件，而先进压缩空气储能技术不成熟、成本高、效率低。应重点研发提高过程中放热、释冷的效率，并研究新型地上压缩空气储能[23]，突破宽负荷压缩机技术、高负荷膨胀机技术、高效蓄热技术、储气技术和系统集成与控制技术[15]。

飞轮储能：目前面临的主要问题是未系统掌握高速飞轮转子和轴承的设计与制造技术。应重点突破成本低、磁悬浮轴承、高速飞轮转系材料及转子设计等关键技术[21]。

电池储能：目前面临的主要问题是材料难获得实质性突破、增加电池对电网应用的适用性。应该重点研究提高电池管理的自动化和智能化；改进电池的循环寿命和使用寿命；增加电池的安全性，并扩大其工作温度范围；对新材料进行探索性研究[22]。

锂离子电池：目前面临的主要问题是寿命短、稳定性低、存在一定的安全性问题。应进一步深入研究高性能锂离子电池正、负极材料及安全电解液的制备技术。

液流电池：目前面临的主要问题是电池单体的一致性低、电池系统成本高等。应进一步深入研发液流电池电极材料、电解液、制造工艺等关键技术，实现百 kW-MW 级液流电池的工程示范与商业应用。

铅酸电池：目前的主要问题是深层循环寿命短、可靠性低、电池单体一致性低等。应进一步研发阀控密封铅酸电池技术，研发新一代免维护、可循环、绿色环保型铅酸电池。

钠硫电池：目前面临的主要问题是电池单体的一致性低、电池系统成本高等。应进一步深入研发钠硫电池电极材料、电解液、制造工艺等关键技术，实现百 kW-MW 级钠硫电池的工程示范与商业应用。

超级电容器：目前面临的主要问题是能量密度低、高投入和电网应用少。应进一步研究超过 2.7V 的电解质，优选毒性较低的材料；验证新型概念和样机系统开发；研究低成本高性能新型过渡金属氧化物，研究氮化物；降低成本，增加电极电容。

超导储能：目前面临的主要问题是系统构建复杂、缺乏低温制冷系统、成本较高等。应进一步研究新型超导材料、液氮温区高温超导带材技术、功率变换调节技术和系统动态监控技术[15]，突破材料制备技术[23]。

储热技术：目前面临的主要问题是投资成本过高，能量密度低，储热材料的导热性低，系统的可靠性有待增强，长时间存储的能量损耗较大，缺乏对于系统集成、环境影响评估的相关理论和有效能量管理技术。应进一步深入研究：①高能量密度、多功能复合材料；②开发传热储热流体；③使用热化学反应开发紧凑型蓄热装置；④开发改进的地下储热系统；⑤优化蓄热罐中流体的动态，减少混合，增加分层；⑥减少热能损失，提高储热系统效率；⑦研究技术的潜在环境影响；⑧研究开发相变储能的物理化学过程的计算机模拟技术；⑨储热技术和智能电网的充分融合，以实现多能源网的互联和互惠。

储氢技术：目前面临的主要问题是投资成本亟待降低以进一步丰富应用场合，氢气运行成本较高，缺乏大功率工程示范的运行经验，单电解槽高电流密度下效率过低，含氢的合成燃料的化学过程原料利用率低下，储氢材料尚处于研发阶段。应进一步研究：①降低储氢技术过程的成本，提高储氢效率；②增加储氢应用场景；③使储氢系统智能化；④高效低成本储氢材料。

混合储能技术：目前面临的主要问题是混合储能技术还未得到应用，有较高的复杂的电源管理要求，我国与国外技术还存在差距。应进一步研究：①电池与超级电容器、电池与电池、热储能与电池等先进混合储能技术；②降低成本；③大规模混合储能技术。

参考文献

[1] Garcia-Gonzalez J, de la Muela R M R, Santos L M, et al. Stochastic Joint Optimization of Wind Generation and Pumped-Storage Units in an Electricity Market [J]. IEEE Transactions on Power Systems, 2008 (2): 460-468.

[2] 黄杨，胡伟，闵勇，等. 计及风险备用的大规模风储联合系统广域协调调度 [J]. 电力系统自动化，2014 (9): 41-47.

[3] 陆秋瑜，胡伟，闵勇，等. 集群风储联合系统广域协调优化控制 [J]. 中国电机工程学报，2014 (19): 3132-3140.

[4] 徐飞，闵勇，陈磊，等. 包含大容量储热的电－热联合系统 [J]. 中国电机工程学报，2014 (29): 5063-5072.

[5] 李志伟，赵书强，刘应梅. 电动汽车分布式储能控制策略及应用 [J]. 电网技术，2016 (2): 442-450.

[6] 辛昊，严正，许少伦. 基于多代理系统的电动汽车协调充电策略 [J]. 电网技术，2015 (1): 48-54.

[7] Ooka R, Ikeda S. A review on optimization techniques for active thermal energy storage control [J]. Energy and Buildings, 2015: 225-233.

[8] Mohan N. Superconductive energy storage inductors for power system [M]. Madison: University of Wisconsin, 1973.

[9] Schermer R, Boenig H, Dean J. 30 MJ superconducting magnetic energy storage for BPA transmission line stabilizer [J]. IEEE Transactions on Magnetics, 1981 (5): 1950-1953.

[10] Rogers J D, Schermer R I, Miller B L, et al. 30-MJ superconducting magnetic energy storage system for electric utility transmission stabilization [J]. Proceedings of the IEEE, 1983 (9): 1099-1107.

[11] 刘巨，姚伟，文劲宇，等. 一种基于储能技术的风电场虚拟惯量补偿策略 [J]. 中国电机工程学报，2015 (7): 1596-1605.

[12] 李建林，田立亭，来小康. 能源互联网背景下的电力储能技术展望 [J]. 电力系统自动化，2015 (23): 15-25.

[13] Inage S. Prospects for large-scale energy storage in decarbonised power grids [R]. International Energy Agency (IEA), 2009.

[14] 中国能源研究会储能专委会. 2018 储能产业研究白皮书（中国篇）[R]. 2018.

[15] 陈海生，凌浩恕，徐玉杰. 能源革命中的物理储能技术 [J]. 中国科学院院刊，2019 (4): 450-459.

[16] 2018 储能产业研究白皮书（全球篇）[R]. 2018.

[17] Azzuni A, Breyer C. Energy security and energy storage technologies [C]. 12th International Renewable Energy Storage Conference, 2018.

[18] 李泓. 我国电能存储技术研发现状和未来展望 [J]. 高科技与产业化，2018 (4): 42-47.

[19] 陈海生，刘畅，齐智平. 分布式储能的发展现状与趋势 [J]. 中国科学院院刊，2016 (2): 224-231.

[20] 朱文韵. 全球储能产业发展态势分析 [J]. 科学，2018 (4): 36-41.

[21] Zhou X, Fan Z, Ma Y, et al. Research Review on Energy Storage Technology in Power Grid [C] // Proceedings of 2018 IEEE International Conference on Mechatronics and Automation Changchun: Proceedings of 2018 IEEE, 2018.

[22] 王朔，周格，禹习谦，等. 储能技术领域发表文章和专利概览综述 [J]. 储能科学与技术，2017 (4): 810-838.

[23] 李建林，王明旺，孙威. 能源互联网：储能系统商业运行模式及典型案例分析 [M]. 北京：中国电力出

版社，2017.

[24] Rudolph H，Zhou Y，Song P，et al. Aquifer Thermal Energy Storage in the Netherlands：A Review [C] // 2018 Internatuinal Conference on Power System Technology，Guangzhou，China：IEEE，2018.

[25] Manickam K，Mistry P，Walker G，et al. Future perspectives of thermal energy storage with metal hydrides [J]. International Journal of Hydrogen Energy，2019（15）：7738-7745.

[26] Shatnawi M，Qaydi N A，Aljaberi N，et al. Hydrogen-Based Energy Storage Systems：A Review [C] // 7th International Conference on Renewable Energy Research And Applications，Paris，France：IEEE，2018.

[27] Bellosta Von Colbe J，Ares J，Barale J，et al. Application of hydrides in hydrogen storage and compression：Achievements，outlook and perspectives [J]. International Journal of Hydrogen Energy，2019（15）：7780-7808.

[28] Andersson J，Grönkvist S. Large-scale storage of hydrogen [J]. International Journal of Hydrogen Energy，2019（23）：11901-11919.

[29] 张明霞，闫涛，来小康，等. 电网新功能形态下储能技术的发展愿景和技术路径 [J]. 电网技术，2018（5）：1370-1377.

[30] 刘畅，徐玉杰，张静，等. 储能经济性研究进展 [J]. 储能科学与技术，2017（5）：1084-1093.

[31] 王松岑. 大规模储能技术及其在电力系统中的应用 [M]. 北京：中国电力出版社，2016.

[32] 陈嘉敏，徐永海，张雪垠. 基于电动汽车 V2G 响应能力的储能容量配置方法 [J]. 电力建设，2019（3）：34-41.

[33] 李建林，田立亭，来小康. 能源互联网背景下的电力储能技术展望 [J]. 电力系统自动化，2015（23）：15-25.

撰稿人：文劲宇　艾小猛　黎静华　陈　霞　方家琨

电工装备及其智能化

一、引言

电气设备是先进装备制造领域的重要内容。随着我国电力系统的发展，对电气设备也提出了新的更高的要求。在这一背景下，围绕新型智能电气设备，相关科研院所、制造企业做了大量卓有成效的工作，使得我国在这一方面的基础研究、核心技术水平和产品性能整体达到了国际先进水平。

本专题主要介绍新型智能电气设备的发展，主要包括直流开断技术、环境友好电力开关设备、智能化断路器、智能化变压器、智能化电缆、避雷器等关键电气设备。

二、我国的发展现状

（一）直流开断技术

我国轨道交通和船舶电力推进、高压多端柔性直流输电及新能源并网等领域对直流开断技术有广泛、迫切的需求，因此国内多家科研院所、生产企业都在开展直流断路器的相关研发工作。近年来，我国在以空气为灭弧介质的直流断路器、基于机械式和混合式的高压直流开断技术方面的研究也得到了快速发展。

空气直流断路器采用了提高电弧电压强迫电流过零的开断原理，具有开断原理简单、可靠性高的特点。电弧运动和电弧电压上升是开断性能的决定性因素，所以这种开断技术的关键在于控制电弧平稳、快速地进入灭弧室，迅速被金属栅片切割成多段短弧。因此，对电弧现象的研究工作与调控技术的发展是空气直流断路器的关键所在。理论研究方面，西安交通大学对直流空气断路器中的弧根转移、栅片切割等电弧现象开展了一系列仿真研究[1]，探索了器壁烧蚀和金属蒸汽对电弧特性的影响，并研究了灭弧室宽度对电弧运动乃至开断能力的影响。基于磁流体动力学理论，通过数值计算的方法研究了中压直流断路器触头系统转移过程中的电弧等离子体的行为特性，以及铁栅片引起的非线性磁场对电弧切割过程的影响，研究表明触头系统的气压分布会显著影响弧根区域气体电导率的变化，进而对电弧的转移过程产生重要影响。另外，在临界小电流的情况下，磁吹力不足以拉长电弧，电弧将会长时间停滞并持续燃烧，也是其中的一大难点，不过这一问题已经获得了较好的解决。并在此基础上研制了双极式大容量空气直流断路器，已经通过了 4kV/100kA 大容量开断实验，该参数是目前已有空气直流断路器的最高参数，另外还将该技术延伸开发出了轨道交通直流断路器等产品。目前，在国内市场 1500V 及其以上的大容量空气直流断路器被瑞士 Secheron 公司、美国 GE 公司和英国 FKI 等几个跨国公司产品所垄断的局面已经有所改变，国内西安交通大学、中船重工 712 研究所、大全集团、上海新联等都在进行相关的关键技术和产品研发工作。

目前 10kV 至数百千伏以上的高电压等级直流断路器，主要包括混合式直流断路器与机械式直流断路器[2-6]。混合式直流断路器充分利用了机械开关的载流能力和固态开关的快速无弧分断能力，通过主支路上的电力电子器件关断强迫电流向固态开关支路转移，等电流转移完成后打开高速机械开关，实现无弧分断，然后通过固态开关支路关断短路电流，完成分断。目前，具有代表性的由全球能源互联网研究院主持研发的级联全桥型 200kV 混合式直流断路器已经投入工程应用，并于 2019 年完成了人工短路开断试验。对于机械式直流断路器，其基本原理主要是利用储能电容器的反向放电形成人工过零点，从而实现开断。目前，机械式直流断路器已经在南网的南澳 160kV 多端柔性直流示范工程中挂网运行，同时在南网的唐家湾站和鸡山站的 10kV 柔性中压直流配电系统示范工程中挂网运行。目前已经有多种不同拓扑结构的中压和高压直流断路器获得示范工程投运。然而，对于直流开断理论和技术的研究仍然存在成本高、体积大等问题，需要研究新的开断原理，实现技术突破，因此中高压直流开断在未来较长的时间范围内仍然是研究热点。

（二）环境友好电力开关设备

SF_6 开关设备因其优良的性能，广泛应用于 72.5–1100kV 的电力系统中。但是，由于 SF_6 气体的大气寿命长达 3200 年，且具有很强的红外射线吸收能力，故其温室效应系数极高，约为 CO_2 气体的 23900 倍。此外，SF_6 气体在电力开关设备中电弧作用下的分解物还具有强烈的腐蚀性和剧毒性。所以，减少和限制 SF_6 气体的使用成为当前电力开关行业亟待解决的问题。目前有两种技术途径，一是真空断路器的高电压等级化，另一个是环境友好的 SF_6 替代气体[7]。

真空断路器因其具有更优异的电寿命、更低的操作功（同等电压等级下真空断路器操作功为 SF_6 断路器的 20% 及以下）、更快速的弧后介质恢复特性以及环境友好等优点，是替代 SF_6 断路器的一种有效方案。真空开关设备经过多年发展，在 3.6–40.5kV 的中压配电开关设备领域占有优势地位，而在向高电压等级的发展主要有两种方向：一种为采用大开距单断口结构，另一种为采用双断口或多断口串联结构。采用大开距单断口技术所面临的技术挑战在于真空间隙的击穿具有面积效应；而采用双断口或多断口串联技术，在理想的断口均压情况下，相对同等级单断口技术而言各断口具有更小的开距，但多断口真空断路器的开发亦将面临各断口同步分、合闸控制技术、动态均压以及可靠性技术的挑战。针对这些问题，我国科研人员展开了深入研究并取得突破，设计并制造出替代 SF_6 开关的高电压等级真空开关设备。从 2005 年开始，126kV 真空断路器逐渐在中国挂网运行，短路电流也逐渐从 1600A 提高到 2000A。2013 年，西安交通大学和陕西工业技术研究院联合设计并制造出电压等级 126kV、额定电流 2500A、短路开断电流 40kA、单相单断口、采用玻璃外壳真空灭弧室的真空断路器，并通过型式试验。2018 年，西安交通大学和平高集团有限公司联合设计并制造出电压等级 126kV、额定电流 2500A、短路开断电流 40kA、单相单断口、采用陶瓷外壳真空灭弧室的真空断路器，并通过型式试验。

在 SF_6 替代气体方面，人们已从全球变暖潜能、液化温度、毒性、绝缘和灭弧性能等方面对上千种气体进行了对比分析，目前已聚焦于少数可能的替代气体上。$C_5F_{10}O$ 气体具有极低的全球变暖潜能值，与 CO_2 相当，大气寿命也仅有 16 天，对臭氧层无破坏性，是一种环境友好型的气体[8]。同时，纯的 $C_5F_{10}O$ 还具有很高的绝缘强度，约为 SF_6 气体的 2 倍，因此获得了广泛的关注。C_3F_7CN 气体的全球变暖潜能值约为 CO_2 气体的 2200 倍，大气寿命约 30 年，相比于 SF_6 均有显著改善，且纯的 C_3F_7CN 气体的绝缘强度约为的 2.2 倍，因此也获得了广泛的关注。西安交通大学、上海交通大学和武汉大学的研究人员针对 $C_5F_{10}O$、C_3F_7CN 及其混合气体的灭弧和绝缘性能进行了长期研究，并取得了一定结果。实验结果表明，当 $C_5F_{10}O$ 和 C_3F_7CN 气体的分压力为 40kPa 时，总压力为 0.6MPa 的 $C_5F_{10}O/CO_2$ 混合气体和 C_3F_7CN/CO_2 混合气体的工频击穿电压分别可以达到总压力为 0.4MPa 的 SF_6 气体的 85% 和 88%；当混合气体总压力提高到 0.7MPa 时，其工频击穿电压更是达到 SF_6 气体 91% 和 93%[9-11]。

（三）智能化断路器

在传统断路器基础上，智能化断路器采用现代微电子技术、自动控制技术、新型传感器技术、信息与网络技术等，从而在完成基本开关功能过程中具备感知、决策与柔性操作功能，在运行过程中具备状态监测与寿命评估功能，实现对电网与自然环境的友好。

当前，智能电网建设快速发展，对断路器智能化提出了很高的要求，同时也为智能断路器提供了广阔的市场空间。因此，近年来断路器智能化技术快速发展，不但产生了一批新技术，而且部分技术已经实现了产业化应用。下面就几个主要方面介绍断路器智能化技术的现状[12]。

（1）在线监测技术。在线监测技术支撑断路器运行状态的可视化，是实现断路器全寿命周期管理的前提，是智能断路器的必备技术。针对断路器运行过程中的机械状态、绝缘状态、温升状态信号的在线提取技术日趋成熟，检测精度与可靠性有了大幅提升，部分产品已经应用到中高压断路器 /GIS 中。一些在线监测获得的数据比较复杂，如：局部放电的超高频信号，因而提取反映断路器健康状态的特征量信息非常重要。研究人员尝试了各种数字信号处理方法，部分方法已应用到实际产品中。特征量信息是实现智能评测与寿命预测的基础，但是目前对这些信息的利用与挖掘还远远不够，一些新的智能评测与预测方法，包括专家系统、神经网络等，还主要停留在实验室研究阶段。

（2）智能操作技术。智能操作可大幅提高断路器的开断能力和可靠性水平，抑制关合 / 开断过程中产生的过电压和电网谐波，对电网更加友好。智能操作是智能化断路器的基本功能之一，它主要包括自适应分闸和选相合闸两项功能，即通过智能选相实现分合闸过程中电弧能量最小化，提高开断能力及可靠性水平。国内外企业对智能操作技术的研究已有多年历史，但长时间停留于实验室研究阶段，一方面是因为机构本身运动特性的分散性大，另一方面是因为智能操作需要建立在可靠的在线监测技术基础上。随着在线监测技术的日趋成熟，近年来针对稳定性较高的液压、碟簧等操动机构，一些具有智能操作功能的断路器产品已经面世。

（3）网络与通信技术。智能化断路器作为电网中的关键设备，必须与调控系统和生产管理系统实现信息互动，这是智能电网的客观要求。因此，在站控层需要采用调控系统和生产管理系统的通信媒介（如：光纤以太网）和通信协议（如：IEC61850 协议），在过程层和间隔层需要支持 GOOSE 服务。目前，多数智能化断路器还不能满足上述联网要求。智能电网的快速发展，使得智能化断路器的网络与通信技术逐渐统一。国家电网公司在 2009 年出台了《智能开关设备技术条件》，智能化开关设备的国家标准也必将出台，这将使智能化断路器的网络与通信技术逐步走向规范化。

（4）智能组件及其可靠性技术。断路器智能组件是实现智能化的硬件保证，但目前对智能组件尚缺乏明确规范，使得不同厂家的产品在功能、结构等方面存在较大差异。断路器工作于比较恶劣的电磁环境中，因此智能化组件必须具备良好的电磁兼容能力。国家电网公司《智能开关设备技术条件》规定了智能组件的 EMC 试验要求，其中包括静电放电、浪涌等 13 项电磁兼容试验。尽管如此，目前的断路器智能组件通过电磁兼容试验的却比较少，这是因为智能化断路器产业发展尚处于初级阶段，对电磁兼容尚未严格要求。智能化断路器生产厂家对电磁兼容日益重视，最新开发的产品已经有一部分通过了电磁兼容性能试验。

（5）新型传感器技术。智能断路器的机构上安装有先进成熟特制的位移传感器和专有的信号处理单元，实现了对机械特性进行在线检测功能；采用高精度的霍尔传感器对分合闸线圈电流、储能电机的电流进行测量；采用远动传感器和能量传感器，对操作机构的状态进行监控，实现了对断路器的行程监测、合分速度的监测，弹簧机构弹簧压缩状态，传动机构和锁扣部分工作的监测；断路器触臂上安装有六只精密的温度监测单元，由悬浮取电 CT、温度测量电路和无线数据发送模块构成，传感器将采集的信息转换成能被识别处理的相应信号，采用独特先进的无线通信技术进行高压隔离和信号传输，利用其固有的绝缘性和抗电磁场干扰性及时、准确、灵敏地把信息的变化及时传送到断路器面板上的显示器。新型传感器与数字化控制装置相配合，独立采集运行数据，可自动识别断路器的工作状态、自动调整断路器的操动机构、记录并显示断路器的工作状态，可检测设备缺陷和故障，在缺陷变为故障之前发出报警信号，以便采取措施避免事故发生。

（6）新型材料技术。智能断路器采用新一代的 PT 浇注式极柱材料，其性能在大部分方面优于环氧树脂极柱，坚固性、耐磨性、耐热性、绝缘强度均优于环氧树脂，所以其可靠性、完全性更高、更绿色环保。

近几年来国内电网建设迅速发展，已形成世界上主要的智能断路器市场，促使自主研发的智能断路器技术实现了跨越式发展，包括西安高压电器研究院、西安交通大学、宁波理工有限公司等研究单位与生产企业也开发了一批智能化断路器产品，逐步占领中低端国内市场，并向高端市场进军。

（四）智能化变压器

在电力系统的各种设备中，变压器承担着改变电压、传输和分配电能的任务，是比较昂贵且重要的电气设备之一，其安全运行对于保证电网安全意义重大。智能变压器是指由电力变压器主体和智能组件组成，具有测量数字化、控制网络化、状态可视化、功能一体化和信息互动化的电力变压器，其对于提高电力系统运行的安全性、可靠性以及持续性能够发挥重要作用。

智能变压器的概念最早是在 1996 年由九州电力公司的 K Harada 等人提出的，但实际上这是一种通过电力电子器件实现电压变换和能量传递的电力电子变压器，而目前的智能变压器已经特指智能电网中使用的、基于电磁感应原理的电力变压器。2004 年，西安交通大学的张冠军、严璋等人提出了将在线智能监测系统及其智能分析诊断方法与变压器主体结合起来的思想，是智能变压器的雏形。国家电网公司于近年来年颁布了《高压设备智能化技术导则》，更加明确了智能变压器的内涵[13]。智能变压器可以在智能系统环境下通过标准化通信网络与其他设备或系统进行交互，其内部嵌入的各类传感器和执行器在智能化单元的管理下，保证变压器在安全、可靠、经济条件下运行。变压器出厂时将其各种特性参数和结构信息植入智能化单元，运行过程中利用传感器收集实时信息，自动分析目前的工作状态，与其他系统实时交互信息，同时接受其他系统的相关数据和指令，通过执行器调整自身的运行状态。由此可见，一台智能变压器的基本组成应包括：变压器主体、检测变压器各部件状态的传感器、执行器、标准化通信网络、智能组件和智能化辅助设备，其中的智能组件又由变压器智能化单元、计量单元、监测单元、保护单元、控制单元、通信单元以及电源管理系统所构成。

对于智能变压器而言，其中最重要的环节其实是监测功能组的设计与实现，这与早期的电力变压器在线监测技术是紧密联系在一起的。在我国，变压器在线监测技术研究起始于 80 年代，经过 30 多年的努力，已发展成了几乎独立的一门学科，其研究领域已从理论到实践，直至实用装置的开发。特别是近十几年来，随着电子技术、通信技术、传感技术、自动化技术、可靠性、现代诊断技术和计算机技术的进步与发展，发达国家都竞相研制开发了各种以专家系统为基础的智能化电力变压器状态在线监测装置，它能够使人们以与以往完全不同的技术方式进行电力变压器的状态分析，在保证电力变压器与系统安全运行的同时，节省了维护费用，减轻了人员劳动强度。从智能变压器角度来说，目前比较认可的变压器在线监测参数主要包括：局部放电、油中溶解气体、油中含水量、绕组光纤测温、铁芯接地电流、电容性套管电容量及介质损耗因数、变压器振动波谱及变压器噪声等[14]。此外，对于换流变压器而言，国内也越来越重视其有载调压开关及套管状态的监测，采用的参量主要包括：有载调压开关操作时的振动声学指纹、电机驱动电流、套管末屏电流、油中压力及氢气含量等。

目前，我国已走在了智能变压器研制与开发的世界前列，国家电网公司不仅颁布了《高压设备智能化技术导则》，且国内的保定天威、特变电工沈阳、西电西变、常州东芝等大型变压器厂家也已设计制造出了智能变压器，并在智能变电站中投入运行，电压等级涵盖了 110kV、220kV、500kV 以及 750kV。随着国家电网公司泛在电力物联网的建设，智能变压器的研制及应用将具有更加广阔的前景。

（五）智能化电缆

智能化电缆的一个新进展是在电缆中加装分布式光纤传感器，实现对电缆运行状态全线监测，利用这种技术不仅可以智能监测和显示电缆的实际运行温度，自动储存历史运行数据，随时查阅电缆的运行温度，还可以实现自动超温报警和在线反馈控制。厂家在生产高压 / 超高压电缆产品，尤其是大长度海底电缆时，通常将光纤传感器（如光感温度控制器）直接安放在电缆内部，对电缆各层温度进行全线监测。一方面，这比传统方式，即在敷设电缆的同时敷设一根感温光纤要经济得多；另外，由于光纤放置在电缆内部，不易为外部机械应力所损伤，不受环境影响，实时性好且测量精度也大大提高。对于单芯电缆，通常将光纤置于电缆绝缘表面，通过测量电缆绝缘温度，推算线芯温度；而对于三芯电缆，大多将光纤置于三个线芯中间的填充部分。理想情况下，光纤应被置于尽可能靠近电缆导体的位置，以精确测量电缆的实际温度，避免通过测量温度推算导体温度带来的误差。目前，国外已有将测温光纤置于自容式充油电缆线芯油道中的成功案例，也有国内厂家正着手进行将测温光纤放置于交联聚乙烯电缆导体中的相关研究。

除在电缆中放置光纤传感器进行温度监测外，新的智能电缆设计中包含自带的多个传感器，以同时具有对温度、机械应力、湿度进行实时监测和预警的功能，这种智能电缆将是未来电网中应用的电力电缆的发展方向。

另外，未来智能电网将极大地促进直流输电技术的广泛应用，直流电缆的制造则是一个难题。上世纪直流高压电缆全部是油纸绝缘电缆，其缺点是制造工艺复杂、成本高、维护困难，尤其存在绝缘油泄漏导致环境污染隐患问题。从七十年代开始，虽已安装了大量高压交流交联聚乙烯（XLPE）绝缘电缆，但直到本世纪初才开始安装 100–300kV 直流高压 XLPE 绝缘电缆。传统的 XLPE 绝缘材料工作在交流电场下，但是如果工作在高直流电场条件下就会面临新的问题：在高电场作用下，XLPE 绝缘材料中会积聚大量空间电荷，这些空间电荷会对电缆绝缘产生显著的破坏作用，从而严重影响电缆整体的服役特性。因此，如何抑制空间电荷以避免其引起的电场局部畸变，以及其导致的加速破坏作用，提高抗老化性，延长使用寿命，是发展新型直流高压聚合物绝缘电缆材料必须解决的难题。现有研究结果充分显示，利用无机纳米颗粒与聚乙烯进行复合，构成聚乙烯纳米复合材料，充分利用无机材料和聚合物材料的优良特性，能够使复合材料的整体性能满足直流电缆绝缘材料的特殊需要。在复合材料中，必须使无机相以纳米尺度分散在聚合物中，因为无机相只有保持在纳米尺度，才能做到在不牺牲复合材料机械及加工性能的前提下，使材料的电学性能，尤其是空间电荷抑制特性获得显著提高。聚乙烯纳米复合绝缘材料能抑制空间电荷、提高复合材料的击穿强度与抗老化能力、延长寿命、提高运行安全可靠性，这为开发特 / 超高压直流电缆和特种电缆绝缘材料提供了一种新的选择，并在实际中得到初步应用。例如：日本试制了 500kV 海底直流电缆，所用绝缘料就是聚乙烯纳米复合材料；欧洲生产的 330 kV 直流电缆已投入运行。目前，世界上已有多条直流电缆线路投入运行，我国也开始建设大连和南澳岛的直流电缆输电示范工程。2013 年竣工的舟山 ±200kV 多端柔性直流工程、南澳 ±160kV 三端柔性直流工程和 2015 年竣工的厦门 ±320kV 两端柔性直流工程均采用 XLPE 电缆。据预测，至 2020 年全球 XLPE 高压直流电缆敷设总长度将超过 5000km，新增高压直流输电线路至 110 条[15]。

（六）避雷器

避雷器是电力系统运行中抑制过电压、保护电力设备不可缺少的保护设备。对于过电压如雷电过电压和操作过电压，避雷器泄流能起限压保护作用。金属氧化物压敏避雷器自上世纪 70 年代末引入电力系统以来，凭借其无与伦比的优异非线性、较强的浪涌吸收能力、大的通流能力和持久的抗老化特性迅速取代了传统的 SiC 避雷器，得到了广泛应用。

我国金属氧化物避雷器制造技术源于 20 世纪 80 年代初，基于引进的日本日立配方和工艺，经多年对引进配方、工艺的不断改进，避雷器制造技术经历了由低压系统向超特高压系统应用的发展过程。避雷器制造技术研究主要集中在探索电阻片的配方、工艺和电气性能方面，通过研究获得了电阻片的静态小电流特性、单一操作冲击和雷电冲击下非线性特性、能量吸收特性和工频耐受特性等，完善了非线性区的等值电路模型和参数，形成了系列避雷器制造、选用国家标准和部颁标准。目前，我国已有的金属氧化物压敏电阻主要由氧化锌非线性电阻材料制成，研究工作主要围绕压敏电阻电位梯度、通流能力和老化特性的提升展开。金属氧化物压敏避雷器的最新研究主要集中在超特高压交流系统用无间隙避雷器、GIS 罐式避雷器、线路悬挂式避雷器、多柱并联避雷器和超特高压直流避雷器。近年来，随着我国交流超、特高压、直流超、特高压的迅速发展，我国的电力设备制造技术水平得到了空前提升，金属氧化物避雷器制造水平有了长足发展，避雷器综合性能与国外发达国家相比差距迅速缩小，在电压等级、产品种类和投运数量等方面已达到世界一流水平。借助中国电科院户外特高压试验站和武汉特高压试验基地强大的实验能力，对电阻片的抗老化特性、工频耐受极限特性、多柱并联避雷器分流特性和长串联间隙避雷器放电特性等进行了研究，获得了不同荷电率下电阻片的老化系数、均流特性和雷电冲击下长串联间隙避雷器放电特性。通过西安交通大学、国家避雷器质量检验中心对电阻片温度特性、特快陡波特性、动作负载特性以及带并联间隙避雷器各元件影响特性等方面的研究，给出了我国电阻片具有的温度特性、VFTO 下响应特性、V-A 特性以及并联元件的分压特性等重要基础特性，为避雷器设计结构优化、参数合理选择、超特高压避雷器参数确定和超特高压绝缘配合提供了参考依据。

三、国内外发展比较

直流开断技术方面：我国研究人员在空气介质电弧测试、仿真、调控等关键技术方面的研究也取得了显著成果，在此基础上，研发出了 4kV/100kA 指标先进的直流空气断路器。针对空气直流断路器，ABB 公司进行了长期的研究，近期主要针对产气材料的应用做了大量工作，如通过实验测试研究了在空气直流断路器中，使用四种不同类型的聚合物材料时，器壁产气对开断时间和重击穿过程的影响[16]。在混合式直流断路器方面，同样是 ABB 公司，率先提出了基于 IGBT 串联的强制换流型混合式直流断路器，在额定参数为 320 kV/2 kA 的前提下，可以实现 5ms 内完成 9kA 故障电流的开断；北卡罗来纳大学在 ABB 提出的拓扑的基础上，利用 SiC 新型半导体器件研制了 10kV/200A 断路器样机，可在 2ms 内完成电流开断；日本东芝公司报道了基于人工过零的真空直流开断技术的快速直流断路器[17]，其额定电压为 750V/1500V，额定电流为 3000A/4000A，短路开断电流为 35kA。该真空直流断路器已在日本的轨道交通系统中得到了实际应用。这一技术在德国也已有商用产品。国内在直流开断领域虽然起步较晚，但目前在低压、中压和高压直流领域，直流断路器的性能指标已经达到世界前列。中低压方面，国内研制的 4kV/100kA 空气断路器已经投入运行，10kV 机械式直流断路器也完成试验成功投运；在高压方面，国网联研院在 ABB 公司拓扑结构的基础上提出的 200kV 高压直流断路器拓扑已经完成人工短路试验，标志着我国的高压直流断路器的研制技术走向成熟[2, 4]。

真空断路器高电压等级化方面：国外在真空断路器高电压等级化方面的起步较早，近年来也取得了很好的发展。其中，德国西门子公司于 2016 年推出了采用真空灭弧室、电压等级 145kV、额定电流 3150A、短路开断电流 40kA 的断路器，以及采用真空灭弧室、电压等级 72.5kV、额定电流 2500A、短路开断电流 31.5kA 的断路器。2018 年，西门子公司展出了 170kV/50kA 和 245kV/63kA 的真空灭弧室。我国的西安交通大学和平高集团有限公司联合设计并制造出电压等级 126kV、额定电流 2500A、短路开断电流 40kA、单相单断口、采用陶瓷外壳真空灭弧室的真空断路器，并通过型式试验。目前西安交通大学正在研制电压等级 126kV、额定电流 3150A 的真空断路器。国际大电网会议 CIGRE 工作报告评价指出“中国输电等级单断口真空断路器技术在世界上处于突出的引领地位”。

SF_6 混合及替代气体方面：国外 ABB 公司研究了 $C_5F_{10}O$、$C_6F_{12}O$ 与空气及 CO_2 的混合气体的绝缘和灭弧性能，2015 年 8 月，以 $C_5F_{10}O$ 混合气体为绝缘介质的、额定电压等级为 24kV 和 170kV 的 GIS 在苏黎世的一个试点变电站投入运行；阿尔斯通公司则研究了 C_3F_7CN/ CO_2 混合气体（g^3 气体）的绝缘和灭弧性能，并与 2015 年推出了使用 g^3 气体为绝缘介质的 245kV 电流互感器和 420kV 气体绝缘母线。我国研究人员也与国际上同类研究同步，开展了替代气体的灭弧和绝缘性能的实验研究，其中，西安交通大学研究了 $C_5F_{10}O$/ CO_2 混合气体和 C_3F_7CN/ CO_2 混合气体在稍不均匀和极不均匀电场下的绝缘性能，并计算分析了 $C_5F_{10}O$ 的反应路径，获得了 $C_5F_{10}O$ 放电分解后的产物信息[18, 19]。

智能化断路器方面：ABB 公司新一代智能化断路器 Emax2 采用了新型自动化技术，提高电气系统的效率和可靠性，同时还能降低能耗，做到节能环保，经济实用，该产品配有新一代 EKIP TOUCH 保护脱扣器，并可通过 EKIP 软件在手机、平板电脑或 PC 上直接设置、测试和下载报告等[20]。但是，在高压领域，目前主要通过对传统断路器 /GIS 进行改造，添加智能组件来形成智能断路器，集成化（智能组件与传感器的植入）程度相对较低。国内外都非常重视智能断路器的研究，包括 KEMA 试验站、利物浦大学、ABB 公司等研究单位与生产企业都进行了数十年的研究，部分成果已经实现了产业化应用。相比而言，国内研究工作开始较晚。目前国内已经发展至第四代智能化断路器，网络化、可通信是其最主要特征，且主要应用于低压领域，处于研究前沿的国内几家生产厂家有：上海电器集团、浙江正泰集团、常熟开关制造有限公司等[21]。

智能变压器方面：近年来相关单位在传感器到智能监测装置的技术方面都在不断进步。一些智能化变压器系统产品也有很好的运行经验积累，并不断完善，如：ABB 公司的 CoreTec 系统、QUALITROL 公司的 QTMS 系统、保变新域公司的 TES 6000 系统等。其产品化程度和可靠性、稳定性都达到了较高水平，有些系统已经在发达国家逐步推广和普及。后续推出的产品，如：QTMS 和 TES 6000 已逐步实现了变压器的智能化目标[27]。目前我国在智能变压器的研制与开发方面处于世界先进水平，而国外更注重电力变压器的在线监测技术研究以及电网二次系统的智能化。

智能化电缆方面：用于电缆的聚乙烯材料因其特殊的网状分子结构而具有重量轻、耐热性好、负载能力强、机械强度高、绝缘性能优异等特点，但其缺陷也不容忽视：其一是交联工艺能耗大，生产效率低；其二是该种绝缘材料的废料难以回收再利用，导致了资源浪费[22]。这不仅仅是我国所面临的问题，也是国际性的问题。目前我国电缆业的实际技术水平还远落后于国际先进水平，虽然我国 220kV 以上 XLPE 交流电缆已经产业化，但是电缆料仍然依赖进口，而 XLPE 高压直流电缆的电缆料生产还是空白。我国应用的海底电力电缆大部分需要进口，且电缆接头和终端技术还不太成熟。

避雷器方面：目前金属氧化物压敏避雷器的阻耗散功率密度已接近理论极限，但仍存在耗能功率密度不足、占地过大等问题。近年来，发达国家研究的主要是提高避雷器的保护性能，降低避雷器的制造成本，挖潜避雷器的潜在功能，实现避雷器的小型化、高效化和经济最大化，主要包括以下几个方面：研制高性能、高能量避雷器，研制高梯度、高能量密度电阻片，研究不同波形下避雷器的长久抗老化性和能量吸收等价性，研究陡波下电阻片的响应特性[23]，研究避雷器的运行状态和寿命评估方法[24, 25]。我国在交直流特高压避雷器制造技术上处于国际领先水平，研制的 1000kV 无间隙避雷器、带串联间隙线路悬挂式避雷器、1000kV 串联补偿装置避雷器和 ±800kV 系列直流避雷器、±500kV 直流输电线路用复合外套带串联间隙避雷器均为世界首创，在多柱避雷器分流特性试验方法、暂态过电压耐受能力和污秽试验方法研究等方面趋于世界前列，研究提出的多项试验方法建议被 IEC 认可，编写了多项直流输电线路避雷器技术规范。但在避雷器电阻片的性能均一性、吸收能量密度、保护水平、高梯度电阻片生产技术以及附属产品的事故率上和国外尚有差距[26]。

四、发展趋势与对策

空气直流开断技术方面：理论上可以通过增加栅片数量进一步提高空气断路器的电压等级，但灭弧室体积也随之上升，不能满足应用场合对断路器体积与重量的要求，同时电压等级提高造成恢复电压迅速上升，易发生重燃现象。所以，随着直流供电系统容量在未来的进一步提高，必须对直流断路器基础理论展开更加深入的研究，主要包括以下三个方面：①基于电弧调控机理和控制技术的进一步深入研究，特别是金属材料和绝缘材料的侵蚀机理，烧蚀蒸汽对电弧过程的影响，复杂介质情况下弧后介质恢复中非平衡态等离子体的特性及调控手段，从而改进灭弧室，提高开断能力，实现断路器尺寸的小型化。②研制新型快速机构，研究它对电弧过程的影响，以实现减少触头侵蚀，加速大容量直流开断的电弧转移过程。③研究触头材料及结构设计等因素对临界电流开断的影响机理，避免增加复杂的磁场吹弧装置。

高压直流开断技术方面：虽然目前混合式与机械式的真空直流开断技术已经在工程领

域拓展至更高电压等级，研究工作还应当针对直流开断的基本物理过程深入挖掘。从直流开断的基本原理分析可知，电流转移时其电压电流的理想特性应当为，在电流快速转移时保证低的断口电压以利于断口绝缘恢复，而在形成零点后，断口电压应跟随介质恢复特性快速上升，从而快速抑制短路电流。然而目前的机械式断路器中断口起始电压上升过快造成了断口恢复的困难，而混合式断路器的电压上升滞后无法形成电流抑制，严重偏离理想的电流转移特性。总之，已有研究工作对于电流转移与过零、电压建立与耐受、电能耗散三大物理过程之间的复杂相互耦合关系研究不足，思路局限，并由此直接导致了器件性能要求过高、价格昂贵和体积庞大等问题。因此，现有高压直流断路器技术方案不能满足直流电网对其经济和技术性能的双重要求，必须提出兼顾技术性能和经济成本的高压直流开断新思路，探求断口新介质，研发关断新器件，提出耗能新方法。

环境友好电力开关方面：真空断路器将向着更高的额定电压、更大的额定电流等方向发展，需要科研人员解决大开距下真空电弧控制技术及开断能力提高问题、大开距真空间隙的击穿和真空断路器绝缘问题、真空断路器机械可靠性问题和额定电流水平下的温升控制问题等。SF_6 替代气体的研究则需重点解决替代气体的液化问题，以及放电分解后的自恢复问题。同时，需要尽快开展基于 SF_6 替代气体的开关设备新产品研发工作，以适应国际发展趋势。

智能化断路器方面：智能断路器发展至今，极大提高了电网参数运算效率，并带有远程通信功能，系统误差越来越小，故障判断越发准确，正朝着高度智能化、通信网络化、控制器件产品化、产品模块化和通用化方向全面发展。其中智能化体现在核心内部控制单元设计，增强其软件适应性与提升空间，保护与实时显示相结合；通信网络化体现为遥测、遥信、遥控、遥调功能的实现，系统通信协议应向开放性和标准化的统一方向发展；控制器件产品化使得智能控制器与断路器相对独立，具备通用性，适用范围不应局限于某一型号断路器，产品测试效率大大提高；产品模块化和通用化要求新一代智能断路器具备较高制造效率与市场适应能力，防止产品出现单个零部件损坏而整机更换的弊端。除以上几点之外，智能断路器发展还将向经济型、迎合某一或某些特定环境、面向新能源配电系统等几个方面发展，使其成为具有多种功能的智能网络化电器设备，适应未来智能电网中技术的发展需要[27, 28]。

智能变压器方面：目前国内各大变压器厂家主要是变压器本体的生产者，智能组件基本依赖国内外采购。在变压器本体的设计上，智能化变压器应在传统电力变压器技术体系上与传感、信息处理和网络技术紧密集成，整体实现。即采用变压器本体与传感器和监测装置的一体化设计思路，在变压器设计初期必须整体考虑本体和传感器的融合，需要整体架构和一系列关键技术的研究和创新才能实现，而不是目前简单地在变压器主体上配置在线监测和智能终端，同时智能组件中各个传感器与变压器本体的接口有望标准化，并最终实现可插拔和更换；当然，日臻成熟的传感单元及智能组件的应用目前尚属于在变压器上额外增加相应的硬件设施，利用变压器本体的部件或运行信息实现其状态的智能诊断，应是下一步关注的重点，例如利用其套管末屏作为天线接收局部放电产生的特高频信号，根据其投切或自动重合闸过程中的暂态电压、电流信息计算得到其短路阻抗或绕组传递函数，从其铁心接地电流中提取高频分量进行局部放电的检测等。随着大数据分析及人工智能的迅猛发展，深度学习、机器学习、边缘计算等前沿算法也被逐步应用于智能变压器的故障诊断与状态评估中，并且基于泛在电力物联网建设的大潮，变压器智能感知的参量更加丰富、准确度及灵敏度提升、数据传输及处理分析更加便捷，指纹数据库日臻完善和充实，诊断与评估的准确度必将会越来越高。另外，随着控制技术与理论的发展与完善，智能变压器的自我控制，如电压的调节、冷却器的投切、负载能力调整等，将综合变压器本身的运行状态以及环境参数决定，从而实现电网动态负荷的调整与控制。对于智能组件而言，随着对现场运行数据的挖掘与分析，对其进行试验的方法和手段也有望被提出，从而可以在实验室中实现智能组件安全性、可靠性、有效性的考核。最后，智能变压器还应该涵盖自愈的内涵，例如变压器主体所使用的绝缘材料在老化或劣化后具有绝缘性能的自我恢复能力。目前来看，比较容易实现的应该是变压器油的自我循环与过滤，而作为纸板来说，尚不具备“自愈”的能力，因此，适用于智能变压器的绝缘材料的研发任重而道远。总之，智能变压器必将随着泛在电力物联网的发展而日臻完善，具有非常良好的应用前景，这仍需要高校、科研院所、生产制造厂家付出不懈的努力。

智能化电缆方面：需要进一步研究高性能聚乙烯和聚丙烯基绝缘材料的制备方法，明确高分子聚集态结构与介电性能之间的关系，解决从材料合成、结构表征到性能调控机理所涉及的基础科学问题，深入研究高性能聚乙烯纳米复合材料影响电荷的内在机理，从而对电缆的制备进行指导。通过研究新型的免交联绝缘材料可以实现绝缘材料的回收再利用，减少资源的浪费，同时在一定程度上改善因交联过程中引入杂质而带来的空间电荷问题，它在未来或将代替 XLPE 绝缘成为高压以及超高压直流电缆的绝缘材料[22]。

避雷器方面：随着我国超特高压交直流输电网架的形成和电网的进一步智能化、高效化和坚强化，对设备的小型化、高效率、运行可靠性和经济技术最大化利用要求越来越高，需要对过电压进行深度限制以寻求进一步降低设备绝缘水平、缓解设备制造难度和最大化减小电能成本，保证系统运行高可靠性。因此，需要进一步优化避雷器材料内部的结构[29]、提高避雷器运行荷电率、增强避雷器暂时过电压耐受能力，降低避雷器保护残压，提高避雷器能量吸收能力。依据国内外电网的发展趋势，未来交直流避雷器的发展主要集中在：避雷器结构的小型化、安装简易化；避雷器的智能化；避雷器的免维护化；避雷器的高性能；避雷器状态的在线智能检测。这样在基础研究方面，应在以下几个方面开展工作：研究避雷器综合电压应力下的动态 V-A 特性、动态温度特性、交流幅频特性、动态能量吸收特性和极限暂态过电压耐受特性，揭示避雷器的性能机理；开展特高频 VFTO 下避雷器 V-A 特性、能量吸收特性和仿真模型研究，完善不同工况下避雷器的仿真计算模型；研究避雷器典型寿命特征参数和寿命判据；开展智能化避雷器结构研究，研究可控避雷器的控制参量和结构特征；开展大容量超多柱并联型避雷器各柱的动态 V–A 特性差异研究，研究性能差异的控制试验方法；研究表征避雷器在线状态的特征参量，分析全电流、阻性电流、相角等参量与运行状态的灵敏性和影响权重；研究各种复杂环境下避雷器故障性质、类型、程度及原因以及故障发展趋势，提出排除故障的建议措施。

参考文献

[1] YANG F，WU Y，RONG M Z，et al. Low-voltage circuit breaker arcs-simulation and measurements [J]. Journal of Physics D：Applied Physics，2013，46（27）：273001.

[2] 吕玮，王文杰，方太勋，等. 混合式高压直流断路器试验技术 [J]. 高电压技术，2018，44（5），1685-1691.

[3] J. HÄFNER，B. JACOBSON. Proactive hybrid HVDC breakers-a key innovation for reliable HVDC grids [C] // the Electric Power System of the Future-Integrating Supergrids and Microgrids International Symposium，Bologna，Italy，2011（9）：264-273.

[4] 汤广福，王高勇，贺之渊，等. 张北 500 kV 直流电网关键技术与设备研究 [J]. 高电压技术，2018，44（7），2097-2106.

[5] Yifei Wu，Yi Wu，Fei Yang，et al. Bidirectional Current Injection MVDC Circuit Breaker：Principle and Analysis [J]. IEEE Journal of Emerging and Selected Topics in Power Electronics，2018，Early access，1.

[6] Yifei Wu，Yi Wu，Mingzhe Rong，et al. Development of a Novel HVDC Circuit Breaker Combining Liquid Metal Load Commutation Switch and Two-Stage Commutation Circuit [J]. IEEE TRANSACTIONS ON INDUSTRIAL ELECTRONICS，2018，66（8）：6055-6064.

[7] Mantilla J D，Gariboldi N，Grob S，et al. Investigation of the insulation performance of a new gas mixture with extremely low GWP [C] // Electrical Insulation Conference，2014.

[8] Nechmi H E，Beroual A，Girodet A，et al. Fluoronitriles/CO_2 gas mixture as promising substitute to SF_6 for insulation in high voltage applications [J]. IEEE Transactions on Dielectrics and Electrical Insulation，2016，23（5）：2587-2593.

[9] 王小华，傅熊雄，韩国辉，等. $C_5F_{10}O/CO_2$ 混合气体的绝缘性能 [J]. 高电压技术，2017（3）：33-38.

[10] Zhong JY，Fu XX，Yang AJ，et al. Insulation performance and liquefaction characteristic of C5F10O/CO_2 gas mixture [C] //International Conference on Electric Power Equipment-Switching Technology. IEEE，2017：291-294.

[11] Jialin L，Abdul HM，Fu XX，et al. Fluorinated Nitrile as a Potential Substitute of SF_6 for ARC Interruption in Switchgears [C] //International Conference on Power System Technology（POWERCON）. IEEE，2018：3723-3728.

[12] 陈成周 .10kV 智能化断路器的研究及发展趋势 [J]. 科技创新与应用，2015（31）：213.

[13] 国家电网公司. 高压设备智能化技术导则 [A]. 2010，2.

[14] 何平. 智能化变压器技术及发展趋势 [J]. 高电压技术，2016，42（13）：211-214.

[15] 赵健康，赵鹏，陈铮铮. 高压直流电缆绝缘材料研究进展评述 [J]. 高电压技术，2017，43（11）：3490-3503.

[16] Dominguez G, Friberg A. Effect of polymeric gas on re-strike phenomenon [C] // Proceeding of the XIX International Conference on Gas Discharges and Their Applications, Beijing, 2012 (9): 218-221.

[17] Y. Niwa, K. Yokokura, J. Matsuzaki. Fundamental Investigation and Application of High-speed VCB for DC Power System of Railway [C] // 24th International Symposium on Discharges and Electrical Insulation in Vacuum, Braunschweigh, Germany, 2010: 125-128.

[18] Yuwei F, Xiaohua W, Jiandong D. Calculated rate constants of main C_5 PFK ($C_5F_{10}O$) decomposition reactions: An environmental-friendly alternative gas in electrical equipment 13th Conference on Industrial Electronics and Applications, IEEE, Wuhan, 2018: 1686-1690.

[19] Wu Y, Wang C, Sun H, et al. Evaluation of SF_6-alternative gas C_5 PFK based on arc extinguishing performance and electric strength [J]. Journal of Physics D-Applied Physics, 2017, 50 (38): 358.

[20] 白晔. 新一代低压智能断路器概述 [A]. 中国电工技术学会自动化及计算机应用专业委员会、中国电器工业协会设备网现场总线分会、全国电器设备网络通信接口标准化技术委员会.2015 年全国智能电网用户端能源管理学术年会论文集 [C]. 中国电工技术学会自动化及计算机应用专业委员会、中国电器工业协会设备网现场总线分会、全国电器设备网络通信接口标准化技术委员会：中国电工技术学会自动化及计算机应用专业委员会，2015：4.

[21] 张晨曦. 嵌入式低压智能断路器及其服务平台的研究 [D]. 贵阳：贵州大学，2018.

[22] 杜伯学，李忠磊，杨卓然. 高压直流交联聚乙烯电缆应用与研究进展 [J]. 高电压技术，2017，43 (2)：344-354.

[23] Brito V S, Lira G R S, Costa E G, et al. A Wide-Range Model for Metal-Oxide Surge Arrester [J]. IEEE Transactions on Power Delivery, 2018, 33 (1): 102-109.

[24] Khodsuz M, Mirzaie M, Seyyedbarzegar S. Metal oxide surge arrester condition monitoring based on analysis of leakage current components [J]. International Journal of Electrical Power & Energy Systems, 2015 (66): 188-193.

[25] Hoang T T, Cho M Y, Alam M N, et al. A Novel Differential Particle Swarm Optimization for Parameter Selection of Support Vector Machines for Monitoring Metal-oxide Surge Arrester Conditions [J]. Swarm & Evolutionary Computation, 2017 (38): 120-126.

[26] 华北电力大学新能源电力系统国家重点实验室评估报告 [R]，2013.

[27] 胡绍兵.国内外智能低压断路器的研究现状与发展趋势 [J]. 煤矿机电，2013 (5)：52-54.

[28] 任瑾. 低压电网智能断路器研究与实现 [D]. 贵阳：贵州大学，2015.

[29] Ishibe T, Tomeda A, Watanabe K, et al. Embedded-ZnO Nanowire Structure for High-Performance Transparent Thermoelectric Materials [J]. Journal of Electronic Materials, 2017, 46 (5): 3020-3024.

撰稿人：荣命哲　吴　锴　汲胜昌　杨　飞

电力装备与系统的电力电子化

一、电力装备的电力电子化

（一）发电装备

1. 大容量风电变流器

风电变流器是风电机组中最为关键的核心设备之一，是将风能转化得到的机械能进一步转变为电能的桥梁。通过相应的控制手段，将发动机发出的电能，变化为频率、幅值和相位均与电网一致的电能。目前实际应用的风电变流器均采用变速恒频技术手段，即控制变流器使得风速在一定范围内变化时，发电机能发出稳定优质的电能。根据机组采用的发电机的不同，风电变流器可以主要分为双馈型风电变流器和全功率（直驱型）风电变流器。近年来，随着风电机组单机容量的不断攀升，对变流器的研究主要体现为如下几个特点[1-3]。

（1）新型大功率器件的应用

随着各种新结构和新工艺的引入，功率器件的性能得到不断提高和改善，更高电压、更好开关性能的大功率器件的出现，有效地降低了变流器的故障率和成本。当前新型大功率器件主要有 IGBT 和 IGCT，近年来 SiC 等宽禁带半导体器件在风电变流器中的应用也引起了人们的关注。

（2）变流器新型拓扑结构的研究

随着风电变流器的单机容量越来越大，更多的风力发电拓扑正在被研究和开发中。目前双馈型风电变流器仍占主流，然而直驱型风电变流器以其固有的优势也得到了广泛应用。针对双馈风电变流器而言，转子电能需要双向流动，因此变流器应具备四象限运行能力。目前可用的双馈风电变流器拓扑结构主要有循环变流器、矩阵变换器和交直交变流器。

（3）适用于高电压等级的变流器的研制

随着海上风电变流器的广泛应用，大容量高电压等级也是风电变流器发展的显著趋势。与此同时，与之对应的 MMC、HVDC 等技术也得到了快速的发展和应用。

2. 光伏电站变流器

光伏电站变流器的功率等级一般在 0.1 ~ 5MW，是光伏电站和电网之间的重要接口设备。目前，集中式逆变器多采用三相两电平或者三电平的拓扑结构，输出端滤波器多采用 LCL 滤波器[4]。

光伏电站变流器的主要优点有：①集中式逆变器的集成度较高，成本较为低廉，功率密度较大，输出功率因数也较为稳定；②逆变器所需元器件的数量较少，可靠性较高，并网控制技术较为成熟，转换效率在 98% 以上；③集中式逆变器输出的电能质量较高，谐波畸变率能够控制在 3% 以下；④当电网电压波动时，能够在一定程度上适应其所带来的影响。

随着光伏发电技术的不断发展和进步，光伏电站的容量和并网电压等级正在逐步提高，也因此对光伏电站变流器在功率范围和并网电压等级方面提出了更高的要求。逆变器的功率等级主要受逆变电路中功率开关通电容量影响，因此通常利用多台逆变器并联运行的方式来提高整个系统的容量。而相对于传统两电平逆变器，多电平逆变器的功率开关所承受的电压应力较小，从而能够有效地提高光伏逆变器的并网电压等级；多电平逆变器还具有并网电能质量高的优点，因此滤波器的体积和成本也可以相应减小。然而，多电平逆变器也存在着所需元器件较多、电路结构和控制策略较为复杂、成本较高等缺点，还存在电容的均压控制和桥臂间的协调控制等技术问题需要进一步解决。因此，为了应对当前光伏电站变流器所面临的挑战，多电平技术的研究越来越受到人们的关注。

3. 分布式发电变流器

分布式发电技术是可再生能源接入电网的重要基础，分布式发电变流器是其中必不可少的接口设备，在分布式发电系统中发挥着重要作用。由于分布式发电变流器的容量较小、电压等级较低，所以多采用传统的两电平电压源型逆变器拓扑结构。分布式发电变流器的研究重点在于控制技术方面。根据变流器之间是否需要通信，可以将控制方法分为基于通信和不基于通信两类。因分布式发电变流器之间距离可能较远，基于通信的方法可靠性较差且成本较高，所以近年来不基于通信的方法得到了广泛应用。进一步可以细分为 PQ 控制、恒压恒频控制和下垂控制三大类[5]。

PQ 控制是指根据指令值输出恒定的有功和无功功率，主要适用于需要最大功率跟踪或者可控的一次能源系统，如燃气轮机、蓄电池、光伏及风电系统中。该方法结构简单，具有良好的动态性能。

恒压恒频控制就是指按照指令值输出恒定电压幅值和频率的电压信号，其输出功率的大小由负荷决定。适用于微电源为燃气轮机或蓄电池等储能系统，工作于孤岛模式下，为系统提供电源和频率支撑。

下垂控制是模拟同步发电机静态下垂输出特性，控制变流器输出电压和频率的方法。

因其可以实现多台变流器之间的同步和并联运行，且可自动均分负载功率，具备即插即用特性，非常适用于分布式发电的场合，所以近年来得到了广泛的研究和应用，具备很好的应用前景。

4. 储能变流器

由于可再生能源大多具有间歇性，要维持稳定的功率输出必须配合储能系统；同时储能系统还具备削峰填谷等功能，近年来得到了快速的发展。我国也建成了张北国家风光储示范基地等一大批储能发电项目。储能变流器除了要具备四象限运行的基本功能外，其主要研究进展如下[6]。

利用储能变流器抑制微网功率波动。通过设计合理的能量管理系统和储能变流器功率控制策略，利用储能系统有效的平滑风电及光伏可再生能源发电的功率波动，实现微网功率的平衡和高效利用。

储能变流器效率和输出电能质量提升。为提高能源利用效率，减少损耗，进一步提升储能变流器的运行效率具有十分重要的意义。同时通过采用先进的控制技术，保证储能变流器输出电压和电流具备更高的电能质量，可以有效提高系统的稳定性和高效运行。

储能变流器并联运行及环流抑制技术。随着分布式发电系统容量的增加，对储能系统容量的需求也进一步增大。变流器并联运行能够有效扩大储能系统容量，提高系统的可靠性，增加系统控制的灵活性。储能变流器并联运行的关键在于并联变流器之间功率分配均匀、动态响应性能好、环流尽可能小等方面。

电网异常时储能变流器控制方法。储能变流器作为系统中最可靠的能量来源，当电网出现异常时，储能变流器应该发挥重大的作用，维持系统的可靠稳定运行。因此，储能变流器中增加如孤岛保护、低电压穿越和高电压穿越等额外功能也是近年来的研究热点。

（二）输配电装备

1. 柔直换流阀

柔直换流阀是柔性直流输电系统的核心设备。国内已建和在建的模块化多电平柔性直流输电工程均采用半桥型子模块换流阀。半桥子模块结构所需要的开关器件最少且运行损耗最低，但是无法有效处理直流故障。许继集团有限公司姚钊等研究了能加快短路电流衰减的阻尼换流阀，并给出了其设计方法[7]。全桥型和混合型子模块结构近年也来有部分研究。许继电气股份有限公司俎立峰等提出一种半桥和全桥混合子模块均压控制启动策略，解决了不同换流阀之间的均压和直流电压突变问题[8]。湖南大学荣飞等运用分段解析分析了全桥柔直换流阀的损耗问题[9]。

2. 直流开关

直流断路器是目前制约高压直流输电工程应用的难点之一。2017 年首台机械式高压直流断路器在 ±160 千伏南澳多端柔性直流输电系统中成功挂网运行[10]。2018 中国西电集团自主研制的 500 千伏高压直流断路器样机通过了型式试验[11]。西电电气研究院有限责任公司赵力楠等分析了真空技术应用在直流开断领域的可能方案路径，提出了研制高压直流真空断路器的可能性[12]。国网浙江省电力有限公司舟山供电公司刘黎等提出了一种能降低避雷器吸收能量的改进的混合直流断路器方案[13]。南方电网科学研究院洪潮等提出了一种无需额外预充电电源的新型机械式直流断路器[14]。中国科学院应用超导重点实验室张翀等对断路器与直流限流器的配合问题进行了研究并给出了其参数值优化方法[15]。

3. 固态变压器

固态变压器是智能电网的重要组成部分，具有调节功率因数、消除谐波、增强电力系统稳定性的优点，近年来国内有较多相关研究。刘玉山等提出了基于矩阵变换器模型预测控制；国防科技大学刘宝龙提出了基于固态变压器经典拓扑结构的滑模控制策略；华北电力大学孙玉巍等针对输入级电路中的非线性情况，提出了一种非线性控制方法；东北电力大学刘闯等将谐振变换器和两电平方波变换器引入到传统级联固态变压器拓扑中；西南交通大学郭潇潇等提出了一种应用于固态变压器的双向对称半桥三电平 LLC 谐振变换器结构；华北电力大学周廷冬等分析了适用于配电网中固态变压器的接地方式；北京交通大学李响等提出了基于调节隔离级各单元功率分配实现输入级直流侧电压自动平衡的控制策略[16]。

4. 柔性配电开关

柔性多状态开关是一种安装在配电网中连接两条或多条馈线之间，调整馈线间有功功率和无功功率流动的电力电子装置，能够快速对配电网潮流进行实时调整，均衡馈线负载，提升配电网消纳分布式电源的能力。华北电力大学刘文霞等研究了负荷状态不确定性的柔性多状态开关的可靠性模型，提高了配电网可靠性计算的精度[17]。华中科技大学吕知彼等在分析含柔性多状态开关的配电网对分布式电源的消纳能力的基础上，提出了基于灵敏度系数的柔性多状态开关端口功率调整方法，以解决配电网电压波动越限的问题[18]。浙江大学蔡云旖等提出了一种改进型下垂控制策略，该方法可以根据换流站输出功率的变化相应地改变可调下垂系数以改善各端换流站的功率分配能力[19]。合肥工业大学张国荣等提出了一种三端柔性多状态开关模型预测协同控制策略，该方法避免了传统比例—积分（PI）双闭环控制策略存在的控制结构复杂、PI 参数较多且整定困难的问题[20]。中国科学院电工研究所霍群海等提出了一种复合控制策略，直流母线电压由所有变流器共同控制，能够实现装置同时独立进行有功潮流调节和无功补偿两种功能[21]。国网浙江省电力有限公司许烽等分析了无变压器的柔性多状态开关故障侧零序分量引发直流电压和非故障侧交流电压波动的内在机理[22]。

（三）用电装备

1. 电气化运载变流装备

随着电力电子技术的发展，电气化铁路、电动汽车、全电飞机等方向的研究获得越来越多的关注。很多学者对电气化铁路中的电能质量管理问题提出了不同的解决方式，主要可分为两类：①优化电能系统，包括提高计划牵引能力[23]及增加各种新型变压器以抑制电力系统中负序电流[24]；②增加补偿装置，如静态无功补偿及有源滤波器[25]等。由于高速铁路中采用了PWM调制的整流器可能引起更加严重的不平衡问题[26]，有学者提出将一种基于模块化多电平变换器（Modular Multilevel Converter，MMC）的铁路电力调节器装在机车牵引动力线上，在实现三相平衡的同时进行无功及谐波补偿等功能。电动汽车目前的研究集中在进一步提高电机及其控制系统的性能指标，提高集成度；电机及其控制系统的可靠性、耐久性预测和评估方法研究与环境适应性研究；新型车用电机与集成系统技术等方面。

2. 无线电能传输装备

自MIT学者2007年在《科学》上发表著名的磁谐振无线电能传输技术研究成果以来，对无线电能传输技术的研究越来越多。主要应用领域包括：电动汽车无线充电、医疗器械供电、特种设备供电、空间电力传输等。目前的研究重点主要集中在磁耦合谐振式无线电能传输技术如何提高传输效率及安全性能[27, 28]、无线充电技术在各个领域的应用[29-31]。文献［29］提出了一种新的拓扑可重构电容补偿网络，旨在实现多电动汽车无线充电的能量加密，即可以在减少电容数量的同时显著扩大电容的补偿范围，从而有效提高多目标无线充电系统的安全性能。

3. 家居及照明变流装备

电解电容是影响AC-DC LED驱动电源寿命的主要元件，因此，消除电解电容技术成为LED驱动电源研究的关键点。文献［32］基于控制策略、优化拓扑结构两方面详述AC-DC LED驱动电源消除电解电容技术的研究现状，总结出AC-DC LED驱动电源消除电解电容方法的基本思想，并阐述了现有方法的技术原理和应用特点。文献［33］设计开发了一种小型集中式供电LED智能照明控制系统，通过有线网络和无线网络对家居环境中所有LED灯进行分路调光控制。目前家庭常用电器大多可以直接由直流供电，家庭直流微电网系统通过直流母线将光伏、储能等供电单元连接起来，为家电电器负荷直接提供电能，可以减少多次交直流变换产生的电能损耗。文献［34］提出了一种适用于小功率家庭住宅直流微电网系统结构，对系统稳定控制进行了相关研究。

4. 工业用电变流装备

电力电子技术对节能的作用主要体现在电机的斩波调速、风机水泵的交流调速、对新能源的利用、对过剩能量的贮存和启用等方面。文献［35］提出统一的容错调制策略，在满足不同故障类型容错运行需求的同时，提高了容错运行时的直流电压利用率，拓宽了电机系统调速范围。文献［36］以复杂工作环境下永磁同步电机调速系统为研究对象，开展基于滑模变结构控制理论的非线性控制策略、扰动自抑制控制技术、无位置传感器运行方法及逆变器故障诊断技术的相关研究，探讨高性能与高可靠性永磁同步电机驱动控制的实现途径与策略。

二、电力电子化给电力系统带来的新问题

（一）建模与分析

电力电子装置的时变特性以及采用多时间尺度的控制使得传统电力系统中的建模与分析方法不再适用。电力电子化电力系统的稳定性分析虽然更加复杂，但其系统稳定性的定义依然可以借鉴传统电力系统，分为暂态（大扰动）稳定性与小扰动稳定性。暂态稳定性是指系统在遭受大扰动后能够重新回到原有稳态工作点附件或者达到新的稳态工作点；小扰动稳定性是指系统在遭受小扰动后能够维持运行在稳态工作点附近[37]。暂态稳定性的分析可以确定系统稳定域的边界；小扰动稳定性的分析能够确保某个稳态工作点附近的渐进稳定性[2]。这两个方面的稳定性对系统同样重要，以下从这两个角度介绍电力电子化电力系统稳定性分析的研究现状。

1. 暂态稳定性分析

现有的暂态稳定性分析方法主要分为时域仿真法、人工智能方法、直接法等[38]。时域仿真法通过求解系统的微分代数方程组获取系统状态量随时间的变化轨迹[39]，可以实现任意复杂的系统模型和控制策略，常作为其他分析方法的检验标准。然而，当系统复杂度上升时，其计算时间大增，无法满足在线监控和控制等需求，同时无法通过该方法探究稳定性机理；人工智能算法[40]能够通过从处理数据样本的过程中积累经验，在遇到相似数据时通过提前建立的映射关系快速给出结果，十分适用于包含众多相似数据样本的电力系统暂态分析。然而，该方法也无法探求失稳机理，同时当实际数据与预测数据不一致时，无法保证稳定性判断的准确性；直接法[41]又称暂态能量函数法，该方法通过建模、数学模型的简化、构造能量函数、估计吸引域四个步骤判断系统稳定性，其优势在于能够深入分析系统暂态失稳的机理。该方法的核心步骤是建模，现有的建模方法主要有状态空间平均模型、分段线性化模型与离散时间模型[38]。分段线性化模型与离散模型虽然能够更好地描述电力电子装置暂态的非线性过程，但也存在模型复杂、平衡点稳定边界计算困难、与传统电力系统元件兼容性差、不适用于全局系统分析等缺点。状态空间平均模型仍然是目前最适合系统层面暂态稳定性分析的建模方法，如何通过对其适当改进来提高其高频预测的精度值得进一步研究探讨。

2. 小扰动稳定性分析

现有的小扰动稳定性分析方法主要分为时域下状态空间模型的模态分析法[42]与频域下基于端口阻抗的稳定性分析法[43]。随着越来越多的电力电子变流器接入电力系统，状态空间模型的维数将十分庞大，面临数值计算收敛问题。同时，状态空间模型的建立需要详细的系统参数，而许多电力电子装置由于产权保护等原因，内部参数难以获取。相比之下，基于端口阻抗的稳定性分析方法具有以下优点：阻抗描述了变流器的端口特性，该表

述形式易于清晰地反映变流器端口与外电路之间的相互作用；可在未知变流器内部结构和参数的情况下，利用简单的测试方法对端口阻抗实现精确测量，且多台变流器总的端口阻抗可根据单台变流器端口阻抗通过计算得到；可根据解析表达式得到解析解，深入分析失稳机理；解决稳定性问题的方法可归结为重构端口阻抗特性曲线。基于端口的阻抗稳定性分析的两大核心为阻抗建模与稳定性判据。通过考虑不同的频谱延拓分量可以得到基于平均小信号模型[44]、谐波线性化模型[45]、谐波状态空间模型[46]等不同频域有效性的阻抗模型。如果得到一维的端口阻抗，则使用经典的奈奎斯特判据[47]；如果得到二维的端口阻抗，则可以使用广义奈奎斯特判据[48]。此外，许多学者也针对特定系统提出了新的稳定性判据，如基于 G- 范数和 sum- 范数的三相交流级联系统稳定性判据[49]。

3. 系统稳定性分析的一般化概念探索

除了以上谈到的稳定性分析研究现状外，还有学者从更宏观的角度对整个电力电子化电力系统的动态机理展开研究。幅相动力学方法指出了电力电子化电力系统一般包含交流电流、直流电压及机械转速 3 个时间尺度的受控行为，而多尺度控制相互作用是电力电子化电力系统与常规电力系统在动态稳定性问题方面的基本区别[50]。该理论已被逐步用于电力电子化电力系统暂态稳定性及小扰动稳定性的分析[51, 52]，但仍需更多的研究来论证其可行性。

（二）控制与保护

在电力电子技术大量应用于电力装备与电力系统的同时，其非线性、短时间尺度和冲击性等特点，给系统带来了诸如新能源发电并网稳定性、微电网控制、电能质量以及故障穿越等新的问题与挑战。此外，由于电力电子装备的结构特征和控制方法都异于传统同步机组，基于同步机故障特征的传统保护方法存在适应性问题。含大规模电力电子设备的电力系统的保护问题，更是电力系统在新时代的新挑战。

1. 并网稳定性改进控制

随着的光伏、风电等新能源发电站的规模增大，电力电子变流器的装配数量也逐渐增加。与此同时，远距离的电能传输也导致电网阻抗增大，在新能源电站的并网过程中，高频振荡的不稳定现象逐渐凸显。

针对目前并网电站中存在的高频振荡不稳定现象，学术界及工业界普遍采用基于阻抗的方法对振荡现象进行分析，并采用有源阻尼抑制振荡。常用的有源阻尼方法包括：基于电容电流反馈控制、基于网侧电流反馈控制、基于延时补偿的反馈控制以及在控制环中引入带组滤波器这四类[53-56]。另一方面，为了提高并网系统的稳定裕度，通常采用增加电压前馈的控制使逆变器输出阻抗呈现无源特性，还有外加稳定变换器的方法[57-59]。

2. 微电网协调控制

微电网作为电力电子化电力系统的重要组成部分，是提高分布式发电供能效益的有效方式。目前，微电网中逆变器的并网控制及离网多逆变器协调控制等方面仍存在诸多技术难题。

在并网控制方面，目前绝大部分微电网仍采用传统的功率控制方式，在此基础上改进的控制方式主要包括增加功率前馈以增加系统鲁棒性、增加无功补偿这两个方面[60]。

在离网（孤岛）模式下，多变流器之间通常采用基于下垂特性的电压控制方式。针对下垂控制中因母线偏差以及线路阻抗导致的功率分配不均的问题，目前的研究主要基于无通信线的控制方式实现基波和谐波功率的均分[61，62]。此外，微电网中离网与并网两种模式之间的平滑切换控制，以及针对虚拟同步机（VSG）和下垂控制的比较，也一直是微电网研究领域的热点[63]。

3. 电能质量主动控制

传统的电能质量改善通常采用安装外加谐波抑制与无功补偿装置的方法来实现，这种方法尽管能够有效提高电能质量，却增加了建设成本。近年来，在新能源并网以及微电网领域中，研究发现电力电子变换器本身即具有提供电能质量治理服务的潜力。在逆变器的功率控制环中，通过使逆变器输出一定容量的无功进行补偿。同时，在电流控制环中引入谐波检测单元对谐波进行抑制[64-66]。通过这两种控制方式，实现电能质量的主动控制。

4. 故障穿越控制

大规模的电力电子装置的应用势必会改变传统电力系统的故障特性，导致传统电力系统的保护装置无法满足新故障特性的要求。在新能源并网以及微网领域存在的主要故障包括网侧不对称短路以及电网电压跌落两种类型。针对网侧短路故障，目前的解决措施为自适应控制逆变器的有功和无功输出，消除不对称故障下的负序分量和谐波分量；同时提高锁相环跟踪响应速度，抑制电网短路电流的冲击。而针对电网电压跌落故障，则通过低电压穿越控制技术以保证故障期间的逆变器的正常运行，并使故障得以快速恢复[67-69]。

5. 新能源并网系统的保护

新能源并网系统的保护按具体保护技术可分为电流保护、距离保护和纵联保护。电流保护问题的研究开展较早，对接入影响的讨论已经较为完善[70-72]。一些电流保护原理和方案也相继提出，如适应新能源电源接入的集电线电流保护整定原则[73]、含逆变型分布式电源配电网方向性过电流保护及方向比较式纵联保护[74]、诸多自适应电流保护[75]；距离保护主要受到系统的弱馈性和受控特性的影响[76]。新方法包括基于过渡电阻倾斜角的自适应距离保护[77]、基于自适应分支系数的接地距离保护[78]、适用于新能源并网系统的故障选相新方法[79]等；纵联保护包括纵联差动保护、纵联方向和纵联距离，后两者在新能源并网输电系统中的适应性分别取决于方向元件和距离元件的动作性能[70]。大量针对风机的研究已获得了可靠的结论，并据此提出了一些保护新方法[80]。同时，对变压器保护在新能源并网系统中的动作性能及影响因素，也有了较为完善的讨论[81]。

6. 高压直流输电系统的保护问题

高压直流输电的继电保护技术主要包括行波保护、微分电压保护、低电压保护和纵连电流差动保护[82]。也可根据保护对象分为单端量和双端量保护。单端量保护具备较强的速动性，但灵敏度较低；双端量保护主要为稳态差动保护，动作速度不快，但灵敏度较高。国内各研究团队针对不同保护方案展开了大量的研究，如差动保护的改进方案[83]，利用故障电流突变量的极性的故障识别方法[84]，以及实景替代式的特高压直流保护系统现场性能测试方案[85]。目前，我国对基于线路分布参数模型的高压直流保护相关原理研究已经较为成熟，可以考虑将性能卓越的新型保护原理引入实际直流工程中去[70]。

7. 柔性直流输电系统的保护问题

柔性直流输电系统故障阻尼小，故障电流上升速度快，对保护的动作速度和动作可靠性提出了严苛的要求。对于核心设备的保护，直流断路器隔离和换流器故障自清除是目前较为主流的故障隔离方法[86]；对于输电线路的保护，则主要是基于线路边界特性的单端量保护、快速方向纵联保护、基于故障固有特征的电流差动保护等。目前，针对柔性直流输电系统的保护已提出了大量新方法，如基于单端电气量、无须构造保护边界的多端柔性直流配电系统暂态保护方案[87]，故障快速切除法[88]，基于电流突变量夹角余弦值的纵联保护方法[89]。

参考文献

[1] 田黄田，谢源，刘浩，等. 风电变流器的技术现状与发展［J］. 电子技术与软件工程，2017（17）：98.

[2] 黄晓波，陈敏，朱楠，等. 基于碳化硅器件的双馈风电变流器效率分析［J］. 电力电子技术，2014，48（11）：45-47.

[3] 李渊. 兆瓦级双馈式三电平风电变流器关键技术研究［D］. 徐州：中国矿业大学，2011.

[4] 林志鸿，李少纲. 光伏逆变器的研究现状综述［J］. 电气开关，2017，55（5）：10-13.

[5] 梁建钢. 微电网变流器并网运行及并网和孤岛切换技术研究［D］. 北京：北京交通大学，2015.

[6] 夏岩. 微网大功率储能变流器关键技术研究［D］. 成都：电子科技大学，2018.

[7] 姚钊，夏克鹏，韩坤，等. 一种柔直换流阀阻尼模块设计方法［J］. 电力电子技术，2018，52（6）：28-30.

[8] 俎立峰，胡四全，董朝阳，等. 一种混合子模块柔直换流阀启动方法［J］. 电力电子技术，2018，52（7）：50-53.

[9] 荣飞，田新华，饶宏，等. 基于全桥 MMC 柔直换流阀损耗分析方法［J］. 高压电器，2019，55（1）：1-7.

[10] 黄润鸿，朱喆，陈俊，等. 南澳多端柔性直流输电工程高压直流断路器本体故障控制保护策略研究及验证［J］. 电网技术，2018，42（7）：2339-2345.

[11] 中国西电研制成功 500kV 高压直流断路器［J］. 变压器，2018，55（2）：51.

[12] 赵力楠. 真空技术在直流断路器领域应用的探讨［J］. 高压电器，2019，55（6）：237-241.

[13] 刘黎，卢志飞，戴涛，等. 改进的混合直流断路器方案［J］. 电源学报，2019，17（2）：124-131.

[14] 洪潮，郭彦勋，李海锋，等. 适用于直流电网的新型机械式直流断路器［J/OL］. 高电压技术：1-7［2019-07-23］.

[15] 张翀，张轩，张志丰. 直流断路器与直流故障限流器的匹配研究［J］. 高压电器，2017，53（12）：

26-33.

[16] 刘冬. 模块级联固态变压器拓扑分析与控制策略研究 [D]. 沈阳：沈阳工业大学，2018.（24）：98-103.

[17] 刘文霞，徐雅惠，李乔乔，等. 考虑载荷状态不确定性的柔性多状态开关可靠性模型 [J]. 中国电机工程学报，2019，39（6）：1592-1602.

[18] 吕知彼，裴雪军，王朝亮，等. 基于柔性多状态开关的配电网电压波动越限抑制方法 [J]. 电力系统自动化，2019，43（12）：150-160.

[19] 蔡云旖，屈子森，杨欢，等. 柔性多状态开关改进型下垂控制策略 [J]. 电网技术，2019，43（7）：2488-2497.

[20] 张国荣，彭勃，解润生，等. 柔性多状态开关模型预测协同控制策略 [J]. 电力系统自动化，2018，42（20）：123-135.

[21] 霍群海，粟梦涵，吴理心，等. 柔性多状态开关新型复合控制策略 [J]. 电力系统自动化，2018，42（7）：166-170.

[22] 许烽，陆翌，裘鹏，等. 不同接地方式下无变压器型 SNOP 的交流故障特性分析 [J]. 浙江电力，2019，38（4）：34-40.

[23] Brenna M，Foiadelli M，Zaninelli D. Electromagnetic model of high speed railway lines for power quality studies [J]，IEEE Transactions on Power Systems，2010，25（3）：1301-1308.

[24] Zhao C，et al. Design implementation and performance of a modular power electronic transformer（PET）for railway application [C]，Proc. 14th Europe Conference on Power Electronics Applications，Birmingham，U.K.，2011：1-10.

[25] Akagi H，Kondo R. A transformerless hybrid active filter using a three-level pulsewidth modulation（PWM）converter for a mediumvoltage motor drive [J]. IEEE Transactions on Power Electronics，2010，25（6）：1365-1374.

[26] Ma F，et al. A Railway Traction Power Conditioner Using Modular Multilevel Converter and Its Control Strategy for High-Speed Railway System [J]. IEEE Transactions on Transportation Electrification，2016，2（1）：96-109.

[27] Wang X，Wang Y，Hu Y，et al. Analysis of Wireless Power Transfer Using Superconducting Metamaterials [J]. IEEE Transactions on Applied Superconductivity，2019，29（2）：1-5.

[28] GAO P，TIAN Z，WANG X，et al. Effect of the ratio of radial gap to radius of the coils on the transmission efficiency of wireless power transfer via coupled magnetic resonances [J]. AIP Advances，2018，8（3）：035020.

[29] Zhang Z，Ai W，Liang Z et al. Topology-Reconfigurable Capacitor Matrix for Encrypted Dynamic Wireless Charging of Electric Vehicles [J]. IEEE Transactions on Vehicular Technology，2018，67（10）：9284-9293.

[30] YANG C，HE Y，QU H，et al. Analysis，design and implement of asymmetric coupled wireless power transfer systems for unmanned aerial vehicles. AIP Advances，2019（2），9025206. [2019-02-12].

[31] Liu Y，Mai R，Liu D，et al. Efficiency Optimization for Wireless Dynamic Charging System With Overlapped DD Coil Arrays [J]. IEEE Transactions on Power Electronics，2018，33（4）：2832-2846.

[32] 汪飞，钟元旭，阮毅. AC-DC LED 驱动电源消除电解电容技术综述 [J]. 电工技术学报，2015，30（8）：176-185.

[33] 唐一纯. 小型集中式供电 LED 智能照明控制系统的设计 [D]. 广州：华南理工大学，2016.

[34] 李晶菁. 直流住宅微电网协调控制及稳定性研究 [D]. 合肥：合肥工业大学，2017.

[35] 朱孝勇，卜霄霄，左月飞，等. 基于解耦调制方式的共直流母线开绕组永磁电机容错控制 [J]. 中国电机工程学报，2019，39（10）：3056-3065.

[36] 张晓光. 永磁同步电机调速系统滑模变结构控制若干关键问题研究 [D]. 哈尔滨：哈尔滨工业大学，2014.

[37] Kundur P，Paserba J，Ajjarapu V，et al．Definition and classification of power system stability IEEE/CIGRE joint task force on stability terms and definitions [J]．IEEE Transactions on Power Systems，2004，19 (3)：1387–1401.

[38] 朱蜀，刘开培，秦亮，等．电力电子化电力系统暂态稳定性分析综述 [J]. 中国电机工程学报,2017(14)：5–19.

[39] 黎萌．电力系统暂态稳定时域仿真终止判据的研究 [D]．杭州：浙江大学，2015.

[40] Cepeda J，Rueda J，Colomé D，et al．Real–time transient stability assessment based on centre–of–inertia estimation from phasor measurement unit records [J]．IET Generation, Transmission & Distribution, 2014, 8 (8)：1363–1376.

[41] Hu T．A nonlinear–system approach to analysis and design of power–electronic converters with saturation and bilinear terms [J]．IEEE Transactions on Power Electronics，2011，26 (2)：399–410.

[42] Kunjumuhammed L，Pal B，Oates C，et al．Electrical oscillations in wind farm systems：analysis and insight based on detailed modeling [J]．IEEE Transactions on Sustainable Energy，2016，7 (1)：51–62.

[43] 刘华坤，谢小荣，何国庆，等．新能源发电并网系统的同步参考坐标系阻抗模型及其稳定性判别方法 [J]．中国电机工程学报，2017 (14)：59–64.

[44] Xue D，Liu J，Liu Z．DC Terminal Impedance Model of Voltage Source Converter With DC Voltage Control [C] // 2018 IEEE International Power Electronics and Application Conference and Exposition (PEAC)，Shenzhen，2018：1–4.

[45] 王赟程，陈新，陈杰，等．基于谐波线性化的三相 LCL 型并网逆变器正负序阻抗建模分析 [J]．中国电机工程学报，2016，36 (21)：5890–5898.

[46] Lyu J，Zhang X，Cai X．Harmonic State–Space Based Small–Signal Impedance Modeling of a Modular Multilevel Converter With Consideration of Internal Harmonic Dynamics [J]，IEEE Transactions on Power Electronics，2019，34 (3)：2134–2148.

[47] Sun J．Impedance–based stability criterion for gridconnected inverters [J]．IEEE Transactions on Power Electronics，2011，26 (11)：3075–3078.

[48] Wen B，Boroyevich D，Mattavelli P，et al．Experimental verification of the Generalized Nyquist stability criterion for balanced three–phase ac systems in the presence of constant power loads [C] //Proceedings of 2012 Energy Conversion Congress and Exposition．Raleigh，NC：IEEE，2012：3926–3933.

[49] 刘方诚，刘进军，张昊东，等．基于 G– 范数和 sum– 范数的三相交流级联系统稳定性判据 [J]．中国电机工程学报，2014，34 (24)：4092–4100.

[50] 袁小明，程时杰，胡家兵．电力电子化电力系统多尺度电压功角动态稳定问题 [J]．中国电机工程学报，2016，36 (19)：5145–5154.

[51] 张栋梁，应杰，袁小明，等．基于幅相运动方程的风机机电暂态特性的建模与优化 [J]．中国电机工程学报，2017 (14)：101–108.

[52] 王海峰，吴新振，卢子广，等．基于 STATCOM 的自激异步发电机小干扰稳定控制 [J]．中国电机工程学报，2017 (14)：109–116.

[53] 杨东升．弱电网下 LCL 型并网逆变器的电流和功率控制技术 [D]．南京：南京航空航天大学，2016.

[54] 杨苓，罗安，陈燕东，等，LCL 型逆变器的鲁棒延时补偿并网控制方法及其稳定性分析 [J]．电网技术，2015，39 (11)：3102–3108.

[55] Liu T，Liu J，Liu Z．A Study of Virtual Resistor–Based Active Damping Alternatives for LCL Resonance in Grid–Connected Voltage Source Inverters [J/OL]．IEEE Transactions on Power Electronics，2019 [2019–04–15].

[56] 杨苓，陈燕东，罗安，等．多机并联接入弱电网的改进型带阻滤波器高频振荡的抑制 [J]．电工技术学报，2019，34 (10)：2079–2091.

［57］杨树德，同向前，尹军，等．增强并网逆变器对电网阻抗鲁棒稳定性的改进前馈控制方法［J］．电工技术学报，2017，32（10）：222-230.

［58］曾正，赵荣祥，吕志鹏，等．光伏并网逆变器的阻抗重塑与谐波谐振抑制［J］．中国电机工程学报，2014，34（27）：4547-4558.

［59］Lin Z，Ruan X．A Three-Phase Adaptive Active Damper for Improving the Stability of Grid-Connected Inverters Under Weak Grid［C］// 2019 IEEE Applied Power Electronics Conference and Exposition（APEC），Anaheim，CA，USA，2019：1084-1089.

［60］丁广乾．含分布式电源的微电网电能质量控制技术研究［D］．济南：山东大学，2016.

［61］张雪松，赵波，李鹏，等．基于多层控制的微电网运行模式无缝切换策略［J］．电力系统自动化，2015，39（9）：179-184.

［62］梁建钢．微电网变流器并网运行及并网和孤岛切换技术研究［D］．北京：北京交通大学，2015.

［63］Meng X，Liu J，Liu Z．A Generalized Droop Control for Grid-Supporting Inverter Based on Comparison Between Traditional Droop Control and Virtual Synchronous Generator Control［J］．IEEE Transactions on Power Electronics，2019，34（6）：5416-5438.

［64］李彦林．微电网电能质量主动控制策略研究［D］．哈尔滨：哈尔滨工业大学，2014.

［65］卜立之．考虑电网电能质量的多功能并网逆变器控制算法研究［D］．天津：天津大学，2018.

［66］伞国成．电压源逆变器并网及 PCC 电压质量控制研究［D］．秦皇岛：燕山大学，2016.

［67］房志学，苏建徽，王华锋，等．微网逆变器低电压穿越控制策略［J］．电力系统自动化，2019，43（2）：143-155.

［68］郑玉浩．光伏并网系统故障穿越关键技术的研究［D］．吉林：东北电力大学，2016.

［69］韦徵，王俊辉，茹心芹，等．基于电网电压前馈补偿的光伏并网逆变器零电压穿越控制［J］．电力系统自动化，2016，40（4）：78-84.

［70］宋国兵，陶然，李斌，等．含大规模电力电子装备的电力系统故障分析与保护综述［J］．电力系统自动化，2017，41（12）：2-12.

［71］张惠智．逆变型分布式电源接入配电网的故障分析及保护原理的研究［D］．天津：天津大学，2015.

［72］李文立．含分布式电源配电网的故障特性分析与保护方案研究［D］．北京：北京交通大学，2018.

［73］肖繁．适用于新能源规模化接入的电网继电保护关键问题研究［D］．武汉：华中科技大学，2016.

［74］张惠智．逆变型分布式电源接入配电网的故障分析及保护原理的研究［D］．天津：天津大学，2015.

［75］刘星．含分布式电源配电网的自适应电流保护研究［D］．南宁：广西大学，2018.

［76］许崇新．大型光伏电站接入系统继电保护研究［D］．北京：华北电力大学，2015.

［77］张尧，晁勤，李育强，等．基于过渡电阻倾斜角的光伏并网自适应距离保护［J］．电力自动化设备，2016，36（1）：30-34.

［78］张尧，晁勤，王厚军，等．基于自适应分支系数的并网光伏电站接地距离保护［J］．电力自动化设备，2015，35（9）：113-117.

［79］王晨清，宋国兵，徐海洋，等．适用于风电接入系统的相电压暂态量时域选相新原理［J］．电网技术，2015，39（8）：2320-2326.

［80］唐浩．考虑 Chopper 动作的双馈风电机组故障特性及其对线路保护的影响［D］．北京：华北电力大学，2015.

［81］张保会，王进，郝治国，等．风电接入对继电保护的影响（三）——风电场送出变压器保护性能分析［J］．电力自动化设备，2013，33（3）：1-8.

［82］郑小江，姚刚，吴通华，等．综述高压直流输电线路继电保护技术的应用［J］．电子技术与软件工程，2018（24）：212.

［83］夏经德，罗金玉，高淑萍，等．特高压直流输电线路差动保护改进方案［J］．浙江大学学报（工学版），

2019，53（3）：579–588.

［84］张震，王飞，肖博文，等. 基于 Chebyshev 窗滤波的特高压直流输电线路保护方案研究［J］. 智慧电力，2019，47（2）：87–92.

［85］孔祥平，李鹏，阮思烨，等. 实景替代式特高压直流保护系统现场性能测试方案［J］. 电力系统自动化，2019，43（13）：139–148.

［86］曾鑫辉，谭建成. 柔性直流输电线路故障分析与保护综述［J］. 浙江电力，2019，38（6）：21–28.

［87］和敬涵，周琳，罗国敏，等. 基于单端电气量的多端柔性直流配电系统暂态保护［J］. 电力自动化设备，2017，37（8）：158–165.

［88］薛士敏，张超，高博，等. 基于模块化多电平换流器的直流电网保护方案［J］. 电力系统及其自动化学报，2018，30（3）：8–16.

［89］周家培，赵成勇，李承昱，等. 采用电流突变量夹角余弦的直流电网线路纵联保护方法［J］. 电力系统自动化，2018，42（14）：165–171.

撰稿人：刘进军　胡家兵　刘　增

高参数电机及其系统

一、引言

电机系统广泛应用于工业生产、交通运输、高端制造和国防军工等重大装备中，是支撑国民经济发展和国防建设的重要能源动力基础。马伟明院士在高性能电机系统的技术发展前沿中指出，高性能电机系统逐渐向“四高”“一低”“一多”，即高功率密度、高可靠性、高适应性、高精度、低排放、多功能复合方向发展[1]，高参数指标的高性能电机系统必然成为今后电机领域的发展方向，特别是在《中国制造 2025》中，高参数电机系统成为重大装备向高端化发展的关键与核心。本专题对高参数型电机系统进行归纳，分别从大功率电机、高功率密度电机、高精度电机、高速电机和高可靠性电机方面阐述我国高参数电机及其系统的研究进展。

二、最新研究进展

（一）大功率电机系统

目前，大功率电机主要应用于大型发电机组、大型舰船电力推进系统、电力机车牵引系统等。

近些年来，全球范围内发电产业的行业发展非常迅速，年装机容量的增长速度超过了 20%。随着风电、水电、火电等产业的迅速发展，发电机组的单机容量不断增大，兆瓦级以上的风力发电机组已经成为主流。大容量大规模的发电机组可以有效减少设备的运行维护成本，降低发电成本，从而提高发电的市场竞争力。目前，我国水轮发电机的单机容量已达到 700MW（三峡电站）和 800MW（向家坝电站），汽轮发电机的最大容量达到了 1150MW，风力发电机的最大单机容量达到了 10MW。

大型舰船电力推力需要容量大、可靠性高和转矩密度高的电机。在舰船电力推进系统中，感应电机作为第一代大容量推进电机的典范，近些年，通过增加相数，多相感应电机成为舰船推进用大功率电机的研究热点。由于永磁同步电机可以做到更大的功率及更高的功率密度，增加运载能力，特别适合在空间受限的多功能舰船上使用[2]。我国舰船电力推进系统的主要研究机构有海军工程大学、哈尔滨工程大学、武汉理工大学和中船重工 712 所。海军工程大学已经在舰船用大功率感应电机方面取得了关键技术的突破，于 2011 年至 2018 年先后研制数十兆瓦级十五相和十二相感应推进电机系统、十二相和双六相永磁推进电机系统，转矩密度、功率密度等核心性能指标达到了国际领先水平，优于国外同类产品；攻克了几百千瓦至数十兆瓦推进电机的集成优化设计、高效冷却、输出电压精确控制、关键加工工艺固化等关键技术，提高了我国舰用发电机的单机容量、集成化程度、运行效率和功率密度，实现了我国舰用电力推进系统的高功率等级、高功率密度和高效率，满足了大型舰船模块化应用需求[3]。中船重工 712 所于 2010 年研制成功兆瓦级双十二相永磁推进电机系统样机，现已应用于国防重大工程。与先进感应电机和永磁同步电机相比，超导电机是未来舰船电力推进电动机技术发展的主要方向，它具有更高效率、更高功率密度、体积小、重量轻、噪声低等优点，但许多超导技术需要进一步发展和完善。

电力机车牵引系统主要采用异步感应电机，近年来，由于永磁同步电机效率高、功率密度大，基于永磁同步电机的电力机车牵引技术受到了相关行业的关注。

（二）高功率密度电机系统

电机系统高功率密度是其所应用领域的一致追求，功率密度已经成为电机设计中一个非常重要的设计指标。高功率密度范畴也涵盖高转矩密度和高储能密度。为了提高电机的功率密度，通常可以采用提高电机电磁负荷能力、提高转速和改进散热结构等方法。对于不同的应用环境，由于对电机转矩、转速、过载能力的需求各不相同，在对电机系统功率密度的评估中一定要加入严格的约束条件。

在电动车研究领域，使用有限能量的电池作为能量来源，平台的质量和体积有限，要求驱动电机具有高功率密度特点。而且电动车电机的转速较高，电机的功率密度值高。在此，作为高功率密度电机的典型应用平台，借鉴电动车电机的研究成果，来说明高功率密度电机的研究进展。早在 80 年代我国有关方面就已提出并着手发展电动汽车。“十五”“十一五”期间，先后启动了“863”计划“电动汽车”重大科技专项、“节能与新能源汽车”重大项目等，研制的高功率密度永磁电机功率密度达最高达到 1.9kW/kg，电机最高效率达到 95%[4]。其中，一汽的红旗牌混合动力轿车采用了哈工大研制的永磁同步电机作为驱动电机，永磁同步电机及其控制系统的峰值功率 45kW，最大转矩 199.5N·m，电机效率 94%，功率密度为 1.5kW/kg；东风混合动力客车开发了开关磁阻电机，峰值功率 60kW，最大转矩 319N·m，定子采用水冷结构，系统最高效率 92%；上海大学混合动力汽车用高密度牵引电动机峰值功率 21kW，峰值转矩 134N·m，最高转速 6000r/min，功率质量 1.2kW/kg[5, 6]。“十三五”期间，国家科技部发布的“新能源汽车”重点专项 2018 年度项目申报指南中规定，对于直驱电机峰值功率密度不小于 2.5kW/kg，峰值转矩密度大于 18N · m/kg，连续比功率大于 1.8kW/kg，最高效率不小于 94%，对于减速器驱动电机最高转速大于 15000r/min，电驱动总成匹配额定功率 40 ~ 80kW，比功率大于 1.8kW/kg（峰值功率 / 总重量），最高效率大于 92%。另外，国内学者在研究高功率密度电机的进程中，相继研发了各种新类型的电机。比如，高温超导电机、轴向叠片各向异性转子磁阻同步电机、横向磁通永磁同步电机、混合励磁双凸极电机等。

在高功率密度电机的研究中，存在的关键技术有以下几个方面：

（1）多物理场耦合和多目标综合优化技术：在航空航天飞行器、电动机车、舰船等应用领域，有限的空间和极大的能量需求，对电机系统的功率密度指标要求越来越高，而为了实现电机轻量化设计，关键是要提高电机的转速和电磁负荷，但高速和高电磁负荷会影响电机系统的效率、损耗和发热，电机的散热结构和系统结构趋于极限设计，电机内部应力较大，振动和噪声明显提高。因此，为了实现高功率密度电机的系统设计，需要面对电、磁、热、力等多场的耦合效应，研究高功率密度电机内部的多物理量的耦合特性及相互作用机理，同时能够对多个极限目标参量进行合理的优化设计。

（2）损耗计算及散热结构设计：对于高功率密度电机来说，由损耗引起的电机发热问题往往成为高功率密度电机功率密度进一步提升的制约因素。因此，除了要准确计算电机内损耗，还需要设计合理的散热结构以提高电机的散热效率，降低电机内温升最高部位的温度[7-10]。

（3）新材料及设计技术：采用新材料的高效率高功率密度电机还比较少，仍然以硅钢片材料为主，近些年开始逐渐研究非晶合金在高速电机中的应用，铁钴合金的损耗特性、电磁特性以及在永磁电机中的应用有待进一步研究[11-14]。

（三）高精度电机系统

在光刻机、精密数控机床等先进制造领域的高精尖设备中，高精度电机系统一直作为高端制造的关键技术制约着其快速发展。高端制造装备中应用的高精度电机主要有伺服电机和精密直线电机，下面阐述这两种高精度电机目前的研究进展情况。

1. 伺服电机

伺服电机是目前应用最广泛的电机类型之一，在数控机床、机器人、电子设备制造业等工业领域广泛应用[15-20]，伺服电机系统也随着各行业的飞速进步迅猛发展。近年来，我国伺服电机发展迅速，但与国外伺服电机核心技术的差距仍然显著，伺服电机市场分布情况如表 1 所示。目前，以松下、安川、三菱为代表的日系品牌仍占据我国伺服电机市场的主要份额，达到约 45%，而西门子、博世、施耐德等欧系品牌主要占据高端市场，市场份额接近 30%，罗克韦尔和丹纳赫等美国品牌市场份额占比约 15%，国产伺服电机市场份额占比不足 10%，而且普遍应用在中低端场合。现阶段我国大部分自主伺服电机产品技术路线基本与日系伺服电机相似，功率等级普遍在 22kW 内。目前国内伺服电机生产商主要包括汇川、埃斯顿、英威腾等。

表 1　中国伺服电机市场分布情况

区域	代表公司	市场占比	应用场合
日本	松下、安川、三菱	45%	中高端
欧洲	西门子、博世、施耐德	30%	高端
美国	罗克韦尔和丹纳赫	15%	中高端
中国	汇川、埃斯顿、英威腾	10%	中低端

伺服系统的技术指标包括调速范围、精度、稳速精度、动态响应和运行稳定性来衡量。目前，国外高端产品的调速范围可达到 1∶200000 以上，国内产品调速范围可以达到 1∶10000 以上，但距离国外高端产品还有一定距离。在控制精度上，国外伺服系统的转矩控制精度可达 1%，而国内产品在 5% 左右；在稳速精度上，国外产品达到 0.01%，国内同类产品通常为 0.1%；在位置控制精度上，国外产品达到 1μm，而国内同类产品仅达到 10 ~ 50μm。为了实现数控机床、机器人的高动态运动，必须考虑伺服电机的动态响应能力。早在 2010 年，安川公司推出的 Σ-V 系列伺服控制器的速度响应频率就达到了 1.6kHz，国外高端产品的响应带宽已经突破 3kHz，而我国主流产品只在 200Hz 到 1kHz 之间。此外，国内伺服电机系统产品外形尺寸普遍偏大，在同等转矩和功率条件下，国内产品的体积和重量要比国外产品高 15% 以上。

2. 精密直线电机

高性能直线进给系统是中高档数控机床、数控加工中心、光刻机等重大装备技术发展的核心技术之一[21-25]。传统直线进给系统大多采用“旋转电机 + 滚珠丝杠”的方案，这种传动方案由于中间机械传动环节存在较大的弹性变形、反向间隙、回程差等非线性因素，导致进给系统存在控制精度低、噪声大、传动效率低、寿命低的问题。而直线电机的动子可以直接驱动负载做直线运动，因此易于实现高速、高加速、高精度等性能。当前，精密直线电机基本可以归为以下几类，一类是以永磁同步直线电机为代表的长行程宏动直线电机，其行程从几十毫米到几米不等，具有高速度、大推力等特点，定位精度为微米级。另一类是以音圈电机为代表的短行程微动直线电机，其行程一般为几毫米，具有高动态频响和超高精度等特点，定位精度达到纳米级。另外，在光刻设备中，精密平面电机逐渐取代多直线电机组合结构形式，是一种能够实现平面多维直线运动的新型电机，提高了光刻设备的集成度。

（1）永磁同步直线电机：精密运动平台用永磁同步直线电机分为多种类型，如：无铁心、无槽和有铁心等。在精密运动平台的研究背景下，永磁同步直线电机选型是关键的技术难题之一[26，27]。对于无铁心电机，无定位力并且推力波动极小，容易满足在空载或轻载状态下高定位精度要求，其关键难题是实现电机兼具高推力密度、高电机常数和低推力波动等性能。对于有铁心电机，推力密度和电机常数相对较大，容易满足在高过载状态下高加速度要求，但是由于存在定位力和空载法向力波动，难以满足在空载或轻载状态下高定位精度要求，故其关键问题是抑制三维电磁力波动，特别是降低定位力波动，同时维持较高的推力密度[28，29]。

（2）音圈电机：音圈电机的工作原理较为简单，电机出力的理论基础便是通电导线在磁场中受洛伦兹力的作用，并且电机绕组仅在同一极性磁极下运动。从形状来分类有：圆筒型、方筒型及平板型；从结构来分类有：有铁心和无铁心；从运动部分分类有：动线圈式和动磁钢式。不同类型直流直线电机均有其自身特点，由其工况、外形需求及性能指标决定最终的类型。目前，根据国外各生产商的样品性能参数，音圈电机定位精度在纳米级，持续推力下推力密度在 1.4×10^{-4}N/mm^3 至 3.0×10^{-4}N/mm^3 范围内。哈尔滨工业大学为双工件台光刻机系统研制了一系列音圈电机，推力等级从几牛到几百牛不等，表面温升控制在 22 ± 1℃以内，漏磁小于 90mT，最高频响达到 300Hz，定位精度达到几纳米[30，31]。华中科技大研制了一台高响应短行程直流直线电机，采用了动圈、双预压弹簧和双环形磁钢结构。电机推力密度为 2.73×10^{-4}N/mm^3，最高频响达到 100Hz，定位精度为 1μm[32，33]。

（3）平面电机：其结构一般主要包括动子部件、定子部件以及起支撑作用的相关结构。根据电磁力产生的原理，目前可大体将平面电机分为变磁阻型、感应型、永磁同步型和直流直线型四类[34-37]，其中各类型平面电机电磁推力的产生原理均与同类型旋转电机电磁转矩的产生原理相似。在各类型平面电机中，永磁同步型平面电机在整体结构、定位精度、损耗、动态性能等方面具有良好的综合性能，所以该类型平面电机是近期国内外研究和开发的热点。

国内在平面电机方面的研究工作起步较晚，加上国外方面的技术封锁，同时受到国内超精密加工技术落后、平面电机研究缺乏需求推动力等因素的影响，总体而言，在平面电机方面的研究水平不高、力度不够，目前仅停留在结构和原理分析阶段。其中，西安交通大学提出了一种动磁式的永磁同步平面电动机[38]，清华大学提出了一种新型带铁心的动圈式永磁同步平面电机[39]，哈尔滨工业大学提出了同心式绕组永磁同步平面电机[40]。

（四）高速电机

高速电机通常是指转速超过 10000 r/min 或难度系数（转速和功率平方根的乘积）超过 1×10^5 r/min 的电机，特别是以高速高精度电主轴为代表的高速电机，普遍应用在数控机床等先进制造装备中，受到各国的广泛重视。

近年来，我国高速电机的研究发展很快，广州昊志机电有限公司、洛阳轴承研究所、清华大学、北航、沈工大等公司企业和研究机构均取得了高水平的研究成果，但在一些高端制造装备中，高速电机基本依赖进口产品，我国在高速电机设计技术和各项性能指标方面与国外存在较大差距。目前，受到电机轴承技术、电机设计及其驱动控制技术约束，我国高速电机的转速一般在10000rpm以内，最大功率在50kW以内。影响高速电机发展的关键技术主要有以下几个方面：

（1）转子动力学设计技术：随着电机转速越来越高、功率越来越大，转子振动成为重要的制约因素，它不但会产生噪声，降低工作效率，严重时还会造成旋转机械的破坏。转子系统包括横向振动，扭转振动和弯曲振动，转子动力学的主要研究对象是旋转机械的转子弯曲振动[41，42]。

（2）电机轴承技术：目前高速电机轴承主要采用普通精密角接触球轴承，其精度寿命有限，可靠性差。在部分产品中普遍采用陶瓷球轴承，其耐温高、寿命长，并具有绝缘等特点，但制造工艺复杂。目前，在部分科研院所中开展了磁悬浮轴承的研究工作。

（3）电磁损耗计算与抑制技术：在常规交流电机中，由于通电频率不高，涡流场在导体中引起的电流分布不均可以忽略不计，可以通过直流电机来计算绕组的焦耳损耗即绕组的电磁铜耗。然而在高速电机中，高频涡流场作用增强，造成了导线截面电流分布不均匀甚至反相，导线通过电流的有效截面积减小，导线有效电阻、绕组铜耗变大[43，44]。

（五）高可靠性电机

高参数电机系统广泛应用于高端数控机床、机器人、全电飞机、全电船舶、电动汽车等全电推进系统中，在这些装备面向高端发展过程中起到了决定性作用。随着应用领域的不断拓展和运行工况的复杂多变，高参数电机系统的可靠运行能力成为制约其发展的关键因素。高参数电机系统的极限性能需求使电机系统中多物理因素的交互效应更为突出，电机系统的故障发生率更高，系统的可靠性受到了极大的挑战。同时，在某些应用在恶劣环境和极端工况下的电机系统，其质量、体积更紧凑，其本身的温度特性、机械特性趋近于极限指标，瞬时高过载等极端的服役特性机制进一步威胁了高参数电机系统的可靠运行。

当前，对高可靠电机系统的研究集中在材料损伤和器件失效机理、故障诊断与容错运行、可靠性评估方法上。

1. 材料损伤和器件失效机理

高可靠电机的一系列极限性能指标将会加速电机材料的损伤进程，降低系统的可靠性。高功率密度通常伴随着高的温升，这不仅会破坏漆包线的绝缘层，还会影响硅钢片的电磁特性曲线，降低硅钢片的比总损耗[45]。此外，工作在极端环境下的重大装备中，电机系统除了高功率密度等性能需求外，压强、温度的剧烈变化也会影响电机系统的可靠性[46]，高空中的低压环境会降低电机系统的散热能力，而高低温的剧烈变化不仅会挑战材料的工作性能，还会加快材料的老化。电机驱动控制系统故障主要体现在整流或逆变电路中功率器件的短路和断路上，特别是在高参数电机系统中，高功率密度等指标对功率器件的集成度要求越来越苛刻，器件通常处于高压、大电流和高开关频率等工作状态，导致功率器件承受着巨大的电应力，极易造成器件的瞬态损毁[47]。目前，对电机系统器件失效的研究主要集中在老化失效问题上，通过监测和模拟老化失效行为的研究方法已经相对成熟，但在高功率密度电机系统中常出现的瞬态失效方面，由于故障的随机性和不确定性，具有较大的研究难度，相关学者开展了功率器件过电压击穿特性[48]、过电流热损伤[49]等方面的研究工作。为了有效解决功率器件瞬态失效问题，应该从器件的工作机制上剖析其失效过程，研究瞬态失效过程中器件的失效模型。

2. 故障诊断与容错运行

电机系统故障诊断及容错控制是其可靠性研究中的主要方向，普遍集中在开关管、直流母线电容、电流传感器、速度传感器等故障的诊断方面。开关管故障是电机驱动控制器失效的主要来源，目前功率模块的封装绝大多数为焊接式，焊接式功率模块开关管的最终故障形式为开路故障。开关管的开路故障诊断方法[50, 51]可以分成基于模型与不依赖于模型两大类。基于模型的故障诊断方法是现有故障诊断技术研究的热点，又可派生出专家系统法[52, 53]、电流检测法[54, 55]和电压检测法[56]。因获取系统的准确数学模型较为困难，不依赖于模型的故障诊断方法受到了人们的高度重视，如基于神经网络的方法、基于相空间重构和模糊控制的方法[57]等。开关管故障诊断及定位后，一般可以采用冗余和容错两种方法继续运行。基于冗余的开关管容错控制方法需要硬件上具有冗余桥臂；基于调制策略的开关管故障容错控制方法无需额外的硬件冗余，往往利用故障后形成的三相四开关结构形式，应用磁链轨迹追踪等方法，调整 PWM 调制策略，使电机驱动器继续容错运行，但需要解决直流母线电容电压的均衡控制问题[58]。

3. 可靠性评估方法

传统的可靠性理论只将电机系统分为正常和失效两种状态，但电机系统从正常到失效通常有一个连续的退化过程。相对于失效数据来说，电机系统的退化数据包含更多的可靠性信息，而且通过电机系统的退化信息进行可靠性建模更能提高评估方法的准确性。1988 年 Nair 就曾指出退化数据对于可靠性评估来说是一个丰富的信息源[59]，会为产品的可靠性研究开辟一条新的途径。目前可靠性评估常用的方法为基于失效时间数据的评估方法[60]，对于电机系统这样的长寿命产品来说，其失效次数较少或根本不出现失效时，需要通过增加样本数量或增加试验时间来获取充足的失效数据[61]，使得试验成本和试验周期难以承受。而加速可靠性试验方面，当前很难清楚认识到可靠性试验与加速实验的区别，现有研究成果仅将振动试验、热冲击试验、环境试验等认为是可靠性或加速寿命试验[62]，而后进行数学计算得到系统寿命或可靠性，因此不是实际意义上的可靠性或寿命试验，其试验结果与系统可靠性、寿命关联不大。

三、国内外研究进展比较

我国在舰船用大功率电机的研究中取得了较大的进步，部分技术指标已经优于国外相关产品。英国皇家海军45型驱逐舰选用由Converteam公司生产的15相20MW感应电机提供动力；美国的朱姆沃尔特级驱逐舰装备有两台34.6 MW、额定转速120 r /min的先进感应电机；美国DDG1000驱逐舰搭载的是ALSTOM公司研制的20MW级新型感应电动机，转矩密度达到100kN/m^2，是工业级感应电机的8倍；DRS Technologies公司研制开发了36.5 MW、额定转速127 r /min的永磁同步推进电机，其电机满载时效率达到97.5%。国内大容量多相感应推进电机主要用于大型水面舰船。海军工程大学于2004年研制成功15相感应电机系统原理样机后，联合国内相关科研院所和制造企业，于2008年成功研制十兆瓦级感应推进电机和数十兆瓦级推进变频器，突破了电机蒸发冷却、磁脂密封，推进变频器主电路设计、非正弦控制等关键技术。2011年，又研制成功数十兆瓦级15相感应推进电机系统，转矩密度等核心性能指标优于国外同类产品，达到了国际领先水平，现已用于国防重大工程。2018年试制成功的12相感应电机系统进一步提高了推进电机和变频器的功率密度，降低了振动噪声。对于多相永磁推进电机系统，中船重工712所起步较早，于2005年研制成功600kW级永磁推进电机系统原理样机，并于2010年研制成功兆瓦级双12相永磁推进电机系统演示验证样机，现已应用于国防重大工程。海军工程大学于近年来进军永磁推进电机领域，于2015年研制成功兆瓦级12相低振动噪声永磁推进电机系统，振动噪声达国内领先水平。2018年，又成功研制了数十兆瓦级双6相永磁推进电机系统，实现了我国永磁推进电机功率的大幅跃升，转矩体积密度等关键性能指标优于美国DRS公司的36.5MW永磁推进电机。

在无人机等航空航天飞行器中，我国对高功率密度电机的研究起步较晚，技术成熟度也相对落后。英国西风号（Zeyphr）太阳能无人机采用永磁无刷直流电机，该电机为表贴式外转子集中绕组结构形式，电机的额定转速为1300r/min，轻载时电机本体最高效率93.8%，满载时最高转矩密度达到6.5N·m/kg。瑞士“阳光动力2号（Solar Impulse 2）”太阳能飞机采用四台永磁无刷直流电机直驱方案，电机采用多级多槽方案，定子采用开口槽结构和分数槽集中绕组形式，转子采用表贴分段式结构，电机的额定功率为12kW，额定转速为530r/min，有效部分质量37kg，有效质量下的功率密度为0.324kW/kg。综合来看，国外太阳能无人机推进电机一般采用永磁同步电机或者无刷直流电机方案，电机的额定转速不高，一般处于300～1500r/min之间，定子采用分数槽集中绕组形式，转子采用多级表贴式永磁体结构，选择较小的长径比以减轻结构质量。国内研究无人机用高功率密度电机的高校有哈尔滨工业大学、西北工业大学和中电科21所。

在数控机床、光刻机等高端制造装备中应用的精密直线电机系统，相比于国外产品存在差距明显。目前，国内直线电机市场上外资品牌约占 60% 以上，比如：雅科贝思、沙迪克、科尔摩根、Parker 等。国产品牌多而杂，并且均不出众。虽然价格远低于进口产品，但是在技术、制造工艺、质量方面还有待提高，还未受到大众厂商的广泛认可，国内知名品牌主要有深圳大族、郑州微纳等。在国外品牌中，直线电机的推力等级从几牛到几万牛不等，精密直线电机的推力波动达到 1% 以上，而国内目前直线电机种类较少，推力等级普遍在万牛以内，推力波动高于 3%，在制造工艺和控制技术上也相对落后。在新型精密平面电机的研究中。我国还处于实验室研究阶段，而国外已经应用到相关产品中。光刻机三大制造商之一的荷兰 ASML 成功研制出大行程磁浮平面电机，并应用于其 TWINSCAN NXT1950i 光刻机中。日本横河电株式会社已经推出了 PLANESERV 系列平面电机，该电机的最大推力 150N，最大速度 0.5m/s，最大运动范围 500mm × 500mm，定位精度可达 ± 1μm，最大容许回转转矩 15N · m。我国台湾地区的上银科技股份有限公司（HIWIN）生产出两款型号分别为 LMSPX1 和 LMSPX2 的混合式变磁阻平面步进电机，最大承载分别为 14kg 和 28kg，最大速度为 0.9m/s 和 0.8m/s，最大推力为 75N 和 140N，最大定子尺寸为 1000mm × 600mm，分辨率为 1μm。

在高速电机方面，与国外同类产品对比，我国高速电机方向的发展还有一定距离，相关技术主要集中在科研院所和高校中，还未普遍应用在工业应用中。在瑞士、德国、日本、韩国等国家均有代表性的电机研究成果，其中最引人注目的是位于苏黎世的瑞士联邦理工学院，在 2014 年的研究成果中展示了采用主动磁悬浮系统的 300W、500000rpm 样机系统，在电机本体结构设计中采用了无槽、无铁心结构以获得高的磁悬浮轴承带宽，最高运行速度达到 505000rpm，在 2016 年发表的最新研究成果中公布了最新设计的转速高达 250000rpm 的高速感应电机样机系统。德国的达姆施塔特工业大学对用于飞轮储能的 40kW、40000rpm 样机进行了三轮设计，验证了高速电机研制过程中电机类型、转子结构、护套结构、驱动控制策略等对于高速电机系统实现的影响。此外，还研制成功了 0.5kW、60000rpm 的磁悬浮无轴承电机，目前正在研制 40kW、60000rpm 的无轴承电机。韩国电气研究院与韩国东亚大学联合研制了 15kW、120000rpm 的高速永磁同步电机。并依据损耗、机械强度、临界转速以及动平衡对其护套的厚度的选取进行了深入分析研究。韩国电气研究院与韩国三星电子公司提出了一种适用于高速运行的新的内嵌式永磁同步电机转子结构，并设计了一台 8kW、40000rpm 的样机，采用这种新型转子结构能够有效降低磁钢使用量，仅相当于表贴式电机的 53%。我国高速电机的研究主要集中在高校，清华大学设计了采用主动磁轴承的高速永磁同步电机控制系统，其额定转速为 80000rpm，在控制器中采用了相位整形技术，基于实验测定的模态频率，设计结构简单有效的磁轴承超临界控制器，提升了磁轴承系统对于转子一阶弯曲临界振动的阻尼效应，最终转子系统在高于 480000rpm 的转速下平稳超越一阶弯曲临界，并成功运行到 81840rpm。南京航空航天大学设计了 1.5kW、136000rpm 的超高速开关磁阻电机，并且针对高速开关磁阻电机的运行特点，对其电磁设计、损耗计算、结构应力分析、转子动力学分析等综合多参数设计方法进行了研究和分析。北京航空航天大学设计研制了采用磁悬浮轴承的 100kW、32000rpm 的高速大功率永磁同步电机系统。哈尔滨工业大学研制了 30kW、96000rpm 的高速永磁同步发电机，对其磁场及损耗进行了分析，并研究了电机的关键尺寸参数的变化对电机损耗及效率的影响。

四、发展趋势及展望

（一）极端环境下电机材料和器件的极致使用

相对于民用和传统工业应用领域的一般参数电机及系统，高参数电机系统主要应用于极端环境条件下（如高温、低温、低压、强辐射、强振动等）的特殊应用领域（舰船推进、航空航天、高端制造），要求高参数电机系统应加强极端环境条件下的适应性、极端使用和试验条件下的运行可靠性基础研究，满足不同行业的发展需求。当前，适合于极端环境和使用条件下的高参数电机系统，是电机学科的一个新的发展方向，同时对电机材料和器件的极限应用提出了较高要求。

为了实现材料与器件的极致应用，需要拓展材料和器件精确模型的边界。目前常规的设计方法都参照周期稳态方法设计，电机系统体积重量过于庞大，工程应用困难；若过度追求小型化，则可靠性低，可能超过材料和器件的失效边界，存在重大安全隐患。在电机系统设计中，对材料（电工材料、结构材料、绝缘材料和其他辅助部件）和器件在极端环境和工况下的服役特性和规律认识比较欠缺，会影响电机系统的实际性能水平和使用品质。为此，必须拓展材料和器件精确模型的边界，使其更好地服务于极端环境和工况下电机系统的设计[1]。

（二）强约束条件下电机设计技术与分析方法

现代电机的设计过程中存在多个变量和性能指标之间的关联和制约，电机内部的电、磁、力、热等物理量和相关物理量之间的耦合影响及演化关系也更加突出，电机的分析与设计方法需要由常规的理论与技术向挖掘电机极限性能的精细化、全局化设计转变。

对于高参数电机系统的设计技术的发展重点，应该包括：多物理场综合分析与多目标优化设计技术、基于能源 - 电机 - 驱控 - 负载的一体化集成设计技术、高参数电机系统环境适应性评估方法、高参数电机系统特殊工艺与制造技术、极致工况下电机热特性分析及冷却技术等。

（三）高性能驱动控制技术

高参数电机系统的高性能指标对驱动控制技术提出了严苛的要求。高精密电机中，电机模型和参数在运行过程中的变化和不确定性影响到矢量控制精度，单一的控制理论已不能满足电机控制精度要求，多种参数辨识、多种智能控制相结合的现代控制理论应用将是大势所趋。位置传感器限制了电机在极端工况下的应用，因此无位置传感器控制成为高参数电机系统中的重要研究内容。驱动控制器的高可靠性是高可靠性电机研究中的必要环节，“开绕组”与冗余控制等新控制技术可实现电机绕组或电流器发生局部故障时的冗余运行。

（四）先进电机测试和检测技术

被测电机测试过程中的精确加载一直是电机测试的难点所在。在高参数电机系统的研发过程中，这一问题将更加突出。极端环境、极端工况等强约束条件下，传统测试系统已无法适用。目前，高速电机精密直线电机加载测试、平面电机等加载测试均存在较高挑战，亟须研究先进的电机测试技术，开发高参数电机测试装备。

为保障高参数电机系统的可靠运行，电机运行过程中的状态监测与故障诊断不可或缺。高参数电机检测包括温度、绝缘、振动、噪声的检测与故障诊断等，对多传感器、数据采集、信号处理、诊断理论与方法、电机寿命预测等多项技术均提出了新的要求。目前，基于现代分析理论的智能诊断技术和远程虚拟仪器技术是高参数电机系统检测技术的重要发展趋势。

参考文献

［1］马伟明，王东，程思为，等．高性能电机系统的共性基础科学问题与技术发展前沿［J］．中国电机工程学报，2016，36（8）：2025-2035.

［2］华斌，周艳红，谢冰若，等．电机技术在舰船电力推进系统中的应用研究［J］．微电机，2015，48（5）：101-105.

［3］马伟明．电力电子在舰船电力系统中的典型应用［J］．电工技术学报，2011，26（5）：1-7.

［4］张江鹏．高空飞行器用高效率高功率密度永磁同步电机研究［D］．哈尔滨：哈尔滨工业大学，2018.

［5］符荣．电动客车永磁同步电机设计与参数研究［D］．西安：西北工业大学，2015.

［6］高鹏．电动汽车用永磁轮毂电机的设计研究［D］．天津：天津大学，2015.

［7］李立毅，张江鹏，赵国平，等．考虑极限热负荷下高过载永磁同步电机的研究［J］．中国电机工程学报，2016，36（03）：845-852.

［8］江善林．高速永磁同步电机的损耗分析与温度场计算［D］．哈尔滨：哈尔滨工业大学，2010.

［9］黄旭珍．短时高过载无槽圆筒型永磁直线电机电磁及温升特性研究［D］．哈尔滨：哈尔滨工业大学，2012.

［10］陈中帅．电机导热散热节能技术及应用研究［D］．上海：东华大学，2016.

［11］刘文昌．铁钴软磁合金加工性能的研究［J］．钢铁研究，2008，36（6）：34-36.

［12］Fan T，Li Q，Wen X H．Development of a High Power Density Motor Made of Amorphous Alloy Cores［J］．IEEE Transactions on Industrial Electronics，2014，61（9）：4510-4518.

［13］Zhang P，Ionel D M，Demerdash N A．Saliency Ratio and Power Factor of IPM Motors with Distributed Windings Optimally Designed for High Efficiency and Low-Cost Applications［J］．IEEE Transactions on Industry Applications，2016，52（6）：4730-4739.

［14］Fang L，Jung J，Hong J，et al．Study on High-Efficiency Performance in Interior Permanent-Magnet Synchronous Motor with Double-layer PM Design［J］．IEEE Transactions on Magnetics，2008，44（11）：4393-4396.

［15］鲁文其，胡育文，梁骄雁，等．永磁同步电机伺服系统抗扰动自适应控制［J］．中国电机工程学报，2011，31（3）：75-81.

［16］王伟华，肖曦．永磁同步电机高动态响应电流控制方法研究［J］．中国电机工程学报，2013，33（21）：117-123.

［17］杨明，胡浩，徐殿国．永磁交流伺服系统机械谐振成因及其抑制［J］．电机与控制学报，2012，16（1）：79-84.

［18］孙振兴．交流伺服系统先进控制理论及应用研究［D］．南京：东南大学，2018.

［19］王田苗，陶永．我国工业机器人技术现状与产业化发展战略［J］．机械工程学报，2014，50（9）：1-13.

［20］梁学修．工业机械臂交流伺服控制系统关键技术研究［D］．北京：中国农业机械化科学研究，2017.

［21］沈丽．高精度永磁直线伺服电机法向力波动分析与抑制方法研究［D］．沈阳：沈阳工业大学，2014.

［22］王明义．精密永磁直线同步电机电流闭环控制关键技术研究［D］．哈尔滨：哈尔滨工业大学，2016.

［23］Sung，C．，Y．Huang．Based on Direct Thrust Control for Linear Synchronous Motor Systems［J］．IEEE Transactions on Industrial Electronics，2009，56（5）：1629-1639.

［24］李致富．面向集成电路产业的宏/微两级驱动高速高精度定位问题研究［D］．广州：华南理工大学，2012.

［25］王利．现代直线电机关键控制技术及其应用研究［D］．杭州：浙江大学，2012.

［26］陈正．基于非线性和柔性特性分析及补偿的直线电机精密运动控制［D］．杭州：浙江大学，2012.

［27］党选举，徐小平，于晓明，等．永磁直线同步电机的小波神经网络控制［J］．电机与控制学报，2013，17（1）：43-50.

［28］任宁宁，李槐树，薛志强，等．多段式初级铁芯圆筒型永磁直线电机齿槽力研究［J］．海军工程大学学报，2017，29（5）：14-18.

［29］唐勇斌．精密运动平台用永磁直线同步电机的磁场分析与电磁力研究［D］．哈尔滨：哈尔滨工业大学，2014.

［30］潘东华．面向超精定位系统无铁心直流直线电机精确建模与优化研究［D］．哈尔滨：哈尔滨工业大学，2013.

［31］陈启明．超精密定位音圈电机驱动控制系统研究［D］．哈尔滨：哈尔滨工业大学，2016.

［32］陈幼平，杜志强，艾武，等．一种短行程直线电机的数学模型及其实验研究［J］．中国电机工程学报，2005，25（7）：131-136.

［33］杜志强．高响应短行程直线直流电机的建模、控制与实验研究［D］．武汉：华中科技大学，2006.

［34］Cao Guang-Zhong，Fang Ji-Lin，Huang Su-Dan．Optimization Design of the Planar Switched Reluctance Motor on Electromagnetic Force Ripple Minimization［J］．IEEE Transactions on Magnetics，2014，50（11）：1-4.

［35］Kumagai M，Hollis R L．Development and control of a three DOF planar induction motor［C］// Robotics and Automation（ICRA），2012 IEEE International Conference on．IEEE，2012：3757-3762.

［36］周赣，黄学良，蒋浩，等．Halbach 型磁悬浮平面电动机电流控制方法［J］．电工技术学报，2010（5）：69-75.

［37］寇宝泉，张鲁，李立毅．复合电流驱动的永磁同步平面电机［J］．电工技术学报，2012，27（3）：139-146.

［38］郝晓红，梅雪松，张东升．动磁型同步表面电机的磁场和推力［J］．西安交通大学学报，2006，40（7）：

823–826.

［39］Zhu Y，Zhang S，Mu H，et al．Augmentation of propulsion based on coil array commutation for magnetically levitated stage［J］．IEEE Transactions on Magnetics，2012，48（1）：31–37.

［40］寇宝泉，张鲁，邢丰，等．高性能永磁同步平面电机及其关键技术发展综述［J］．中国电机工程学报，2013，33（9）：79–87.

［41］李艳明，郭宏，谢清明，等．充磁导致的超高速永磁同步电机不平衡磁拉力［J］．北京航空航天大学学报，2013，39（6）：771–775.

［42］白晖宇，荆建平，孟光．电机不平衡磁拉力研究现状与展望［J］．噪声与振动控制，2009（6）：5–7.

［43］Wojda R P，and Kazimierczuk M K．Analytical Optimization of Solid–Round–Wire Windings［J］．IEEE Transactions on Industrial Electronics，2013，60（3）：1033–1041.

［44］Gyselinck J，Dular P，Sadowski N，et al．Homogenization of Form–Wound Windings in Frequency and Time Domain Finite–Element Modeling of Electrical Machines［J］．IEEE Transactions on Magnetics，2010，46（8）：2852–2855.

［45］N．Takahashi，M．Morishita，D．Miyagi，et al．Examination of Magnetic Properties of Magnetic Materials at High Temperature Using a Ring Specimen［J］．IEEETransaction on Magnetics，2010，46（2）：548–551.

［46］D．Miyagi，K．Miki，M．Nakano，et al．Influence of Compressive Stress on Magnetic Properties of Laminated Electrical Steel Sheets［J］．IEEE Transaction on Magnetics．2010，46（2）：318–321.

［47］Chen M，Hu A，Liu B．Failure mechanism and lifetime prediction modeling of IGBT power electronic devices［J］．Journal of Xi'an Jiao Tong University，2011，45（10）：65–71.

［48］X．Perpina，J．F．Serviere，X，Jorda．Over–current turn–off failure in high voltage IGBT modules under clamped inductive load［C］// Proceedings of 13th European Conference on Power Electronics and Applications，2009:1–10.

［49］D．W．Brown，M．Abbas，A．Ginart，et al．Turn–off time as as early indicator of insulated gate bipolar transistor latch–up［J］．IEEE Transactions on Power Electronics，2012，27（2）：479–489.

［50］J．Klima．Time and frequency domain analysis of fault–tolerant space vector PWM VSI–fed induction motor drive［J］．IEE Proceedings Electric Power Applications，2004（152）：765–774

［51］Masrur，M.A.，Zhihang Chen，Baifang Zhang，Murphey．L．Model–Based Fault Diagnosis in Electric Drive Inverters Using Artificial Neural Network［C］// Power Engineering Society General Meeting，2007：1–7.

［52］K．Debebe，V．Rajagopalan，and T．S．Sankar．Expert systems for fault diagnosis of VSI fed AC drives［C］// Proc.IAS' 91 Conf.，1991：368–373.

［53］崔博文，周继华，等．PWM 逆变器主电路故障诊断研究［J］．电工技术杂志，2001（7）：5–7.

［54］Jang–Hwan Park，Dong–Hwa Kim，Sung–Suk Kim．C–ANFIS based fault diagnosis for voltage–fed PWM motor drive system［C］// Processing NAFIPS' 04．2004，1.

［55］Mendes，A．M．S，Marques Cardoso．A．J．Voltage source inverter fault diagnosis in variable speed AC drives，by the average current Park's vector approach［C］// Electric Machines and Drives，1999：706–707.

［56］Ribeiro R.L.A，Jacobina C．B，Silva ERCD．Fault detection of open–switch damage in voltage fed PWM motor drive systems［J］．IEEE Transactions on Power Electronics，2003，18（2）：587–593.

［57］孙丹，管宇凡，贺益康．基于相空间重构和模糊聚类的永磁同步电机直接转矩控制系统逆变器故障诊断［J］，中国电机工程学报，2007（6）：49–53.

［58］安群涛，孙醒涛，赵克，等．容错三相四开关逆变器控制策略［J］．中国电机工程学报，2010（30）：14–19.

［59］Nari V N．Estimation of Reliability in Field–Performance Studies：Discussion［J］．Technometrics，1988，30（4）：379–383.

［60］Barnett T．S.，G.M.P.K.．Exploiting defect clustering for yield and reliability prediction［J］．IEEE transactions on Computers and Digital Techniques，2005，152（3）：407–413.

［61］P.，L.．Challenges in accelerated life testing［C］// The ninth Intersociety conference on Thermal and Thermomechanical Phenomena in Electronic Systems．2004.

［62］［俄］L.M.K．Accelerated reliability and durability testing technology［M］北京：国防工业出版社，2015：340.

撰稿人：李立毅　王明义　谭　强

智能配用电

一、引言

智能配用电的发展主要源于技术上的推动和商业需求的拉动，技术推动以分布式发电技术、通信与信息技术的发展为主要动力，商业需求拉动则以发达国家原有的配电网设备更新换代，以及发展中国家新建智能配电网系统需求为主。在智能配电网建设过程中，各国都将配电系统深入到用户侧，通过高级量测体系和智能配电信息系统的建设，将智能用电和智能配电两者更紧密地联系在一起。与传统配电网相比，智能配电网是一个包含了分布式电源（Distribution Generation，DG）接入的有源网络，在具备规模大、结构复杂、点多面特点的同时，能够满足分布式电源和以电动汽车为代表的多样性负荷接入需要。智能配电网是以配电网高级自动化技术为基础，通过应用和融合先进的测量和传感技术、控制技术、计算机和网络技术、信息与通信技术等，集成各种具有高级应用功能的信息系统，利用智能化的开关设备、配电终端设备等，实现配电网在正常运行状态下监测、保护、控制和优化，并在非正常运行状态下具备自愈控制功能，最终为电力用户提供安全、可靠、优质、经济、环保的电力供应和其他附加服务。同时，将供电侧到用户侧的重要设备，通过灵活的电力网络和信息网络相连，形成高效完整的用电信息服务体系和服务平台，构建电网与用户电力流、信息流、业务流实时互动的新型供用电关系，从而使得智能配电网通过需求侧响应等手段从而具备提供资源优化配置、电能合理使用、节能降耗和提高能效等增值服务的能力。智能配用电技术在资源优化配置、电能合理使用、节能降耗和提高能效等方面存在巨大的潜力，已成为国内外智能电网研究中备受关注的领域。

二、最新研究进展

智能配用电是智能电网最为基础和关键的技术，从常规的配电自动化系统建设，到与发电和电源侧相关的分布式资源（太阳能、风能，储能）的接入；从与用电和负荷侧相关的需求侧管理，到电动汽车充放电技术、微电网、直流配电技术的研究；从通信技术的深入应用，到一、二次系统的升级融合；从物联网、云计算到大数据和能源互联网，涉及面广，且新技术层出不穷。

（一）高级配电自动化

1. 国内研究进展

我国配电自动化起步较晚，最近几年开始稳步推广配电自动化的建设[1]。我国配电自动化建设与改造遵循“标准化设计，差异化实施”的原则逐步开展。国家电网先后开展了三批配电自动化试点工程，2009—2011 年为技术准备阶段，此时选择部分城市开展配电自动化试点工程；2011—2015 年为示范完成阶段，此时不断扩大配电自动化改造区域，并积累在不同区域建设和改造配电自动化的技术经验；2016—2020 年为逐步推广阶段，此时配电自动化建设和改造的经验已基本完善，开始在适合配电自动化改造的区域进行推广，实现配电网升级。国家电网公司第一批试点工程在北京、杭州、银川、厦门 4 个城市的中心区域进行，主要目标是针对不同可靠性需求，采用合理的配电自动化技术配置方案，提高配电自动化技术水平。2010 年 12 月 16 日，厦门智能配电化试点工程第一个通过验收。之后国家电网公司和南方电网公司在天津、青岛、成都、广州、深圳、南宁、东莞、佛山等 19 座城市陆续开展了配电自动化建设，并编制完成了《配电自动化规划设计导则》和《配电网运行控制技术导则》等标准。一些城市的配电自动化系统的规模很大，如绍兴配电自动化系统，安装终端近 5000 套，基本覆盖了整个城区的配电网。一些城市的配电自动化系统取得技术突破，如成都电力公司研究并实施了集中型馈线自动化系统，该系统能根据采集到的配电终端故障信息，监视配电线路的运行状况，及时发现线路故障，迅速诊断出故障区间并将故障区间隔离，快速恢复对非故障区间的供电[2]。天津电力公司基于地理信息系统（GIS）、工程生产管理系统（Power Production Management System，PMS）等信息整合互动化应用，从管理制度入手，对配电网络合理划分，通过信息交互总线实现配电自动化系统与营销管理系统、电网 GIS 平台一体化应用集成，对计划停电、故障停电、抢修指挥等业务进行一体化管理，实现了配电运行相关系统之间的互动[3]。近年来，陕西电科院先进配电自动化与配电网优化控制实验室定位于解决智能配电网运行控制和故障处理关键技术问题，提升先进配电自动化与智能配电设备性能测试能力。2018 年 6 月 30 日至 7 月 12 日，陕西电科院与江苏电科院在常州市龙虎变天安线进行 10 千伏配网线路单相接地试验，此次试验采用陕西电科院自主研制的配电网单相接地故障定位性能移动式测试平台，通过在 10kV 线路发生真实的单相接地故障，对常州供电公司新一代配电自动化主站单相接地故障研判功能进行测试验证，促进配电网单相接地故障处理的实用化水平。

2. 国外研究进展

美国配电网自动化技术的发展至今已有 40 多年的历史，已较为成熟，将配电自动化概括为 3 项内容：配电系统的控制、监视和保护；负荷控制；用户负荷的远方读表[4]。在美国配电自动化的实践过程中，以提高供电可靠性为主要目标的馈线配电网的自动化是其主要内容。实施馈线配电网自动化项目通常涉及以下内容：电力系统运行维护方式及继电保护；配电网一次设备，相应的操作机构及控制电源；通信方式及对应的规约；计算机实时控制系统——其中很大一部分工作是配电网自身的改造，如改造为环网、双电源；增加或改造重合闸、负荷开关、电容器等。随着配电网技术的进一步发展，近年来美国出现了先进配电自动化（Advanced Distribution Automation，ADA）的概念。先进配电自动化包含数据准备、决策制定和现场设备随电力系统运行状态实时变化而自动调节控制。数据准备的自动化包括实时数据的采集，从各种不同的数据库和其他的自动化系统中自动检索数据，以及对配电运行进行实时全面的模拟。自动决策制定是指实时地自动适应最佳程序。在配电系统中对设备的自动控制是指通过开关装置、电压调整器和电容器的闭环控制来实现最优化算法的推荐值[5]。

日本东京电力和日本九州在中压（6kV）配电网实施高级配电自动化和开发配电线自动控制系统方面都做出了卓越的工作。近年来关西电力公司引入信息技术，建成低成本、高效率的高级配电自动化系统。高级配电自动化系统将内、外用户服务站通过计算机网络进行连接，构成具有开放式结构的分布式数据处理系统，并与 OSS 连接，变成一个整体数据处理系统，通过这种形式能够实现数据共享，使得用户能够通过 OSS 随时进行停电咨询。此外，高级配电自动化系统采用在线数据库与离线数据库分离的模式，使得高级配电自动化系统与 OSS 在共享数据的同时，能够确保实时数据处理，如恢复送电数据计算，不能受其他系统数据存取的影响[6]。

新加坡配电网管理系统覆盖了配电设备及网络管理、日常生产管理等领域，运用广泛、实用程度高，其中包含了数据采集及监控系统（SCADA），设备资产管理系统（FMS）——包含地理信息系统（GIS）、生产管理信息（NMACS）、配网规划与建设信息系统（NPAC）、项目跟踪和信息系统（PROTIS），以及专家系统（人工智能系统）等[7]。新加坡电网的地理信息系统包含从 400kV 到低压电气设备需要的所有地理信息，包括变电站、地下电缆、电缆接头、管道、地面配电箱等。采用美国 GE 公司的 SmallWorld 平台自行二次开发，提供综合信息，包括：土地地理信息、电气设备信息、主接线信息（单线图）等。新加坡电网的专家系统（人工智能系统）的作用是，通过分析实时电网信息数据，依据已编写入专家系统的电网运行专家知识，自动对故障等报警数据及电网的信息进行诊断，分析事故原因，确定故障位置，确诊结论并提供恢复供电的步骤，分析停电范围，估计丢失负荷，发出网络重构详情报告，供调度人员参考，从而加速电网故障分析与重构，设定电网操作准则，减低人为疏忽。在新加坡配电网的实际生产运行过程中，调度员运用专家系统，根据报警信息进行电网诊断并提供恢复供电步骤的辅助决策作为参考，通过“专家系统 + 遥控操作”来隔离故障和恢复供电，但不实现网络自动重构，防止安全差错。

（二）主动配电网技术

1. 国内研究进展

在我国，主动配电网已经成为智能电网新的研究阶段，围绕主动配电网的主要理念、基本理论、关键技术与实际应用分析等方面，国内各高等院校与相关研究机构对此展开了研究，并已经取得了初步有成效的成果[8]。广东电网于 2012 年开展了“863”项目“主动配电网的间歇式能源消纳及优化技术研究与应用”，项目研究了主动配电网“源 – 网 – 荷”协调控制技术，攻克了分布式能源柔性接入、含分布式能源的馈线功率平衡以及分布式能源与配网的协同调度等分布式能源“点—线—面”消纳关键性技术难题，建立了一整套“就地资源柔性调节—馈线区域自主控制—系统全局优化调度”的“源—网—荷”协同运行系统解决方案，对分布式新能源的有序并网和高效消纳具有重大成效，并选择佛山市三水区 4 条馈线线路建立示范工程，工程验证了主动配电网在正常工况下以及故障工况下的消纳与协调控制能力，保证 5.5MWp 间歇式能源及 1.1MWh 储能系统的接入，实现间歇式能源 100% 消纳，实现供电可靠率 99.99% 以上。贵州电网于 2014 年开展了“863”项目“集成可再生能源的主动配电网研究及示范”，项目研究了含多能源协同的主动配电网的规划、运行与决策关键技术，建立了主动配电网的规划运行互动决策系列规范和前沿核心技术体系，填补了主动配电网规划标准的空白，开发了主动配电网运行与决策技术相应的核心装置与应用支持系统，并选择贵阳市清镇红枫供电区域建设水电、风电、光伏、冷热电三联供、储能、柔性负荷、电动汽车充电设施的集成示范工程，实现多类型主动配电网联合规划、优化运行、分层控制等多方面技术的示范应用，为全国范围内多种能源的大规模开发与应用提供参考，同时配合负荷管理系统内集成的模拟交易系统，对电力市场在我国的展开做出了前瞻性的示范[9]。课题成果在贵阳主动配电网示范工程中得到了实际应用。国网北京市电力公司于 2014 年牵头研究了“863”项目“主动配电网关键技术研究及示范”，该项目基于多维度量测信息融合的态势感知，以抗闪动为主要目标，可以实现电能品质优化控制，提高需求侧能源综合利用效率、多能源协同交互控制。项目攻克了主动配电网规划及规划运行互动决策、供电质量控制、多能源协同交互控制、基于多源信息融合的主动配电网态势感知等关键技术，研制了综合配电终端单元和快速切换装置，开发了运行控制系统、规划决策系统和信息平台，建成了北京亦庄和福建厦门主动配电网示范工程，示范区电网具备了网络结构灵活调节、源网荷运行状态可观可控、多能源统一协调优化等特点[10]。

这三个课题的研究实现了主动配电网全局运行决策系统、负荷主动管理系统、主动配电网协同交互控制器、分布式电源管理装置，实现了对包括冷热电联供机组、光伏发电、储能、水电、风电、电动汽车在内的多种分布式能源组合的协同优化控制，并通过负荷主动管理系统进行负荷协同交互，达到区域内自治－区域间交互－全局协调的主动配电网的源网荷协同控制，解决了分布式电源发电的间歇性与不确定性特征并网带来的电网冲击、故障处理判据的失效问题、可再生能源的消纳、多能互补的协调优化问题。

2. 国外研究进展

作为未来电网的发展方向，越来越多的学者将自己的研究重点放到了主动配电网及其相关技术领域和关键技术的研究上来，目前国际上较为常见的研究方向包含了主动配电网的规划，主动配电网控制、主动配电网运行、主动配电网市场分析等多个方面。

此外，国外针对主动配电网技术已经实施了一系列典型示范工程。美国、澳大利亚、欧盟、日本等国家和地区均对主动配电网展开了大量的研究并构建诸多示范工程。其中，欧盟开展了以 ADINE、ADDERSS、GRID4EU 等代表的 ADN 示范项目。ADINE 项目主要以配电网络对高渗透率 DG 的开放兼容为目标，重点研究内容包括：智能配电自动化、信息通信技术（Information and Communication Technology，ICT）和 ANM 控制技术等，项目展示了可使 DG 接入更加方便的解决方案，提出了可适应大规模 DG 接入的系统保护配置、电压控制、故障穿越和防孤岛等策略[11]。ADDRESS 项目于 2008 年开始实施，历时 4 年，11 个国家参与，重点研究智能配电网理念下以“主动需求（AD）”为核心的用户侧需求响应技术。该项目建立了用于实时数据处理的大型开放式电力通信网络，大规模实验并应用实时激励等需求侧管理技术，验证了 AD 对系统效益的积极作用。GRID4EU 项目由 6 家欧盟国家配电系统运营商共同参与，项目主要涉及智能配电网的规划、运行及控制关键技术、标准制定以及成本－效益分析等方面内容，相关成果要求在欧洲范围内具有可扩展性和可重复性[12]。

（三）智能配电网保护

智能配电网保护现在还处于进一步升级研究阶段。随着智能配电网的建设，传统保护方案已渐渐不适应。针对不同建设程度、建造模式的智能配电网，国内外都在进行着探索研究的阶段。

1. 含 DG 的配电网保护

分布式电源是智能配用电技术的重要组成部分，但 DG 引入配电网对传统三段式电流保护的选择性、灵敏性甚至可靠性带来了很大的冲击[13, 14]。现阶段只能规定故障后切除 DG 的方法以保证电流保护正常运行，但 DG 频繁启停会削弱其作为供电可靠性补充手段的作用。因此，如何协调含 DG 多源网络与保护性能间的关系，长期以来国内外相关学者进行了大量研究[15-21]。

根据 Standard1547 标准要求：①若故障发生在 DG 所在馈线，DG 应停止向配电网供电；

②在 DG 所在馈线的自动重合闸动作前，DG 必须跳离配电网。孤岛运行方案是指当故障发生时，由 DG 装置独立向负荷供电的运行状态。当配电网发生故障时，在保证系统安全稳定运行的前提下，为减小停电面积和提高发电效率，利用 DG 将配电网分成若干个孤岛运行。但在孤岛方案下，原有的保护装置并不能直接应用在含 DG 的配电网中，需要对原有的保护原理和方案进行改进，或者提出新的保护原理与保护方案。目前国内外学者提出许多基于 DG 的配电保护方案（表 1）。

表 1　保护方案与特点

保护方案	技术特点
自适应电流保护	能够克服传统电流保护的缺点，根据电力系统运行方式和故障状态的变化实时调整保护定值
区域纵联比较保护	将包含 DG 在内的变电站及所有馈线作为保护区域； 在变电站中设置一个站级保护主机，在每条馈出线的独立 DG、微网、分段开关或用户接口等具有切断短路电流能力的开关处都安装一个借助通信通道与主机通信实现信息交互的保护从机
基于多智能体（Agent）的智能保护方法	通过多智能体分布式处理能力和多智能体之间的主动协作能力完成故障的切除

2015 年 1 月，国家“863”计划课题“智能配电网自愈控制技术研究与开发（2012—2014）”课题在广东佛山成功验收。该项目在现有的配电自动化基础上，研发了自愈控制统一支撑平台和自愈控制系统，示范区内配电网 2 秒内可实现转供电，供电可靠率达 99.999%，并有效解决分布式能源大量接入配电网带来的控制保护、运行问题[22-24]。

2. 基于先进 FTU 的智能配电网保护

在目前分布式电源大量渗透和通信网络高密度覆盖的背景下，针对馈线终端装置（Feeder Terminal Unit，FTU）的研究开发也愈发成熟，功能也较以前有很大提高。以先进 FTU 为硬件基础，设计出基于面保护的智能配电网故障诊断与自愈系统。面保护方式是针对传统的点保护方式而言的，是一种先进的全线速动性分布式智能故障处理模式，这种方式是通过完整的通信网络和安装于室外电气开关上的配电终端来实现的[25, 26]。

实现故障隔离和恢复非故障区域送电是实现智能配电网的重要环节，是提升配电网可靠性的核心技术。基于先进 FTU 设备，相邻 FTU（相邻 FTU 的判断原则是 FTU 所控单元之间存在着电气连接）之间的通信以及部分 FTU 与配电网主站间的通信，而后基于此，设计出一种新型的保护逻辑算法和整体架构。该面保护系统在一定程度上克服了传统配网自动化系统中故障处理缓慢、非故障区停电、开关设备损耗大等缺点。经过实际测试验证，所提系统能实现对故障的快速隔离和非故障区域的快速恢复送电，且在近后备保护拒动的情况下，上级开关会可靠动作，隔离故障，能够很好地应用于智能配电网中。

3. 智能配电网广域保护

通过信息共享技术和高可靠性通信网络，智能配电网继电保护可以集成使用站域和相邻站域的快速事件信息，使传统保护的性能得以提高。广域通信技术的发展，以及信息处理技术、智能化技术的提升，为智能配电网继电保护的智能化决策提供了基础，使广域保护在智能配电网中的应用成为可能[27]。

在实际应用成果中，广域保护是在电网故障发生时，利用广域测量和通信技术，实时获取故障相关区域内各变电站的电气量及状态量等信息，采用多源信息融合的方法确定故障元件，并根据选择性要求制定跳闸策略，经广域通信网传送跳闸指令，隔离故障元件。故障元件识别的算法主要包括广域电流差动算法、广域方向比较算法，及基于信息融合的智能保护算法等。

集中式广域保护实现了传统保护无法跨区域判别故障的能力，但其通信通道较多较复杂，对通道和主站依赖性太强，控制可靠性低，在复杂馈线的智能配电网线路保护中实用性较差。近年来，不依赖中心控制的分散式配网保护，其配置灵活，通道冗余程度高，成为解决问题的另一种思路。

（四）需求侧响应

1. 国内研究进展

我国需求侧响应（Demand Response，DR）研究起步较晚，但发展速度很快[28]。中国电力科学研究院在需求响应领域开展了标准体系、仿真系统、终端和系统研发等工作，于 2016 年建立了国内首个需求响应仿真实验室，已经初步具备用户侧分布式电源并网、工商业及居民负荷集群调控等仿真试验功能，取得了美国 OpenADR 联盟授予的一致性测试实验室资质，成为继韩国、日本之后中国首家 OpenADR 一致性测试实验室。清华大学建立了基于成本 – 效益分析的经济驱动需求响应模型，实现了用户参与需求响应成本效益的精细分析。华北电力大学提出了自动需求响应信息交换接口设计方法，设计了接口的体系架构、层次模型和接口功能。东南大学基于系统动力学方法，建立了需求响应资源综合价值评估模型。从 2013 年国家开展电力需求响应城市综合试点建设以来，北京、上海、江苏、佛山分别实施了 DR 项目试点工作。经过 3 年的试点培育，我国 DR 试点工作形成了政府主导，电网企业支持参与，负荷集成商规模化、系统性整合电力用户资源，电力用户广泛主动参与的 DR 工作体系。2015 年，北京市发改委建立了北京市电力需求侧管理服务平台，将部分负荷集成商的企业平台和北京节能环保中心的公共机构监测平台接入。平台分为 3 级架构，分别为市级平台、集成商平台、用户平台。市级平台具备 DR 功能，可实现 DR 事件和实施指令发布，并对实施数据进行监测和统计[29]。DR 用户可通过负荷集成商平台接入市级平台，由负荷集成商对用户进行 DR 全过程管理。平台架构可实现 3 级平台响应信号的信息化传递和响应数据的实时采集。2016 年，北京市发改委正在研究通过以下途径落实需求侧潜力挖掘工作：①重点面向有序用电名单内用户和空气重污染情况下停限产用户推广DR应用，优化用户生产方式；②提升公建领域用户对DR工作的认知，在不影响用户正常工作生活体验的情况下，鼓励用户实施空调计量和控制改造，形成可复制可推广的DR参与模式；③继续推广居民侧DR，提升社会认知度，挖掘居民侧用户响应潜力，并创新执行手段和方法。自2013年国家开展电力需求响应城市综合试点建设以来，北京、上海、江苏、佛山等多地都实施了DR项目试点工作。经过多年的试点培育，我国DR试点工作形成了政府主导，电网企业支持参与，负荷集成商规模化、系统性整合电力用户资源，电力用户广泛主动参与的DR工作体系[30]。

2. 国外研究进展

美国电力市场环境开放，是世界上实施DR项目最多、种类最齐全的国家，其DR起步早，相关政策法规相对完备，理论研究相对完善，处于世界领先的水平[31]。美国劳伦斯伯克利国家实验室从2002年开始研究DR通信协议，并主要承担OpenADR的研究工作，2010年5月，OpenADR成为美国首批16条智能电网“互操作性”标准之一，2011年进行了OpenADR2.0版本的认证和测试；2012年，OpenADR联盟将OpenADR2.0a作为美国的国家标准发布。霍尼韦尔研究的ADR系统由DR自动化服务器（Demand Response Automation Server，DRAS）驱动，并与用户的能量管理系统相接。系统采用OpenADR通信协议实现DRAS、控制器和能量管理系统（Energy Management System，EMS）之间的信息传递，旨在帮助用户改善能效，降低电网在用电高峰时段的负荷。加利福尼亚能源委员会与加州大学伯克利校区的跨学科研究团队签署合同，开展了DR技术研究。目前在这方面做得比较好的公司有Comverge、Atmel、Ambiant、LOXONE等，其中Comverge是一个智能能源管理解决方案供应商，该公司于2013年2月4日推出了DirectLink系列产品，并借此获得了TMCnet网站颁发的2014年智能电网产品年度大奖。西门子公司研发的需求响应管理系统（Demand Response Management System，DRMS），已在北美最大的能源及能源服务提供商之一——DirectEnergy公司上线应用。DRMS将整合DirectEnergy公司每个用户的辅助计量设备，并采集消费数据，通过分析以便更好地决定市场交易的能源量。DRMS能够支撑DirectEnergy公司对供应方合约进行套期保值，或在高需求及供应价格升高时获得最大化收入，来优化以市场为导向的交易。

在欧洲地区，爱尔兰国家能源监管委员会针对家庭用户及中小型企业开展了智能计量系统测试、成本效益分析等DR相关技术研究，其中比较分析了按月计费、双月计费、户内显示、减负荷激励这4类向用户反馈模式的效益。德国的弗劳恩霍夫研究所（Fraunhofer）开发了双向能源管理界面用于管理家庭能源，旨在实现从能源供应商接收电价信息，并在成本最优化条件下控制可转移负荷的功能。意大利国家电力公司、意大利电信公司和家电企业开展“Energy@Home”技术研究，旨在通过家电、智能电表和宽带通信的合理连接实现DR用户和电网的双向互动，在提高能效水平的同时，降低电网的高峰负荷[32]。

2012 年，日本经济产业省对 DR 用户进行调查，最后确认使用 OpenADR2.0 作为日本自动 DR 标准基础。2013 年开始应用《日本需求响应接口规范 1.0》这一过渡性规范。该规范由经济产业省设立的 DR 行动小组负责起草，适用于电力公司（能源供应商）与电力用户（独立服务提供商和终端消费者）之间通信。2014 年年底实施自动 DR 实证试验。使用 ADR 国际标准规格 OpenADR2.0，在电力供应紧张时，自动向用户发出节电要求信号（简称 DR 信号），家庭、企业等用电方自动接收 DR 信号，用 EMS 控制用电量，对 DR 结果自动进行报告。

2012 年，澳大利亚标委会发布 AS / NZS4755 系列标准，促进了电力用户侧具备规模的能够及时快速响应电网企业需求的家庭电气设备集群的形成，以及灵活需求响应服务市场的建立。AS4755 主要包括 3 部分：AS4755.1 主要是需求响应的概念和术语；AS4755.2 主要是关于需求响应使能装置，该装置用于在需求方和响应方之间传输有关信息；AS4755.3 主要从物理层面、功能层面规定了需求响应实施过程中相关电气设备的信息交互接口实施参与需求响应[33]。

三、国内外研究进展比较

（一）高级配电自动化

国外配电自动化研究起步较早，城市化水平较高，配电网网架结构成熟，电缆比例大。通信设施完备，信息化水平高，具有完备的数据集成方案，能够监视控制配电线断路器和开关的遥控装置，根据信息对系统状态进行逻辑判断，自动对故障等报警数据及电网的信息进行诊断，完成故障定位，分析停电范围，利用计算机系统对配电系统自动控制，实现故障切除、网络重构或供电转供。国外的配电自动化系统技术先进，高级应用成熟，减轻了运维人员工作压力，提高了配电网的供电可靠性。目前在配电自动化方面，新加坡、日本代表了国际最高水平。

国内配电网自动化发展脚步慢于国外，由于城市化进程加快，城市配电网网架结构尚处于迭代更新阶段，并且城农网差距较大，农网一次网架结构对于自动化建设不够成熟。配电网通信手段基本为通过租用通信公网通信，光纤通信由于外力破坏可靠性较差，配电自动化设备、系统技术规范尚未充分应用，导致配电终端在线率低，配电自动化系统处于初级获取信息应用阶段。部分试点城市已逐步从获取数据发展到应用数据阶段，积极开展遥控操作，并且考虑了分布式电源接入的应用，尝试将“云大物移智”等技术与配电自动化技术进行结合使用。

（二）主动配电网技术

我国在主动配电网技术研究方面相对于欧盟、美国、日本等而言起步稍晚，主要原因是上述国家和地区分布式能源发展较早，渗透率已经较高，对于分布式能源的消纳需求也更迫切，因此随着我国分布式能源渗透率的不断提升，国外可以借鉴的工程和技术比较多。国内目前对于主动配电网技术的研究可以说已经度过了第一个五年计划，第二期的五年计划也已开始进行，存在的主要短板是缺乏可复制、可推广的主动配电网整体解决方案和实际运行案例，相关关键技术研究亟待深入。

（三）智能配电网保护

在智能配电网保护领域，国内外的研究起点和研究进度基本保持一致，我国处于与国际先进水平相当的程度。“863”项目开展了分布式电源接入环境下的配电自动化及配电网自愈系列研究，并在广东佛山等地建成了示范区，示范区内配电网 2 秒内可实现转供电，供电可靠率达 99.999%，并有效解决了分布式能源大量接入配电网带来的控制保护、运行问题。与此同时，基于新一代智能电网调度控制系统基础平台（D5000 平台）的配网智能调度控制系统也已经开始了示范应用，在信息集成和应用功能实用化等关键技术方面得到了验证，故障处理时间由建设前的数十分钟乃至数小时下降到建设后的 10 分钟以内，是我国在智能配电网保护领域重要的研究。

（四）需求侧响应

在需求侧响应领域，美国最先开展 DR 技术研究和试点，提出了 DR 系统通信协议规范 OpenADR，并在加拿大、日本等地广泛试点应用。目前，国内在 DR 系统开发、试点项目实施过程中，借鉴了 OpenADR 的有关内容，但更多的是立足国内现状，基于电网企业相关业务应用系统（如负荷管理控制系统、用电信息采集系统等）建设 DR 平台，通过招募负荷聚合商等对电力用户侧负荷资源进行统一调控。同时，我国的 DR 机制和项目设计，多数情况下由政府主导，参与用户以工商业用户为主。随着智能电网建设的不断推进与电力体制改革的持续发酵，需求侧资源在配合电网削峰填谷、消纳可再生能源等方面的作用正在被重新认识，大力发展 DR 技术，不仅有利于促进电力系统的高效运行，更对整个电力行业发展、节能减排发展以及社会经济发展等方面都有着重要的战略作用。

四、发展趋势及发展策略

（一）发展趋势

1. 高级配电自动化

作为智能配电网发展的高级技术阶段，配电网将是一个集合了各种形式 DG、储能、电动汽车充换电设施和需求响应资源（即可控负荷），具有主动控制和运行能力的主动配电网。因此，在加强配电网一次网架的基础上，配电系统自动化将以信息化为基础，逐步提高自动化和互动化水平，实现高级配电自动化的高级应用功能，主要包括配电系统数据采集与监控、自愈控制、保护装置整定与协调、电压无功控制、电能质量监测、实时状态估计与配电网快速仿真、分布式电源集成与监控等方面。高级配电自动化是一系列配电网运行、控制与管理技术的综合，其功能与相关技术将处于不断发展之中。高级配电自动化需要在以下方面深入研究和发展。

（1）配电网广域测控体系：广域量测系统（Wide-Area Measurement System，WAMS）是新一代电力系统的测量系统，以同步相量感知与解析技术为基础，可对广域分布的配电系统电气量进行实时测量，从而提供大量的同步相量数据，相比于传统的 SCADA 量测系统，广域量测技术可更加迅速、详细地采集系统运行信息，是配电网实现态势感知等功能的有力支撑。

（2）故障自愈技术：主要包括传统单向潮流配电网与双向潮流主动配电网短路故障自动定位、隔离和供电恢复技术；基于分布式智能控制的快速故障自愈与无缝故障自愈技术；中性点非有效接地系统的单相（小电流）接地故障自愈（消弧）控制技术；接地线路选择与故障定位技术等。

（3）信息通信技术。信息通信技术是通信服务、信息服务及相关应用的有机结合，可实现配电网各环节之间灵活可靠的通信和高速便捷的信息交互共享。以大数据存储和云计算技术为基础，实现对配电网从发电侧到用户侧的实时运行信息采集、传输、存储、分析、整合与管理，同时为配电网的规划运行提供数据支撑。

（4）态势感知技术。态势感知（Situation Awareness，SA）是指通过高级量测体系感知当前电网的运行状态，并结合风光出力预测和负荷预测来实现对未来一段时间配电网运行状态的感知，为配电网的实时控制提供决策支持。态势感知是掌握配电网运行轨迹的重要技术手段，通过对影响电网运行变化的各类因素进行采集、理解与预测，力求准确有效地掌握电网所处状态的趋势，及时采取合理的调度措施和安全策略。智能配用电的互联性将供电侧到用户侧的重要设备通过灵活可靠的电力网络和信息网络相连，形成电网与用户之间电力流、信息流实时互动的新型供用电信息服务体系，为全面感知配电网的运行状态和趋势奠定了基础。

2. 主动配电网技术

面对资源环境压力与节能减排的双重压力，电力工业亟待低碳转型。主动配电网有机整合先进信息通信、电力电子及智能控制等技术，为实现分布式可再生能源大规模并网与高效利用提供了一种有效解决方案，对支撑低碳经济发展具有重要战略意义。它将引领我国智能配电网领域的发展方向，具有巨大的经济和社会效益。

主动配电网技术体系可以划分为主动规划（AP）、主动控制（AC）、主动管理（AM）和主动运营（AS）四个层面，具体内容如下：

（1）主动规划技术。主动规划是将一次规划与二次规划高度融合在一起进行协同规划，基于概念性规划方法，实现风险性与经济性的优化统一，不仅提高了配电网设备的投资回报率，延缓了配电网投资扩容周期，还大大提高了配电网对分布式能源的消纳能力。深入研究主动配电网的主动规划技术具有重要意义。

（2）主动控制技术。主动控制是在直接负荷控制和非直接负荷控制两种策略的前提下，综合监测和集成各类分布式资源，包括用户侧可控、可调资源、电网侧开关、调压器、AVC、蓄能设施等，结合预测方法，实现对主动配电网“源—网—荷”的协调控制。风力发电、太阳能发电等间歇式能源输出功率受自然条件影响，具有波动性、随机性的特点。为了应对间歇式能源带来的影响，主动配电网不仅需要引入储能装置，同时还要合理协调控制其他可控资源，包括可控负荷、可控分布式电源、网络联络开关、馈线分段开关等。综合利用众多可控资源，寻找最优的系统运行点是主动配电网控制领域的研究重点与核心内容。

（3）主动管理技术。主动管理的目标是实现配电网全局优化，提高供电效率，实现电网孤岛状态下的高效消纳，实现主动配电网电压治理。在主动管理体系中，从控制方法、空间维度、时间维度三个方面，研究一整套主动能量管理体系。

（4）主动运营技术。主动运营通过灵活运营技术，积极发挥灵活电价的市场作用，实现用户侧方面的用电负荷自行调节，根据客户需要提供满足其需求的定制电力服务、高品质电能服务；为客户积极参与需求响应、改善能效提供技术支撑；充分利用主动配电网中的可控资源，为上级电网提供电能、在线备用等服务，从而实现配电网与客户、配电网与上级电网之间全面的互动互惠。从主动运营对配电网安全运行和运营效益的影响分析出发，分析主动配电网的运营目标、运营策略和运营架构，研究主动配电网运营模式。

3. 智能配电网保护

在智能配电领域，构建新型的满足新能源接入和供电可靠性需求的继电保护系统，保证配电网设备和系统的安全，是目前该领域研究的重点。

（1）智能配电网继电保护体系的构建。传统的继电保护体系考虑在电力系统发生故障时能够可靠、灵敏、快速、有选择性地识别隔离故障，这是电力系统对继电保护的“四性”要求，继电保护的配置与整定需满足这些要求。随着智能配用电技术的发展，与传统配电网之间产生了很大的不同，因此亟须构建适应智能配电网的继电保护体系。

（2）适应分布式电源高比例接入的配电网自适应继电保护。应对高比例分布式电源接入配电网的挑战，一直是国际大电网会议（CIGRE）、IEEE PES General Meeting 等讨论的热点问题。随着大量分布式电源以不同形式、不同容量、不同位置接入配电网，有必要在基于智能配用电技术的基础上对适应分布式电源高比例接入的配电网自适应继电保护方案形成共识。

（3）小电流接地选线与高阻故障识别。中性点不直接接地系统单相接地故障的识别与隔离技术是配电网中一个难于解决的问题。小电流接地系统发生单相接地故障时信号微弱，提取和识别均较为困难，虽然基于谐波、零序电流、暂态信号的波形及能量的方法在理论研究的层面均取得了较好的成果，但是在实际应用中仍然存在着诸多的问题。随着各种智能技术在电网中的运用，利用智能技术为小电流接地选线和识别高阻故障是重点研究方向。

4. 需求侧响应

DR 作为一种新生业态，市场空间广阔，实施机制也将随商业模式的发展得到进一步的执行，容量辅助服务、需求侧竞价等措施将逐步推广应用。未来需求侧响应的市场机制、系统平台等都是重点研究方向。

（1）需求侧响应平台搭建。随着分布式电源的广泛应用，用户角色、电网售电和盈利模式等发生改变，将深刻影响 DR 工作的开展。尤其是售电主体的改变直接导致 DR 实施主体的变化，由原来单纯由电网企业和用户实施 DR 变为多主体实施 DR，实现电网公司、售电公司、能源服务商以及电力用户等参与主体多元化发展。搭建适应多主体的需求侧响应平台具有广泛的应用前景。

（2）市场化机制的制定。在电价信号或激励指令下，可削减负荷可以被用来改善用户负荷形状，实现电能消耗的减少和用电的优化，达到优化系统资源配置的效果。由于电力需求往往会以一定的价格弹性呈现，DR 资源可参与电力市场的竞争，由市场价格引导需求侧的用电行为，市场机制将发挥重要作用。DR 市场空间广阔，实施机制也将随商业模式的发展得到进一步的发展，应继续对电力削减负荷指标市场化交易进行研究，促进电力 DR 负荷交易市场的发展。

（3）推进系统决策智能化。传统需求响应业务执行过程中，用户侧负荷设备被动接受来自电网侧需求响应控制指令，而未来基于人工智能的用户侧设备自适应调节将会逐步得到发展。通过在需求响应服务系统、需求响应聚合系统以及用户侧需求响应终端中，内置具有自学习功能的需求响应运行策略库，为需求响应服务商、聚合商以及参与响应的用户提供智能决策功能，协助上述参与主体更加高效、经济的参与需求响应，实现各方利益最大化。

（二）发展策略

1. 研究政策支持体系

在智能配用电领域，目前许多关键支撑技术还不够成熟，特别是在可靠性与经济性方面还不具备大量推广应用的条件。通过研究政策法规的制定、电价机制的改革、能源管理运营模式的创新，推动智能配电实施和技术发展。

2. 研究典型应用场景和商业模式

技术的发展离不开创新的应用及商业运营，在智能配用电领域，应研究探索智能配电、智能用电在城市、农村等不同应用领域的典型应用场景，分析智能配电网在我国电力体制改革新形势下的运营模式创新驱动力，结合国外相关商业化运营经验，提出智能配电网运营模式未来发展方向和组织形式。

3. 研究促进专业发展的关键技术体系

在智能配用电领域，专业发展应以提高供电可靠性和电能质量、解决分布式能源分散化小容量多数量接入问题、为用户和电网之间的互动提供便捷的平台为目的，突破分布式发电、储能、智能微网、主动配电网等关键技术，构建智能化电力运行监测、管理技术平台，使电力设备和用电终端基于互联网进行双向通信和智能调控，实现分布式电源的及时有效接入，逐步建成开放共享的智能电网。

4. 建设具有话语权的技术标准体系

在技术标准方面，智能配用电涉及多方面的先进技术和相关标准体系的建设，为了在相关技术领域的国际竞争中获得先机，必须重视技术标准建设，以在技术发展和体系建设方面增强在国际上的话语权。应加强国内标准推广应用力度，支持和鼓励企业、科研院所积极参与国际行业组织的标准化制定工作，加快推动国家标准国际化。

5. 建设跨学科的复合型人才队伍

智能配用电涉及电力系统、通信系统、人工智能等多学科领域，应该加强高等教育体系中多学科知识人才的培养，为智能配用电的发展提供重要支撑。

参考文献

[1] 姜永豪. 我国配电自动化现状及发展［J］. 黄冈职业技术学院学报，2011（4）：99-102.

[2] Wu Xiangyu，Shen Chen，Zhao Min，et al. Small signal security region of droop coefficients in autonomous microgrids［J］. IEEE Power Energy Society General Meeting，Washington D.C.，USA，2014：1-5.

[3] 徐丙垠，李天友. 配电自动化若干问题的探讨［J］. 电力系统自动化，2010（9）：81-86.

[4] 戴晖. 国外配电自动化技术与发展趋势的探讨［J］. 中国新技术新产品，2011（1）：136-137.

[5] Elkhatib M E，El Shatshat R，Salama M M A. Decentralized reactive power control for advanced distribution automation systems［J］. IEEE Transactions on Smart Grid，2012，3（3）：1482-1490.

[6] 董旭柱，黄邵远，陈柔伊，等. 智能配电网自愈控制技术［J］. 电力系统自动化，2012（18）：17-21.

[7] 王良. 智能配电网自动化应用实践的几点探讨［J］. 电力系统保护与控制，2016，44（20）：12-16.

[8] 范明天，张祖平，苏傲雪，等. 主动配电系统可行技术的研究［J］. 中国电机工程学报，2013（22）：12-18+5.

[9] 尤毅，刘东，于文鹏，等. 主动配电网技术及其进展［J］. 电力系统自动化，2012，36（18）：10-16.

[10] 蔡宇，林今，宋永华，等. 基于模型预测控制的主动配电网电压控制［J］. 电工技术学报，2015，30（23）：42-49.

[11] 姚勇，朱桂萍，刘秀成. 电池储能系统在改善微电网电能质量中的应用［J］. 电工技术学报，2012，27（1）：85-89.

[12] 姜飞，涂春鸣，杨健，等. 适用于主动配电网的多功能串联补偿器研究［J］. 电工技术学报，2015，30（23）：58-66.

［13］占金祥．含分布式发电的配电网保护研究及微机保护装置设计［D］．杭州：浙江大学，2017.
［14］尚瑨．含分布式电源的配电网保护与优化运行研究［D］．上海：上海交通大学，2015.
［15］张凯翔，张肖青．分布式电源对配电网继电保护的影响分析［J］．供用电，2017，34(8)：47-51.
［16］周宁，雷响，荆骁睿，等．一种含高渗透率分布式配电网自适应过电流保护方案［J］．电力系统保护与控制，2016，44(22)：24-31.
［17］曾德辉，王钢，郭敬梅，等．含逆变型分布式电源配电网自适应电流速断保护方案［J］．电力系统自动化，2017，41(12)：86-92.
［18］ZHONG Q.，WEISS G．Synchronverters：inverters that mimic synchronous generators［J］．IEEE Trans on Industrial Electronics，2011，58（4）：1259-1267.
［19］Shintai T，Miura Y，Ise T．Reactive power control for load sharing with virtual synchronous generator control［C］// Power Electronics and Motion Control Conference．IEEE，2012：846-853.
［20］Alipoor J，Miura Y，Ise T．Distributed generation grid integration using virtual synchronous generator with adoptive virtual inertia［C］// Energy Conversion Congress and Exposition．IEEE，2013：4546-4552.
［21］徐丙垠，张海台，咸日常．分布式电源对配电网继电保护的影响及评估方法［J］．电力建设，2015，36(1)：142-147.
［22］林康松．智能电网对继电保护技术的影响［J］．中外企业家，2014（1Z）：202-202.
［23］葛灵艳．浅析智能电网对继电保护发展的影响［C］// 世纪之星创新教育论坛，2015.
［24］李斌，薄志谦．面向智能电网的保护控制系统［J］．电力系统自动化，2009，33（20）：7-12.
［25］刘健，刘超，张小庆，等．配电网多级继电保护配合的关键技术研究［J］．电力系统保护与控制，2015，43(9)：35-41.
［26］刘健，刘超，张小庆，等．基于供电可靠性的配电网继电保护规划［J］．电网技术，2016，40(7)：2186-2191.
［27］刘健，刘超，张小庆，等．配电网继电保护配置模式及选择原则［J］．电力建设，2015，36(11)：24-29.
［28］高赐威，梁甜甜，李扬．自动需求响应的理论与实践综述［J］．电网技术，2014，38（2）：352-359.
［29］庞鹏．电力市场化改革背景下电力需求响应机制与支撑技术［J］．广东电力，2016，29（1）：70-78.
［30］孟金岭，林国营，党三磊，等．电力需求响应技术述评及研究思路探讨［J］．节能技术，2017，35（5）：475-480.
［31］闫华光，陈宋宋，李世豪，等．需求响应发展现状及趋势研究［J］．供用电，2017，34（3）：2-8.
［32］Wu Xiangyu，Shen Chen，Zhao Min，et al．Small signal security region of droop coefficients in autonomous microgrids［J］．IEEE Power Energy Society General Meeting，Washington D.C.，USA，2014：1-5.
［33］王智琦，冷月，吴倩红．清洁能源接入的智能电网需求响应综述［J］．电源技术，2015，39（8）：1798-1800.

撰稿人：贾宏杰　侯　恺

能源互联网

一、引言

能源互联网是以电网为主干和平台，各种一次、二次能源的生产、传输、使用、存储和转换装置，以及它们的信息、通信、控制和保护装置直接或间接连接的网络化物理系统。它是新一代能源系统和互联网技术的深度融合及发展，是当前国内外学术界和产业界关注的焦点和创新前沿，它以互联网理念和技术构建新一代能源信息融合网络，可能颠覆传统能源行业的行业结构、市场环境、商业模式、技术体系与管理体制，促进能源系统的开放互联和市场化，能够最大限度开发利用可再生能源、提高能源综合利用效率。能源互联网这一想法最早于 2011 年出现在美国著名学者杰里米·里夫金的著作《第三次工业革命》。2015 年，随着我国首个“中国能源互联网学术与创新联盟”倡议的提出，能源互联网作为能源革命的核心技术，迅速进入国内专家学者的视野。

能源互联网领域各项技术及理论、应用发展迅速，形成对于资金、人才、科技、产业等要素的巨大集聚效益，从而带动了以能源为核心支撑、互联网为深度外延的新兴产业迅速成长起来。能源互联网的核心是构建由电、热、气等不同形式能源在生产、传输、消费等多个环节进行协同优化以实现优势互补的多能源系统。“十二五”和“十三五”期间，随着多个能源互联网示范工程的稳步推进，以“电力”为中心的能源互联网系统出现了很多新的特点：①能源市场化，作为抓手，打破行业壁垒，推进能源市场化，促进能源领域的创新创业，重塑能源行业。基于信息互联网，能源互联网可以为各种参与者和大量用户提供开放平台，降低进入成本，便捷对接供需双方，使设备、能量、服务的交易更加便捷高效，实现多方共赢，激活大众的创业热情和创新能力，为能源革命提供持续动力；②能源高效化，能源互联网实现了多类能源的开放互联和调度优化，为能源的综合开发、梯级利用和能源共享提供了条件，可以大幅提高能源的综合使用效率；③能源绿色化，能源互联网可以通过多种能源的耦合互补、各类储能的应用、需求侧响应等，支撑高渗透率可再生能源的接入和消纳[1]。

能源互联网作为一个跨领域的前沿概念，其内涵在不断发展，难以给出所有人都认可的标准定义，但仍有必要明确能源互联网的发展目标、理念、特征和基本架构，这对于促进相关学科和产业的发展具有重要意义。

本报告从能源互联网的类互联网化、发展理念、规划理论和方法、优化运行与协调控制技术、市场交易设计及商业模式以及标准制定六个方面介绍了我国能源互联网领域的最新进展，并对国内外研究进展进行了比较，提出了未来需要重点关注的发展方向，供相关的科技人员参考并提出宝贵意见。

二、最新研究进展

能源互联网是以电力为核心，以最大化消纳可再生能源为目的，集中式消纳和分布式消纳并存，强调需求侧响应的新一代能源系统[2]。其清洁低碳、安全高效的特征，十分契合习近平总书记在党的十九大提出的“绿色发展、低碳发展、循环发展”的理念和我国能源体系的发展战略。近年来，众多的企业、高校，专家、学者，从能源互联网的基础前沿理论、关键技术设备和示范应用转化等方面开展了系统的研究工作。

（一）能源互联网的能源系统类互联网化

能源互联网的能源系统的类互联网化表现为互联网理念对现有能源系统的改造，其目的是使得能源系统具有类似于互联网的某些优点。能源系统的类互联网化主要表现为以下三点：多能源开放互联、能量自由传输和开放对等接入。

多能源开放互联：在传统能源系统中，供电、供热、供冷、供气、供油等不同能源行业相对封闭，互联程度有限，不同系统孤立规划和运行，不利于能效提高和可再生能源消纳[3]。能源互联网需要打破这个壁垒，实现电、热、冷、气、油、交通等多能源综合利用，形成开放互联的综合能源系统，涵盖源侧综合能源系统、用户侧综合能源系统和能源传输网络[4-5]。

能量自由传输：类比信息自由传输的特点，能量的自由传输表现为远距离低耗（甚至零耗）大容量传输、双向传输、端对端传输、选择路径传输、大容量低成本储能、无线电能传输等[6-8]。能量的自由传输使得能量的控制更为灵活，储能的大量使用可使能源供需平衡更为简便，可以根据需要选择能量传输的来源、路径和目的地，支持能量的端对端分享，支持无线方式随时随地获取能源等，进而可以促进新能源消纳和提高系统的安全可靠性。

开放对等接入：在互联网中，不同设备可以开放对等接入，做到即插即用，使得用户的使用非常便捷，是互联网具有大量用户的基础。当前能源系统可以做到被动负荷的即插即用，而源（物理设备或者系统，比如微网等）的即插即用仍未实现[9-12]。分布式能源的安装、接入电网麻烦，开销的资金和时间成本都比较高。在能源互联网中，产消者将是能源交易和分享的主体，源的开放对等接入可为产消者的大量出现提供保障，形成规模，并支撑需求响应和虚拟电厂等各类应用。

（二）能源互联网的发展理念

与传统能源网的发展理念不同，能源互联网发展内涵主要侧重于开放、互联、以用户为中心、分布式、共享和对等这 6 大要素[13]。

开放是能源互联网的核心理念，内涵丰富，主要体现为多类型能源的开放互联、各种设备与系统的开放对等接入、各种参与者和终端用户的开放参与、开放的能源市场和交易平台、开放的能源创新创业环境、开放的能源互联网生态圈、开放的数据与标准；互联是开放的重要表现，为能源的共享和交易提供平台，连接供需，是能源互联网创造价值的基础；以用户为中心是能源互联网在商业上取得成功的关键，用户认可和广泛参与，才能有效推动能源互联网在能源生产、运行、管理、消费、交易、服务等各环节创造价值；分布式是推动能源互联网发展的重要动力，风电、光伏等新能源适合分布式，用户也将成为分布式的能源产消者，分布式这一特征保证能源产消的即插即用和能量时时处处平衡；共享是能源互联网的精神，物理设备的开放互联如果缺少了共享的机制，也就无法形成有效的能源市场和良好的创新创业环境；对等是能源互联网的形态之一，能源互联网需要打破垄断，去中心化，不同参与者之间处于对等的位置，在此基础上进行对等的交易。

（三）能源互联网的精细化建模

能源互联网是以电力系统为核心与纽带而构建的多能源耦合的互联网络。能源互联网的发展是能源与信息不断整合并相互促进的过程，将经历能源本身互联、信息互联网与能源行业相互促进、能源与信息深度融合三个阶段。目前针对能源互联网精细化建模的相关研究主要集中在针对多能源开放互联信息物理融合系统的建模和针对能源互联网中多能源耦合网络的精细化建模。

由于能源互联网中多种能源在生产、存储、运输、转换、消耗存在复杂时空关联关系，同时海量状态与控制信息直接影响能源互联网规划、运行和交易，因而其能量管理系统非常依赖信息系统与物理系统的深度融合。能源互联网信息物理融合包括设备能量节点、分布式单元、区域网和骨干网等不同层级的信息物理融合，其中能量节点的信息物理融合是构建整个能源互联网信息物理系统的基础，多能转换节点是涉及多能流耦合的关键统一性节点。因此针对多能源开放互联信息物理融合系统建模的基础是对电、热、气多能流能量节点耦合模型建模，通过建立电、热、气三种能量流交互流动模型，抽象出统一的信息接口与能量接口体系，基于不同节点供能、用能、储能、能量转换等不同属性以及多种行为的不同物理特性构建出包含多能流能量节点的统一信息物理融合模型。

能源互联网中多能源耦合网络的精细化建模主要包含四个方面。首先是对火电机组、风电场、光伏电站、储能电池、压缩空气储能等电力系统元件以及电力系统网络建模；其次是对天然气井、天然气压缩机、天然气储气罐等天然气系统元件以及天然气系统网络建模[14]；再次是对热源、储热（储冷）设备等热力系统元件以及热力系统网络建模[15]；最后是对电－气转化、电－热转化和气－电－热（冷）转化等多能源转化关系和相应耦合元件的建模[16]。

（四）能源互联网规划理论和方法

能源互联网是未来能源系统的发展方向，对能源互联网进行优化规划是能源互联网从理论到工程实践的基础。能源互联网包含电力、天然气、热等多种能源系统，规模庞大，元件众多，作为整体进行统一优化规划难度过大。为了减小规划难度，提升规划模型的准确性和可行性，基于能源互联网的框架的相关研究[17-20]，可将能源互联网按照能源的生产环节（源）—能源的传输环节（网）—能源的消费环节（荷）进行划分[21]。

能源的生产环节的主要任务是接纳大规模的可再生能源，通过电力系统分别和天然气系统、热力系统的耦合，利用天然气、热能易于存储的特性，将负荷低谷期过剩的风电、光伏电量转化为天然气、热进行存储，满足用户的多种用能需求。与电力系统相比，气、热系统都具有较大的惯性和时间常数，具有良好的可控性和可调性。大容量的储热[3]、储气设备使得电力系统能够在较大的时间尺度和空间范围内平抑可再生能源的间歇性和波动性对能源系统的影响，进而提升系统的可再生能源消纳能力。

大规模电网、天然气网的相互耦合和大规模的可再生能源生产基地的选址需要进行源、网环节的协同规划，以保证对可再生能源的消纳和能源的高效远距离传输。对于源、网环节的协调规划，首先要对源侧、负荷侧的多能源系统进行等效，将多能源的生产等效为气源和电源（传统电源、可再生能源），将负荷等效为气负荷和电负荷，将模型简化为电－气联合系统。当在系统中加入 CHP 机组时，则负荷等效为电、气、热负荷[22, 23]。

能源的消费环节通过多能源的协调转换、存储为用户提供高可靠性[24]、高效的多样化能源供应，以提升系统整体的经济性。在能源的消费环节，用户的参与主要体现在两方面：用户能够选择不同形式的能源达成同样的目标，用户可以根据能源价格、供给情况选择不同种类的能源，即用户通过需求响应来匹配能源的生产侧，这种供给、生产双边的多能互补增加了系统的灵活性；电动汽车车载电池可看作巨大的分布式储能网络，如果能对车载电池进行有效利用，则可以对系统实现削峰填谷的作用，但如果充电站规划不当，大量电动汽车的无序充电行为可能会增大系统峰荷，恶化电能质量。

（五）能源互联网优化运行与协调控制技术

构建由电、热、气等不同形式能源在生产、传输、消费等多个环节进行协同优化以实现优势互补的多能源系统是能源互联网发展的必经之路，有助于提升能源利用效率，降低能源供应成本[25]。“十三五”期间，随着多个能源互联网示范工程的稳步推进，以“电力”为中心的能源互联网系统出现了很多新的特点，对能源互联网的优化运行和协调控制技术等提出了更高要求。

多级能源协调优化控制解决了多级能源可控对象复杂、优化目标繁多、缺乏相应的协同优化调控机制等多项关键技术难题，统筹兼顾、因地制宜地协调一定能源区域内的各种能源资源，如太阳能、风能、水资源、燃气资源、煤炭等。结合区域内铁路网、燃气供应网络、供热网络的整体情况，实现区域配电网源－网－荷协调运行各层级资源的充分调动以及以电为中心的各类能源互联互通、综合利用、优化共享[26]。

能流互补控制技术主要聚焦控制策略与控制技术方面，控制策略主要指多类型能源发电的优化调度模型、控制模型等；控制技术主要指以数字信号处理为基础的非传统控制策略及模型，包括神经网络控制、预测控制、电网自愈自动控制技术、互联网远程控制技术、模糊控制技术、接入端口控制技术等。在能源互联网的技术框架下，利用信息接口技术、数据清洗技术、信息数据压缩技术、数据信息融合技术等，实现用户与用户之间、用户与各个能源互联网模块之间的自由信息交换与动态反馈；利用云端信息处理技术与大数据技术实现有机结合。

（六）能源互联网市场交易设计及商业模式

能源互联网市场是在能源互联网背景下，以信息技术为支撑，以分布式主体为主要参与者，通过市场竞争，实现电力、天然气、热 / 冷、可再生能源等多类型能源综合交易以及优化配置的机制。能源互联网市场并不是传统电力、天然气、区域热 / 冷等单一能源市场的简单叠加，而是基于能源互联网核心理念对市场模式的一种创新[27-28]。能源互联网市场的特殊性主要体现在支撑多类型能源的综合交易、实现大规模分布式主体的市场参与、支持灵活智能的能源消费以及信息技术依赖程度高 4 个方面。不同能源市场的特点如表 1 所示[10]。

能源互联网市场机制包括交易方式与运行机制，其中交易方式应以双边交易为主、并设置必要的集中交易环节。在中央集中市场中，为了满足能源供需动态平衡以及网络安全约束，双边交易与集中交易并存；区域分布市场为小型分散化市场成员提供交易平台，是扁平、去中心化的可交易能源系统[26]的拓展，交易方式以双边交易为主。运行机制是能源互联网市场实现资源优化配置的根本保证，由价格机制、供求机制、竞争机制、结算机制和激励机制等构成，其中价格机制处于核心地位。

表 1 传统单一能源市场与能源互联网市场对比

项目	电力市场	天然气市场	区域热 / 冷市场	能源互联网市场
市场主体	单一电力	单一天然气	单一热 / 冷	多元化，催生新种类
交易对象	单一电力	单一天然气	单一热 / 冷	多元化，催生新种类
垄断程度	寡头垄断	寡头垄断	区域性寡头垄断	垄断竞争
交易规模	需要达到 一定的规模	需要达到 一定的规模	需要达到 一定的规模	无规模限制
进出市场难易程度	比较困难	比较困难	比较困难	比较容易
博弈复杂程度	比较单一 主要存在发电商的博弈	比较单一 主要存在供气商的博弈	比较单一 主要存在供热商的博弈	比较复杂 出现分布式主体间的博弈
用户市场参与度	低	低	低	高
用能需求差异程度	基本无差别	基本无差别	基本无差别	较大差别， 用能需求个性化
信息技术依赖程度	一般	一般	一般	高

目前，能源互联网市场尚处于起步阶段，需要进一步在实现多能源综合交易的能源互联网市场模型、面向大规模分布式主体的行为分析及市场机制、能源互联网市场分布式交易支撑技术、能源互联网市场中多元化辅助服务交易机制以及能源互联网市场信息披露与互动体系设计等方面开展深入研究。

（七）能源互联网标准制定

能源互联网的构建，对能源电力互联、互通、互信、互操作等提出了迫切需求[29]。为了适应能源互联网未来全球化的需要、引领相关产业发展，多个国际标准组织、跨国机构及世界各主要国家在能源互联网相关领域开展了标准工作，其中最具代表性的有国际电工委员会（IEC）、电气与电子工程师协会（IEEE）和国际大电网会议（CIGRE）。我国以全球能源互联网发展合作组织为首，充分吸纳国际最新研究成果，广泛征求业内专家意见，形成了《全球能源互联网标准体系（2018）》报告，设计了“4 个专业方向、13 个技术领域、47 个标准系列、若干项具体标准”的全球能源互联网标准体系总体架构[30]。

全球能源互联网标准体系覆盖“智能电网、特高压及新型输电、清洁能源、电网互联”等关键技术领域，以 IEC、IEEE 等组织发布的国际标准为基础，尚无国际标准的部分领域，主要借鉴中国及其他国家的国家标准、行业标准、工业联盟和企业标准，开展全球能源互联网的标准化工作研究。

三、试点工程

2017 年 6 月 28 日,《国家能源局关于公布首批“互联网 +”智慧能源(能源互联网)示范项目的通知》发布,2 大类 9 小类 55 个能源互联网示范项目正式启动,覆盖了不同领域与方向,成为业界关注的热点,截至 2019 年 5 月底,部分示范项目已经通过验收,并取得了各具特色的成果。一些典型案例如下。

(一)“互联网 +”在智能供热系统中的应用研究及工程示范项目

“互联网 +”在智能供热系统中的应用研究及工程示范项目是以高效、精细化管理思想为核心,通过先进的节能技术、信息技术与自动化技术的深度融合,建立“安全、清洁、高效、经济”的智能供热体系,并深度挖掘热电机组的调峰能力,提升热电机组的火电灵活性。该项目针对国内集中供热系统网源间信息孤立的问题,建立了一种互联、开放、共享的网源一体化集中供热模型,提出网源一体的经济性调控策略,实现了信息共享、智慧决策与集中控制。

项目以形成供热行业的新型生产消费体系和管理体制为目标,建立了智能热网信息化平台,将收费系统、营销系统、能耗分析系统、运行管理系统、客服系统等系统集成于一体,推进了供热系统的信息物理集成,实现了远程在线监控、节能诊断与智能调节。

(二)大规模源网荷友好互动系统示范工程

该项目由国网江苏省电力有限公司牵头,旨在解决尖峰负荷矛盾、特高压应急处置及新能源发电消纳问题,构建“应急场景”和“非应急场景”两种响应模式,研发全时间尺度的“大规模源网荷友好互动系统”,建立面向应急场景的以毫秒级、秒级精准切负荷为主要控制方式的“大规模源网荷精准负荷控制子系统”及面向非应急场景的以柔性调控和主动响应为主要控制方式的“大规模空调有序削峰 / 虚拟调峰系统”“需求响应辅助决策子系统”。

目前,该示范工程已具备 260 万千瓦毫秒级、376 万千瓦秒级可中断负荷精准控制容量、417.5 万千瓦实时负荷调控能力。它变革了电网互动模式,将传统单一的源随荷动模式转变为“源随荷动、荷随网动”的源网荷智能互动模式,提升清洁能源消纳水平,支撑新一代电力系统安全经济运行,为社会提供更加优质、绿色的电力服务。它引领了“互联网 +”技术在提升电网灵活调节能力方面的发展方向,应用前景广阔。

(三)基于电力大数据的能源公共服务建设与应用工程示范项目

本项目属于“互联网 +”智慧能源(能源互联网)示范项目中的能源大数据类项目,

由国家电网公司统一组织建设，具体由联研院牵头，国网信通产业集团、国网能源院、国网北京电力、国网上海电力、国网江苏电力、国网浙江电力、国网陕西电力、西安交通大学、西咸大数据交易所、中国信息安全测评中心等产学研用单位共同参与承担。

该示范项目的主旨是通过开放服务的方式为政府和社会各方提供基于电力大数据的价值信息，实现将电网数据转化为社会公共价值的新模式。目前，项目按照“一平台、组件化、微应用”原则，在国网公司总部和27个省级电力公司建成了企业级国网大数据平台，实现了电网基础数据资源的整合；在联研院的北京、南京院区建成了能源互联网大数据公共服务平台，实现了基于电网数据的行业复工率分析、征信参考服务、全社会用电量总体分析预测、用电市场辨识及发展趋势研判等22个面向社会的创新应用产品，并结合国网北京、上海、江苏、浙江、陕西电力公司的业务数据进行了充分的示范应用，展现出良好的社会服务能力。

（四）面向特大城市电网能源互联网示范项目

广州面向特大城市电网能源互联网示范项目由南方电网广州供电局有限公司牵头实施。该项目通过“1+3+3”（即1个“互联网+”智慧能源综合服务平台、3个智慧园区、3个创新业态），涵盖了特大城市能源系统的核心元素，实现基于互联网价值发现、基于电动汽车、基于灵活资源及基于综合能源服务的4个业态模式，将广州市打造成为“高效、绿色、共享、创新”能源互联网智慧城市，实现了“综合能源高效利用、绿色低碳持续发展、灵活资源协调共享、业态创新多方共赢”4个核心目标。

项目在城市多能源系统关键技术探索方面取得了多项创新性成果。从化明珠工业园多元互动项目通过有序生产、余热回收、余热制冷等技术，建成园区内部可靠、清洁、高效的综合能源系统；中新知识城实现了四网融合、三表集抄全面覆盖，试点建设了智能家居；南沙智能微电网项目提升了电网适应气候变化、抵御自然灾害的能力；智慧路灯示范项目实现了“一杆多用”，支撑了广州智慧城市建设。

项目单位与政府、通信运营商、发电集团、汽车企业等共同推进项目建设，成果获得政府、用户、利益相关方的认可。开展多元用户互动、四网融合、车网协同、基站储能、智慧路灯等新兴业态的探索，提出了共建共享共治理念、方法及商业模式，具备可推广性，对推动能源互联网的建设具有重要的示范意义。

四、国内外发展比较

美国在能源互联网领域已经开展了大量研究，强调（Information Communications Technology，ICT）技术与能源系统的深度融合，是其典型特征。2008年美国北卡罗来纳州立大学研究团队启动了“未来可再生电能传输与管理系统”（Future Renewable Electric

Energy Delivery and Management，FREEDM）计划[31]，旨在构建一种在可再生能源发电和分布式储能装置基础上的新型电网结构，并为此提出能量路由器（Energy Router）的概念。2011 年美国加州大学伯克利分校提出“以信息为中心的智慧能源网络”架构及可扩展能源网络模型，并开发出相应的信息接口和传输协议[32]。2016 年，基尔大学电力电子研究所的研究人员提出了“智能变压器”的概念，以应对能源互联网将面临的能量转换挑战[33]。

从目前美国各项研究的现状来看[34-37]，现阶段能源互联网项目研究重点包括以下方面。研发高压、高频的电力电子器件，构成具有较高兼容性和灵活性的固态变压器（Solid State Transformer，SST），这是实现能量路由器的基础；研究能够对电网故障快速识别和隔离的故障隔离设备（Fault Isolation Device，FID），以实现对能源互联网的准确保护及重新配置；研究基于能源互联网特征的系统控制策略，包括分布式资源的识别整合策略、能源分配策略、故障快速识别与定位策略、故障协调与重新配置策略等；基于能源互联网智能控制系统（DGI）的软件研究，包括 DGI 软件编写及 DGI 协议框架研究等。

欧洲主要从先进工业技术出发，对能源互联网技术展开研究。2003 年，瑞士联邦政府能源办公室和产业部门共同发起“未来能源网络愿景（vision of future energy networks）”项目[38]，该项目旨在研究多能源传输系统的利用和分布式能源的转换和存储，对多能源系统进行建模及优化，最终建立混合能源系统，降低能源成本和废气排放，提高系统稳定性和可靠性。2007 年苏黎世联邦理工学院在该项目研究中首次提出了能量枢纽（Energy hub）的概念，其本质是一个广义的多端口网络，提供了分布式电源、储能装置与负荷的能量交换接口[39-40]，进而实现能源转换和存储。从“未来能源网络愿景”目前的研究现状来看，其研究重点包括以下四个方面：基于能量枢纽的多能源转换、存储设备的研究；基于能源互联器的多能量传输设备的研究；开发基于能量枢纽和能源互联器的混合能源系统模型和分析软件；利用混合能源系统模型分析结果指导能源系统优化调度。

2008 年，德国联邦经济和技术部发起一项以信息通信技术（ICT）为基础构建未来能源系统的创新计划，着手研究及测试能源互联网相关技术，称为 E-Energy 项目[41]。该项目提出了能源互联网的基本框架，该框架涉及通信、控制、能源及环境等多个领域，是一个物质流 - 能量流 - 信息流高度融合的开放系统。目前该项目已选取了 6 个示范项目[42]，从清洁能源消纳、节能、双向互动等不同角度围绕低碳环保、经济节能的核心目标，开展研究工作。

2011 年欧洲启动了欧洲未来互联网计划（Future Internet Public Private Partnership，FI-PPP），由众多交叉领域项目构成，目的是通过行业需求的驱动，更好地推进欧洲互联网的发展[43]。其中能源领域的项目为 FINSENY（Future Internet for Smart Energy），其目的是通过 ICT 技术和互联网技术的升级改造，更好地服务于未来欧洲的智能能源系统。

在亚洲，2010 年日本启动“智能能源共同体”计划，开展能源和智能电网等领域的研究。2011 年，日本开始推广“数字电网”计划，该计划是基于互联网的启发，构建一种基于各种电网设备的IP来实现信息和能量传递的新型能源网。目前，日本数字电网联盟已在肯尼亚未通电地区开展数字电网路由器试验研究[44]。

与欧洲、美国和日本相比，我国研究人员在能源互联网领域也进行了深入的研究。目前国内学者普遍认为，能源互联网是以现有电力系统为中心，融入互联网技术，最终实现可再生能源及其他能源系统的高度协调，形成生产和消费双向互动的能源服务网络[45]。

在能源互联网构架建设和特性上国内学者进行了很多探索，中国电科院周孝信院士团队提出在骨干电网的基础上，以分布式能量采集和储存装置所构成的新型电力网络为链接枢纽，将电力、石油、天然气及交通运输网络等能源节点进行互联，形成多层耦合的能源互联网架构[19]；清华大学孙宏斌教授团队将“能源系统的类互联网化”和“互联网+”作为能源互联网的基本框架[17]；清华大学曹军威教授团队采用分层分级的方式发展建设能源互联网，以开放、对等、互联、分享作为基本特性，利用信息-能源一体化架构实现能源双向的按需传输和动态平衡使用[46]；西安交通大学别朝红教授、管晓宏院士团队将能源互联网按照能源的生产环节（源）-能源的传输环节（网）-能源的消费环节（荷）进行划分进而构建能源互联网的基本构架[47]，并在此基础上开展能源互联网的规划、运行与交易基础理论的研究；浙江大学文福拴教授、薛禹胜院士团队构建了电力系统、交通系统、天然气网络和信息网络为基础的能源互联网基本架构[18]；浙江大学宋永华教授、丁一教授团队构建了包含物理-信息-市场的能源互联网三层架构，并在此基础上展开了针对能源互联网风险评估的评估[48]；天津大学贾宏杰教授团队从综合能源系统角度构建了能源产供销一体化系统，并比较其与能源互联网的异同[49]；华北电力大学曾鸣教授团队提出能源互联网建设路径主要包含四方面[50]：首先，构建多元能源供应体系，推动能源生产革命。其次，培育新型业态，推动能源消费革命。再次，促进产业升级，推动能源技术革命。最后，构建有效竞争的市场体系，推动能源体制革命。此外，清华大学能源互联网创新研究院已结合当前技术发展趋势提出能源互联网标准体系架构，而更详细具体的标准化工作还将进行进一步研究。

从目前中国各研究现状来看，现阶段能源互联网研究重点包括五个方面：能源转化和综合利用技术的研究；先进能量传输及存储技术的研究[51-52]；先进信息通信技术（ICT）的研究[53]；研究基于能源互联网的多能潮流计算[14，54]，状态估计[55]，规划、调控优化策略；研究基于能源互联网的交易运营机制[10]。

五、发展趋势与对策

能源互联网的建设对于实现我国的能源转型具有重要意义，是我国践行能源革命、应对全球气候变化的重要举措，能源互联网的发展有赖于若干关键基础科学问题和关键技术的突破，归纳如下。

（一）能量的捕获和转换技术

能源互联网中的能源来自各种一次能源，包括化石能源、风能、太阳能等，为了实现能量的捕获和转换，需要研究风机、光伏、光热、冷热电联供、热泵、吸收式制冷、电解制氢、电动汽车等技术，其中，仍有大量新技术需不断完善，如低风速风机、新材料光伏、含热储的光热电站、微型燃料电池、电解制氢、电动汽车等。

（二）能量自由传输技术

能源互联网以电力为中心，以电网为主干和平台，为了实现能量的自由传输，设备级的前沿技术包括：能源互联网标准协议、能源路由器、能源集线器、多端直流、大容量低成本高效率储能、超导、无线能量传输等。多端直流电网是实现新能源、直流负荷、储能系统等经济互联的有效方案，可以实现能量的多端灵活传输，但直流断路器、系统控制和保护等都还面临较大困难。无线电能传输可以用于植入体内医疗器械、电动汽车、消费类电子产品、空间太阳能电站等供电，尽管目前已经有了初步应用，但距离普及还有较大距离。

（三）设备即插即用技术

为了支撑高比例分布式可再生能源的对等接入和能量的开放互联与共享，实现设备即插即用，首先要能自动保障能源网络的安全稳定，此外还需要研究以下内容：①能量和信息即插即用的标准接口和协议；②分布式设备的自组织管理，包括设备的自动感知和识别、设备模型的生成和拼接、自动的通信、系统级的协同管理等；③设备自身实现自治控制，减少对系统的不利影响。能源路由器、能源集线器、微网、代理、集群、虚拟电厂等技术的发展为设备的即插即用提供了有效手段，分层控制、分布式控制、对等控制等控制技术的发展也将支撑设备即插即用。

（四）信息和能量的耦合

能源互联网是一个典型的信息能源融合的开放系统，其关键技术包括信息物理系统建模与仿真、信息物理融合规划、信息安全等[56]。对于能源互联网这样的复杂系统，建模的难点在于如何表征信息流与能量流之间的耦合关系，揭示能量流与信息流的相互作用机理，并在此基础上实现信息－物理相互影响的定量分析与评估。在规划层面，物理和信息的规划需要协同。在互联网环境下，信息安全问题更加突出，信息的传输与存储安全、用户隐私以及人为恶意攻击等都可能影响整个系统的安全可靠性。因此，需要通过信息－能量耦合的统一建模，提出信息流与能量流混成计算与量化分析技术、联合安全评估技术等，构建信息－能量耦合系统的动力学模型与稳定性理论，提升能源系统的信息安全性。

（五）能量管理理论和技术

能源互联网是一个多系统相互耦合的开放系统，包含多个领域的设备元件，具有异质性、随机性、多目标和多尺度等特点，系统特性复杂，需要开展相应研究，包括综合能源系统建模和仿真、多能流耦合的在线分析与运行控制等理论和技术，需要发展出多能流耦合的分布式能量管理系统，将现有的集中式能量调度与管理体系变革为集中协同－分布自治的新模式，通过开放与对等的多能流能量管理技术实现多种能源形式的互联与共享，提高分布式可再生能源利用率与系统整体能效。为了实现对用户的透明，大数据、云计算将是其技术支撑，用于新能源出力和负荷的预测、用户行为分析和建模、能耗分析等，为用户提供个性化的解决方案。

（六）市场机制和模式

在能源互联网中，能源的生产者、服务者和消费者之间的界限将会消失，设备、能量和服务都可以进行自由交易，市场在能源生产和消费过程中的配置作用将更加凸显，存在以下潜在研究热点：能源互联网市场机制、市场行为、市场化环境下的安全可靠运行等。此外，与传统纵向一体的能源网运行不同，能源互联网呈现出自由多边的海量用户平等参与、消费者即生产者的新架构，其运行的复杂性呈现数量级增长。大数据和云计算等数据技术的引入，为以用户为中心构建能源互联网管理和商业模式提供了可能，可以开展以下研究：基于传感网络和大数据的能源互联网全面态势感知、基于云计算和软件定义网络的能源互联网运维与控制、基于大数据与互联网金融的能源互联网商业模式等。

参考文献

［1］钟海旺，夏清，丁茂生，等．以直流联络线运行方式优化提升新能源消纳能力的新模式［J］．电力系统自动化，2015（3）：36-42.

［2］杨经纬，张宁，王毅，等．面向可再生能源消纳的多能源系统：述评与展望［J］．电力系统自动化，2018，42（4）：11-24.

［3］徐飞，闵勇，陈磊，等．包含大容量储热的电－热联合系统［J］．中国电机工程学报，2014，34（29）：5063-5072.

［4］滕云，张铁岩，陈哲．多能源互联系统优化运行与控制技术研究现状与前景展望［J］．可再生能源，2018，36（3）：467-474.

［5］周灿煌，郑杰辉，荆朝霞，等．面向园区微网的综合能源系统多目标优化设计［J］．电网技术，2018，42（6）：1687-1697.

［6］王一家，董朝阳，徐岩，等．利用电转气技术实现可再生能源的大规模存储与传输［J］．中国电机工程学报，2015，35（14）：3586-3595.

[7] 顾泽鹏，康重庆，陈新宇，等. 考虑热网约束的电热能源集成系统运行优化及其风电消纳效益分析 [J]. 中国电机工程学报，2015，35（14）：3596-3604.

[8] 邓拓宇，田亮，刘吉臻. 利用热网储能提高供热机组调频调峰能力的控制方法 [J]. 中国电机工程学报，2015，35（14）：3626-3633.

[9] 田世明，栾文鹏，张东霞，等. 能源互联网技术形态与关键技术 [J]. 中国电机工程学报，2015，35（14）：3482-3494.

[10] 刘凡，别朝红，刘诗雨，等. 能源互联网市场体系设计、交易机制和关键问题 [J]. 电力系统自动化，2018，42（13）：108-117.

[11] 张粒子，何勇健，凡鹏飞，等. 我国能源市场体系建设的目标框架与路径模式 [J]. 价格理论与实践，2011（7）：33-35.

[12] 陈启鑫，刘敦楠，林今，等. 能源互联网的商业模式与市场机制（一）[J]. 电网技术，2015，39（11）：3050-3056.

[13] 孙宏斌，郭庆来，潘昭光，等. 能源互联网：驱动力、评述与展望 [J]. 电网技术，2015（11）：3005-3013.

[14] Ding T，Xu YT，Yang Y H，et al. A Tight Linear Program for Feasibility Check and Solutions to Natural Gas Flow Equations [J]. IEEE Transactions on Power Systems，2019.

[15] 于婧，孙宏斌，沈欣炜. 考虑储热装置的风电 - 热电机组联合优化运行策略 [J]. 电力自动化设备，2017，37（6）：139-145.

[16] Yang J W，Zhang N，Cheng Y H. Modeling the Operation Mechanism of Combined P2G and Gas-Fired Plant With CO_2Recycling [J]. IEEE Transactions on Smart Grid，2019，10（1）：1111-1121.

[17] 孙宏斌，郭庆来，潘昭光. 能源互联网：理念，构架与前沿展望 [J]. 电力系统自动化，2015，39（19）：1-8.

[18] 董朝阳，赵俊华，文福拴，等. 从智能电网到能源互联网：基本概念与研究框架 [J]. 电力系统自动化，2014，38（15）：1-11.

[19] 马钊，周孝信，尚宇炜，等. 能源互联网概念，关键技术及发展模式探索 [J]. 电网技术，2015，39（11）：3014-3022.

[20] 曾鸣，杨雍琦，刘敦楠，等. 能源互联网“源 - 网 - 荷 - 储”协调优化运营模式及关键技术 [J]. 电网技术，2016，40（1）：114-124.

[21] 胡源，别朝红，李更丰，等. 天然气网络和电源、电网联合规划的方法研究 [J]. 中国电机工程学报，2017，37（1）：45-54.

[22] Ding T，Hu Y，Bie ZH. Multi-Stage Stochastic Programming With Nonanticipativity Constraints for Expansion of Combined Power and Natural Gas Systems [J]. IEEE Transactions on Power Systems，2018，33（1）：317-328.

[23] Hu Y，Bie Z H，Ding T，et al.An NSGA-II Based Multi-Objective Optimization for Combined Gas and Electricity Network Expansion Planning [J]，Applied Energy，2016，4（167）：280-293.

[24] 姜江枫，丁涛，寇宇，等. 基于多范式建模的能源互联网可靠性评估 [J]. 陕西电力，2015，43（12）：6-9，26.

[25] Yao L，Wang XL，Ding T，et al. Stochastic Day-ahead Scheduling of Integrated Energy Distribution Network with Identifying Redundant Gas Network Constraints [J]. IEEE Transactions on Smart Grid，2019.

[26] 陈启鑫，王克道，陈思捷，等. 面向分布式主体的可交易能源系统：体系架构、机制设计与关键技术 [J]. 电力系统自动化，2018，42（3）：1-7.

[27] 曹阳，丁涛，侯云婷，等. 全球能源互联网背景下跨国电力市场长期交易模式的设计与仿真 [J]. 全球能源互联网，2018，1（S1）：242-248.

［28］吴利兰，荆朝霞，吴青华，等. 基于 Stackelberg 博弈模型的综合能源系统均衡交互策略［J］. 电力系统自动化，2018，42（4）：142-150，207.

［29］刘振亚. 全球能源互联网［M］. 北京：中国电力出版社，2013：5-10.

［30］全球能源互联网发展合作组织. 全球能源互联网标准体系研究［R］. 2018. https：//www.docin.com/p-2140056870.html.

［31］Huang A Q, Crow M L, Heydt G T, et al. The future renewable electric energy delivery and management（FREEDM）system：the energy internet［J］. Proceedings of the IEEE，2011，99（1）：133-148.

［32］Katz R H，Culler D E，Sanders S，et al. An information- centric energy infrastructure：the berkeley view［J］. Sustainable Computing：Informatics and Systems，2011，1（1）：7-22.

［33］Liserre M，Buticchi G，Andresen M，et al. The smart transformer：impact on the electric grid and technology challenges［J］. IEEE Industrial Electronics Magazine，2016，10（2）：46-58.

［34］Dong D，Agamy M，Bebic J，et al. A Modular SiC High-Frequency Solid-State Transformer for Medium-Voltage Applications：Design，Implementation，and Testing［J］. IEEE Journal of Emerging and Selected Topics in Power Electronics，2019，7（2）：768-778.

［35］Miao J Q，Zhang N，Kang C Q，et al. Steady-State Power Flow Model of Energy Router Embedded AC Network and Its Application in Optimizing Power System Operation［J］. IEEE Transactions on Smart Grid，2018，9（5）：4828-4837.

［36］Andrade A M S S，Schuch L，Martins M L D S. High Step-Up PV Module Integrated Converter for PV Energy Harvest in FREEDM Systems［J］. IEEE Transactions on Industry Applications，2017，53（2）：1138-1148.

［37］Hooshyar H，Baran M E，Firouzi S R，et al. PMU-assisted overcurrent protection for distribution feeders employing Solid State Transformers［J］. Sustainable Energy，Grids and Networks，2017，10（26）：26-34.

［38］Favre-Perrod P. A vision of future energy networks［C］// Proceedings of 2005 IEEE Power Engineering Society Inaugural Conference and Exposition in Africa. Durban，South Africa：IEEE，2005.

［39］王毅，张宁，康重庆. 能源互联网中能量枢纽的优化规划与运行研究综述及展望［J］. 中国电机工程学报，2015，35（22）：5669-5681.

［40］黄武靖，张宁，董瑞彪，等. 多能源网络与能量枢纽联合规划方法［J］. 中国电机工程学报，2018，38（18）：5425-5437.

［41］Federal Ministry for Economic Affairs and Energy［EB/OL］. E-Energy project official website［2019-5-30］. https：//www.digitale-technologien.de/DT/Navigation/DE/Service/Abgelaufene_Programme/E-Energy/e-energy.html.

［42］王喜文，王叶子. 德国信息化能源（E-Energy）促进计划［J］. 电力需求侧管理，2011，13（4）：75-76，80.

［43］Future Internet-Public-Private Partnership［EB/OL］. FI-PPP project official website［2019-5-30］. https：//ec.europa.eu/digital-single-market/en/news/future-internet-%E2%80%93-public-private-partnership-fi-ppp-0.

［44］Boyd J. An Internet-inspired electricity grid［J］. IEEE Spectrum，2013（50）：12-14

［45］丁涛，牟晨璐，别朝红，等. 能源互联网及其优化运行研究现状综述［J］. 中国电机工程学报，2018，38（15）：4318-4328，4632.

［46］曹军威. 能源互联网的本质与实施路径［J］. 高科技与产业化，2015，11（12）：48-51.

［47］别朝红，王旭，胡源. 能源互联网规划研究综述及展望［J］. 中国电机工程学报，2017，37（22）：6445-6462，6757.

［48］江艺宝，宋永华，丁一，等. 能源互联网风险评估研究综述（二）——信息及市场层面［J］. 中国电机工程学报，2016，36（15）：4023-4033.

［49］余晓丹，徐宪东，陈硕翼，等. 综合能源系统与能源互联网简述［J］. 电工技术学报，2016，31（1）：1-13.

［50］曾鸣. 能源互联网的发展路径［J］. 中国电力企业管理，2016（9）：48-53.

［51］沈郁，姚伟，方家琨，等. 液氢超导磁储能及其在能源互联网中的应用［J］. 电网技术，2016，40（1）：172-179.
［52］薛小代，梅生伟，林其友，等. 面向能源互联网的非补燃压缩空气储能及应用前景初探［J］. 电网技术，2016，40（1）：164-171.
［53］王继业，郭经红，曹军威，等. 能源互联网信息通信关键技术综述［J］. 智能电网，2015，3（6）：473-485.
［54］王斌，夏叶，夏清，等. 考虑风电接入的交直流互联电网动态最优潮流［J］. 电力系统自动化，2016，40（24）：34-41.
［55］董今妮，孙宏斌，郭庆来，等. 面向能源互联网的电－气耦合网络状态估计技术［J］. 电网技术，2018，42（2）：400-408.
［56］郭庆来，辛蜀骏，孙宏斌，等. 电力系统信息物理融合建模与综合安全评估：驱动力与研究构想［J］. 中国电机工程学报，2016，36（6）：1481-1489，1761.

撰稿人：别朝红　郭庆来　丁　涛　刘　凡　刘珮云　牟晨露

放电等离子体及其应用——材料、环境与能源

一、最新研究进展

放电等离子体是由大量带电粒子组成，集合电场、磁场等物理场以及高能电子、自由基、激发态分子（原子）等活性物种的物化体系。在这一体系下，等离子体中带电粒子相互碰撞，产生激发、离解、电离和复合等各种基元反应。通过这些基元反应过程产生的热、力、光、电和化学活性等效应为放电等离子体应用提供理论基础。近年来，随着气体放电理论及等离子体技术的不断发展，在社会发展和国家需求的推动下，我国放电等离子体技术应用研究发展迅速，取得了一系列引人注目的进展。本专题着重介绍等离子体在材料、环境和能源领域的应用。先进材料制备与改性主要利用等离子体与材料之间的物理化学反应来实现功能性材料的制备或对材料表面特性的改善。在环境保护方面，针对污染物处理，可采用放电等离子体技术对挥发性有机物、烟气等气体污染物，以及高毒性与难生化降解的液态污染物进行高效净化。在能源化工方面，等离子体技术的典型应用则包括碳氢化合物制备氢气、甲烷重整制备合成气、重油加氢制备烯烃、碳基材料制备和等离子体化学合成等。结合以上内容，本专题分三部分内容，首先论述放电等离子体及其应用研究的最新研究进展，比较国内外研究进展，最后结合国家重大战略需求及国际前沿热点，提出我国本学科未来发展新的战略需求和重点发展方向。

（一）材料领域

随着工业生产的迅速发展，材料的应用领域越来越广，对材料本身及其表面各种性能的要求也越来越高。因此，人们采用了多种方法制备新材料及对其表面进行处理，从而适应不同的应用要求。如在材料合成制备领域，常见的方法主要有：溶胶凝胶合成、水热/溶剂热合成、电解合成、定向凝固工艺、化学气相沉积、物理气相沉积、低温固相合成、热压烧结和放电等离子体法等；在材料表面处理领域，主要有湿法化学法、紫外光辐照

法、离子束照射法和低温等离子体处理法等。其中等离子体技术利用等离子体中包含的电子、离子和激发态等具有很高化学反应活性的物种，及特殊的声、光、电等物理及化学过程，使其能单独或与其他方法结合在纯化学方法不可能达到的工艺参数条件下对材料进行制备和改性。等离子体材料制备与改性技术是干式工艺，具有节省能源、无污染、反应条件温和、普适性良好等优点，且可与多种传统材料制备与改性工艺结合使用，并在某些领域体现出其独特优势，是一种具有极大的研究和应用价值的材料处理新技术。随着对高性能材料的需求越来越大，等离子体的独特性质使其在材料制备和改性中具有非常独特的作用，引起材料领域研究者的热切关注，是新材料制备及表面改性技术发展的突破方向，成为当前等离子体应用领域的研究热点。

等离子体材料制备是指利用等离子体中活性粒子及电磁场等效应，在材料制备过程中影响材料的化学成分、结构尺寸、外观形貌。用于材料制备合成的低温等离子体分为热等离子体和冷等离子体。热等离子体的气体温度与电子温度接近，一般为（0.5 ~ 2）$\times 10^4$ K，体系处于平衡状态，又称为平衡态等离子体；冷等离子体的电子温度较高，达 10^4 K 以上，但气体温度较低，可以保持在室温左右，因而又被称为非平衡态等离子体。在非平衡态等离子体条件下，晶体能够快速成核，晶体生长过程主要受等离子体场效应影响，温度效应的影响可以忽略，可以诱导生长新型结构晶体材料或者催化材料。平衡态等离子体条件下的晶体成核与生长兼具等离子体场效应与热效应，也可以得到丰富多彩的新型结构晶体材料。等离子体材料制备合成技术主要采用大气压介质阻挡放电、等离子体射流、低气压射频辉光放电、等离子体电化学法、等离子体增强原子层沉积、等离子体增强化学气相沉积、电弧放电和电感耦合等离子体等方式。等离子体材料表面改性是通过等离子体中活性粒子打开材料表面化学键形成新键，使表面发生氧化、还原、裂解、交联和聚合等物理、化学变化，从而提高表面的粘接性、吸湿性、可染色性、生物相容性等性能。等离子体材料表面改性是一种新型的表面改性方法，与传统的材料改性技术相比，该技术具有节能环保、效率高、对所处理材料适应性强、处理均匀性好、只改变材料纳米量级深度表面特性而不破坏材料结构和基体性能等优点。

虽然等离子体技术已被广泛应用于等离子体材料制备与改性，但随着工业生产的迅速发展，对材料的结构、功能及其表面性能提出了更高要求。需要从等离子体与材料制备与改性过程机理，拓展等离子体材料处理应用领域，提高等离子体材料制备和改性运行条件及效率。首先，等离子体和材料表面相互作用涉及的多元物理化学反应过程通常同时完成，需要精确有效调控才能达到特定的处理效果，因此通过研究等离子体参数对材料表面反应过程影响规律，结合等离子体的电离机制和材料表面特性分析等，来揭示等离子体材料表面改性运行机制，建立起等离子体参数与材料表面效果之间的联系，为等离子体材料表面改性效果调控提供技术和理论支持；其次，随着等离子体材料表面改性应用领域从原有的半导体加工、纺织印染、电工材料等向生物医学、能源环保、航空航天等更多领域拓展，其改性要求也从原有的提高粘接性、吸湿性、可染色性或憎水性扩展至生物相容性、催化活化、耐辐射以及自清洁等特性，这些新的应用研究的前沿涉及材料表面能调控、超憎水及超亲水特性机制、催化剂缺陷活化及功能基团接枝等方面，因此需要探索和扩展等离子体改性在更多领域的应用效果、技术方法、有效调控机制；最后，等离子体材料处理技术要实现规模化工业应用需要发展和研究适合不同材料处理的等离子体源，研究产生高反应效率活性粒子的等离子体放电特性、稳定机制以及参数优化。

（二）环境领域

放电等离子体具有高能电子、自由基、激发态分子（原子）等多种活性物种，在大气压及室温下能够无选择性地净化气体、水、土壤及水体沉积物中的污染物，近年来在理论和应用研究领域取得大量研究成果。静电及等离子体技术已经广泛应用于工业烟气和有机废气的处理。静电除尘器用于工业废气中颗粒物的处理，已经占到国内除尘市场的 75% 左右。而随着烟气排放标准的提高，提高微细粉尘的收集效率是静电除尘技术需要解决的技术难题，目前，具有预荷电段的多区电除尘器、特殊电极结构（移动电极、辅助集尘电极、X/V 型集尘电极、膜集尘电极等）的电除尘器、（双极性直流、无极性交流、双极性直流 / 交流、四极）电凝并技术、电辅助的纤维膜滤、驻极体膜滤、荷电的填充床过滤等高新技术显示了优良的微细粉尘收集性能[1]。从 20 世纪七八十年代开始，电子束辐照法、直流和脉冲电晕放电等离子体、介质阻挡放电等离子体等方法开始用于工业烟气中氮氧化物、二氧化硫、元素汞等的净化处理。其中，电子束辐照法及脉冲电晕法已经工业示范应用于净化燃煤烟气，中国、日本、波兰等国先后建成了较大规模的电子束[2]、脉冲电晕烟气脱硫脱硝中试实验装置[3, 4]，二氧化硫去除率可达 85% ~ 99%，氮氧化物去除率可达到 50% ~ 70%。然而，能耗一直是制约放电等离子体烟气净化技术工业应用的重要因素之一。反应器结构、高压电源的类型及参数、烟气条件（氧含量、水蒸气含量等）、添加剂等影响放电等离子体净化烟气的效率及能量效率[5]，且烟气组分影响共存的其他烟气污染物的去除，如烟气中的二氧化硫、氮氧化物、氯离子含量、湿度等因素影响汞氧化效率[6]。为提高烟气污染组分的净化效率、降低能耗，自由基注入技术及其耦合的脉冲电晕技术用于烟气脱硫、脱硝[7-9]，取得了较好的效果。

对于挥发性有机气体的处理，滑动弧放电、（流光）电晕放电、介质阻挡放电等放电等离子体技术已成功用于挥发性有机气体（VOCs）的处理，然而其存在能耗较高、生成 NO_x 和臭氧等副产物、不彻底矿化导致生成有机气溶胶等二次污染问题[10]，限制了其工业应用。针对上述问题，国内外研究者开展了等离子体 - 催化[11, 12]、吸附 - 等离子再生[13]、等离子体 - 吸收[14]等复合工艺，用于增强等离子体的降解 VOCs 的能量效率、抑制副产物的生成。等离子体催化技术常用的催化剂包括 Pt、Ag、Pd 等贵金属，Cu、Mn、Ce、Ti 等过渡金属氧化物及上述活性组分组装的复合催化剂，催化活性组分与放电等离子体耦合有效提升 VOCs 降解率、CO_2 生成的选择性、降低了能耗。放电等离子体与催化剂的耦合方式通常包括原位（催化剂置于放电区间）和异位（催化剂常置于放电区后部）两种方式，相对于异位方式，等离子体与催化剂的原位布置方式导致催化剂与等离子体的相互作用更强、更复杂，且催化剂与等离子体存在明显的协同作用，如改变放电模式、提高功率并生成更多的活性物质、延长 VOCs 在放电区的停留时间、增强催化剂的活性等[15]。对于异位催化方式，催化剂与放电等离子体的协同作用较弱，但等离子体生成的长寿命活性物种与未降解的 VOCs 及其降解的中间产物在催化剂表面的进一步催化降解可提高等离子体处理 VOCs 的效率。目前，原位等离子体催化及后等离子体催化技术是等离子体净化有机废气的主流研究方向。吸附 – 等离子体再生技术通过“吸附剂吸附 VOCs– 等离子体再生吸附剂”的连续操作，可以富集低浓度 VOCs、并通过间歇地等离子体放电处理可以有效降低能耗、控制气溶胶等有害副产物地排放[16]，取得了很好的处理效果，但是 NO_x、臭氧等副产物仍然不能彻底消除。而气 – 液两相放电等离子体通过溶液吸收的方式，可以有效控制 NO_x 及臭氧的排放，而液相降解也有效提高了 VOCs 及其降解中间产物的处理效率[14]。此外，放电等离子体在净化室内空气（如杀菌、VOCs 降解等）也取得了很好的效果，DBD 等离子体灭活实验室 – 办公室空气中细菌和真菌气溶胶的效率超过 95% 和 85%[17]，等离子体耦合 TiO_2 催化剂在低能量注入（17J/L）下可使甲苯降解率达到 82%，采用后等离子体催化（MnO_2–CuO/TiO_2）时的甲苯转化率可达到 78%（能量 2.5J/L）[18]。

液面放电或水中放电等离子体可以生成氧化性活性物质（臭氧、过氧化氢、活性氧及羟基自由基等）和还原性活性物质（电子、氢原子等），以及紫外 / 可见光辐射、冲击波和局部高温等物理效应，这些物化效应可以用于液相污染物的降解，而能耗同样是制约放电等离子体水处理技术的主要因素之一[19]。为提高放电等离子体的能量效率，均相及异相金属催化剂、碳基及有机聚合物吸附剂、氧化剂等用于增强放电等离子体处理液相污染物的效率[19]。颗粒活性炭、活性炭纤维、木炭等普遍用于等离子体水处理过程中，这些吸附剂通过富集水中污染物、催化臭氧及过氧化氢为活性自由基等效应，有效地促进了水中污染物的降解。相对于利用吸附剂吸附 – 等离子体再生吸附剂的方式，许多研究者采用了吸附剂直接置于待处理的水中的方式。由于碳基吸附剂的催化效应，液相中臭氧及过氧化氢浓度发生了变化、羟基自由基生成得到了增强，进而促进了污染物的降解效率[20, 21]。铁基催化剂（亚铁离子、铁离子、三氧化二铁、四氧化三铁等）、二氧化钛、二氧化铈及碳材料改性或负载的上述催化剂分别通过催化液相放电生成的过氧化氢为羟基自由基（如图 1 所示）、光催化效应（如图 2 所示）、催化臭氧及界面催化效应，增强了污染物的降解效率及能量效率。在滑动弧等离子体系统中，溶液中投加 1 g/L γ –Fe_2O_3 可提高甲基紫 10B 降解率达到 40% 以上[22]；而在介质阻挡放电等离子体体系中投加 CeO_2、Fe_2O_3/CeO_2、ZrO_2/CeO_2 可以分别提高苯酚降解率达到 12%、24%、31% 以上[23]；相较于单独脉冲放电等离子体体系，通过 Fe^{3+} 与 TiO_2 光催化剂耦合、抑制光生电子和空穴的复合，催化剂

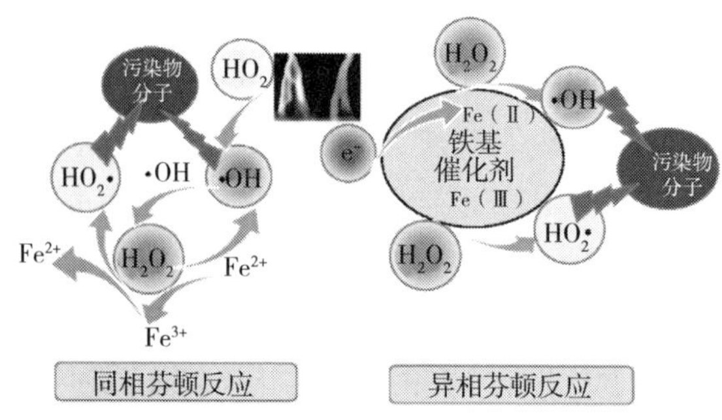

图 1　等离子体芬顿过程

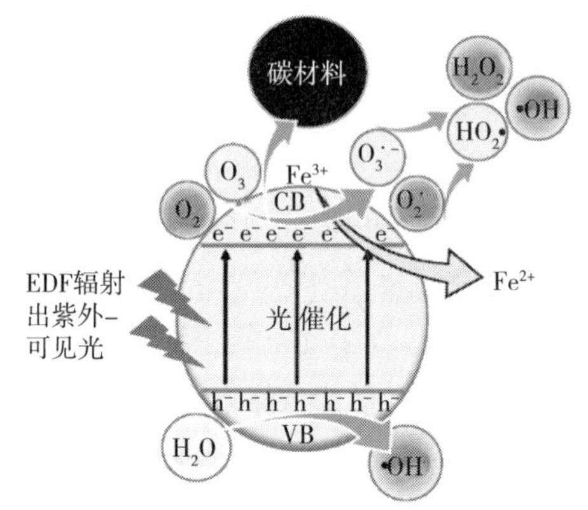

图 2　等离子体光催化过程

提高苯酚降解率达 25%[24]。不同于金属离子及其氧化物，氧空缺及路易斯酸是羟基氧化钴催化剂的重要催化活性位，催化过氧化氢和臭氧为羟基自由基，增强 DBD 等离子体降解阿魏酸的效率达 23% 以上。为避免引发二次污染，等离子体催化工艺需要回收催化剂，因此，在等离子体体系中投加适量氧化剂相对安全、工艺更简单，且能有效地提高污染物的降解效率、降低能耗。目前，常用的氧化剂包括臭氧、过氧化氢、过硫酸盐、过碳酸盐等。为充分利用放电等离子体过程中的热效应、紫外光辐射、水合电子及过氧化氢等物化效应，进而降低能耗，Shang 等采用介质阻挡放电生成的物化效应用于激活过硫酸盐、形成等离子体芬顿效应等过程，提高污染物的降解效率。结果表明，过硫酸盐提高 DBD 等离子体脱色酸性橙效率达 60% 以上[25]，过硫酸盐和 Fe^{2+}[26] 提高对硝基苯酚降解率达 46% 以上。

脉冲电晕放电及介质阻挡放电等离子体近年来也用于污染场地的土壤修复研究。Redolfi 等[27] 采用大气压 DBD 等离子体处理了煤油污染的土壤，结果表明处理 8 分钟，煤油组分通过氧化途径降解率达到了 90%。李杰课题组[28,29]、王铁成等[30-33]、刘亚男[34-36]、Aggelopoulos[37, 38] 等深入研究了脉冲电晕放电及介质阻挡放电等离子体修复有机污染物污染的土壤，从污染物性质、土壤理化性质、土壤厚度、催化剂的影响等方面探究了放电等离子体对污染土壤的修复性能，发现等离子体修复后的土壤污染物的生态毒性显著降低，此外，刘亚男等也考察了土壤污染物降解过程中，等离子体对氮气的固氮效能，经过等离子体处理后，土壤的湿度和肥力都有所提升。

综上所述，放电低温等离子体技术在处理工业废气、废水以及污染土壤等领域的研究获得了较好的效果，然而，如何将该技术实际应用是当前需要解决的问题，这需要解决高效大规模等离子体发生电源及等离子体发生设备的制备、降低工艺能耗等问题。因此，未来应围绕这些问题展开深入研究，推动低温等离子体环境污染治理技术的应用。

（三）能源领域

常规化石能源转化的高温高压催化转化过程，存在高耗能、低选择性、催化剂易失活等技术瓶颈，从而也降低了这些工艺实际应用的经济性和可行性，新能源化工技术的开发和利用成为目前迫切需要解决的问题。等离子体是一种正负电荷近似相等的电离气体，由电子、离子、分子、自由基、光子和激发物种组成，非常适合在常温常压条件下活化分子，从而克服反应能量阈值实现能源转化。放电等离子体转化技术具有绿色、环保、低温、常压、无需催化剂、原料适应性强、易于小型化等优点，有望解决这一技术难题[39-45]。采用的等离子体技术涵盖电弧放电、介质阻挡放电、微波放电、滑动电弧放电、液体放电、射频放电等多种方式。等离子体能源化工技术的主要研究内容包括等离子体能源转化制备氢能和高价值化工原料：包括等离子体甲烷转化制备氢气和低碳烷烃、二氧化碳资源化利用、合成液态燃料与液态燃料制氢等。相比传统的能源转化技术，采用放电等离子体实现能源转化优势主要体现在以下三个方面：

（1）放电等离子体中多种复杂的物理化学过程共同作用，能够降低化学反应能垒、加速反应进程，甚至可以突破热力学平衡限制，实现苛刻反应。

（2）放电等离子体可在纳秒时间尺度和介观空间尺度上实现粒子行为调控，在产物选择、材料尺寸以及结构稳定性等方面往往具有非常独特的效果。

（3）放电等离子体产生 / 作用过程环境友好，对碳基能源原料适应性强，易与环境、催化剂、外场等多种条件耦合，选择性和能量利用效率均有明显突破。

上述放电等离子体装置也可以与填料或催化剂相结合，从而产生等离子体催化。等离子体催化是等离子体处理的一个新兴分支，涉及物理化学、催化、材料科学、纳米技术、等离子体物理和等离子体化学等多个学科[46, 47]。当等离子体与催化剂结合用于等离子体气体转化时，产生的相互作用往往使转化率、选择性、产率和能源效率等方面得到改善，这种富余效应是一种复杂的现象，它是由各种等离子体 – 催化剂的相互作用而产生的，当两者的综合效应大于两个单独效应之和时，通常被称为“协同效应”。其目的是通过在反应周期中添加催化剂来增强等离子体反应，反之亦然。从理论上讲，等离子体与催化剂结合是两全其美的。惰性分子在温和的条件下被等离子体激活，随后被激活的物质在催化剂表面选择性地重新结合，生成所需的产物。这对于进一步推进和优化等离子体能源转化具有重要意义。

在过去几十年时间里，放电等离子体技术已广泛应用于能源转化领域[48-53]。等离子体技术在转化化石能源（主要是煤炭、石油、天然气等）制备可再生能源以及高附加值化工产品方面的应用主要分为两大类：①等离子体裂解制备氢气和乙炔，其中有直流电弧、微波热等离子体以滑动放电等离子体分别裂解煤炭、石油馏分（重油、石脑油、直链烷烃等）、天然气（CH_4）以及液态可再生燃料（醇类、醚类等）制备氢气和乙炔；②等离子体合成（改制）方面，其中有等离子体重整甲烷和二氧化碳制备合成气、等离子体重整甲烷和水蒸气制备醇类、酸类等液态燃料等。

二、国内外研究进展比较

（一）材料领域

1. 等离子体电化学法合成纳米材料

利用等离子体电化学的材料制备最早可追溯至 1887 年 Gubkin 利用放电等离子体还原 $AgNO_3$ 水溶液的实验[54]，此后的研究工作主要聚焦于研究等离子体－液体相互作用的电解现象[55]，而在利用等离子体－液体相互作用制备材料方面仅有少量的工作。近 30 年来，随着各种高压电源的开发以及新型电极的设计，满足上述要求的大气压非平衡等离子体才蓬勃兴起。1998 年，以大气压直流放电等离子体为阴极，熔融的 LiCl-KCl-AgCl 为阳极，京都大学的伊藤靖彦（Yasuhiko Ito）研究组就成功地合成了微米尺寸的银颗粒[56]。以此实验为原型，通过改变溶液成分、电极的材料或等离子体的激发方式，来合成各种类型的金属纳米材料。

到目前为止，在等离子体电化学合成纳米材料方面，国内的研究者也取得了不少的进展。上海交通大学的钟晓霞教授研究组利用大气压等离子体与液体相互作用，成功合成了金纳米颗粒并通过调节放电参数实现了对金纳米颗粒尺寸的调控[57]。中国科学院电工研究所邵涛研究组利用等离子体电化学法合成了金纳米颗粒及磁性纳米颗粒并成功应用于肌钙蛋白探测和核磁共振成像[58, 59]。天津大学的刘昌俊教授研究组利用等离子体电化学成功用氩、氧冷等离子体合成了贵金属催化剂，并成功应用于高效催化反应[60]。清华大学的陆跃翔、中山大学杜长明及厦门大学的陈强研究组分别采用等离子体电化学法合成了氧化亚铜纳米颗粒[61-63]，陈强研究组利用所合成的氧化亚铜为窄带隙半导体材料的特性，研究了其可见光催化性能对水中有机污染物的清除效应[64]。

一般来说，目前大多数等离子体电化学反应都是在大气压下进行的，虽然大气压等离子体具有较高的等离子体密度，但这限制了等离子体的尺寸，同时高气压下的高碰撞频率也限制了到达等离子体 - 液体界面的粒子能量，不利于界面的物理和化学过程进行。为了提高合成效率，Endres 和 Janek 研究组采用了饱和蒸汽压的离子液体作用等离子体电化学中的液体，首次从 CF_3SO_3Ag 溶解的离子液体 1-butyl-3-methylimidazolium trifluoromethylsulfonate 中合成了银纳米颗粒[65]。后来，日本东北大学的畠山力三和天津大学的刘昌俊也采用离子液体陆续合成了其他贵金属纳米颗粒[66, 67]。相对于水溶液，离子液体有很大的优势：具有相当宽的电化学窗口，从而有利于合成氧化还原势较高的金属或半导体纳米材料；具有低饱和蒸汽压，在真空中可以以液体状态稳定存在，从而能扩大等离子体作用面积，提高等离子体 - 液体界面的粒子能量，有利于界面的物理和化学过程进行。

2. 等离子体增强原子层沉积制备纳米材料

原子层沉积是一种特殊的化学气相沉积方法，在材料制备过程中，将气相前驱体脉冲交替地通入反应室，并在沉积基体上发生表面化学吸附反应，从而逐层形成薄膜。等离子体增强原子层沉积技术是在传统热原子层沉积的基础引入高能量、高活性等离子体来代替普通的反应剂，使其具有沉积温度低、前驱体和生长薄膜材料种类多、生长速度快、薄膜性质优等优势。目前，利用等离子体增强原子层沉积技术制备的纳米材料多为无机物。近几年来，已有制备出数百种的单质、氧化物、氮化物、硫化物、碳化物等。

利用等离子体增强原子层沉积技术（Plasma enhanced atomic layer deposition，PEALD）沉积氧化物薄膜，可以大幅提高沉积速率，例如氧化铝沉积过程中，以三甲基铝为铝前驱体，以氧等离子体为反应物，沉积速率远远高于相同温度下三甲基铝与水的热原子层沉积[26]；再者，利用等离子体增强原子层沉积技术，可以大大降低吹扫时间。此外，利用 PEALD 技术还可以制备在晶体管与 DRAMs 中有重要应用的高 k 氧化物。过渡金属碳化物具有独特的物理、化学和结构性能，在甲烷重整、肼分解、加氢反应中表现出较好的催化活性；在锂离子电池、钠离子电池、超级电容、析氧反应、氧化还原反应、析氢反应等电催化与储能领域也显示出优良的性能。在电化学析氢（HER）反应中，碳化镍也表现出优异的催化活性[27]。以等离子体增强原子层沉积制备的碳化镍薄膜作为阴极催化材料，HER 起始过电势仅有 −77 mV（对应电流密度 −0.1 mA · cm^{-2}）；当电流密度为 −10 mA · cm^{-2} 时，过电势仍然非常低，为 −132 mV，该值是非贵金属材料在 HER 中的最低值。在储能领域，Ni_3C/ 碳纳米管具有优异的超级电容性能。

3. 等离子体材料改性

等离子体表面改性能有效改善聚合物、金属、纤维材料和生物材料的表面能、粘连性和亲水性、憎水性等性能。等离子体提高材料表面亲水性研究起步较早，自 20 世纪 90 年代以来就受到广泛的关注。等离子体提高材料表面亲水性，通常应用于有机聚合物材料，如聚四氟乙烯（PTFE）、聚对苯甲二酸乙二酯（PET）、聚酰亚胺（PI）等。等离子体处理方法可以改善这些材料亲水性差的特性，提高材料表面能和粘接性，或者在一定程度上提高材料表面粗糙度。常用的反应性气体主要有空气、氧气、水等。等离子体提高材料表面憎水性通常需要以憎水性成分作为反应性物，如四氟化碳、四甲基硅烷等。部分研究中将反应物掺入工作气体中，作为反应性气体。还有部分研究是在待处理表面涂覆憎水性材料层，通过等离子体放电作用促使憎水性物质与基层物质反应，实现憎水性的增强。等离子体提高材料表面憎水性，处理对象既包含有机聚合物，也包含无机材料如玻璃等。国内中南大学高松华课题组采用四氟化碳气体处理硅橡胶[68]，其结果表明等离子体处理在材料表面引入大量含 F 基团，并指出水接触角提高是表面刻蚀作用和 F 基团作用的相互竞争最后平衡的结果。随后中国科学院电工研究所、南京工业大学等高校也开展相似研究并取得丰硕成果[69-71]。

低温等离子体改善材料特别是绝缘材料表面电学性能的研究起步较晚，但是也取得了一定成果。Kumara 等采用电晕放电产生等离子体处理硅橡胶材料，处理后硅橡胶表面电荷的衰减速率明显加快，而且利用陷阱模型分析得出等离子体处理后表面电荷陷阱能级深度变浅[72]。西南交通大学吴广宁课题组利用 DBD 对纳米颗粒进行预处理，增强了颗粒与基体之间相互结合力并有效减少界面效应[73]。西安交通大学张冠军课题组采用 CF_4/He 大气压等离子体射流提高环氧树脂真空沿面闪络电压，通过 SEM、XPS、水接触角和粗糙度等的测试分析解释等离子体改性的影响，指出沿面闪络电压提高是由于粗糙度增加和氟元素电负性两者协同作用[74]。同时汲胜昌课题组采用氩气等离子体射流改性聚四氟乙烯，实验结果表明射流改性能提高表面电阻率和表面粗糙度，降低沿面放电概率[75]。中国科学院电工所邵涛等在 Ar/CF_4 混合气体中采用介质阻挡放电对 PMMA 进行憎水改性，改性后材料表面粗糙度提高和憎水性增强，并指出二次电子发射系数降低和氟元素电负性综合作用导致真空沿面闪络电压提高[76]。近年来他们采用大气压等离子体结合前驱气体在环氧树脂实现了大气压镀膜，镀膜后能够在材料表面引入浅陷阱，表面电导率大幅增加，实现了绝缘材料表面电荷消散加快和沿面耐压提高的效果[77]。

（二）环境领域

文献［78］考察了低温等离子体在环境领域的应用历程。外国学者开创了放电等离子体在环境领域应用的先河，于 19 世纪中期发明了臭氧发生器、20 世纪初期应用了电除尘器净化气体中的颗粒物、70 年代开始将电子束及电晕放电技术应用于工业烟气的脱硫脱硝操作等，为气体放电理论及辐射化学做出了众多贡献。从 20 世纪 90 年代开始，国内外科研机构开始开展电晕放电及电子束技术用于工业烟气的治理及工业应用研究，该技术在工业应用领域获得重大进展。电子束辐照烟气脱硫脱硝技术于 1970 年由日本荏原（Ebra）公司首先提出，1974 年，荏原公司在日本藤泽中央研究所建成了烟气处理量为 $1000m^3 \cdot h^{-1}$ 的中试厂，到 90 年代，日本、美国、德国、波兰等国已经建造了多座大规模的电子束处理燃煤烟气的中试装置，并投入试运行。我国于 20 世纪 80 年代中期开始研究电子束辐照烟气脱硫、脱硝技术，上海原子核研究所于1990年建立了国内第一套烟气处理量为25 $m^3 \cdot h^{-1}$的处理装置。1984—1986年，Mizuno和Masuda等根据电子束法的特点，提出了用高压脉冲电源代替电子束加速器产生等离子体的脉冲电晕烟气脱硫脱硝法。1987年和1992年，意大利国家电气委员会（ENEL）分别建造了1000$Nm^3 \cdot h^{-1}$、14000$m^3 \cdot h^{-1}$处理量的脉冲电晕放电等离子体烟气脱硫工业实验装置。1991—1996年，大连理工大学静电与特种电源研究所重点研究了脉冲电晕烟气脱硫脱硝技术，建造了处理量为3000$Nm^3 \cdot h^{-1}$的烟气脱硫装置。1999年，中国工程物理研究院环保中心同国内有关单位合作，设计建造了烟气处理量为12000~20000$Nm^3 \cdot h^{-1}$的工业中试装置，后来又建成50000$Nm^3 \cdot h^{-1}$的脉冲电晕烟气脱硫脱硝工业中试装置，该装置是当时世界上在建的同类装置中烟气处理量最大的，它的建成标志着中国脉冲电晕烟气脱硫、脱硝技术研究居世界领先水平。此外，国外学者在放电等离子体脱硝、脱硫反应机制及反应动力学模拟等方面做出了更多的贡献，通过模拟计算，对放电等离子体地基本物理过程、脱硫脱硝反应效率的影响因素等有了更深入的认识。

从20世纪90年代开始，电子束及放电等离子体技术也用于废水治理的研究，在30多年的时间里，国内外高校、科研院所等研究机构在废水处理方面的研究取得许多突破和成果。自80年代，J.Sid Clements和Masayuki Sato等研究脉冲放电预击穿现象及其水中的化学反应后，美国的Bruce R. Locke教授、Alexander Fridman教授、日本的Masayuki Sato教授等在液相放电等离子体化学理论及水中污染物处理技术领域做出了许多开创性的成果，液相放电水处理技术逐渐成为各国科学家关注的热点。美国的Bruce R. Locke教授和Masayuki Sato教授等研究了气相和液相均连续的放电（或称水面上方气相放电）、气相连续液相分离的放电（或称液体向气相放电）、液相连续气相分离的放电（或称为鼓泡放电）等不同的放电形式对水中污染物的处理效果，此外，Bruce R. Locke教授还提出了气相和液相同时实现放电的装置，通过气相生成的臭氧和水中生成的过氧化氢的共同作用，增强水中污染物的降解效率。此后，国内外学者在等离子体水处理过程中的活性粒子生成机理及其诊断方法、活性粒子与污染物分子的反应效率及反应途径、放电等离子体物化效应利用的增强方法等领域（如等离子体与吸附、催化、芬顿、生物等方法联用的技术）进行了大量的研究工作，取得了大量研究成果。相对而言，国外学者更多地关注了液相放电的击穿机理、活性粒子的生成动力学等。

在20世纪70年代之前，国外学者就开始将放电等离子体用于单一碳氢化合物的化学反应，国外学者从上世纪80年代、国内学者从20世纪90年代，开始利用放电等离子体用于挥发性有机物的处理，研究用于放电等离子体净化挥发性有机气体，对于挥发性有机气体的处理，采用放电等离子体技术存在惰性VOCs难以彻底矿化，产生有害气溶胶、臭氧和NO_x等二次污染问题。为增强污染物的处理效果，又将各种催化剂引入等离子体系统中，利用催化活性组分的催化效应、催化剂表面的界面反应等促进污染组分的降解，取得了大量成果。目前，根据催化剂的填方位置，等离子体催化技术可分为原位等离子体催化（催化剂置于放电等离子体区）和后等离子体催化（催化剂置于等离子体之后）技术，原位净化 VOCs 技术包括原位等离子体催化及后等离子体催化技术被用于提升 VOCs 降解率、CO_2 生成的选择性是目前等离子体净化有机废气的主流研究方向，但等离子体与催化剂的相互作用、VOCs 的净化反应机制更加复杂，因此，揭示等离子体与催化剂的相互作用机制以及 VOCs 的净化反应过程是等离子体催化净化 VOCs 技术的一个热点方向，国内外学者在此方面做了大量工作，但所得机理多是定性的分析，难以得到定量化的结果。因此，研发与等离子体良好耦合的高效催化剂、揭示等离子体与催化剂的相互作用机制、定量表征等离子体与催化剂的相互作用，仍然是今后国内外学者研究的重点方向。

从 2010 年左右，放电等离子体开始用于污染土壤的修复研究。2010 年，Redolfi 首先采用 DBD 修复煤油污染土壤，与此同时，大连理工大学李杰教授课题组率先在国内利用放电等离子体及等离子体催化技术修复污染土壤，获得了大量研究成果。其后，国内学者骆永明、刘亚男、王铁成、杜长明等，国外学者 Aggelopoulos 等也采用放电等离子体对土壤中 PCBs、染料、DDT、PAHs、塑化剂、烷烃等的污染物进行了降解研究，共同推动等离子体净化污染土壤技术的进步。

（三）能源领域

目前，放电等离子体技术在甲烷直接转化、二氧化碳资源化利用、气态小分子合成液态烃、液态烃制氢、重油转化等能源转化领域取得了重要进展。

1. 甲烷直接转化

在 20 世纪 30 年代，德国 Huels 公司首次开展了利用热等离子体实现甲烷无氧转化制取乙炔的工艺研究，并最终将其发展成为可以工业化的 Huels 工艺，于 1940 年在德国正式建成投产[79]。2000 年后，Fincke 等人[80]通过改进进料机制，增加产物淬冷环节和抑制反应区域温度边界层效应，进一步提升了甲烷无氧转化制取烯烃效率，其中甲烷转化率接近 100%，乙炔产率高达 90% 以上。虽然热等离子体可在大通量下达到十分可观的甲烷转化率和乙炔选择性，但是热等离子设备复杂且温度极高，会增加工业生产成本。

相比较而言，低温冷等离子体可以在常温常压下活化甲烷，不仅可以大幅节约经济成本，其多样化的反应路径使得目标产物由单一的氢气和乙炔转变为氢气、低碳烷烃、烯烃、炔烃和高碳液态烃等其他重要化工原料，显著提升其实际工业应用价值。自 20 世纪 80 年代以来多种不同的低温等离子体源技术被国内外学者广泛用于甲烷无氧转化研究当中[81]。

甲烷部分氧化是采用空气或者氧气作为辅助气体对甲烷进行重整，来产生合成气（甲烷间接转化）或直接生成醇、羧酸、醛等含氧有机物（甲烷直接转化）的方法[82-85]，常采用介质阻挡放电等离子体来实现，得益于其较高的非平衡度和便于扩展的结构设计，在等离子体调控和产业化上具有突出优势。

2. 二氧化碳资源化利用

用于二氧化碳资源化利用的放电等离子体技术有：介质阻挡放电（DBD）、滑动电弧放电和微波放电。国内外学者围绕上述三种放电方式展开研究。DBD 转化二氧化碳研究集中在优化电极结构、筛选绝缘介质、放电间隙填充材料提高放电强度以及添加混合气体方面展开，利用仿真技术研究二氧化碳转化机制，二氧化碳转化率最高为 40%，能量效率低于 15%。滑动电弧放电研究集中在产生稳定电弧以及二氧化碳转化反应动力学研究，通过建立化学反应动力学模型，揭示二氧化碳转化过程，二氧化碳转化率低于 20%，能量效率 15% ~ 40%。微波放电转化二氧化碳，微波等离子体产生以及反应过程是研究热点。二氧化碳转化率变化范围较大，最高可接近 90%，能量效率 45% ~ 50%。

等离子体催化化学反应遵循了等离子体所具备的优点，即电子温度高而重粒子温度低（反应体系可低至室温）的特点，更重要的是，将催化剂引入等离子体区能够通过设计催化剂结构及表面特定活性中心来达到等离子体反应产物可控的目的[86]。因此，非平衡等离子体和常规催化剂耦合已被广泛用于转化二氧化碳生成不同目标产物的反应体系中。

3. 合成液态烃

二氧化碳转化与利用受到广泛关注，提高其产物附加值一直是研究热点。2018 年，英国利物浦大学 Li Wang 和 Xin Tu 等报道一种新颖的水冷等离子体反应器实现了常温常压 CO_2/CH_4 重整一步制高附加值醇类和酸类产品，绕开 CO_2/CH_4 制合成气反应中间过程[87]。在等离子体或等离子体催化条件下，常压 - 室温就可将 CO_2/CH_4 一步转化为高附加值乙酸（CH_3COOH）、甲醇（CH_3OH）、乙醇（CH_3CHOH）、丙酮（CH_3COCH_3）和甲醛（HCHO）液态产品，总液态产物的选择性高达 50% ~ 60%，气相产物以 CO、C_2H_6、H_2 为主，CO_2 和 CH_4 的转化率可达 15% 和 18% 左右。

4. 液态烃和醇类化合物制氢

液态烃和醇类化合物（如甲醇、乙醇等）是原位制氢的重要原料。然而传统热方法处理这些化合物制氢基本都需要催化剂的加入来启动反应，采用等离子体法可有效避免该问题。液态烃制氢包括液态碳氢化合物制氢以及含烃油类制氢，所采用的等离子体放电形式主要包括介质阻挡放电、电晕 / 火花放电、射频 / 微波放电、电弧放电、辉光放电等。通过比较各种形式等离子体重整液态烃制氢的方法发现，采用微波或滑动电弧放电等离子体重整液态烃制氢在单位时间产氢量上有较好的表现；而在产氢能耗方面，采用脉冲放电、电弧放电、微波放电等方法重整液态烃制氢时能耗较低，如大连海事大学孙冰课题组采用的直接脉冲液相放电等将产氢能耗均降至 1 kW · h/m^3H_2 以下[88]，研究成果处于国际领先水平。

5. 重油转化

等离子体作为一种新兴技术，应用于重油加工具有重要研究价值和应用前景。现有等离子体重油转化多为脱碳处理技术，其中最重要的就是无氧条件下的裂化反应，其目标产物主要是 H_2 和高附加值 C_1–C_4 等低碳烃。用于重油转化的典型等离子体技术主要包

括介质阻挡放电、等离子体炬、滑动电弧放电以及液体中针 – 板火花放电（如图 3 所示）等[89]。

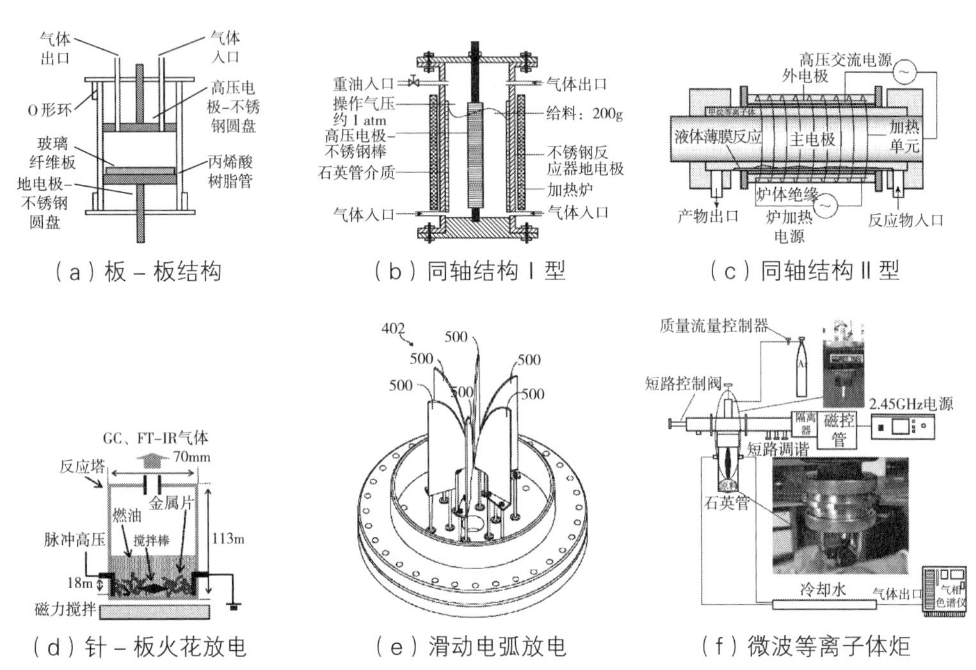

图 3　用于重油转化的典型平衡等离子体技术

三、发展趋势及发展策略

（一）材料领域

1. 等离子体电化学法合成纳米材料

纳米颗粒因其独特的物理化学性质在表面增强拉曼谱、纳米医学、生物传感、催化反应、氢化反应等领域有着很好的应用前景。然而由于纳米颗粒的物理和化学性能与其尺寸及形状紧密相关，所有这些应用对纳米颗粒的尺寸和形状都有特定的要求。尽管等离子体电化学法合成纳米材料已经展示了普适性，合成的基本原理也非常简单。但是，迄今为止，因为合成过程等离子体和液体两方面都具有极复杂的成分，同时对合成机理缺乏深入理解，控制合成过程仍存在相当大的难度，合成的纳米颗粒大多以球形存在，即使少量已报道的可控形状的纳米颗粒制备，纳米颗粒也是以多种形状共存的。另一方面，等离子体 – 液体界面会同时产生强还原成分和强氧化性成分，原则上来说，除了金属材料外，等离子体电化学方法也可用于合成其他物质，如半导体、金属氧化物、合金以及碳相关纳米材料。但当前合成的纳米材料还是以贵金属为主，对于有更大应用前景的合金及半导体纳米材料合成还缺乏足够的研究。因此，为了进一步扩展等离子体电化学法合成的纳米颗粒的实际应用范围，设法实现尺寸及形状可控、单分散、多种类纳米颗粒的合成，从而有效地控制所合成纳米颗粒的物理及化学性能，将是未来等离子体电化学法合成纳米材料研究的核心。

等离子体电化学体系包括液相溶液和气相等离子体，要实现可控合成纳米材料，可以从以下几个方面入手：首先，调控气相等离子体所产生的活性成分浓度和相对比例。一般来说，等离子体电化学反应的进行得益于气相活性成分向液相的迁移，从而引起液体中的化学反应。通过调控放电参数，如放电气体组成、放电电源种类等可以有效地控制气相等离子体活性成分的产生，从而可能实现从等离子体一方调控液体中的化学反应。其次，从液体入手，参考传统的纳米材料液相合成法，改变液体组分以调控合成环境，从而实现尺寸及形状可控纳米材料的合成。另外，传统液相合成纳米材料在尺寸和形状控制方面积累了许多知识，可供等离子体电化学合成法借鉴。

溶液中形成纳米材料是一个热力学和动力学过程，一般包括诱导、形核和生长。通过在这三个过程中调控溶液反应的热力学和动力学，有望实现对纳米材料的尺寸和形状的调制。等离子体电化学法一般来说仅在等离子体－液体相互作用的小区域内产生主要的物理和化学过程，然后扩散至整个溶液体系，因而等离子体电化学法的化学反应不是通常的体相液中化学过程，而是类似于界面过程。因此，未来的研究不仅要考虑体相反应，同时需要重点考虑界面过程及界面过程对体相反应的影响。

2. 等离子体增强原子层沉积制备纳米材料

利用等离子体增强原子层沉积 / 化学气相沉积技术制备纳米颗粒 / 薄膜材料，首先考虑的问题是如何选择材料前驱体。适合于化学气相沉积和原子层沉积工艺的前驱体应满足以下条件：①挥发性好，具有较高的饱和蒸汽压；②具有足够高的热稳定性；③与其他反应物具有足够的活性；④反应副产物易于分离，对目标薄膜无副作用；⑤生产成本低，易于商业化。如何开发满足以上全部或多项条件的前驱体是研究者今后面临的一个重要问题，同时也是本学科发展的一个重要研究向。

等离子体增强原子层沉积过程中，由于等离子体中活性物种寿命短、浓度低，在材料表面易于复合而难以到达复杂三维基底结构（如集成电路中大深宽比的沟槽、催化材料的多孔基底），因而所沉积的薄膜保形性差。另外，离子与材料的表面作用引起的等离子体损伤（包括材料缺陷、化学组成改变、表面形貌改变）也是等离子体增强原子层沉积技术中需要考虑的一个问题。利用氢等离子体沉积铜薄膜时发现 20 秒氢等离子体反应时间所生成的铜薄膜的粒子尺寸远远大于 5 秒的。在碳化钴薄膜的形成过程中，增加氢等离子体的作用时间，则可以提高碳化钴薄膜中的钴碳比。目前的 PEALD 中，放电多采用射频等离子体。利用 13.56 MHz 射频与 60 MHz 甚高频等离子体增强原子层沉积技术制备氧化铝薄膜时发现，甚高频等离子体所造成的损伤低于射频等离子体。因此，如何通过改变等离子体沉积参数，如等离子体源、放电气体种类、输入功率、作用时间等，从而改善薄膜的保形性与减少等离子体损伤是今后发展的另一个重要方向。

等离子体增强原子层沉积技术具有薄膜厚度精确可控与保形性优等优点，但是其沉积速率一般较低（每个循环约 0.1 nm）。另外，等离子体的引入使得大面积均匀沉积成为一个必须面对的问题。尽管研究者陆续开发了大型 ALD 沉积设备，如卷绕式、空间隔离式，以提高沉积速率并改善沉积均匀性，但是目前这些设备尚处于研发阶段，因而等离子体增强原子层沉积大型设备的开发也是今后研究的重点。

3. 等离子体材料改性

等离子体材料表面改性技术在未来的研究方向主要集中在以下几个方面：

（1）设计开发高性能等离子体源。合适的等离子体源对于材料改性效果至关重要。通常激励气体放电等离子体的多是工频或高频交流电源，随着脉冲电源技术的发展，纳秒脉冲电源用于材料表面改性有独特优点：快脉冲有利于形成大体积、均匀、稳定的等离子体；放电产生的欧姆热低，且能耗低；同时由于在纳秒脉冲放电过程中，将能量耦合到气体放电的等离子体中，能产生强的等效折合电场，十分有利于气体的强电离和激发，可产生大量的活性基团。值得一提的是，纳秒脉冲放电下脉冲间隔可以长达 1 秒以上，而低温等离子体的产生时间在纳秒量级，因此有利于低温等离子体与材料表面进行充分接触，促进等离子体化学过程，并且可以通过改变脉冲重复频率进一步控制等离子体化学过程的时间，实现对材料处理的精确控制，这是其他形式电源不能达到的。

（2）改进等离子体发生装置的结构和参数。目前的等离子体发生装置，如大气压低温等离子体射流，处理面积十分狭小，仅停留在实验室阶段，还存在放电强度不均、处理效果不统一等问题，难以满足实际应用中进行大面积处理的要求。因此，需要对等离子体源的结构进行优化，如采用构建射流阵列和尺度拓展等方法，以期能够在大气压空气中产生大面积、均匀的等离子体用于处理材料，提高材料处理的效率。

（3）解决等离子体对材料表面改性作用的时效性问题。等离子体对材料表面的作用许多都不是永久效果，其性能会随时间发生衰退，甚至最终回到处理前的状态，不利于实际应用。解决这一问题需要从时效性的产生机理入手，探究其原因及影响因素，以期找到改善方法。

（4）探究等离子体材料改性过程等离子体与绝缘材料相互作用机理。目前等离子体改善绝缘材料表面性能的机理仍未十分清晰，其原因是等离子体与材料表面的相互作用过程相当复杂，与放电条件与材料表面情况都有关系，且一些反应中间产物寿命十分短暂，无法通过实时测量手段进行直观的分析测试。目前的研究主要通过对处理前后材料表面的化学成分和微观结构的变化来推测反应过程，尚未得出确切的结论。等离子体改变材料憎水性和亲水性的机理、影响材料表面电荷演变行为的作用机理和促进接枝的作用机理等都需要进一步的研究。

（5）拓展等离子体材料表面改性技术的应用领域。随着等离子体材料表面改性应用领域从原有的半导体加工、纺织印染、电工材料等向生物医学、能源环保、航空航天等更多领域拓展，其改性要求也从原有的提高粘接性、吸湿性、可染色性或憎水性扩展至生物相容性、催化活化、耐辐射以及自清洁等特性，这些新的应用研究的前沿涉及材料表面能调控、超憎水及超亲水特性机制、催化剂缺陷活化及功能基团接枝等方面，因此探索和扩展等离子体改性在更多领域的应用效果、技术方法、有效调控机制成为等离子体改性应用研究的前沿。

（二）环境领域

放电等离子体环境污染治理技术经过 30 多年的发展，已经取得长足进步，研究者从研究单一污染物的处理发展到多污染物的复合污染处理，从关注污染物净化效果的影响因素发展到研究污染物净化的反应途径和去除机制，以期从原理上更深入地理解等离子体净化污染物的反应过程，进而为研究增强污染物去除效果的方法提供理论依据。此外，随着污染物排放标准日益提高，研发放电等离子体与其他污染治理技术的耦合技术，如等离子体催化技术、等离子体辅助燃烧、等离子体 – 生物降解耦合技术等，成为一个重要的发展方向。

具体来说，对于含颗粒物工业烟气的净化，目前已经向研发具有高的细颗粒物脱除效率的静电除尘技术、集合气态及颗粒物等复合污染物协同控制的放电等离子体装置及技术工艺发展，以提升放电等离子体烟气净化技术的工业应用竞争力。对于挥发性有机气体的治理，采用放电等离子体（催化）技术的经济可行性较高，但挥发性有机物仍难以彻底矿化，存在催化剂失活及副产物排放问题，目前国内外可以重点研发放电等离子体复合技术［如高效等离子体催化技术、等离子体辅助的有机废气生物处理技术、等离子体强化的有机废气燃烧技术、放电等离子体 / 吸附（吸收）连用技术等］用于挥发性有机气体的处理，实现节能高效净化污染物的目的。放电等离子体废气治理技术已经在基础理论和应用研究方面获得了长足的发展，未来应重点解决：①高效、低耗处理多污染物形成的复合污染；②提升能量效率及二次污染物的排放控制等。

对于等离子体用于废水治理，能量效率是影响等离子体水处理技术应用的关键问题之一。然而，目前普遍关心如何采用各种新型的催化剂、吸附剂等与放电等离子体进行高效耦合用于提高污染物净化率及能量效率，但影响等离子体水处理能量效率的重要原因是等离子体化学反应（如羟基自由基反应）的无选择性以及过量的等离子体供给，而等离子体催化 / 吸附等耦合技术不能从根本上有效解决上述问题；此外，亟须研发适用于实际工业废水处理的大规模等离子体装备。因此，在未来的研究中应对上述问题加强研究，重点关注：①等离子体调控及供给技术，即通过研究水中化学反应活性物种的生成特性与废水降解特性的关系，给出对于特定废水性质的等离子体供给方法，提升等离子体化学反应的选择性及等离子体供给剂量的准确性，提升等离子体化学反应的能量效率；②研究反应活性物种在液相中的输运规律，得到活性物种的强化方法；③研究等离子体耦合技术（如与紫外线、超声、催化剂、传统生物降解的联用技术）的内在机制及耦合方法，进而从理论上指导新型耦合技术的研发；此外，对于等离子体与其他技术的耦合技术，需要考虑不同技术耦合时净化污染物的能量效率，当采用催化剂时，还需要考虑催化剂的寿命、失效催化剂再生利用的可行性、废催化剂对环境的影响等；④研发大面积、稳定的放电等离子体发生技术及装备，以推动该技术的工业应用。

（三）能源领域

将二氧化碳等温室气体转化成高品质的化工产品，这被认为是本世纪的重大挑战之一。在过去 10 年中，等离子体辅助能源转化技术取得了较大进展。为了更清楚地说明等离子体技术“何时”和“哪一项将在能源转化领域发挥主导作用”，我们在这里简要地总结一下等离子体技术在二氧化碳等温室气体转化领域所面临的机遇和挑战、主要的发展方向以及发展战略。

1. 甲烷直接转化

虽然热等离子体可以在大通量下达到十分可观的甲烷转化率和乙烯选择性，但是由于热等离子设备复杂且温度极高，会增加工业生产成本。相比较而言，低温等离子体可以在常温常压下活化甲烷，不仅可以大幅节约经济成本，其多样化的反应路径使得目标产物由单一的氢气和乙炔转变为氢气、低碳烷烃、烯烃、炔烃和高碳液态烃等其他重要化工原料，显著提升其实际工业应用价值。自 20 世纪 80 年代以来低温冷等离子体活化甲烷的研究已经成为国内天然气利用领域的研究热点。

目前已经有多种不同的低温等离子体源技术（电晕放电、介质阻挡放电、火花放电、滑动电弧放电、射频放电、微波放电）被国内外学者广泛用于甲烷无氧转化研究当中，研究表明，等离子体的非平衡度影响甲烷转化的活化能力、转化率和能耗。近年来有学者指出，相比于传统等离子体源技术，脉冲参数调节范围极大的纳秒脉冲放电技术对于反应中物理化学过程的调控作用十分显著；同时由于其放电周期极短，放电时间和余辉时间内产生了动力学行为迥异的两个反应过程，更加有利于选择性优化等离子体反应路径并实现目标产物的定向生成，这是未来等离子体甲烷无氧转化研究的重要发展方向。

研究表明，同一种放电等离子体形式下，不同的反应器结构、放电功率和不同原料气体配比等对甲烷转化也有着重要影响。因此，发展并优化等离子体反应器结构，匹配最佳的反应参数，进一步提高甲烷转化的能量效率也是等离子体辅助甲烷直接转化的未来重要发展方向。此外，采用等离子体 – 催化协同系统可以进一步有效控制部分氧化过程中的甲烷氧化反应路径和深度，调控中间体氧化物的类型和浓度，来实现高附加值产物的自由产出，这是未来等离子体甲烷有氧转化研究的重要发展方向。

2. 二氧化碳资源化利用

将等离子体技术与催化剂相结合，能够有效地提高二氧化碳转化率以及能量效率，为等离子体转化二氧化碳资源化利用方面提供了一个新的发展方向。等离子体催化化学反应遵循了等离子体所具备的优点，即电子温度高而重粒子温度低（反应体系可低至室温）的特点，更重要的是，将催化剂引入等离子体区能够通过设计催化剂结构及表面特定活性中心来达到等离子体反应产物可控的目的。在短期内，二氧化碳转化依赖高能效装置（滑动电弧和微波放电）具有发展潜力，通过实现一氧化碳与氧气的分离，获得较为纯净的一氧化碳。就长期而言，二氧化碳与含氢共反应物相结合而反应生成高能效增值产品，具有良好的发展前景。此外，对等离子体过程进行建模、与其他技术进行耦合、对等离子体结合催化剂所产生协同作用进一步深入探究来揭示催化剂与等离子体反应器结合转化二氧化碳过程机制，也将是等离子体二氧化碳资源化利用的未来重要研究方向。

3. 合成液态烃

等离子体技术是一种有效活化二氧化碳分子的手段，但就目前的研究结果而言，产品附加值及对应选择性有待提高。未来可以通过设计优化等离子体反应器结构、研发低温高活性催化剂、加强等离子体催化协同作用三方面，实现二氧化碳直接高选择性转化为高附加值液态产品（酸类和醇类），绕开了先生成 CH_4、CO 或合成气中间过程，以简化工艺流程，降低反应成本，推动等离子体技术实际应用进程，为等离子体技术在化学反应的实际应用方面提供重要参考。

4. 液态烃和醇类化合物制氢

目前，等离子体液态烃和醇类化合物原位制氢在实际应用中面临的主要问题是如何提高单位时间产氢速率（即设计大通量等离子体催化反应器）和产氢能量效率。微波放电与电弧放电无论在产氢量还是制氢能耗上均有较好的表现，放电时电流较小，可实现大容量、低能耗制氢，是该领域的研究热点，未来在原位制氢领域这两种方法具备较好的应用前景。同时，采用气相放电时相较于液相放电的产氢效率更高，这与直接在液态烃类物质中放电较难有关。值得注意的是，催化重整、脉冲电晕放电重整和等离子体 / 催化剂重整异辛烷制氢的比较研究发现，等离子体催化在液态烃和醇类化合物制氢中所发挥的重要作用，也是未来值得特别关注的研究方向。

5. 重油转化

等离子体重油加氢精制汽油、柴油的研究越来越受关注。介质阻挡放电反应过程稳定可控，但是产率和能量效率偏低。微波或射频驱动等离子体具有输入功率高、处理量大、温度非常高的特点，但产物中积碳非常严重。滑动电弧放电综合能量转换效率较高，是该领域的研究热点。近年来，采用直流电弧（H_2）等离子体、介质阻挡放电（N_2、H_2 和 CH_4）等离子体重油加氢的技术路线分别被提出，该技术路线基于等离子体中富“氢”自由基，可以及时缓解重油大分子自由基碎片之间的缩合反应的思路，期望最终获得液态燃料（汽油、柴油等）和高附加值烯烃、炔烃等。但是由于等离子体中富“氢”自由基，产生和调控困难重重，现有实验结果难以回避“大分子自由基一旦产生将发生结焦反应”的核心问题。

等离子体化学反应是涉及多物理场耦合的复杂物理化学过程，等离子体能源转化过程的效率受多种因素的共同影响，其内在机理还不明晰，限制了进一步拓展应用，尚处于实验室研究阶段。为实现等离子体能源利用的技术突破，目前亟待解决以下几个方面的关键科学和技术问题：

（1）放电稳定性问题：放电稳定性是实现等离子体参数有效调控、获得稳定的等离子体反应效果的主要因素，等离子体能源转化过程反应物成分、状态、浓度及反应器结构等均会影响放电稳定性。

（2）多场耦合问题：等离子体能源转化过程是一个电磁场、流场、温度场和浓度场等多场强烈耦合的复杂物理化学过程，探明各场之间的相互影响及协同作用机制涉及高电压、化学、催化、传热传质、流体力学等多学科研究内容。

（3）参量有效调控问题：实现不同放电模式下气体温度、电子温度和活性粒子浓度等等离子体参量的有效调控是等离子体能源转化过程高效运行的前提，目前尚未实现对特定等离子体条件下上述等离子体参量的独立定量表征和精确调控。

（4）催化剂研发问题：等离子体催化反应通常是在低于传统热催化反应温度的条件下运行的，反应过程涉及高能电子等活性粒子成分，催化剂活化原理和传统热催化过程不同，需要探明等离子体反应条件下催化剂活化原理并开发适用于低温等离子体反应条件的催化剂，结合等离子体催化和利用协同效应的可能性和选择性生产附加值化合物。

（5）能效匹配问题：能量效率是等离子体能源转化技术推广运用的关键，受到等离子体激励源、等离子体反应器、是否使用催化剂及处理对象等多种因素制约，目前尚未形成评价等离子体能源转化过程能效问题的具体标准，缺乏用于产生和维持等离子体的高效电源调控机制。

（6）产物分离问题：产物分离是通过低温等离子体技术实现能源转化获得高纯度增值化工产品的重要环节。能源化工过程中的原料和产物绝大多数都是混合物，需要利用体系中各组分物性的差别或借助分离剂使混合物得到分离提纯。它往往是获得合格产品、充分利用资源和控制环境污染的关键步骤。

（7）规模化应用问题：由于多尺度结构效应，简单地放大小型等离子体源装置并不能取得预期规模化应用效果，这些都限制了低温等离子辅助能源转化的产业化应用，需进一步突破等离子体反应器向更大规模扩展的瓶颈。

综上，等离子体能源转化利用研究的发展趋势如图 4 所示，在中短期的发展目标和发展战略是采用实验和仿真相结合的方法初步解决放电稳定性、多场耦合、有效调控、催化剂研发以及能效匹配等等离子体能源转化利用中遇到的上述关键科学问题，揭示相关的转化机理，提高能源转化过程的选择性和能量效率。长期目标是解决等离子体能源转化利用产业化过程中的规模化难题，发展适合大规模应用的成熟工艺和技术，为能源高效清洁转化利用提供新的途径。

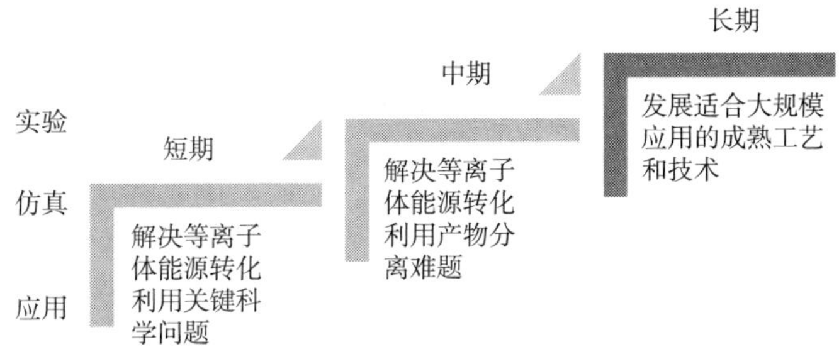

图 4　国内等离子体能源转化研究发展趋势

参考文献

[1] Jaworek A, Krupa A, Czech T. Modern electrostatic devices and methods for exhaust gas cleaning: A brief review[J]. Journal of Electrostatics, 2007, 65 (3): 133-155.

[2] Basfar A A, Fageeha O I, Kunnummal N, et al. A review on electron beam flue gas treatment (EBFGT) as a multicomponent air pollution control technology [J]. Nukleonika, 2010 (55): 271-277.

[3] Li J, Wu Y, Wang N, et al. Industrial-scale experiments of desulfuration of coal flue gas using a pulsed corona discharge plasma [J]. IEEE transactions on plasma science, 2003, 31 (3): 333-337.

[4] Lee Y, Jung W, Choi Y, et al. Application of pulsed corona induced plasma chemical process to an industrial incinerator [J]. Environmental science & technology, 2003, 37 (11): 2563-2567.

[5] Ma S, Zhao Y, Yang J, et al. Research progress of pollutants removal from coal-fired flue gas using non-thermal plasma [J]. Renewable and Sustainable Energy Reviews, 2017 (67): 791-810.

[6] An J, Shang K, Lu N, et al. Performance evaluation of non-thermal plasma injection for elemental mercury oxidation in a simulated flue gas [J]. Journal of hazardous materials, 2014 (268): 237-245.

[7] Chang J S, Urashima K, Tong Y X, et al. Simultaneous removal of NO_x and SO_2 from coal boiler flue gases by DC corona discharge ammonia radical shower systems: pilot plant tests [J]. Journal of Electrostatics, 2003, 57 (3-4): 313-323.

[8] Shang K F, Wu Y, Li J, et al. Reduction of NO_x/SO_2 by wire-plate type pulsed discharge reactor with pulsed corona radical shower [J]. Plasma chemistry and plasma processing, 2006, 26 (5): 443-454.

[9] Li J, Sun M, Wu Y, et al. Experimental investigation on activating water vapor and ammonia by DC corona discharge radical shower technology for removal of SO_2 from flue gases [J]. Journal of Advanced Oxidation Technologies, 2004, 7 (2): 146-153.

[10] Vandenbroucke A M, Morent R, De Geyter N, et al. Non-thermal plasmas for non-catalytic and catalytic VOC abatement [J]. Journal of hazardous materials, 2011 (195): 30-54.

[11] Jiang N, Hu J, Li J, et al. Plasma-catalytic degradation of benzene over Ag-Ce bimetallic oxide catalysts using hybrid surface/packed-bed discharge plasmas [J]. Applied Catalysis B: Environmental, 2016 (184): 355-363.

[12] Jiang N, Qiu C, Guo L, et al. Post plasma-catalysis of low concentration VOC over alumina-supported silver catalysts in a surface/packed-bed hybrid discharge reactor [J]. Water, Air, & Soil Pollution, 2017, 228 (3): 113.

[13] Sultana S, Vandenbroucke A, Leys C, et al. Abatement of VOCs with alternate adsorption and plasma-assisted regeneration: a review [J]. Catalysts, 2015, 5 (2): 718-746.

[14] Shang K, Zhang Q, Lu N, et al. Evaluation on a double-chamber gas-liquid phase discharge reactor for benzene degradation [J]. Plasma Science and Technology, 2019, 21 (7): 075502.

[15] Feng X, Liu H, He C, et al. Synergistic effects and mechanism of a non-thermal plasma catalysis system in volatile organic compound removal: a review [J]. Catalysis Science & Technology, 2018, 8 (4): 936-954.

[16] 范红玉，李小松，刘艳霞，等. 循环的存储 - 放电等离子体催化新过程脱除室内空气中甲苯 [J]. 化工学报，2011，62 (7)：1922-1926.

[17] LiangY, WuY, SunK, et al. Rapid inactivation of biological species in the air using atmospheric pressure nonthermal plasma [J]. Environmental Science and Technology, 2012, 46 (6): 3360-3368.

[18] DurmeVanJ, Dewulf J, SysmansaW, et al. Efficient toluene abatement in indoor air by a plasma catalytic hybrid system [J]. Applied Catalysis B: Environmental, 2007, 74 (1-2): 161-169.

[19] Shang K, Li J, Morent R. Hybrid Electric Discharge Plasma Technologies for Water Decontamination-A Short Review [J]. Plasma Science and Technology, 2019, 21 (4): 043001.

[20] Wang H, Guo H, Wu Q, et al. Effect of activated carbon addition on H_2O_2 formation and dye decoloration in a pulsed discharge plasma system [J]. Vacuum, 2016 (128): 99-105.

[21] Hao X L, Zhang X W, Lei L C. Degradation characteristics of toxic contaminant with modified activated carbons in aqueous pulsed discharge plasma process [J]. Carbon, 2009, 47 (1): 153-161.

[22] Tiya-Djowe A, Acayanka E, Lontio-Nkouongfo G, et al. Enhanced discolouration of methyl violet 10B in a gliding arc plasma reactor by the maghemite nanoparticles used as heterogeneous catalyst [J]. Journal of Environmental Chemical Engineering, 2015, 3 (2): 953-960.

[23] Reddy P M K, Dayamani A, Mahammadunnisa S, et al. Mineralization of Phenol in Water by Catalytic Non - T hermal Plasma Reactor-An Eco - F riendly Approach for Wastewater Treatment [J]. Plasma Processes and Polymers, 2013, 10 (11): 1010-1017.

[24] Duan L, Jiang N, Lu N, et al. Synergetic effect of TiO_2 and Fe^{3+} as co-catalysts for enhanced phenol degradation in pulsed discharge system [J]. Applied Catalysis B: Environmental, 2018 (221): 521-529.

[25] Shang K, Wang X, Li J, et al. Synergetic degradation of Acid Orange 7 (AO_7) dye by DBD plasma and persulfate [J]. Chemical Engineering Journal, 2017 (311): 378-384.

[26] Shang K, Li W, Wang X, et al. Degradation of p-nitrophenol by DBD plasma/Fe^{2+}/persulfate oxidation process [J]. Separation and Purification Technology, 2019 (218): 106-112.

[27] Redolfi M, Makhloufi C, Ognier S, et al. Oxidation of kerosene components in a soil matrix by a dielectric barrier discharge reactor [J]. Process Safety and Environmental Protection, 2010 (88): 207-212.

[28] Wang T C, Lu N, Li J, et al. Degradation of pentachlorophenol in soil by pulsed corona discharge plasma [J]. Journal of hazardous materials, 2010, 180 (1-3): 436-441.

[29] Wang T C, Lu N, Li J, et al. Evaluation of the potential of pentachlorophenol degradation in soil by pulsed corona discharge plasma from soil characteristics [J]. Environmental science & technology, 2010, 44 (8): 3105-3110.

[30] Wang T, Lu N, Li J, et al. Enhanced degradation of p-nitrophenol in soil in a pulsed discharge plasma-catalytic system [J]. Journal of hazardous materials, 2011 (195): 276-280.

[31] Wang T C, Qu G, Li J, et al. Depth dependence of p-nitrophenol removal in soil by pulsed discharge plasma [J]. Chemical Engineering Journal, 2014 (239): 178-184.

[32] Wang T C, Qu G, Li J, et al. Evaluation of the potential of soil remediation by direct multi-channel pulsed corona discharge in soil [J]. Journal of hazardous materials, 2014 (264): 169-175.

[33] Wang T, Ren J, Qu G, et al. Glyphosate contaminated soil remediation by atmospheric pressure dielectric barrier discharge plasma and its residual toxicity evaluation [J]. Journal of Hazardous Materials, 2016 (320): 539-546.

[34] Li R, Liu Y, Cheng W, et al. Study on remediation of phenanthrene contaminated soil by pulsed dielectric barrier discharge plasma: the role of active species [J]. Chemical Engineering Journal, 2016 (296): 132-140.

[35] Zhan J, Liu Y, Cheng W, et al. Remediation of soil contaminated by fluorene using needle-plate pulsed corona discharge plasma [J]. Chemical Engineering Journal, 2018 (334): 2124-2133.

[36] Zhan J, Zhang A, Héroux P, et al. Gasoline degradation and nitrogen fixation in soil by pulsed corona discharge plasma [J]. Science of The Total Environment, 2019 (661): 266-275.

[37] Aggelopoulos C A, Svarnas P, Klapa M I, et al. Dielectric barrier discharge plasma used as a means for the remediation of soils contaminated by non-aqueous phase liquids [J]. Chemical Engineering Journal, 2015 (270): 428-436.

[38] Aggelopoulos C A. Atmospheric pressure dielectric barrier discharge for the remediation of soil contaminated by organic pollutants [J]. International journal of environmental science and technology, 2016, 13 (7): 1731-1740.

[39] I. Adamovich, S. D. Baalrud, A. Bogaerts, P. J. Bruggeman, et al. The 2017 Plasma Roadmap: Low temperature plasma science and technology [J]. Journal of Physics D: Applied Physics, 2017 (50): 323001.

[40] A. Bogaerts, E.C. Neyts. Plasma technology: An emerging technology for energy storage [J]. ACS Energy Letters, 2018 (3): 1013-1027.

[41] 戴栋，宁文军，邵涛. 大气压低温等离子体的研究现状与发展趋势. 电工技术学报，2017，32(20)：1-9.

[42] 王华，刘中民. 甲烷直接转化研究进展 [J]. 化学进展，2004 (16)：593-602.

[43] R. Snoeckx, A. Rabinovich, D. Dobrynin, et al. Plasma-based liquefaction of methane: The road from hydrogen production to direct methane liquefaction [J]. Plasma Processes and Polymers, 2017 (14): 1600115.

[44] A. Bogaerts, T. Kozak, K. van Laer, et al. Plasma-based conversion of CO_2: current status and future challenges [J]. Faraday Discussions, 2015 (183): 217-232.

[45] R. Snoeckx, A. Bogaerts. Plasma technology - a novel solution for CO_2 conversion? [J]. Chemical Society Reviews, 2017 (46): 5805-5863.

[46] J. C. Whitehead.Plasma-catalysis: the known knowns, the known unknowns and the unknown unknowns [J]. Journal of Physics D: Applied Physics, 2016 (49): 243001.

[47] E. C. Neyts, K. Ostrikov, M. K. Sunkara, et al. Plasma catalysis: synergistic effects at the nanoscale [J]. Chemical Reviews, 2015, 115(24): 13408-13446.

[48] R. Snoeckx, A. Rabinovich, D. Dobrynin, et al. Plasma-based liquefaction of methane: The road from hydrogen production to direct methane liquefaction [J]. Plasma Processes and Polymers, 2017 (14): e1600115.

[49] M. Scapinello, E. Delikonstantis, G.D. Stefanidis. The panorama of plasma-assisted non-oxidative methane reforming [J]. Chemical Engineering and Processing: Process Intensification, 2017 (117): 120-140.

[50] W.C. Chung, M.B. Chang. Review of catalysis and plasma performance on dry reforming of CH_4 and possible synergistic effects [J]. Renewable & Sustainable Energy Reviews, 2016 (62): 13-31.

[51] E. Tatarova, N. Bundaleska, J.P. Sarrette, et al. Plasmas for environmental issues: from hydrogen production to 2D materials assembly [J]. Plasma Sources Science & Technology, 2014 (23): 063002.

[52] Gladsich H. How Huels makes acetylene by DC arc [J]. Hydrocarbon processing and petroleum refining, 1964, 41 (6): 159-164.

[53] Fincke J R, Anderson R P, Hyde T, et al. Plasma thermal conversion of methane to acetylene [J]. Plasma Chemistry and Plasma Processing, 2002, 22 (1): 105-136.

[54] J. Gubkin. Electrolytische Metallabscheidung an der freien Oberfläche einer Salzlösung [J]. Annalen der Physik 1887 (268): 114.

[55] A. Hickling, M. Ingram. Contact glow-discharge electrolysis [J]. Transactions of the Faraday Society, 1964(60):

783–793.

[56] H. Kawamura, K. Moritani, Y. Ito. Discharge electrolysis in molten chloride: formation of fine silver particles [J]. Plasmas & Ions, 1998 (1): 29–36.

[57] X. Huang, Y. Li, X. Zhong. Effect of experimental conditions on size control of Au nanoparticles synthesized by atmospheric microplasma electrochemistry [J]. Nanoscale Research Letters, 2014 (9): 572.

[58] R. Wang, S. Zuo, D. Wu, et al. Microplasma - assisted synthesis of colloidal gold nanoparticles and their use in the detection of cardiac troponin I (cTn - I) [J]. Plasma Processes and Polymers, 2015 (12): 380–391.

[59] R. Wang, S. Zuo, W. Zhu, et al. Rapid synthesis of aqueous - phase magnetite nanoparticles by atmospheric pressure non - thermal microplasma and their application in magnetic resonance imaging [J]. Plasma Processes and Polymers, 2014 (11): 448–454.

[60] C. Liu, M. Li, J. Wang, et al. Plasma methods for preparing green catalysts: Current status and perspective [J]. Chinese Journal of Catalysis, 2016 (37): 340–348.

[61] C. Du, M. Xiao. Cu_2O nanoparticles synthesis by microplasma [J]. Scientific Reports, 2014 (4): 7339.

[62] J. Liu, Q. Chen, J. Li, et al. Facile synthesis of cuprous oxide nanoparticles by plasma electrochemistry [J]. Journal of Physics D: Applied Physics, 2016 (49): 275201.

[63] Y. Lu, Z. Ren, H. Yuan, et al. Atmospheric–pressure microplasma as anode for rapid and simple electrochemical deposition of copper and cuprous oxide nanostructures [J]. RSC Advances, 2015 (5): 62619–62623.

[64] J. Liu, B. He, Q. Chen, et al. Plasma electrochemical synthesis of cuprous oxide nanoparticles and their visible–light photocatalytic effect [J]. Electrochimica Acta, 2016 (222): 1677–1681.

[65] S.Z. El Abedin, M. Pölleth, S. Meiss, et al. Ionic liquids as green electrolytes for the electrodeposition of nanomaterials [J]. Green Chemistry, 2007 (9): 549–553.

[66] T. Kaneko, K. Baba, T. Harada, et al. Novel gas - liquid interfacial plasmas for synthesis of metal nanoparticles [J]. Plasma Processes and Polymers, 2009 (6): 713–718.

[67] Z. Wei, C.-J. Liu. Synthesis of monodisperse gold nanoparticles in ionic liquid by applying room temperature plasma [J]. Materials Letters, 2011 (65): 353–355.

[68] 高松华，周克省. CF_4 射频等离子体对硅橡胶绝缘子表面的疏水改性 [J]. 高分子材料科学与工程，2013 (29): 101–104.

[69] 邵涛，严萍. 大气压气体放电及其等离子体应用 [M]. 北京：科学出版社，2015.

[70] R. Wang, C. Zhang, X. Liu, et al. Microsecond pulse driven Ar/CF_4 plasma jet for polymethylmethacrylate surface modification at atmospheric pressure [J]. Applied Surface Science, 2015 (328): 509–515.

[71] Z. Fang, Z. Ding, T. Shao, et al. Hydrophobic surface modification of epoxy resin using an atmospheric pressure plasma jet array [J]. IEEE Transactions on Dielectrics and Electrical Insulation, 2016 (23): 2288–2293.

[72] S. Kumara, M. Bin, Y.V. Serdyuk, et al. Surface charge decay on HTV silicone rubber: effect of material treatment by corona discharges [J]. IEEE Transactions on Dielectrics and Electrical Insulation, 2012 (19): 2189–2195.

[73] 吴旭辉，吴广宁，杨雁，等. 等离子体改性纳米粒子对聚酰亚胺复合薄膜耐电晕性能的影响 [J]. 高电压技术，2017 (43): 2881–2888.

[74] S. Chen, S. Wang, Y. Wang, et al. Surface modification of epoxy resin using He/CF_4 atmospheric pressure plasma jet for flashover withstanding characteristics improvement in vacuum [J]. Applied Surface Science, 2017 (141): 107–113.

[75] 郝致远，汲胜昌，宋莹. 氩等离子体射流对聚四氟乙烯表面改性的研究 [J]. 西安交通大学学报，2014

（48）：59–67.

［76］T. Shao，W. Yang，C. Zhang，et al. Enhanced surface flashover strength in vacuum of polymethylmethacrylate by surface modification using atmospheric–pressure dielectric barrier discharge［J］. Applied Physics Letters，2014（105）：071607.

［77］海彬，章程，王瑞雪，等. 等离子体沉积类 SiO_2 薄膜抑制环氧树脂表面电荷积聚［J］. 高电压技术，2017（43）：375–384.

［78］Kim，H. H. Nonthermal plasma processing for air - pollution control：a historical review，current issues，and future prospects［J］. Plasma Processes and Polymers，2004，1（2）：91–110.

［79］Gladsich H. How Huels makes acetylene by DC arc［J］. Hydrocarbon processing and petroleum refining，1964，41（6）：159–64.

［80］Fincke J R，Anderson R P，Hyde T，et al. Plasma thermal conversion of methane to acetylene［J］. Plasma Chemistry and Plasma Processing，2002，22（1）：105–136.

［81］M. Scapinello，E. Delikonstantis，G. D. Stefanidis. The panorama of plasma–assisted non–oxidative methane reforming［J］. Chemical Engineering and Processing：Process Intensification，2017（117）：120–140.

［82］Z. Zakaria，S. K. Kamarudin. Direct conversion technologies of methane to methanol：an overview［J］. Renewable and Sustainable Energy Reviews，2016（65）：250–261.

［83］Y. Gao，S. Zhang，H. Sun，et al. Shao. Highly efficient conversion of methane using microsecond and nanosecond pulsed spark discharges［J］. Applied Energy，2018（226）：534–545.

［84］W. Z. Wang，R. Snoeckx，X.M. Zhang，et al. A. Bogaerts. Modeling plasma–based CO_2 and CH_4 conversion in mixtures with N_2，O_2，and H_2O：The bigger plasma chemistry picture［J］. The Journal of Physical Chemistry C，2018（122）：8704–8723.

［85］W. C. Chung，M.B. Chang. Review of catalysis and plasma performance on dry reforming of CH_4 and possible synergistic effects［J］. Renewable & Sustainable Energy Reviews，2016（62）：13–31.

［86］D.H. Mei，X.B. Zhu，C.F. et al. Plasma–photocatalytic conversion of CO_2 at low temperatures：Understanding the synergistic effect of plasma–catalysis［J］. Applied Catalysis B：Environmental，2016（182）：525–532.

［87］L. Wang，Y. Yi，C. Wu，et al. One–Step Reforming of CO_2 and CH_4 into High–Value Liquid Chemicals and Fuels at Room Temperature by Plasma–Driven Catalysis［J］. Angew ChemInt Ed Engl，2017（56）；13679–13683.

［88］Y. Xin, B. Sun, X. Zhu, et al. Hydrogen production from ethanolsolution by pulsed discharge with TiO_2 catalysts［J］. International Journal of Hydrogen Energy，2018（43）：9503–9513.

［89］张凯，王瑞雪，韩伟，等. 等离子体重油加工技术研究进展［J］. 电工技术学报，2016，31（24）：1–15.

撰稿人：邵　涛　李　杰　方　志　王伟宗

轨道交通电气化

一、引言

截至 2019 年年初，我国高速铁路营运总里程已达 3 万多千米，每天发行高速机车超 6000 列，是世界上高铁运营里程最长、拥有高速机车最多、运输最为繁忙的国家。目前，我国有 31 个城市共开通了 5766.6 千米城市轨道交通线路，占据全球的 35.26%，上海居全球首位。

牵引供电系统是轨道交通的四大子系统之一，是电力机车动力来源和安全准点的根本保障。在第十五届 COTA（海外华人交通协会）国际交通科技年会上，结合目前最新技术，铁路总公司总工程师、中国工程院院士何华武展望了中国高铁发展的五个前沿方向：①更高速便捷：中国高铁的设计时速是 350 千米，未来这将是努力达成的目标，并进一步完善全国高铁网络；②更安全可靠：将坚持对轮轨硬度匹配和动车组列车本体的研究，并通过更为完备的系统来保证高铁工程的可靠性；③更智能高效：将运用高度智能化的高铁控制体系来缩短最小行车间隔，提高高峰期的高铁运力；④更低碳环保：将通过建设绿色地下通道，采用环保控制技术来增强高铁的环境友好度；⑤更可持续化：利用 TOD（以公共交通为导向的开发模式）、SOD（以社会服务设施建设为导向的开发模式）等模型以及多维互助系统，更好地实现经济利益和社会利益的平衡。总的来看，对于高速铁路，除了更加安全可靠，还需要保证其更加高效环保、更加可持续发展，这对轨道交通电气化提出了新的要求。

近年来轨道交通电气化领域的专家学者集中解决了供电可靠性问题，但缺乏对运行质量、能效的充分研究，未充分考虑效益、效率的提升。轨道交通电气化未来还需继续关注与注意的问题主要在以下六点：①牵引供电系统在高效、节能环保等方面的问题尚待进一步地研究；②新能源是国家发展战略，新能源资源丰富，符合铁路线路分布特点，且在牵引供电中未得到综合利用；③现有的供电模式没有革新和突破，新的供电模式需要启动研究，未来才能引领发展；④互联网、大数据技术飞速的发展适合解决供电问题，可应用互联网思维来降低能耗，提高能效；⑤新材料、新技术发展迅速，新材料、新装备的运用能够有效提高牵引供电系统可靠性，节能增效；⑥在特殊山险地区、高原等极弱电网条件下需要进一步研究如何使供电系统安全可靠、稳定高效、节能环保地运行。

在此背景下，拟从轨道交通电气化的安全可靠、节能增效、大数据与智能化、新型供电技术、新能源 / 新材料 / 新技术的应用、高速磁浮、城市轨道交通等领域开展综述，调研国内外轨道交通电气化的最新技术前沿，分析轨道交通电气化发展趋势，为我国轨道交通电气化创新并持续引领世界、保障我国电气化铁路可靠高效运行奠定理论基础。

二、研究现状

（一）轨道交通牵引供电安全可靠领域

近年来，专家学者们从轨道交通供电可靠性、弓网关系、车网电气关系等角度开展了许多安全可靠领域的研究工作。

1. 轨道交通供电可靠性

轨道交通供电可靠性的研究主要集中在牵引供电健康管理和故障预警（Prognosis and Health Management，PHM）系统搭建、牵引供电系统保护、故障测距等方面。PHM 技术使用先进的传感器采集和获取与系统属性有关的特征参数，通过将这些特征参数与有用的信息关联，借助智能算法和模型进行检测、分析、评价和预测，达到在设备运行趋势的基础上提早实现故障的预测预警，并对系统和设备的维修策略和供应保障进行规划与优化的目的。目前，PHM 技术发展出 3 类较为成熟且常用的方法：基于失效物理模型的方法、基于数据驱动的方法和基于统计可靠性的方法。研究集中在数据管理、数据采集与传输方法、系统架构等方面[1-3]。

牵引供电系统保护的研究主要是针对牵引网和牵引变压器，牵引网保护主要包括距离保护、过电流保护、电流增量保护、接触网发热保护等方式[4]。对于牵引变压器的主保护一直采用差动保护。但由于励磁涌流和电流互感器饱和都会在差动回路产生很大的不平衡电流，因此防止差动保护误动的关键是要识别出变压器励磁涌流和 TA 饱和。目前，国内外学者在这两方面进行了深入研究，提出了许多方法。例如对变压器励磁涌流的识别主要有二次谐波制动原理、波形对称原理、基于变压器回路方程法等方法。而对变压器 TA 饱和识别主要有时差法、谐波制动法和电流下降法[5]。

对于故障测距，传统的故障测距方案主要包括中性点吸上电流比、区段上下行电流比、横联线电流比、转移阻抗故障测距法等[6]。在这些方法的基础上，有学者提出了改进 AT 中性点吸上电流比故障测距原理、带保护线的全并联供电方式转移阻抗法测距原理、基于带保护线的等值电路故障测距方案、采用微分方程法计算的故障测距方案、广义对称分量的故障测距方案、考虑AT漏阻抗的“中性点吸上电流比”分段测距方法等一系列方法。

2. 轨道交通弓网关系研究

在电力机车动态受流的过程中，受电弓与接触网在电气和机械两方面相互制约，受流质量受很多因素的影响，如接触网的弹性系数、接触线的坡度、接触悬挂类型、接触线材质、受电弓静提升力、滑板材质、归算质量以及列车运行速度、加速度、车辆类型和线路条件等。目前针对轨道交通弓网关系的研究主要集中在接触网建模分析、受电弓建模、弓网系统受流模型和受电弓主动控制等方面。

在接触网建模方面，有学者将接触线当作易弯曲的梁，计算出接触线的波动传播速度。在受电弓建模方面，现有研究常采用试验与理论相结合的建模方法分析受电弓通过接触网时的动态性能[7, 8]，可从受电弓质量、刚度和阻尼的影响方面进行对比。此外，可利用混合仿真，即利用弓网混合仿真系统，从接触线弛度、表面不平顺和受流方面进行分析。

在弓网系统受流模型方面，通常从弓网系统的动态特性、接触线波动速度、离线率等方面来研究受流理论。于万聚教授团队研究了高速电气化铁路接触网的悬挂型式及相关参数对动态受流特性的影响，进行了一系列理论探讨及分析。此外，翟婉明院士团队建立了“受电弓—接触网”动态模型，研究了“机车—轨道系统”对“受电弓—接触网系统”的振动影响。

3. 轨道交通车网电气关系研究

牵引供电网与机车传动系统组成了复杂的“车-网”耦合系统。当车、网发生电气参数匹配时，会带来低频振荡、谐振甚至不稳定现象，严重威胁牵引供电系统的安全可靠运行。车网耦合不稳定的研究集中在车网耦合建模、稳定性判据和不稳定抑制方法等方面。

针对机车建模，国内外科研学者广泛采用的方式是建立列车公共连接点处的输入导纳模型，利用小信号平均模型进行分析，建立了 $\alpha\beta$ 坐标系、dq 坐标系下的阻抗模型，正负序阻抗模型等一系列动车组频域数学模型[9-11]。在稳定性判定方法上，大多研究是基于Middlebrook阻抗比判据来对车网系统稳定性进行判定，通过分析牵引网与机车的阻抗比的Nyquist曲线判定稳定性。在抑制策略上，现有抑制方式主要是采用有源阻尼、无源阻尼或者混合阻尼等方式来对系统的阻尼进行补偿与校正。

（二）轨道交通牵引供电节能增效领域研究现状

轨道交通牵引供电系统节能相关研究主要包括交通与能源系统融合、能耗分析等。

1. 轨道交通与能源系统融合

轨道交通与能源系统融合是集能量流与信息流于一体的多能流复杂网络。能量流是指在“源-网-荷-储”之间流动的电能，信息流是指“源-网-荷-储”中的电压、电流、功率、行车运行图、交通状况等信息，通过信息流调控能量流，以实现“源-网-荷-储”

的协调规划与运行[12, 13]。何正友教授团队结合电气化交通的特点以及未来发展趋势，构建了交通与能源系统融合的体系架构，通过多项关键技术，如“源－荷－储”协同规划、“源－荷－储”协同运行与控制、先进储能技术等，实现可再生能源的就近消纳以及再生制动能量的回收利用[14]。在轨道交通与能源系统融合的架构体系中，分布式电源与交通负荷具有间歇性、随机性和波动性。通过配置先进的储能系统，可实现“源－荷”之间供需差异的平抑，平滑、稳定系统运行，降低系统运行风险。

2. 轨道交通供电系统能耗分析

据中国铁路总公司统计，2017 年全国电气化铁路消耗的牵引电能为 620.33 亿千瓦时，占全国总用电量的 1%~1.5%，是最大的单体负荷。深入研究电气化铁路能耗分布规律，提出节能减排措施，研制节能减排装备，形成铁路节能减排标准体系有重要意义。具体来看，铁路系统的损耗主要可以分为三个部分：牵引供电网络损耗（如牵引网线路阻抗损耗、牵引变压器损耗），机车传动系统损耗（如车载变压器、整流器、逆变器损耗），运行阻力损耗（如线路条件、空气阻力、摩擦阻力损耗）。电气化铁路的能耗问题集中表现在如下 4 个方面：空载损耗造成大量电能浪费、再生能量缺乏高效利用手段、分布式能源接入铁路负荷不足、全系统节能减排措施针对性不强。针对能耗环节中存在的问题，国内外学者做了大量的工作，这些工作可总结为能量流动及消耗途径、能耗优化方法、能耗监控系统三个方面[15-18]。

3. 大型卷铁心节能型牵引变压器

牵引变压器是整个牵引供电系统中最为重要的设备之一，也是电能损耗的重要来源之一，研究开发节能型牵引变压器具有意义。西南交通大学高仕斌教授团队联合常州太平洋电力设备（集团）有限公司研发了 220kV 级卷铁心牵引变压器[19]，该节能型牵引变压器以卷铁心结构为基础，采用 V/X 接线形式，重点研究了卷铁心结构及油道设置方案，主绝缘设计及过负荷温升控制方案，同时突破了大容量卷铁心卷绕、拼装、退火及其线圈一体化绕制等关键技术。该样机通过了国家变压器质量监督检验中心试验，符合国家及行业相关标准，其试验结果与传统叠片式铁心牵引变压器相比，空载损耗下降 44.2%，噪声值下降 30.9%，节能降噪效果良好。其牵引变压器由 2 台单相三绕组变压器构成，每相有 2 个二次绕组，置于同一油箱中，组成 V/X 接线方式。

（三）轨道交通牵引供电大数据与智能化领域

近些年，大数据技术的广泛运用，将轨道交通牵引供电系统与大数据技术相结合，可进一步提高轨道交通安全性和智能化。

1. 轨道交通智能牵引供电系统

智能牵引供电系统将高级传感检测技术、信息技术、网络技术、智能化技术等先进技术应用到牵引供电系统，可构建覆盖牵引变电所、牵引网、AT 所、分区所、自动化系统、检测维护系统、电力供电系统的全息感知系统。智能牵引供电系统需要由智能一次设备、高速以太网、IEC61850 标准等多种新技术来支撑，完成一次设备智能化、信息建模统一化、数据采集全景化、设备检修状态化、控制操作自动化和保护控制协同化等功能，以实现系统运行可控、设备状态可视、运营维护可循的总体目标。目前智能牵引供电系统的关键技术主要在自动化、变电站通信网络和故障标定三方面[20]。

2. 轨道交通供电智能运维系统

轨道交通供电智能运维系统指以各类基础数据、检测监测数据进行分析、数据处理为基础，对智能供变电设施的基础数据、检测监测、运行检修作业、设备状态评估与预测等进行全寿命周期管理的系统。实现对牵引供电系统的故障预测与健康管理（PHM）、安全评估与预测、应急指挥、运营安全保障及辅助决策等高级功能。2012 年 6 月 27 日，原铁道部发布铁运〔2012〕136 号“关于发布《高速铁路供电安全检测监测系统（6C 系统）总体技术规范》的通知”，规范自 2012 年 7 月 1 日起实施。该规范的提出对统一我国弓网检测系统技术要求、信息交换方式提供了指导性意见。近几年我国铁路供电 6C 系统有了大跨度的技术发展，其存在意义是全方位覆盖对供电设备的综合检测监测，6C 系统的主要功能涵盖供电设备运行参数在线检测、实时监测、弓网受流参数检测、接触网悬挂参数检测，接触网零部件参数检测、接触网腕臂结构（附加线索）等检测、受电弓碳滑板状态检测、接触网较特殊断面（横截面）及重要地点实时监测等[21]。6C 系统的技术性能和功能需充分考虑铁路供电设备运行检测和监测的要求。所采用的技术和设备应建立在我国铁路现有的成熟的供电技术装备基础上，要兼顾正在研发的供电技术装备等，同时考虑技术发展延伸的可能性。

3. 轨道交通供电智能调度系统

轨道交通供电智能调度系统是对智能牵引供电设施设备进行远程监视、测量、控制及调度作业管理的系统。它以供电能力、可靠性、恢复供电的快速性或其综合为目标，优化供电方式，可以自动实现自愈重构，具有源端维护、综合告警、辅助供电调度决策、全景画信息展示、自动倒闸和开关自动巡检等高级应用功能[22]。从国外电气化铁路技术现状看，处于世界领先地位的日本、德国和法国，其牵引供电系统的自动化水平与目前国内客运专线的水平相当。其停送电操作方式与我国电气化铁路相似，以单点远动操作为主，不具备远动条件的由人工当地操作完成，尚未实现智能化操作。随着智能运维调度系统的发展，我国已经逐步将智能化管理系统应用到了铁路行业中，但应用范围主要局限于信号管理、铁路调度及信息发布等方面，在供电调度领域里尚未建立一套完善的智能化管理体系，在供电调度作业管理系统的开发方面仍处于起步阶段。

（四）轨道交通牵引供电新型供电技术

随着电气化铁路的快速发展，目前世界各国提出了许多新型供电技术和供电方式，例如无线供电、中压直流牵引供电、核动力供电、自供电等。

1. 轨道交通非接触式供电技术

非接触式供电技术分为电磁辐射式、电磁谐振式和电磁感应式三种。其中电磁辐射式可用于远距离电能输送，电磁谐振式适用于中等距离电能传输，电磁感应式可用于近距离电能传输[23]。非接触式供电系统主要是采用第三种非接触式供电方式，即由两个空心的电磁感应线圈进行能量传输。目前，非接触供电技术逐渐从低功率应用快速向轨道交通等大功率领域推进。由于非接触供电系统能实现为运动的轨道车进行实时非接触供电，减少了车载储能设备的体积、增大了轨道车的续航能力，此技术引起研究机构的兴趣，逐渐成为未来轨道交通牵引供电技术的发展新方向。然而，由于物理参数的漂移、结构的改变等都会极大地影响现有控制器的性能，导致系统的传输效率和可靠性大大降低，甚至导致重大故障的发生，给非接触式供电系统的运行带来重大安全隐患。因此，大功率无线牵引供电系统仍然存在很多科学问题与关键技术亟待继续攻克，例如功率提升技术、效率优化方案、电磁干扰分析及抑制措施研究、系统稳定性研究等问题。

2. 轨道交通中压柔性直流供电技术

随着电力电子技术的发展以及直流输电技术的兴起，中压柔性直流牵引供电系统在未来高速铁路中的应用在技术上已成为可能。在直流供电制式下，系统中不存在频率、相位和无功环流等问题，使得系统的控制更简单、可靠性更高。系统可以充分利用直流牵引供电系统的空间优势就近消纳铁路沿线丰富的可再生能源，实现对列车再生制动能量的回收利用，结合储能设备提高系统的能量利用率与稳定性[24]。国内外众多学者对直流微网的拓扑结构、关键装置、控制策略、能量管理等方面做了大量的研究工作，然而，目前尚未有关于中压直流牵引供电系统的工程应用案例报道。虽然中压柔性直流牵引供电系统和直流微电网有着较强的相似性，但牵引负荷具有快速移动、波动剧烈、非线性等特点，与传统电力系统负荷有着较大的区别，需要深化研究。

3. 电气化铁路贯通式同相供电

贯通式同相供电是指线路上不同牵引变电所供电区段接触网电压相位相同，取消线路上电分相环节的牵引供电方式[25]。同相供电方案可以同时缓解牵引变电所给公共电力系统带来的无功、谐波、负序等电能质量问题。李群湛教授团队多年来做了大量的研究，在既有供电系统，即异相供电系统的基础上实现了线路同相供电[26]。2010 年 10 月，首次采用同相供电系统的眉山牵引变电所成功投入试运行，很好地解决了该段电分相、无功、负序问题。2014 年，李群湛教授又提出组合式同相供电方案，在山西中南部铁路通道重载综合试验段沙略牵引变电所成功投入运行，减小了交直交变流器（ADA）的容量及其所占变电所供电容量的比重，节约了初期一次性投资，而牵引变压器和同相补偿装置的组合，提高了牵引变电所同相供电方案的灵活性，提高了牵引变电所的供电资源与设备利用率。

4. 轨道交通核动力与组件式供电技术

核动力供电是指以原子核裂变能作为推进动力的一种供电方式。目前核动力系统的工作方式是：首先通过核反应堆提供整个系统所需的能量，该过程要求所用反应堆的体积很小，输出功率很大，因此需要高浓铀原料。其次将反应堆提供的热能通过水以蒸汽的方式传递能量。最后经稳压器，蒸汽驱动汽轮发电机产生电能，以供机车和相关的用电设备正常运行。德国自上个世纪就开始将核能应用于铁路电力牵引，自 1977 年以来，核电站每年以大约相当于发电机组功率一倍的能力，向德国铁路电网供电，约占牵引用电的 17%。

组件式 GIS（Geographic Information System）的基本思想是把 GIS 的各大功能模块划分为几个控件，每个控件完成不同的功能，各个 GIS 控件之间，以及 GIS 控件与其他非 GIS 控件之间可以通过可视化工具集成起来，形成最终的 GIS 应用。在牵引供电系统中，以接触网为例，将接触网中的接触悬挂、支持装置、定位装置和支柱基础作为控件，以此实现各个功能并组成接触网模块，这些模块中的各个控件实现各自的功能。

（五）城市轨道交通供电系统

1. 城市轨道交通杂散电流研究

当前，地铁直流牵引供电系统主要采用钢轨兼做回流轨的供电方式，由于地铁无法实现对地完全绝缘，导致部分牵引回流通过钢轨泄漏入地形成杂散电流，从而造成钢轨本体腐蚀以及线路周边地下金属构件的电化学腐蚀问题。为了降低杂散电流影响，一般采取“以防为主、以排为辅、防排结合、加强监测”的综合防护措施。根据杂散电流腐蚀防护系统组成，基于地铁线路钢轨、排流网、结构钢筋等地下牵引回流地网结构，进行杂散电流计算评估，主要包含解析计算法及模拟仿真法[27]。解析计算方法主要通过建立地铁牵引回流地网结构电阻网络的集中参数或分布参数模型，通过计算推导实现线路钢轨电位及杂散电流分布的计算。模拟仿真法主要基于 Matlab/Simulink、ANSYS、CDEGS 等模拟仿真软件平台通过建立杂散电流仿真模型，通过模拟仿真求解杂散电流分布。针对杂散电流的防护与抑制国内已有相关标准与技术规程，如：1993 年实施的 CJJ 49—92《地铁杂散电流腐蚀防护技术规程》、2019 年实施的 GB/T 28026.2—2018《直流牵引供电系统杂散电流的防护措施》等。国际上也有诸如 EN 50162—2004 等杂散电流防护相关标准。

2. 城市轨道交通能馈系统

城市轨道交通再生制动能量回馈系统发展迅猛，短短十年间，单机回馈容量从之前的 200kW 到现在可达到单机 2MW 回馈容量。目前，主要研制的再生制动能量回馈系统均采用 IGBT 为开关器件、两电平的电路结构，实现能量单向流动控制的策略，即能量回馈系统只能将列车再生制动能量回馈至交流电网中，有待于进一步研究城市轨道能量回馈系统的控制策略问题以及进一步提高再生制动能量回馈系统的可靠性，替代传统的 24 脉波牵引整流器。一些专家学者以及企业也在进行三电平的城轨再生制动能量回馈系统的开发与研制，但目前还处于理论研究状态，暂无实际应用。虽然三电平的城轨再生制动能量回馈系统耐受更高的电压以及具有更大的容量，但是其控制策略复杂，开关器件繁多，系统的稳定性不高，因此其应用也受到了一定的限制。

3. 轨道交通再生制动与储能系统

目前国内外轨道交通列车的制动系统普遍采用空气制动和再生制动混合的形式，主要的储能方式有超级电容储能、飞轮储能、镍氢电池储能和混合式储能等，表 1 对比了各类再生能量吸收装置的优缺点。其中超级电容是一种新型的储能元件，其利用电极和电解液之间形成的界面双电层电容来存储能量[28]。超级电容具有容量大（可达几千法拉）、充放电寿命长（可达 100 万次）、可承受充放电电流大（可达千安以上）、充电迅速（可在数十秒到数分钟内快速充）、大电流能量循环效率≥ 90% 等优点。张存满教授课题组在高能量密度超级电容器研究方面取得了重要进展，发现了新的作用机制，通过优化制备方法和生物质源，研制出能量密度更高的超级电容器。该类型超级电容器的能量密度是目前超级电容器产品的 10 倍左右。对于飞轮储能技术，现有研究集中在针对飞轮储能控制策略的研究上。青岛大学段福兴等人研究了飞轮储能系统的组成原理和永磁同步电机在三相静止坐标系和两相旋转坐标系下的数学模型[29]。兰州理工大学孙晓静等人针对飞轮电池在放电整流环节中，研究了一种前馈解耦控制策略，减小了整流装置对飞轮电机的“污染”[30]。西南交通大学王欢等人从电机控制角度进行了分析研究，详细阐述了基于改进 PSO 算法的控制器参数优化方法，并将该算法应用于无刷直流电机双闭环控制系统中的转速环控制器[31]。

表 1　各类再生能量吸收装置的技术经济比较

比较项目	耗能型	储能型		馈能型	
	电阻耗能型	电容储能型	飞轮储能型	低压逆变 + 电阻耗能型	中压逆变型
优点	技术成熟	节能效果好，接线简单，对交流系统无电能质量影响	节能效果好，接线简单，对交流系统无电能质量影响	节能效果稍差，电阻容量较小	技术成熟，利于国产化，节能效果好
缺点	不节能，噪声大	处于试验阶段，造价高	单元容量小，工艺复杂，国产化难且造价高	低压系统容量小，还需要电阻耗能，对低压交流系统存在电能质量影响	接线较复杂，对中压交流系统存在电能质量影响
设备投资 /（万元 / 套）	约 100	约 400	约 400	约 250	约 250

（六）磁浮交通

磁浮交通是不同于传统轮轨技术的一种新型轨道交通模式。由于磁浮列车与轨道之间无直接机械接触，不受传统轮轨系统粘着极限的限制，采用直线电机驱动，克服了传统轮轨铁路提高速度的主要困难，因此具有振动小、噪声低、加速快、线路适应性强等技术优势，是当今唯一运营速度能达到 500km/h 的地面客运交通工具。从列车的悬浮原理、推进方式上看，主要有以下四种类型，如表 2 所示[32]。

常导电磁悬浮型：常导型磁浮列车利用安装在列车上的电磁铁和导磁轨道的吸引力来实现悬浮，列车通过控制悬浮磁铁的励磁电流来保证稳定的悬浮间隙，由直线电机来牵引列车行走。电磁悬浮式列车悬浮气隙较小，一般 8 ~ 10mm，列车和轨道之间相对状态不稳定，难于控制；但不需要辅助推进系统和导轮，静止时可以悬浮。

超导电动悬浮型：超导型磁悬浮列车需要在车底安装超导磁体，在轨道两侧铺设一系列铝环线圈，利用置于车辆上的超导磁体，与铺设在轨道上的无源线圈之间的相对运动来产生悬浮力抬起车辆。电动型悬浮气隙可达 100mm，但电动型悬浮列车在静止和低速运行时不能悬浮，必须由轮子与轨道接触来支撑车体。与常导型磁浮列车相比，电动悬浮式列车具有更高的负载能力和理论速度，但是需要更高的价格成本和维护成本，技术难度也更大。超导磁悬浮根据冷却温度不同，又可以划分为高温超导磁悬浮和低温超导磁悬浮。

表 2　全球磁悬浮交通主要模式与研发现状

主要类型	技术原理	设计 / 试验时速	代表性车辆	商业 / 试验线路	发展现状
常导电磁式	电磁悬浮（磁吸式）	高速，最高试验速度 505km/h；中低速 100~200km/h	德国 TR01-09 系列	TVE 试验线速度达到 450km/h；中低速多条商业线运营	可商业化运行
低温超导磁悬浮	电动悬浮（磁斥式），液氦冷却	高速，最高试验速度 603km/h	Maglev 系列、L0	山梨试验线时速达 603 km、东京—名古屋商业线获批	可商业化运行
高温超导磁悬浮	电动悬浮，液氮冷却	高速	世纪号	巴西“Maglev Cobra”试验线	试验阶段
真空管道磁悬浮	低气压管道 + 悬浮列车	目标时速一般大于 1000 km/h	全尺寸乘客舱	测试线路：法国图卢兹、美国内华达沙漠	试验阶段

高温超导磁悬浮：利用非理想第二类超导体的磁通钉扎特性在梯度磁场中产生的自稳定悬浮现象来实现的一种新型悬浮导向一体化轨道交通应用工具。高温超导磁悬浮整车系统主要由车载超导块材及其低温系统、地面永磁轨道系统和直线驱动系统三大关键部分组成。2003 年，西南交通大学将真空管道运输列为研究课题之一，标志着中国真空管道运

输相关理论研究的开始。2011年，西南交通大学研发的一套真空管道磁悬浮系统可以模拟真空环境下的磁悬浮列车的运行情况。2013年2月，西南交通大学建成我国首条高温超导磁悬浮环形试验线。2014年6月完成试验线平台调试，可进行高温超导磁悬浮车的连续性试验。2016年1月，西南交通大学研制成功高速真空管道高温超导侧挂悬浮试验系统。德国、日本、巴西及美国也在开展高温超导磁悬浮交通系统的研制，但均处于试验阶段，并未开展商业化运营的探索[33]。

真空管道磁悬浮：真空管道运输系统将悬浮列车技术和低气压管道技术相结合，最大限度减小列车高速运行时的摩擦阻力和气动阻力，以实现悬浮列车地面最高运行速度。2013年以来，美国一些创业公司研发热情很高，并迅速席卷全球，俄罗斯、法国、英国、韩国以及阿拉伯国家纷纷开始关注。目前处于初步工程探索阶段。

上述四种磁浮列车模式中，常导电磁悬浮和低温超导电动悬浮技术已经成熟，分别由德国和日本掌握。中德合作推动了常导磁浮在中国的商业运营，2003年1月商业运营的上海磁悬浮列车专线全长29.863千米，全程只需8分钟。高温超导磁悬浮和真空管道磁悬浮目前均处于研发阶段，尚未实现商业运营。

三、国内外进展比较

（一）高铁牵引供电系统

自1964年10月1日日本建成开通世界上第一条高速电气化铁路以来，经过几十年的实践和发展，各国牵引供电系统都有了很大改进，达到了很高的水平，而且各具特色。表3对比了6个国家高速铁路的主要技术标准。

表3 国内外高速铁路主要技术标准

国名	日本	法国	德国	意大利	西班牙	中国
供电方式	AT供电	AT供电	RT供电	RT供电	RT供电	AT供电
最高速度（km/h）	300	300	330	—	350	350
供电电压（kV）	154/220/275	225	110	130	132/220	110/220
接触网电压（kV）	25	18/25	12/15/17	DC 2/3/3.6	19/25	25
变压器接线	SCOTT	单相变压器	单相变压器	单相变压器	单相变压器	Vv/Vx
继电保护和自动装置	日本、法国、德国及西班牙高速铁路的牵引变电所均按无人值班设计，采用远动装置在电力调度中心监控。在保护系统的配置、继电器的特性、控制回路的联动等方面比较先进，安全性和可靠性较高					

过去十几年的时间里，我国牵引供电领域的专家学者致力于解决牵引供电系统的安全可靠问题，取得了许多世界领先的成果。而在智能化领域和新型供电技术领域的研究处于起步阶段，与国外技术对比体现在以下几个方面。

（1）在牵引供电大数据与智能化领域，目前国外如德国、日本、法国、意大利等国家在铁路供电安全方面均不同程度地运用了先进的检测手段，多种手段主要侧重于视频监测、数据分析，而成型的诸如“6C 综合数据处理中心”描述在各类学术论文、期刊中见者极少。在接触网系统中，目前虽各类检测产品层出不穷，但一直缺乏统一的标准。国外大致有六种接触网几何参数检测系统，分别为：德国 DB 基于图像处理检测系统、德国 Track-Eye 接触网检测系统、荷兰 ATON 接触网检测系统、西班牙 MEDES 接触网检测系统、意大利 MERMEC 接触线检测系统以及韩国 OPTIscan 用于接触网检测的激光非接触式检测系统。以上检测系统均有对应的检测分析软件或程序，但均缺乏统一性，缺少数据的统一收集、分析、诊断的综合性数据处理平台。上述检测监测设备将获取大量数据，如何将这些大量数据更有效地运用，服务于轨道交通的安全稳定运行中去，成为近些年人们研究的热点。而结合计算智能的大数据分析方法为大数据的应用找到解决方法，包括大数据与神经计算、机器学习、语义计算以及人工智能其他相关技术的结合，成为大数据分析领域最受关注的方向。该类方法可以统称为智能化大数据分析方法，已表现出巨大的发展潜力。

（2）在牵引供电新型供电技术领域，目前的研究聚焦于非接触式牵引供电系统的开发。新西兰奥克兰大学功率电子学研究中心作为非接触式牵引供电技术的世界领先研究机构，成功为新西兰 Rotorua 国家地热公园开发出基于感应式非接触供电技术的 30kW 感应电动运输车。新世纪初，德国奥姆富尔公司（WAMPELER）建造了一个总容量达 150kW、轨道长度近 400m、气隙为 12cm 的载人列车，还成功将这种新型非接触能量传输技术用于电动游船的水下驱动当中。此外，韩国科学技术院（KAIST）作为目前全球研究电动车非接触供电的领先机构之一，于 2009 年先后研发了三代非接触供电电动车产品，包括非接触供电概念汽车、非接触供电公交车及非接触供电载人汽车，并于 2013 年成功研制出一套能传输功率达 500kW、效率达 85%、空气间隙达 20cm 的非接触供电系统。此外，在 2014 年，KAIST 更是将功率传输等级提升至 1MW，在 5cm 的空气间隙下系统效率高达 82.7%。国内西南交通大学何正友教授团队研究了适用于非接触牵引供电系统的级联型以及并联型大功率谐振逆变器控制方法、动态调谐方法，针对轨道交通应用的电磁耦合机构设计方法，以及系统在多参数扰动下的控制问题，初步形成一套面向轨道交通的非接触电能传输技术应用及研究体系。

（二）城市轨道交通

储能系统的开发是城市轨道交通供电系统的一个研究热点。超级电容储能和飞轮储能是两种常用的储能系统。近几年国内外超级电容技术的发展迅速，目前法国 ADETEL 公司、西门子公司、ABB 公司及日本明电舍等公司均有成熟的产品在轨道交通领域中应用。西门子公司开发了基于超级电容的储能器 Sitras SES，用于 750V 和 600V 直流供电的地铁和轻轨系统；法国 ADETEL 公司的超级电容型再生能量吸收装置也在里昂轻轨 2 号线、TOURS 轻轨、巴黎 RER-C 地铁等项目中得到了应用。国内一些企业如株洲电力机车有限公司等也开展了基于超级电容器储能的能量回收和利用技术研究，研发出了一套超级电容储能系统来作为动力带动城市轨道交通的运行。

飞轮储能系统是通过控制飞轮的速度来实现能量的储存和输出，具有使用寿命长、充放电速度快、瞬时功率大的优点。从 20 世纪 90 年代至今，全球飞轮储能技术的研发力量主要集中在美国、欧洲和日本。美国田纳西大学奥斯汀分校的机电研究中心为美国联邦铁路的超级机车牵引系统计划研发了基于储能飞轮的混合动力牵引系统，飞轮采用电磁轴承支承，储能量达到 130 kW·h，可用于机车刹车动能回收和加强启动功率，飞轮密闭于真空腔体中，位于大气环境中的 2MW 高速电机采用动密封技术驱动飞轮。欧洲 Urenco 集团英国公司（UPT）开发了 PQ 系列飞轮，复合材料飞轮在缠绕时掺入 NdFeB 磁粉，转子 / 电机合二为一，下端采用针状轴承，摩擦损耗大幅降低。日本在 1984 年建设了 215MW/1.1MW·h 的飞轮系统，是迄今为止全球最大的飞轮储能系统。该系统采用低速钢质飞轮，应用于日本 JT-60 核聚变反应堆项目中。国内而言，我国研究飞轮储能系统起步较晚，现有研究集中在针对飞轮储能控制策略的研究上。

（三）磁浮交通

20 世纪 60 年代以来，德、日、美、中、韩等国相继开展磁浮交通技术研究[32]。

德国掌握常导电磁型高速磁悬浮轨道交通技术，所研发的 Transrapid（TR）是世界上首次进入技术应用成熟阶段的磁浮高速铁路系统，TR 车型从 01 优化到 09，最高试验速度达到 505km/h。

日本与德国几乎同一时期开展磁浮交通的研发，技术上选择了与德国不同的路线——超导磁浮。自 70 年代起，日本陆续研发了 ML 系列以及在 MLX 基础上开发的 L0 车型。2015 年 L0 试验车载人时速达到了 603km，创造地面交通工具最高试验速度。

美国的磁浮技术发展方向比较灵活，且民间研发热情高涨。曾创新发展了多种技术方案，例如个人快速交通系统 SkyTran 悬浮汽车、应用到煤炭及矿山资源物流运输的 Magpipe 磁浮管道运输系统，尤其以真空管道磁悬浮列车（也称“超级高铁”）系统的探索最引人注目。

20 世纪 80 年代末，韩国开始低速常导磁浮列车技术研究，相继推出两代实用型磁浮列车，建成仁川国际机场磁浮线并投入运营，但出于国情，韩国并未发展高速磁浮系统。

中国开展磁悬浮列车的相关研究起步较晚，21 世纪初才引进德国的常导型技术。在中国政府的大力支持和推动下，目前已全面掌握了中低速磁悬浮交通的关键技术，并先后于 2014 年和 2017 年开通了长沙和北京的中低速磁浮线路运营，正在开展时速 200km 中速磁浮关键技术攻关。高速磁悬浮方面，建设了上海高速磁悬浮交通示范运营线，正在研制时速 600km 以上的高速磁浮运输工程化系统。

从技术水平上看，常导和低温超导磁浮交通工程化技术已经成熟，近年来的研发主要围绕降低成本、环境友好、提高效率和安全性来开展。高温超导磁悬浮研究受到越来越多的重视，但仍处于实验室阶段，距离工程化应用还有较远的距离。从 2000 年至今的近 20 年时间里，高温超导磁悬浮研究重点已由早期的车载超导块材组合与永磁轨道间的准静态电磁特性及优化工作，发展到动态特性分析、运行试验、中试线建设等方面。西南交通大学相继推出“世纪号”载人高温超导磁悬浮试验车以及真空管道磁悬浮试验平台。巴西里约热内卢联邦大学也修建了一条长 200m 的试验线。意大利拉奎拉大学、日本产业技术综合研究所 AIST、俄罗斯莫斯科航空学院等也研制出各自的高温超导磁悬浮系统并开展一系列的运行测试。真空管道磁浮系统研发时间不长，当前的研发热点主要集中在真空管道的设计和制造、管道结构特征和优化方法、施工方法方面。业内认为，真空管道运输许多关键问题仍有待研究解决，包括：超高速运行条件下的车轨作用、高速直线电气牵引理论与方法、在真空管道系统中的空气动力学、管道可靠密封与高效抽真空问题等。

四、发展趋势及发展策略

轨道交通电气化各研究领域的发展趋势可概括如下。

（一）牵引供电系统

牵引供电系统未来的发展趋势及策略可从安全可靠领域、节能增效领域、大数据与智能化领域以及新型供电技术领域展开，具体如下。

在安全可靠领域的发展趋势包括：①进一步提高对大数据资源的利用。未来牵引供电系统将密集更多的传感器，更全面更细致地采集牵引供电系统相关数据，为牵引供电系统 PHM 提供更为丰富的数据资源。②进一步推进牵引供电系统的测距与保护方面的研究。由于牵引供电系统结构复杂，传统的故障测距方案在牵引供电系统中面临成本较高、准确性较差的缺点。未来需丰富行波测距法在牵引供电系统中的研究，丰富故障判断分析的理论体系。③深化在牵引供电保护方面的研究。加快建设针对牵引供电系统方面的距离保护，过电流保护等保护方案的理论体系，完善相关技术的应用。④完善牵引供电系统弓网建模。由于机车在实际运行过程中路况复杂，高速时机车与轨道的耦合振动对弓网系统的动态特性影响较大，还须进一步完善建模工作。⑤稳定性研究更加标准化。为了从源头上抑制牵引供电系统车网交互不稳定，在现有稳定性理论的基础上，需要制定车侧和网侧的阻抗标准化模型，符合标准的系统接入拥有足够的稳定裕度，降低系统出现交互不稳定问题的可能。

在节能增效领域的发展趋势包括：①高占比可再生能源场景下电气化交通能源补给的优化控制。电气化交通（电动汽车、轨道交通）系统中个体运行特征各异，具有较强的随机性和动态时空分布特性，同时又具备可调控性，能源补给需求建模复杂。如何采用先进的调度与控制技术，降低大规模电气化交通功能需求对能源网的影响，并利用交通用能需求的灵活性，提升可再生能源消纳能力和用能成本，是交通与能源系统融合实施的关键。②交通网“源－网－荷－储”协同规划理论与方法。由于“源－网－荷－储”均具有不确定性，针对规划模型中存在的不确定性问题，在明确不确定性来源，提取不确定性特征的基础上，应用概率论等数学工具进行建模，然后通过蒙特卡洛模拟等方法分析这些不确定性对规划模型的影响。③计及通信信息安全的“源－荷－储”协同调度：可靠的通信网络是“源－荷－储”协同调度的重要保障，当通信网络通信信息系统发生异常（如自然故障、恶意攻击等）时，如何对通信信息风险进行可靠预警、辨识、剔除，进而根据历史信息实现对通信信息故障进行的决策支持，是未来交通与能源系统融合的重要研究课题之一。

在大数据与智能化领域的发展趋势包括：①建立基于大数据分析的轨道交通信息服务系统，改善和提高公众出行的智能化服务水平。②持续提升轨道交通感知智能化水平，完善网络化的轨道交通状态感知体系。③加强轨道交通数据标准化建设，进一步利用大数据资源推进智能化发展。④创新轨道交通大数据分析应用，实现基于大数据技术的轨道交通系统智能化高效运行。⑤构建并完善轨道交通技术创新体系，加强轨道交通信息服务大数据和智能化产业化进程。

在新型供电技术领域的发展趋势包括：①大力发展非接触式供电技术。未来仍需对非接触牵引供电系统中存在的科学问题与关键技术进行研究，关键的科学问题包括提升系统功率、优化能量效率、分析及抑制电磁干扰、提高安全稳定性等。②研究中压直流供电技术。柔性直流牵引供电系统处于理论研究阶段，尚未投入实际运用，在未来对其继续深入研究中，将从以下几个方面进行深层次发展：探索直流供电关键技术，实现新能源与储能装置的接入，深入研究直流供电的运行控制与技术体系等。③发展组合式同相供电技术，对贯通式供电方式中的电压相位同步、牵引变电所的容量配置优化、继电保护、牵引网的故障分析和故障隔离等方面的问题也需要进行深入探讨。④探索核动力供电技术与自供电技术。

（二）城市轨道交通供电系统

对于地铁杂散电流的研究，随着地铁列车成网运行，基于杂散电流分布研究，提出更具针对性的杂散电流抑制策略，考虑杂散电流在地中的传播十分复杂，如何有效计算杂散电流在地中的传播与分布规律，从而更加精确地实现杂散电流腐蚀的量化分析评估也成为了进一步研究方向。

对于地铁能馈系统，目前我国新建的城市轨道交通线路基本都已投入了再生制动能量回馈系统，但是投入方式基本是“粗放式”投放，某些线路甚至全线所有牵引站均装设有再生制动能量回馈装置，这大幅度地提高了投入成本。根据目前研究表明，再生制动能量回馈设备为变电站总数的 1/2 到 2/3 是较为合理的。对于能量回馈系统更需要一种“精准式”的投入，即在合适的位置安装合理容量的再生制动能量回馈系统，也就是说在实际线路数据已知的情况下，应该进一步研究列车运行过程中再生制动能量的波动位置，避免再生制动能量装置数量和容量的过度冗余，提高经济性能。

对于轨道交通储能系统，为改善储能装置在轨道交通领域的应用现状，未来对储能系统的研究主要集中在两个方面：①储能媒介性能的提高，如超级电容、锂电池向高充放电倍率、大容量、超长寿命发展以及研制低损耗的超导飞轮储能系统等。②对储能系统运行策略的优化，从而提高系统效率，如优化控制参数、开发轨道交通相应的智能电网等。

（三）高速磁浮交通

目前，高速磁浮交通系统有三种模式可选，第一种是常导电磁吸力悬浮模式，如德国 TR 高速磁浮列车系统，已经实现最高 505km/h 运行速度；第二种是超导电动斥力悬浮模式，如日本的 MLX 高速超导磁浮列车系统，已实现最高 603km/h 运行速度；第三种是永磁电动斥力悬浮模式，如美国提出的 Magplane 磁浮飞机，没有实际的工程试验线，目前仍是个概念列车。虽然日本 MLX 型磁浮列车能实现 600km/h 的速度，但地面气压下高速度的轨道列车将很不经济，所以 500 ~ 550km/h 的磁浮列车将是高速磁浮列车速度的发展方向。TR 系统技术相对比较成熟，也是我国高速磁浮未来发展的一种选择，其发展趋势就是把运行速度从目前的 500km/h 提升到 600km/h。美国的 Magplane 永磁电动悬浮概念磁浮列车与日本的 MLX 磁浮列车相比除了都具有悬气隙大、对轨道要求低、悬浮与导向自稳、无需车载控制系统等优点外，还具有列车结构简单，无需车载制冷系统，没超导失超问题，是未来高速磁浮交通研究和发展的一个重要方向。

目前高速磁浮交通的实际运营线路太少，不具备大规模规划建设的条件，目前高速磁浮交通发展仍以技术发展为主，主要包括以下几个方面：①减少悬浮能耗和增加磁浮间隙；②低速时采用感应供电技术；③继续减轻车体重量；④超载的悬浮系统设计；⑤降低噪声；⑥运营安全的进一步验证。

高速磁浮交通的发展建议如下：

①在国内战略布局上，应加强磁浮轨道交通顶层设计，尽快实现高速磁浮工程应用和产业化，并推广应用中低速磁浮交通。就中低速磁浮来讲，中国已经掌握了中低速磁浮交通的全套产业化技术。长沙、北京机场线中低速磁浮的成功运营积累了丰富的经验。应充分发挥其技术和市场优势，抓住磁浮交通发展的窗口期，争取更多的市场份额。②从技术

体系角度，建议完善现有磁浮交通技术体系，加强前瞻性技术储备，提高磁浮交通技术国际竞争力。积极投入研发精力前瞻布局磁浮交通的更多技术领域，努力探索多种技术路线的可行性。例如高温超导磁浮、真空管道磁浮交通技术等。③从技术研发角度，建议在技术合作基础上突出自主研发优势，同时加强重点专利的国际布局。④从国际推广角度，建议持续开展政产学研合作，利用“一带一路”倡议的契机，积极推动磁浮技术走出去。

参考文献

[1] 种俊龙. 电气设备紫外放电检测及其强度评估方法研究 [D]. 重庆：重庆大学，2016.

[2] 韩正庆. 牵引变电所自动化系统与牵引供电 MIS 的信息交换与实现 [D]. 成都：西南交通大学，2003.

[3] 陈泽. 网络电力监控系统的设计与实现 [D]. 北京：华北电力大学，2017.

[4] 刘淑萍. 高速铁路牵引供电系统继电保护研究 [D]. 成都：西南交通大学，2015.

[5] 杨健. 牵引变压器过负荷整定计算 [J]. 铁道机车车辆，2012，32 (5).

[6] 喻奇. 客运专线牵引供电系统电气模型的研究 [D]. 成都：西南交通大学，2009.

[7] 吴燕，吴俊勇，郑积浩. 高速弓网系统动态振动性能的仿真研究 [J]. 铁道学报，2009 (5).

[8] 吴燕. 高速受电弓 - 接触网动态性能及主动控制策略的研究 [D]. 北京：北京交通大学，2011.

[9] Danielsen S. Electric Traction Power System Stability [D]. Trondheim，Norway.Norwegian University of Science and Technology，2010.

[10] 王晖. 电气化铁路车网电气低频振荡研究 [D]. 北京：北京交通大学，2015.

[11] 陶海东，胡海涛，姜晓锋，等. 牵引供电低频网压振荡影响规律研究 [J]. 电网技术，2016，40 (6).

[12] 丁荣军，张志学，李红波. 轨道交通能源互联网的思考 [J]. 机车电传动，2016 (1)：1-5.

[13] Khayyam S，Ponci F，Goikoetxea J，et al. Railway energy management system：centralized-decentralized automation architecture [J]. IEEE Transactions on Smart Grid，2016，7 (2)：1164-1175.

[14] 胡海涛，郑政，何正友，等. 交通能源互联网体系架构及关键技术 [J]. 中国电机工程学报，2018，38 (1)：12-24，339.

[15] 胡海涛，何正友，王江峰，等. 基于车网耦合的高速铁路牵引网潮流计算 [J]. 中国电机工程学报，2012 (19)：101-108.

[16] Hu H，He Z and Li X，et al，Power-Quality Impact Assessment for High-Speed Railway Associated With High-Speed Trains Using Train Timetable-Part I：Methodology and Modeling [J]. IEEE Transactions on Power Delivery，2016，31 (2)：693-703.

[17] 王科，陈丽华，胡海涛，等. 一种考虑行车运行图的高速铁路牵引供电系统谐波评估方法 [J]. 铁道学报，2017，39 (4)：32-41.

[18] 冯佳，许奇，冯旭杰，等. 基于灰色关联度的轨道交通能耗影响因素分析 [J]. 交通运输系统工程与信息，2011，11 (1)：142-146.

[19] 高仕斌，江俊飞，周利军，等. 节能型卷铁心牵引变压器的研制与应用 [J]. 铁道学报，2018，40 (1)：44-49.

[20] 王传启. 高速铁路智能牵引变电站自动化关键技术研究 [D]. 武汉：华中科技大学，2013.

[21] 王涛. 供电段 6C 系统综合数据处理中心设计与实现 [D]. 成都：西南交通大学，2017.

[22] 康世柱. 供电调度作业管理系统研究 [D]. 成都：西南交通大学，2015.

［23］张欣，李连鹤，杨庆新，等．高频信号采集系统在高速列车无线供电技术中的应用［J］．电工技术学报，2015（s1）：251–255.

［24］葛银波，胡海涛，杨孝伟，等．模块化多电平变流器型中压直流牵引供电系统控制方法研究［J］．电工技术学报，2018，33（16）：3792–3801

［25］刘全景．电气化铁路同相供电系统研究［D］．徐州：中国矿业大学，2017.

［26］李群湛，贺建闽．电气化铁路的同相供电系统与对称补偿技术［J］，电力系统自动化，1996（4）：9–11.

［27］刘明杰．基于 CDEGS 的杂散电流动态特性分析［D］．成都：西南交通大学，2018.

［28］刘广欢，刘兰，陈广赞，等．基于超级电容储能的列车制动节能技术［J］．大功率变流技术，2017（2）：47–50，71.

［29］段福兴．飞轮储能控制系统的研究［D］．青岛：青岛大学，2017.

［30］孙晓静．飞轮电池控制策略研究及其应用［D］．兰州：兰州理工大学，2013.

［31］王欢．飞轮储能的电机驱动控制系统研究［D］．成都：西南交通大学，2012.

［32］孙玉玲，秦阿宁，董璐．全球磁浮交通发展态势、前景展望及对中国的建议［J/OL］．世界科技研究与发展，2019（网络出版）.

［33］邓自刚，李海涛．高温超导磁悬浮车研究进展［J］．中国材料进展，2017，36（5）：329–334，351.

撰稿人：何正友

ABSTRACTS

Comprehensive Report

Advances in Electrical Engineering

Electricity is one of the basic material conditions of human civilization, and is the hub of energy conversion and the carrier of information. Today, human society is completely inseparable from electricity. Without electricity, all social activities, scientific and technological achievements, and economic success would be impossible to proceed.

Electrical engineering is a discipline studying electromagnetic phenomena, laws and applications for development of modern science and technology. It is not only with a long history and deep accumulation, but also is a basic subject rooted in mathematics, physics, and chemistry. It is an updated and continuously expanding discipline, closely integrating with disciplines such as information, materials, control, intelligence, and life sciences, and forming many subject branches.

This report focuses on the progress of electical engineering,especially in China. It has several fields, such as new electrical materials, electrical measuring and sensing technology, power energy storage technology, electrical equipment, etc.

Reports on Special Topics

New Electrical Materials

The function and performance of electrical equipment largely depends on the characteristics of materials. Therefore, the development of materials has been one of the fundamental powers to promote the progress of electrical technology.

With the development of electrical science and technology and its cross fields in recent years, some new materials are emerging, which not only enables us to break through the physical limit of traditional materials and realize the upgrading and transformation of traditional electrical equipment, but also promotes the rapid development of new electrical equipment in the direction of miniaturization, intellectualization, high integration and long life. It plays an important supporting role in improving the performance of power system.

The innovation of new electrical materials, as well as the innovation of new technology and new equipment based on it, will be one of the most influential strategic research fields for social development, economic revitalization and national strength enhancement in the coming decades. It will play an important role in promoting the development of China's national economy, the progress of science and technology, and the improvement of national defense construction capacity.

Electrical Measuring and Sensing Technology

With the expansion of power grid and the introduction of distributed energy and power electronic devices, advanced electrical measuring and sensing technology is indispensable for the whole life cycle operation and maintenance and service characteristics of new generation power grid and power equipment.

At present, power grid state sensing mainly includes electrical parameter measurement with voltage, electric field, current and electromagnetic field as detection objects, non electrical parameter power grid equipment state detection represented by remote sensing measurement, and new detection represented by ultrasonic guided wave detection, metal magnetic memory detection and pipeline magnetic flux leakage internal detection, which are used to overcome the limitations of conventional detection technology in special situations. With the continuous expansion of smart grid, the research of these measurement technologies has made great breakthroughs, and the relevant devices and systems will continue to develop in the direction of miniaturization, integration, new type and intelligence.

Power Energy Storage Technology

Energy storage technology mainly refers to the storage of electric energy, which can store energy when the grid is under low-load operation, and output energy when the grid is under high-load operation, thus reducing the fluctuation of power grid by peak shaving and valley filling.

Nowadays, great progress has been made in the application and related research of power energy storage technology. Under the new development situation of energy industry, more advanced, more reliable and safer energy storage technology is the basis for the healthy development of energy storage industry; the development mode matching renewable energy consumption, distributed energy development and safe and stable operation of power system is the key to the healthy development of energy storage industry. China's economy will continue to develop rapidly, and the demand for electricity will increase rapidly at the same time. It is urgent to solve the problems faced by energy storage industry.

Electrical Equipment and Its Intellectualization

Electrical equipment is an important content in the field of advanced equipment manufacturing. With the development of China's power system, it puts forward new and higher requirements of the electrical equipment. Under this background, the relevant research institutes and manufacturing enterprises have done a lot of effective work about the new intelligent electrical equipment, which makes the basic research, core technology level and product performance in China reach the international level. The key electrical equipment, including DC breaking technology, environment-friendly power switch equipment, intelligent circuit breaker, intelligent transformer, intelligent cable, lightning arrester, etc., has achieved great breakthroughs in the development of new and intelligent direction.

Power Electronization of Electric Equipment and System

With the development of modern power system, the original power grid development mode is gradually restricted by the principle, technology, security, economy and other aspects, which can not adapt to the continuous emergence of new generation equipment, new transmission technology and new power load. In the future, the development of power system urgently needs to rely on advanced technologies such as communication, control and artificial intelligence. Power electronic technology is one of the most important technical means.

The advantages of power electronic equipment lie in its unlimited interface, fast response speed and high change efficiency. In terms of power production, transmission and consumption, it can meet the development needs of modern power system and ensure high standard power quality.

At present, the constraints of traditional power generation, transmission and distribution continue to strengthen, and power electronics develops rapidly in technology, cost and other aspects. Driven by these comprehensive factors, power electronic technology will be more widely used in the entire power system. However, the application of power electronic technology will also bring new challenges such as system stability analysis, control, protection and other aspects.

High Parameter Motor and Its System

Motor system is widely used in industrial production, transportation, high-end manufacturing and national defense and military industry and other major equipment. It is an important energy and power foundation to support national economic development and national defense construction. High performance motor system is gradually developing towards high power density, high reliability, high adaptability, high precision, low emission and multi-function. High performance motor system with high parameter index is bound to become the development direction of motor field in the future.

At present, great progress has been made in the field of high-power motor, high-power density motor, high-precision motor, high-speed motor and high-reliability motor machine system in China. In the future, the ultimate use of motor materials and devices in extreme environment, motor design technology and analysis method under strong constraint conditions, high-performance drive control technology and advanced motor test and detection technology are important development trends.

Intelligent Power Distribution and Utilization

The development of intelligent power distribution and utilization mainly comes from the promotion of technology and the pull of commercial demand. The promotion of technology is mainly driven by the development of distributed generation technology, communication and information technology, while the commercial demand is driven by the upgrading of the original distribution network equipment in developed countries and the demand of new intelligent distribution network system in developing countries. In the process of intelligent distribution network construction, all countries have put the distribution system into the user side. Through the construction of advanced measurement system and intelligent distribution information system, the intelligent power consumption and intelligent distribution are more closely linked together, so that the intelligent distribution network can provide value-added services such as optimal allocation of resources, rational use of electric energy, energy saving and consumption reduction and energy efficiency improvement by means of demand side response. Intelligent distribution and utilization technology has great potential in resource optimal allocation, reasonable use of electric energy, energy saving and consumption reduction and energy efficiency improvement, which has become a hot research field in smart grid at home and abroad.

Energy Internet

Energy internet is a networked physical system with power grid as the backbone and platform. The production, transmission, use, storage and conversion devices of all kinds of primary and secondary energy, and their information, communication, control and protection devices are directly or indirectly connected. It is the deep integration and development of new energy system and internet technology, and is the focus and innovation frontier of academic and industrial circles at home and abroad. In 2015, with the proposal of China's first "China Energy Internet Academic and Innovation Alliance", energy internet, as the core technology of energy revolution, quickly entered the vision of domestic experts and scholars.

With the rapid development of various technologies, theories and applications in the field of energy internet, huge agglomeration benefits have been formed for capital, talents, science and technology, industry and other elements, thus driving the rapid growth of new industries with energy as the core support and internet as the deep extension.

Discharge Plasma and Its Application—Materials, Environment and Energy

In recent years, with the continuous development of gas discharge theory and plasma technology, driven by social development and national demand, the application research of discharge plasma technology in China has developed rapidly, and a series of remarkable progress has been made.

In the aspect of materials, the preparation and modification of advanced materials mainly use the physical and chemical reactions between plasma and materials to achieve the preparation of functional materials or improve the surface properties of materials, which is a research hotspot in the field of plasma application.

In terms of environmental protection, discharge plasma technology can be used to efficiently purify volatile organic compounds, flue gas and other gas pollutants, as well as liquid pollutants with high toxicity and biochemical degradation for pollutant treatment. It is necessary to carry out in-depth research on the preparation of high-efficiency large-scale plasma generation power supply and plasma generation equipment, and the reduction of process energy consumption, and promote the application of low temperature plasma environmental pollution treatment technology.

In the field of energy and chemical industry, the typical applications of plasma technology include hydrocarbon to hydrogen, methane reforming to syngas, heavy oil hydrogenation to olefins, carbon based materials preparation and plasma chemical synthesis. Further promoting and optimizing the plasma energy conversion technology is the development goal in the future.

Rail Transit Electrification

Electrified rail transit is a kind of rail transit which uses electric energy as traction power. It has the advantages of large traction power, high comprehensive utilization of energy, high labor productivity and easy to realize automatic control, and it has become the mainstream of modern rail transit.

In recent years, Chinese experts and scholars have carried out a lot of research work and made great progress in the fields of safety and reliability of rail transit electrification, energy saving and efficiency increasing, big data and intelligence, new power supply technology, application of new energy / new materials / new technology, high-speed maglev, urban rail transit and so on. At present, although the power supply reliability problem has been solved, there is a lack of research on the operation quality and energy efficiency, and the improvement of efficiency and benefit is not fully considered. In the future, we need to continue to pay attention to the problems of high efficiency, energy conservation and environmental protection, new energy utilization, power supply mode innovation, internet thinking application, application of new materials and new equipment, and power supply system operation under special conditions.

索 引

E

F

G

H

J

K

N

P

R

S

T

W

X

Z